線型代数学

隈部正博

（新訂）線型代数学（'17）

装丁・ブックデザイン：畑中　猛

s-26

まえがき

本書は，放送大学における講義「線型代数学」用の印刷教材としてつくられた。印刷教材「入門線型代数」の後編となる。数学に慣れていない人や，昔学んだが忘れてしまった人を想定している。放送大学での筆者の経験から，また放送大学という特質上，読者が不便を感じることなく，具体例からゆっくりと自学自習ができるように配慮した。

本大学の様々な学生層を考え，できるだけ多くの読者が満足いくよう，各章あるいは各節に A，B，C の記号をつけた。A の記号がある部分は，できるだけ具体例を使って解説してある。一般的な記述を理解するための助けにしてもらいたい。A の部分だけでも読み進めていくことができるようにした。ただし A の部分は，論理的な正確さは犠牲にしたような表現があることは断っておかなければならない。理解しにくくなるにつれ B，C の記号をつけた。定理の意味を理解することは大事であるが，その証明など少しくらいわからない部分があっても先を読み進めてよい。後になって前の部分が理解できるようになることもある。数学を初めて学ぶ読者は A の部分をまず読み進めてもらいたい。余裕があれば B の部分，それでも飽き足りなければ C の部分を丁寧に読めばよい。本書には多くの例題があるが，これらは同時に演習問題でもある。繰り返し読んで，最後には自力で解けるようにしてもらいたい。

本書を書くにあたって多くの方々に支えられた。樋口加奈氏は本書を精読して多くの助言をいただだいた。感謝の意を表したい。

2017 年 1 月 1 日

隈部正博

目次

1 ベクトルと図形

《目標 & ポイント》 平面や空間において，ベクトルを図示しその意味を理解する。そして直線や平面をベクトルを使って表す方法を学ぶ。またベクトルの成分表示を使い，直線や平面を表す方程式を導く。
《キーワード》 有向線分，ベクトル，位置ベクトル，成分表示，直線や平面のベクトル表示

高校で習った平面や空間を思い出そう。本章ではベクトルの幾何的な意味を考える。

1.1 有向線分 (A)

図 1.1 左図の左側は線分 AB で $\overline{\mathrm{AB}}$ で表す。この線分に，さらに点 A から点 B への向きを考慮したものは，左図右側のように矢印で表され，**有向線分**といい $\overrightarrow{\mathrm{AB}}$ で表す。点 A を始点，点 B を終点という。矢印の示す方向が，有向線分の向きを表す。そして矢印の長さ (線分 $\overline{\mathrm{AB}}$ の長さ) が，有向線分の大きさ（長さ）を表す。この有向線分は，始点 A が決まり，向きと大きさが決まれば，終点 B は一意に決まる。従って，有向線分とは

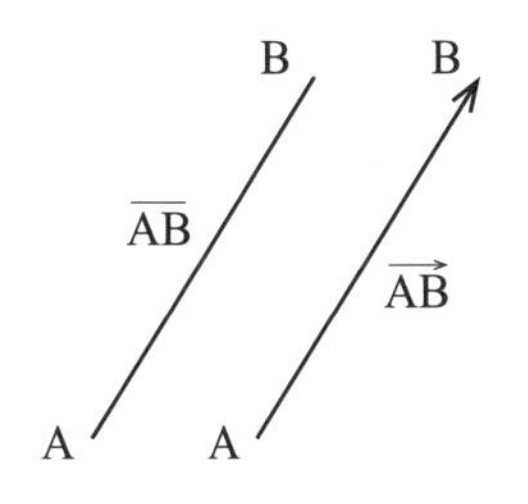

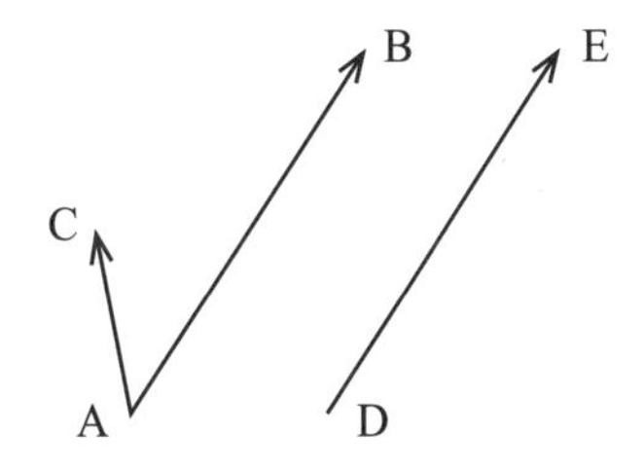

図 1.1

$$\text{始点と，向きと，大きさをもったもの} \qquad \cdots (1.1.1)$$

といえる。図 1.1 右図の $\overrightarrow{\mathrm{AB}}$，$\overrightarrow{\mathrm{AC}}$，$\overrightarrow{\mathrm{DE}}$ は全て異なる有向線分である。

$\overrightarrow{\mathrm{AB}}$ と $\overrightarrow{\mathrm{AC}}$ は，始点は同じだが向きと大きさが異なる。
$\overrightarrow{\mathrm{AB}}$ と $\overrightarrow{\mathrm{DE}}$ は，向きと大きさは同じだが始点が異なる。 $\cdots (1.1.2)$

1.2 ベクトルとは (A)

一方ベクトルとは，始点は考慮せず，

$$\text{向きと，大きさをもったもの} \qquad \cdots (1.2.1)$$

と定義される。矢印の示す方向が，ベクトルの向きを表す。そして矢印の長さが，ベクトルの大きさ（長さ）を表す。ベクトルを表すのに $\boldsymbol{a}, \boldsymbol{b}, \boldsymbol{c}, \boldsymbol{x}, \boldsymbol{y}, \cdots$ などの太字記号で表す。このようにベクトルを定義すると，図 1.2 のベクトル $\boldsymbol{a}$，$\boldsymbol{b}$，$\boldsymbol{c}$ で，$\boldsymbol{a}$ は $\overrightarrow{\mathrm{AB}}$ とも書く。また，

$\boldsymbol{a}$ と $\boldsymbol{b}$ は（向きが異なり）異なるベクトルで，$\boldsymbol{a} \neq \boldsymbol{b}$，
$\boldsymbol{a}$ と $\boldsymbol{c}$ は（向きと大きさが等しく）同じベクトルで，$\boldsymbol{a} = \boldsymbol{c}$ $\cdots (1.2.2)$

つまりベクトル $\boldsymbol{a}$ を図に表すとき，

始点はどこにとってもよい。

すなわち，(i) 始点 S を任意にとり，(ii) 次に終点 C を，$\overrightarrow{\mathrm{SC}}$ と $\boldsymbol{a}$ が向きと大きさが等しくなる，そのようにとる。このとき $\boldsymbol{a}$ と $\overrightarrow{\mathrm{SC}}$ は等しいベ

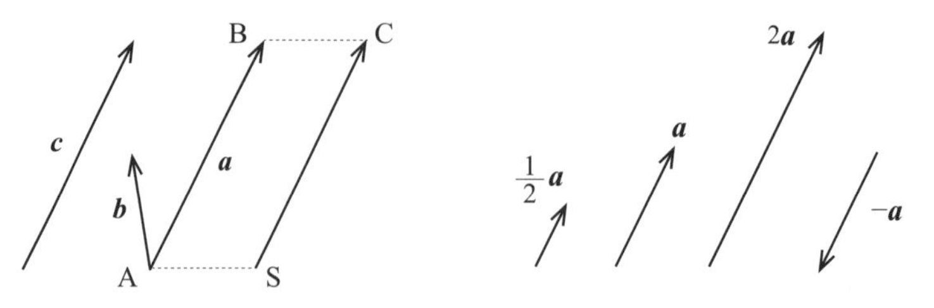

図 1.2

クトルで，$\boldsymbol{a} = \overrightarrow{\mathrm{SC}}$ となる。よって

$\overrightarrow{\mathrm{AB}}$ と $\overrightarrow{\mathrm{SC}}$ は，有向線分としてみれば（始点が異なるから），異なるが，ベクトルとしてみれば（向きと大きさが等しいから），同じベクトル。　$\cdots(1.2.3)$

ここで四角形 ABCS は平行四辺形であり，ベクトル $\overrightarrow{\mathrm{AB}}$ を平行移動すればベクトル $\overrightarrow{\mathrm{SC}}$ に重ねることができる。すなわち等しい2つのベクトルは，平行移動して，互いに重ね合わせることができる。

始点と終点が等しいベクトル $\overrightarrow{\mathrm{AA}}$ は，大きさが0のベクトルで，これを零ベクトルといい $\boldsymbol{0}$ あるいは $\vec{0}$ で表す。零ベクトルの向きはないものとする。

以降本書では，$\overrightarrow{\mathrm{AB}}$ 等の表記はとくに断らない限りベクトルを表すこととする。

1.3　ベクトルの演算 (A)

ベクトルの実数（スカラー）倍を定義する。m を実数とする。$\boldsymbol{a}$ に対して，

m 倍のベクトル $m\boldsymbol{a}$ は，大きさが $|m|$ 倍で，向きは，
$m > 0$ なら $\boldsymbol{a}$ と同じ向き，$m < 0$ なら $\boldsymbol{a}$ の向きと逆，　$\cdots(1.3.1)$
$m = 0$ なら，$m\boldsymbol{a} = \boldsymbol{0}$

と定義する (図 1.2 右図参照)。ベクトル $\boldsymbol{a}$，$\boldsymbol{b}$ が，ある実数 m が存在して，

$\boldsymbol{b} = m\boldsymbol{a}$ となるとき，$\boldsymbol{a}$ と $\boldsymbol{b}$ は（向きが同じあるいは逆向きだから）平行であるという[◇1.1]。　$\cdots(1.3.2)$

◇1.1 $\boldsymbol{b}$ が零ベクトルのときは（意味がなくなるが）便宜上，$\boldsymbol{a}$ と $\boldsymbol{b}$ は平行ということにする。

特に $m=1$ のとき，$1\boldsymbol{a}=\boldsymbol{a}$ である。また $m=-1$ のとき，$(-1)\boldsymbol{a}$ は $-\boldsymbol{a}$ とも書き，$\boldsymbol{a}$ の逆ベクトルという。つまり大きさが等しく向きが逆のベクトルである。従って，

$$\overrightarrow{\mathrm{AB}}\text{の逆ベクトル}\ -\overrightarrow{\mathrm{AB}}\ \text{は}\ \overrightarrow{\mathrm{BA}}\ \text{に等しい。} \qquad \cdots(1.3.3)$$

次に，ベクトル $\boldsymbol{a}$ と $\boldsymbol{b}$ との和を定義する。(ベクトルの始点はどこにとってもよかったのだから) 任意に点 S をとり，これを始点として $\overrightarrow{\mathrm{SA}}=\boldsymbol{a}$ となるように点 A をとる。次に点 A を始点として $\overrightarrow{\mathrm{AC}}=\boldsymbol{b}$ となるように点 C をとる (図 1.3 中図)。この三角形 SAC で，$\boldsymbol{a}$ と $\boldsymbol{b}$ との和

$$\boldsymbol{a}+\boldsymbol{b}\ (=\overrightarrow{\mathrm{SA}}+\overrightarrow{\mathrm{AC}})\ \text{を，ベクトル}\ \overrightarrow{\mathrm{SC}}\ \text{と定義する}^{\diamond 1.2}\text{。} \qquad \cdots(1.3.4)$$

次に図 1.3 右図で平行四辺形 SACB を考えると，(1.2.3) より，

$$\boldsymbol{a}=\overrightarrow{\mathrm{SA}}=\overrightarrow{\mathrm{BC}},\ \boldsymbol{b}=\overrightarrow{\mathrm{SB}}=\overrightarrow{\mathrm{AC}} \quad \text{ここで} \qquad \cdots(1.3.5)$$

$$\boldsymbol{a}+\boldsymbol{b}=\overrightarrow{\mathrm{SA}}+\overrightarrow{\mathrm{AC}}=\overrightarrow{\mathrm{SC}}^{\diamond 1.3} \quad \text{また，} \qquad \cdots(1.3.6)$$

$$\boldsymbol{b}+\boldsymbol{a}=\overrightarrow{\mathrm{SB}}+\overrightarrow{\mathrm{BC}}=\overrightarrow{\mathrm{SC}} \quad \text{よって，} \qquad \cdots(1.3.7)$$

$$\text{交換法則}\ \boldsymbol{a}+\boldsymbol{b}=\boldsymbol{b}+\boldsymbol{a}\ \text{が成り立つ。} \qquad \cdots(1.3.8)$$

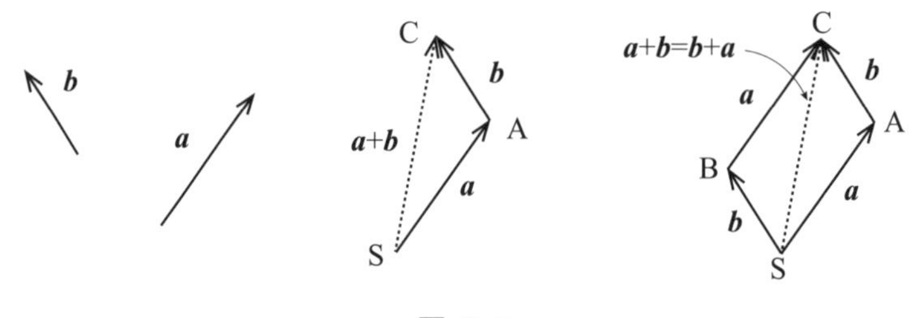

図 1.3

◇1.2 $\overrightarrow{\mathrm{SA}}$ と $\overrightarrow{\mathrm{AC}}$ との和は，($\overrightarrow{\mathrm{SA}}$ の始点) S から ($\overrightarrow{\mathrm{AC}}$ の終点) C へのベクトル $\overrightarrow{\mathrm{SC}}$ となる。簡単にいうと，S から A を経由して C へ行くことは（結果として）S から C へ直接行くことに等しい，と考えればよい。

◇1.3 $\boldsymbol{a}$ と $\boldsymbol{b}$ が隣り合う平行四辺形 SACB を考え，その対角線部分が $\boldsymbol{a}+\boldsymbol{b}$ である。

今度は図 1.4 で，

$\boldsymbol{a} = \overrightarrow{\mathrm{SA}}$，$\boldsymbol{b} = \overrightarrow{\mathrm{AB}}$，$\boldsymbol{c} = \overrightarrow{\mathrm{BC}}$ とする。このとき　$\cdots(1.3.9)$

$(\boldsymbol{a}+\boldsymbol{b})+\boldsymbol{c} = (\overrightarrow{\mathrm{SA}}+\overrightarrow{\mathrm{AB}})+\overrightarrow{\mathrm{BC}} = \overrightarrow{\mathrm{SB}}+\overrightarrow{\mathrm{BC}} = \overrightarrow{\mathrm{SC}}$（中図）　$\cdots(1.3.10)$

$\boldsymbol{a}+(\boldsymbol{b}+\boldsymbol{c}) = \overrightarrow{\mathrm{SA}}+(\overrightarrow{\mathrm{AB}}+\overrightarrow{\mathrm{BC}}) = \overrightarrow{\mathrm{SA}}+\overrightarrow{\mathrm{AC}} = \overrightarrow{\mathrm{SC}}$（右図）　$\cdots(1.3.11)$

よって結合法則 $(\boldsymbol{a}+\boldsymbol{b})+\boldsymbol{c} = \boldsymbol{a}+(\boldsymbol{b}+\boldsymbol{c})$ が成り立つ。　$\cdots(1.3.12)$

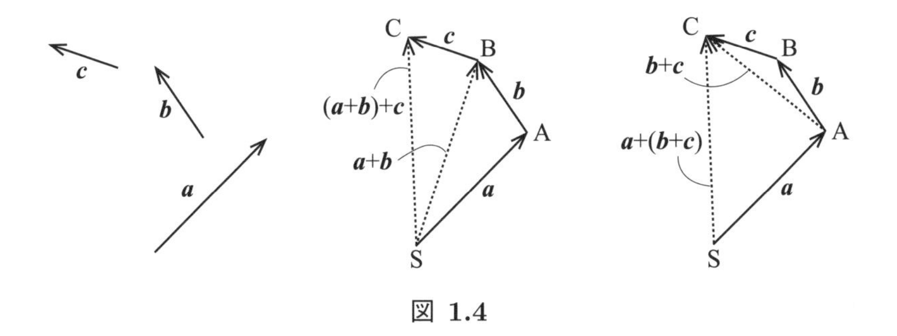

図 1.4

ベクトル $\boldsymbol{a}$ と $\boldsymbol{b}$ の差 $\boldsymbol{a}-\boldsymbol{b}$ は，$\boldsymbol{a}+(-\boldsymbol{b})$ (すなわち $\boldsymbol{a}$ と $-\boldsymbol{b}$ の和) で定義され，図示すると図 1.5 のようになる。

図 1.5 の 2 つの図のどちらで考えてもよい ($-\boldsymbol{b}$ の位置のとり方が異なるだけである)。このとき，

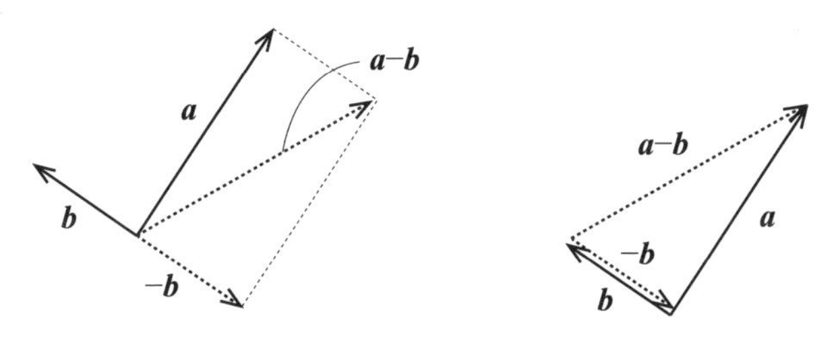

図 1.5

$$(\boldsymbol{a}-\boldsymbol{b})+\boldsymbol{b}=\boldsymbol{a}\text{であるから，}\boldsymbol{a}-\boldsymbol{b}\text{は}$$
$$\boldsymbol{x}+\boldsymbol{b}=\boldsymbol{a}\text{を満たすベクトル}\boldsymbol{x}\text{のことである。} \qquad \cdots(1.3.13)$$

以上から m，n を実数として，次の性質が成り立つことがわかる (最後の式については図 1.6 を参照[◇1.4])。

$$\boldsymbol{a}+\boldsymbol{0}=\boldsymbol{a} \qquad \boldsymbol{a}-\boldsymbol{a}=\boldsymbol{0} \qquad \cdots(1.3.14)$$

$$m\boldsymbol{a}+n\boldsymbol{a}=(m+n)\boldsymbol{a} \qquad m(n\boldsymbol{a})=(mn)\boldsymbol{a} \qquad \cdots(1.3.15)$$

$$m\boldsymbol{a}+m\boldsymbol{b}=m(\boldsymbol{a}+\boldsymbol{b}) \qquad \cdots(1.3.16)$$

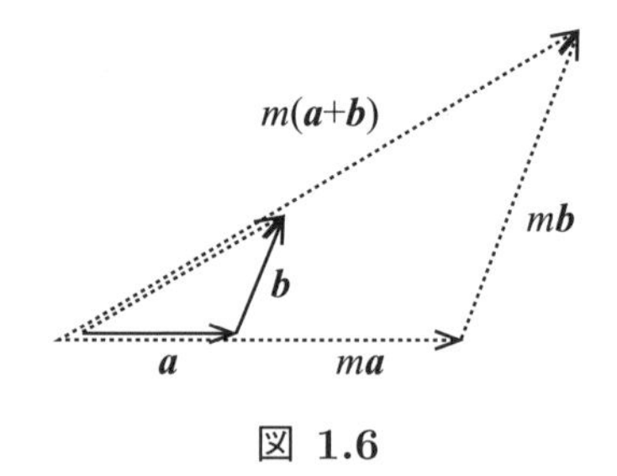

図 1.6

1.4 位置ベクトルと成分 (A)

この節では空間における位置ベクトルについて考える。平面の場合も同様である。図 1.7 左図のように，空間に原点 O とそこで交わる互いに直交する座標軸 (x 軸，y 軸，z 軸) が導入されていて，

$$\overrightarrow{\mathrm{OE_1}}=\boldsymbol{e}_1,\quad \overrightarrow{\mathrm{OE_2}}=\boldsymbol{e}_2,\quad \overrightarrow{\mathrm{OE_3}}=\boldsymbol{e}_3 \qquad \cdots(1.4.1)$$

とし，各ベクトルの大きさは 1 とする。次にベクトル $\boldsymbol{p}$ が与えられ，任意に始点 S をとり，$\boldsymbol{p}=\overrightarrow{\mathrm{SP}}$ となるように点 P をとる。始点 S から終点 P へ移動するのに，まず S から x 軸方向へ p_1 動いた点 A へ行き (すなわち $\overrightarrow{\mathrm{SA}}=p_1\boldsymbol{e}_1$)，その後 y 軸方向へ p_2 動いた点 B へ行き (すなわち

◇1.4 小さい三角形と大きな三角形は相似で，相似比は m である。

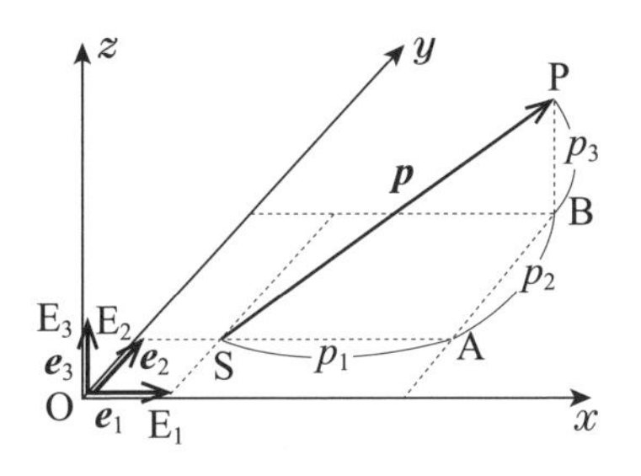

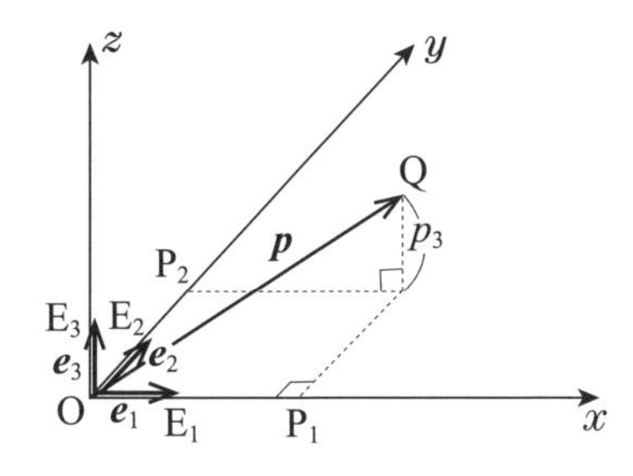

図 1.7

$\overrightarrow{\mathrm{AB}} = p_2\boldsymbol{e}_2$)，さらに z 軸方向に p_3 動くことにより終点 P に到達する (すなわち $\overrightarrow{\mathrm{BP}} = p_3\boldsymbol{e}_3$)，とする (簡単のため，点 S から x，y，z 方向にそれぞれ p_1，p_2，p_3 移動し点 P に到達する，ということにする)。すなわち，任意に点 S をとり，

$\boldsymbol{p} = \overrightarrow{\mathrm{SP}} = \overrightarrow{\mathrm{SA}} + \overrightarrow{\mathrm{AB}} + \overrightarrow{\mathrm{BP}} = p_1\boldsymbol{e}_1 + p_2\boldsymbol{e}_2 + p_3\boldsymbol{e}_3$[◇1.5] のとき

順序列 $\begin{pmatrix} p_1 \\ p_2 \\ p_3 \end{pmatrix}$ を $\boldsymbol{p}$ の成分表示といい $\boldsymbol{p} = \begin{pmatrix} p_1 \\ p_2 \\ p_3 \end{pmatrix}$ $\cdots(1.4.2)$

とかく。この順序列の p_1，p_2，p_3 はそれぞれ x，y，z 方向へ動いた（向き付きの）長さを表す。p_1 を第 1 成分 ($\boldsymbol{e}_1$ 成分，x 成分)，p_2 を第 2 成分 ($\boldsymbol{e}_2$ 成分，y 成分)，p_3 を第 3 成分 ($\boldsymbol{e}_3$ 成分，z 成分) という。このように空間に座標軸を導入することにより，ベクトル $\boldsymbol{p}$ $(= \overrightarrow{\mathrm{SP}})$ に対して，その成分表示が決まる。するとベクトル

$\boldsymbol{p} = \begin{pmatrix} p_1 \\ p_2 \\ p_3 \end{pmatrix}$，$\boldsymbol{q} = \begin{pmatrix} q_1 \\ q_2 \\ q_3 \end{pmatrix}$ において，$\boldsymbol{p} = \boldsymbol{q}$ とは， $\cdots(1.4.3)$

$p_1 = q_1$，　$p_2 = q_2$，　$p_3 = q_3$

◇1.5 注釈 ◇1.2 と同様に，S から A，B を経由して P へ行くことは（結果として）S から P へ直接行くことに等しい，と思えばよい。

のことである。(1.4.2) で始点 S を原点 O に固定し（上記の議論を繰り返すと）原点から x，y，z 方向にそれぞれ p_1，p_2，p_3 移動し点 Q に到達する場合，すなわち

$$\overrightarrow{\mathrm{OQ}} = p_1\boldsymbol{e}_1 + p_2\boldsymbol{e}_2 + p_3\boldsymbol{e}_3 \text{ となるとき}$$

$$\overrightarrow{\mathrm{OQ}} \text{ の成分表示は (1.4.2) と同じ } \begin{pmatrix} p_1 \\ p_2 \\ p_3 \end{pmatrix} \qquad \cdots (1.4.4)$$

となる。$\overrightarrow{\mathrm{OQ}}$ を点 Q の**位置ベクトル**という (図 1.7 右図)。このとき点 Q の座標は (p_1, p_2, p_3) である。よって点 Q の座標と点 Q の位置ベクトルの成分表示は（縦書きか横書きかの違いを除けば）各成分同じである。とくに，(1.4.1) より，

$$\text{点 } \mathrm{E}_1,\ \mathrm{E}_2,\ \mathrm{E}_3 \text{ の位置ベクトルが } \boldsymbol{e}_1,\ \boldsymbol{e}_2,\ \boldsymbol{e}_3 \text{ で，} \qquad \cdots (1.4.5)$$

$$\overrightarrow{\mathrm{OE}_1} = \boldsymbol{e}_1 = \boldsymbol{e}_1 + 0\cdot\boldsymbol{e}_2 + 0\cdot\boldsymbol{e}_3 \text{ より } \mathrm{E}_1 \text{ の座標は } (1,0,0) \qquad \cdots (1.4.6)$$

$$\overrightarrow{\mathrm{OE}_2} = \boldsymbol{e}_2 = 0\cdot\boldsymbol{e}_1 + \boldsymbol{e}_2 + 0\cdot\boldsymbol{e}_3 \text{ より } \mathrm{E}_2 \text{ の座標は } (0,1,0) \qquad \cdots (1.4.7)$$

$$\overrightarrow{\mathrm{OE}_3} = \boldsymbol{e}_3 = 0\cdot\boldsymbol{e}_1 + 0\cdot\boldsymbol{e}_2 + \boldsymbol{e}_3 \text{ より } \mathrm{E}_3 \text{ の座標は } (0,0,1) \qquad \cdots (1.4.8)$$

$$\text{また，} \boldsymbol{e}_1 = \begin{pmatrix} 1 \\ 0 \\ 0 \end{pmatrix},\ \boldsymbol{e}_2 = \begin{pmatrix} 0 \\ 1 \\ 0 \end{pmatrix},\ \boldsymbol{e}_3 = \begin{pmatrix} 0 \\ 0 \\ 1 \end{pmatrix} \qquad \cdots (1.4.9)$$

となる。これらを基本ベクトルと呼んだ。原点 O の位置ベクトルの成分表示は，各成分が 0 すなわち零ベクトル $\mathbf{0}$ である。原点を通りベクトル $\boldsymbol{e}_1$，$\boldsymbol{e}_2$，$\boldsymbol{e}_3$ の方向への（向きをもった）直線を，それぞれ x 軸，y 軸，z 軸と呼んだ。原点となる点 O と，$\{\boldsymbol{e}_1, \boldsymbol{e}_2, \boldsymbol{e}_3\}$ の組を**座標系**という[◇1.6]。(詳しくは 2.3 節参照。)

◇1.6 通常，x 軸から y 軸への (原点 O を中心とした) 回転方向が反時計回りになるように描く。そして右手を使って，親指を x 軸，人差し指を y 軸に当てた場合，中指が z 軸になるように描く。

このように点の座標は横書きに書く。ベクトルの成分表示は（多くの場合）縦書きに書き，その場合列ベクトルともいう。スペースの省略のため転置の記号を使って，${}^t(p_1, p_2, p_3)$ のように書くこともある。また行ベクトルとしてみるときは成分表示は横書きにする◇1.7。ベクトルの成分表示は実数の順序列として表されるので，数ベクトルとも呼ぶ。上の場合は３次数ベクトルという。ベクトル

$$\boldsymbol{a} = \begin{pmatrix} a_1 \\ a_2 \\ a_3 \end{pmatrix}, \quad \boldsymbol{b} = \begin{pmatrix} b_1 \\ b_2 \\ b_3 \end{pmatrix} \qquad \cdots (1.4.10)$$

が与えられたとき，スカラー c 倍は (1.3.1) で，加法は (1.3.4) で定義された。すると次の図からわかるように，

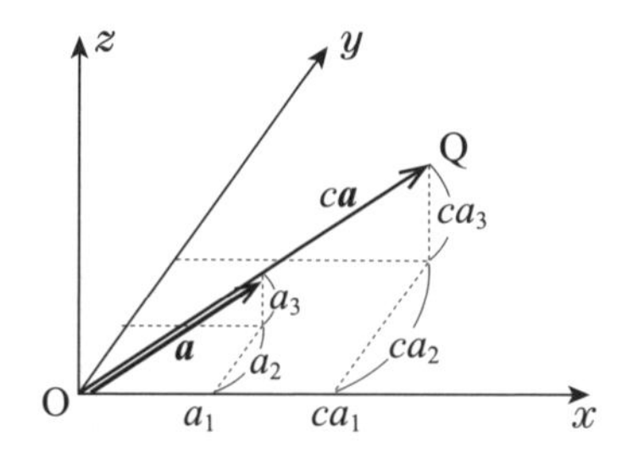

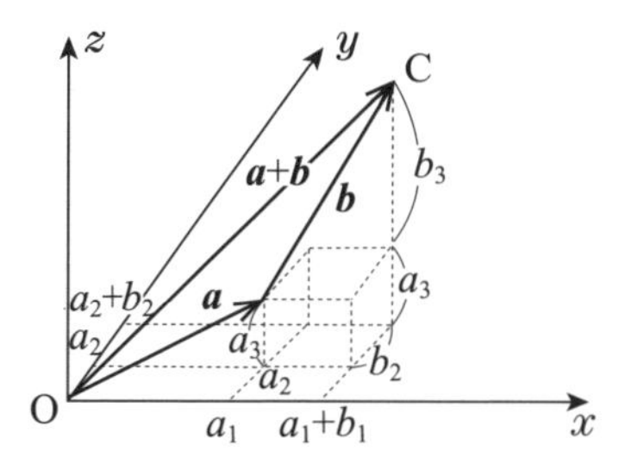

図 1.8

◇1.7 ベクトルを行の形に書くときは，見やすくするために各成分の間にカンマを入れることがある。

$c\boldsymbol{a} = \overrightarrow{\mathrm{OQ}}$ でこれを成分表示すると，$c\begin{pmatrix} a_1 \\ a_2 \\ a_3 \end{pmatrix} = \begin{pmatrix} ca_1 \\ ca_2 \\ ca_3 \end{pmatrix}$

$\boldsymbol{a}+\boldsymbol{b} = \overrightarrow{\mathrm{OC}}$ でこれを成分表示すると，$\begin{pmatrix} a_1 \\ a_2 \\ a_3 \end{pmatrix} + \begin{pmatrix} b_1 \\ b_2 \\ b_3 \end{pmatrix} = \begin{pmatrix} a_1+b_1 \\ a_2+b_2 \\ a_3+b_3 \end{pmatrix}$

$$\cdots (1.4.11)$$

が成り立つ。今後空間（あるいは平面）といったときには，とくに断らない限り，上で述べた座標系（原点と直交する座標軸）が与えられているものとする。

コメント 1.1　我々は空間において（幾何的イメージを使い）ベクトルのスカラー倍は (1.3.1) で，加法は (1.3.4) で定義した。このとき，ベクトルを成分表示すれば，(1.4.11) が成り立つことがわかった。一方，「入門線型代数」[◇1.8] では（幾何的イメージなしに）代数的に，ベクトルのスカラー倍と加法を (1.4.11) で定義したのであった。よって，これら 2 通りの定義は互いに矛盾しないことがわかる。$\boldsymbol{R}^3$ の要素である数ベクトルに，(1.4.2)，(1.4.4) のような幾何的意味を与えたのである。

空間上の 2 点 A，B の位置ベクトルを $\overrightarrow{\mathrm{OA}} = \boldsymbol{a}$，$\overrightarrow{\mathrm{OB}} = \boldsymbol{b}$ とすれば (図 1.9)，

$$\overrightarrow{\mathrm{AB}} = \overrightarrow{\mathrm{AO}} + \overrightarrow{\mathrm{OB}} = -\overrightarrow{\mathrm{OA}} + \overrightarrow{\mathrm{OB}} \qquad \cdots (1.4.12)$$

$$= \overrightarrow{\mathrm{OB}} - \overrightarrow{\mathrm{OA}} = \boldsymbol{b} - \boldsymbol{a} \quad \text{すなわち} \qquad \cdots (1.4.13)$$

$$\overrightarrow{\mathrm{AB}} = \overrightarrow{\mathrm{OB}} - \overrightarrow{\mathrm{OA}} = \boldsymbol{b} - \boldsymbol{a} \text{ が成り立つ。} \qquad \cdots (1.4.14)$$

◇1.8「入門線型代数」は以降（改訂版）入門線型代数 (隈部正博著，放送大学振興会 '14) のことである。

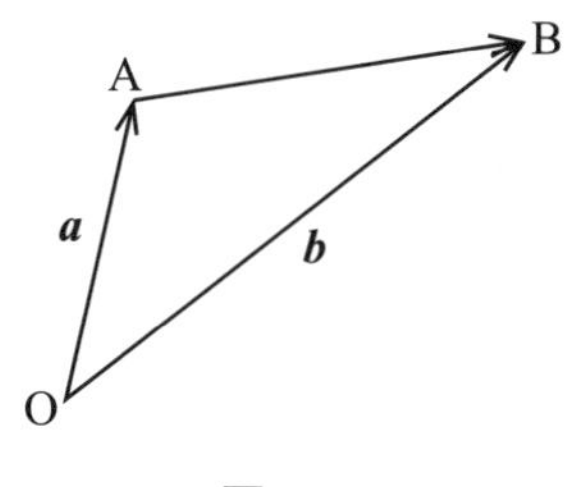

図 1.9

1.5　直線のベクトル表示 (A)

空間上の直線をベクトルを使って表そう。直線の向きを表すベクトルを（直線の）方向ベクトルという。図 1.10 左図のように，点 A を通り，方向ベクトルが $\boldsymbol{d}$ の直線 ℓ を考えよう。点 A の位置ベクトルを $\overrightarrow{\mathrm{OA}} = \boldsymbol{a}$ とする。この直線上の任意の点を P として，その位置ベクトル $\overrightarrow{\mathrm{OP}} = \boldsymbol{p}$ を，ベクトル $\boldsymbol{a}$，$\boldsymbol{d}$ を使って表そう。

点 P が直線 ℓ 上にあれば，$\overrightarrow{\mathrm{AP}}$ と $\boldsymbol{d}$ は平行で (1.3.2) より　$\cdots$(1.5.1)

$\overrightarrow{\mathrm{AP}} = t\boldsymbol{d}$ となる実数 t が存在する。よって (1.4.14) より　$\cdots$(1.5.2)

$\boldsymbol{p} - \boldsymbol{a} = t\boldsymbol{d}$，書き換えて $\boldsymbol{p} = t\boldsymbol{d} + \boldsymbol{a}$　$\cdots$(1.5.3)

(1.5.2)，(1.5.3) で，t の値を変化させることによって，点 P は直線 ℓ 上を動く。t をパラメータという。この式を直線 ℓ の（ベクトルを使った）パラメータ表示という。位置ベクトル $\boldsymbol{a}$，$\boldsymbol{d}$，$\boldsymbol{p}$ が次のように成分表

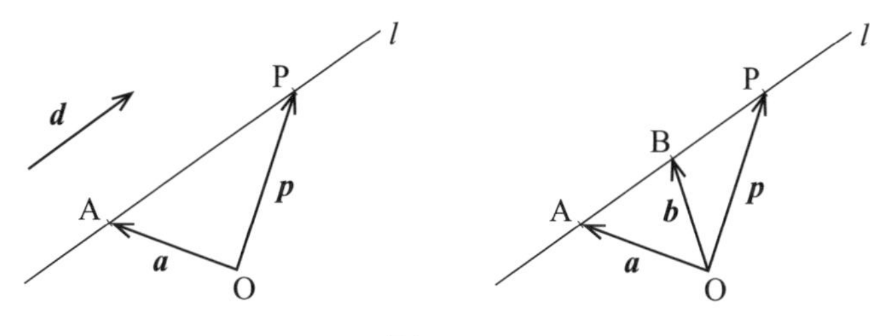

図 1.10

示されているとき，

$$\boldsymbol{a} = \begin{pmatrix} a_1 \\ a_2 \\ a_3 \end{pmatrix}, \quad \boldsymbol{d} = \begin{pmatrix} d_1 \\ d_2 \\ d_3 \end{pmatrix}, \quad \boldsymbol{p} = \begin{pmatrix} x_1 \\ x_2 \\ x_3 \end{pmatrix} \qquad \cdots (1.5.4)$$

(1.5.3) をこの成分表示で書き換えると，

$$\begin{pmatrix} x_1 \\ x_2 \\ x_3 \end{pmatrix} - \begin{pmatrix} a_1 \\ a_2 \\ a_3 \end{pmatrix} = t \begin{pmatrix} d_1 \\ d_2 \\ d_3 \end{pmatrix} \qquad \cdots (1.5.5)$$

よって，

$$x_1 - a_1 = td_1 \quad x_2 - a_2 = td_2 \quad x_3 - a_3 = td_3 \qquad \cdots (1.5.6)$$

これより，$\dfrac{x_1 - a_1}{d_1} = \dfrac{x_2 - a_2}{d_2} = \dfrac{x_3 - a_3}{d_3} \; (= t)$ $\cdots (1.5.7)$

この式はパラメータ t を消去したもので，（ベクトルの成分を使った）直線 ℓ を表す式である。

例 1.1　点 A(1, 1, 1) を通り，ベクトル

$$\boldsymbol{q} = \begin{pmatrix} 1 \\ 2 \\ 1 \end{pmatrix} \qquad \cdots (1.5.8)$$

に平行な直線 ℓ を表す方程式を求めると，(1.5.7) より，

$$\frac{x_1 - 1}{1} = \frac{x_2 - 1}{2} = \frac{x_3 - 1}{1} \qquad \cdots (1.5.9)$$

となる。

次に 2 点 A，B を通る直線 ℓ を考えよう。点 A，B の位置ベクトルを $\overrightarrow{\mathrm{OA}} = \boldsymbol{a}$，$\overrightarrow{\mathrm{OB}} = \boldsymbol{b}$ とする。直線上の任意の点 P の位置ベクトル $\overrightarrow{\mathrm{OP}} = \boldsymbol{p}$ を，$\boldsymbol{a}$，$\boldsymbol{b}$ を使って表そう (図 1.10 右図参照)。

直線の方向ベクトルは$\overrightarrow{\mathrm{AB}}$で，A，B，Pは直線$\ell$上にあるから

$$\cdots(1.5.10)$$

$\overrightarrow{\mathrm{AP}} = t\overrightarrow{\mathrm{AB}}$となる実数$t$が存在する。よって(1.4.14)より，$\cdots(1.5.11)$

$\boldsymbol{p} - \boldsymbol{a} = t(\boldsymbol{b} - \boldsymbol{a})$で，$\boldsymbol{p} = t\boldsymbol{b} - t\boldsymbol{a} + \boldsymbol{a} = (1-t)\boldsymbol{a} + t\boldsymbol{b}$　$\cdots(1.5.12)$

$1 - t = s$とおくと，$\boldsymbol{p} = s\boldsymbol{a} + t\boldsymbol{b}$，ただし$s + t = 1$　$\cdots(1.5.13)$

と表せる。(1.5.12) (1.5.13) は，(2点を通る) 直線のパラメータ表示である。位置ベクトル$\boldsymbol{a}$，$\boldsymbol{b}$，$\boldsymbol{p}$が次のように成分表示されているとき，

$$\boldsymbol{a} = \begin{pmatrix} a_1 \\ a_2 \\ a_3 \end{pmatrix},\quad \boldsymbol{b} = \begin{pmatrix} b_1 \\ b_2 \\ b_3 \end{pmatrix},\quad \boldsymbol{p} = \begin{pmatrix} x_1 \\ x_2 \\ x_3 \end{pmatrix} \qquad \cdots(1.5.14)$$

(1.5.12) をこの成分表示で書き換えると，

$$\begin{pmatrix} x_1 \\ x_2 \\ x_3 \end{pmatrix} - \begin{pmatrix} a_1 \\ a_2 \\ a_3 \end{pmatrix} = t\left\{\begin{pmatrix} b_1 \\ b_2 \\ b_3 \end{pmatrix} - \begin{pmatrix} a_1 \\ a_2 \\ a_3 \end{pmatrix}\right\} \qquad \cdots(1.5.15)$$

よって，

$$x_1 - a_1 = t(b_1 - a_1) \quad x_2 - a_2 = t(b_2 - a_2) \quad x_3 - a_3 = t(b_3 - a_3)$$
$$\cdots(1.5.16)$$

これより，$\dfrac{x_1 - a_1}{b_1 - a_1} = \dfrac{x_2 - a_2}{b_2 - a_2} = \dfrac{x_3 - a_3}{b_3 - a_3}\ (= t)$　$\cdots(1.5.17)$

この式はパラメータtを消去したもので，(成分を使った) 直線ℓを表す式である。

例 1.2　2点 A(1, 1, 1)，B(2, 3, 4) を通る直線ℓを表す方程式を求めると，(1.5.17) より，

$$\frac{x_1 - 1}{2 - 1} = \frac{x_2 - 1}{3 - 1} = \frac{x_3 - 1}{4 - 1},\ \text{よって，}\ \frac{x_1 - 1}{1} = \frac{x_2 - 1}{2} = \frac{x_3 - 1}{3}$$
$$\cdots(1.5.18)$$

1.6 平面のベクトル表示 (A)

平面 π とベクトル $\boldsymbol{q}$ において，平面 π 上の 2 点 A，B を適当にとれば $\overrightarrow{\mathrm{AB}}=\boldsymbol{q}$ となるとき，ベクトル $\boldsymbol{q}$ は平面 π 上にあるという (あるいは π は $\boldsymbol{q}$ を含むともいう)。点 A を含む平面 π で，(平行でないベクトル) $\boldsymbol{q}$，$\boldsymbol{r}$ が π 上にある，そのような平面を表す方程式を求めよう。点 A の位置ベクトルを $\overrightarrow{\mathrm{OA}}=\boldsymbol{a}$ とする。平面 π 上の任意の点 P の位置ベクトル $\overrightarrow{\mathrm{OP}}=\boldsymbol{p}$ を，$\boldsymbol{a}$，$\boldsymbol{q}$，$\boldsymbol{r}$ を使って表そう (図 1.11 左図参照)。

点 P が平面 π 上にあれば（図のように）実数 s，t が存在して，

$$\cdots(1.6.1)$$

$\overrightarrow{\mathrm{AP}}=s\boldsymbol{q}+t\boldsymbol{r}$ と表せ，(1.4.14) より $\boldsymbol{p}-\boldsymbol{a}=s\boldsymbol{q}+t\boldsymbol{r}$ $\cdots(1.6.2)$

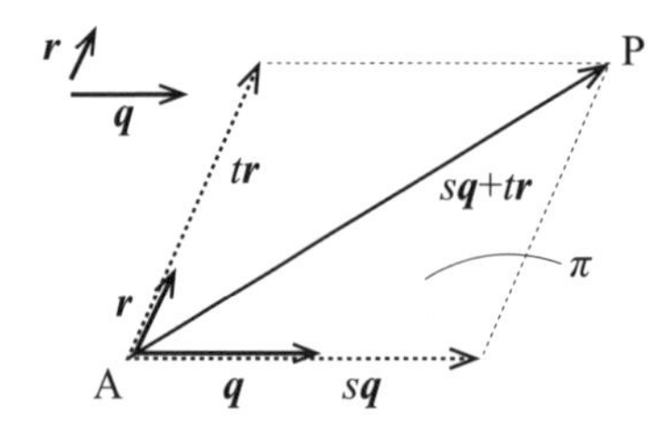

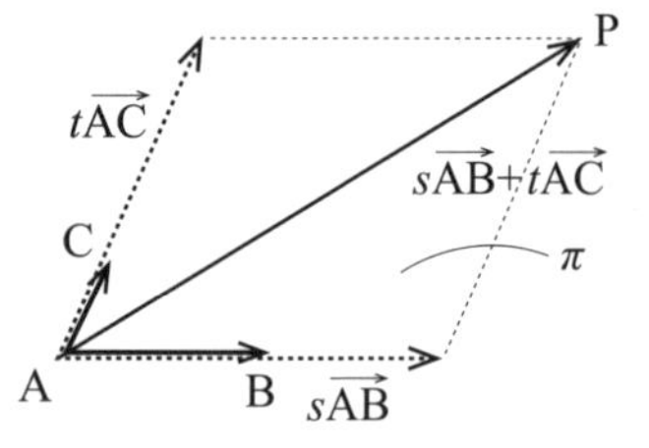

図 1.11

s，t はパラメータで，これらの値を変化させることによって，点 P は平面上を動く。(1.6.2) が平面 π のパラメータ表示である。ベクトル $\boldsymbol{a}$，$\boldsymbol{p}$，$\boldsymbol{q}$，$\boldsymbol{r}$ が次のように成分表示されているとき，

$$\boldsymbol{a}=\begin{pmatrix}a_1\\a_2\\a_3\end{pmatrix},\quad \boldsymbol{p}=\begin{pmatrix}x_1\\x_2\\x_3\end{pmatrix},\quad \boldsymbol{q}=\begin{pmatrix}q_1\\q_2\\q_3\end{pmatrix},\quad \boldsymbol{r}=\begin{pmatrix}r_1\\r_2\\r_3\end{pmatrix}\qquad\cdots(1.6.3)$$

(1.6.2) をこの成分表示で書き換えると，

$$\begin{pmatrix} x_1 \\ x_2 \\ x_3 \end{pmatrix} - \begin{pmatrix} a_1 \\ a_2 \\ a_3 \end{pmatrix} = s\begin{pmatrix} q_1 \\ q_2 \\ q_3 \end{pmatrix} + t\begin{pmatrix} r_1 \\ r_2 \\ r_3 \end{pmatrix} \qquad \cdots (1.6.4)$$

よって，

$$\begin{pmatrix} x_1 - a_1 \\ x_2 - a_2 \\ x_3 - a_3 \end{pmatrix} - s\begin{pmatrix} q_1 \\ q_2 \\ q_3 \end{pmatrix} - t\begin{pmatrix} r_1 \\ r_2 \\ r_3 \end{pmatrix} = \begin{pmatrix} 0 \\ 0 \\ 0 \end{pmatrix} \qquad \cdots (1.6.5)$$

ここで，行列 M とベクトル $\boldsymbol{d}$ を

$$M = (\boldsymbol{p} - \boldsymbol{a}, \boldsymbol{q}, \boldsymbol{r}) = \begin{pmatrix} x_1 - a_1 & q_1 & r_1 \\ x_2 - a_2 & q_2 & r_2 \\ x_3 - a_3 & q_3 & r_3 \end{pmatrix}, \quad \boldsymbol{d} = \begin{pmatrix} 1 \\ -s \\ -t \end{pmatrix} \qquad \cdots (1.6.6)$$

とおくと (1.6.5) は，$M\boldsymbol{d} = \boldsymbol{0}$ と表せる。ここで $\boldsymbol{d} \neq \boldsymbol{0}$ だから，(M の逆行列は存在せず) 行列式 $\det(M) = 0$ とならなければならず[◇1.9]，これを展開すれば (パラメータ s，t が表れず) $A_1x_1 + A_2x_2 + A_3x_3 + A_4 = 0$ という形に整理できる。これが平面 π を表す方程式となる。

例 1.3　点 A$(1, 1, 1)$ を通り，２つのベクトル

$$\boldsymbol{q} = \begin{pmatrix} 1 \\ 2 \\ 3 \end{pmatrix}, \quad \boldsymbol{r} = \begin{pmatrix} 1 \\ 1 \\ 2 \end{pmatrix} \qquad \cdots (1.6.7)$$

含む平面 π の方程式を求めよう。(1.6.6) の M で，$\det(M) = 0$ を求めると，

◇1.9 もし逆行列が存在すれば，$M\boldsymbol{d} = \boldsymbol{0}$ の両辺に左から M^{-1} をかけると $\boldsymbol{d} = \boldsymbol{0}$ となってしまう。「入門線型代数」7 章の定理 7.3 (p. 145) より，M が正則であることと $\det(M) \neq 0$ は同値である。

$$\det(M) = \det(\boldsymbol{p}-\boldsymbol{a}, \boldsymbol{q}, \boldsymbol{r}) = \det\begin{pmatrix} x_1-1 & 1 & 1 \\ x_2-1 & 2 & 1 \\ x_3-1 & 3 & 2 \end{pmatrix} \qquad \cdots(1.6.8)$$

$$= (x_1-1)+(x_2-1)-(x_3-1) = x_1+x_2-x_3-1 = 0 \quad \cdots(1.6.9)$$

となる。これが平面 π の方程式である。

次に空間上に，同一直線上にない 3 点 A，B，C を通る平面 π を考えよう。点 A，B，C の位置ベクトルを $\overrightarrow{\mathrm{OA}} = \boldsymbol{a}$，$\overrightarrow{\mathrm{OB}} = \boldsymbol{b}$，$\overrightarrow{\mathrm{OC}} = \boldsymbol{c}$ とする。平面 π 上の任意の点 P の位置ベクトル $\overrightarrow{\mathrm{OP}} = \boldsymbol{p}$ を，$\boldsymbol{a}$，$\boldsymbol{b}$，$\boldsymbol{c}$ を使って表そう (図 1.11 右図参照)。

点 P が平面 π 上にあれば（図のように）実数 s，t が存在して，

$$\cdots(1.6.10)$$

$\overrightarrow{\mathrm{AP}} = s\overrightarrow{\mathrm{AB}} + t\overrightarrow{\mathrm{AC}}$ と表せ，よって (1.4.14) より $\qquad \cdots(1.6.11)$

$\boldsymbol{p}-\boldsymbol{a} = s(\boldsymbol{b}-\boldsymbol{a}) + t(\boldsymbol{c}-\boldsymbol{a})$ で，$\boldsymbol{p} = (1-s-t)\boldsymbol{a} + s\boldsymbol{b} + t\boldsymbol{c}$

$$\cdots(1.6.12)$$

$1-s-t=r$ とおくと，$\boldsymbol{p} = r\boldsymbol{a} + s\boldsymbol{b} + t\boldsymbol{c}$，ただし $r+s+t=1$

$$\cdots(1.6.13)$$

と表せる。r，s，t はパラメータである。(1.6.12) (1.6.13) がパラメータを使った平面 π の方程式である。位置ベクトル $\boldsymbol{a}$，$\boldsymbol{b}$，$\boldsymbol{c}$，$\boldsymbol{p}$ が次のように成分表示されているとき，

$$\boldsymbol{a} = \begin{pmatrix} a_1 \\ a_2 \\ a_3 \end{pmatrix}, \quad \boldsymbol{b} = \begin{pmatrix} b_1 \\ b_2 \\ b_3 \end{pmatrix}, \quad \boldsymbol{c} = \begin{pmatrix} c_1 \\ c_2 \\ c_3 \end{pmatrix}, \quad \boldsymbol{p} = \begin{pmatrix} x_1 \\ x_2 \\ x_3 \end{pmatrix} \quad \cdots(1.6.14)$$

(1.6.12) をこの成分表示で書き換えると，

$$\begin{pmatrix} x_1 - a_1 \\ x_2 - a_2 \\ x_3 - a_3 \end{pmatrix} = s \begin{pmatrix} b_1 - a_1 \\ b_2 - a_2 \\ b_3 - a_3 \end{pmatrix} + t \begin{pmatrix} c_1 - a_1 \\ c_2 - a_2 \\ c_3 - a_3 \end{pmatrix} \quad \cdots (1.6.15)$$

先程と同様に行列 $M = (\boldsymbol{p} - \boldsymbol{a}, \boldsymbol{b} - \boldsymbol{a}, \boldsymbol{c} - \boldsymbol{a})$ とベクトル $\boldsymbol{d}$ を

$$M = \begin{pmatrix} x_1 - a_1 & b_1 - a_1 & c_1 - a_1 \\ x_2 - a_2 & b_2 - a_2 & c_2 - a_2 \\ x_3 - a_3 & b_3 - a_3 & c_3 - a_3 \end{pmatrix}, \quad \boldsymbol{d} = \begin{pmatrix} 1 \\ -s \\ -t \end{pmatrix} \quad \cdots (1.6.16)$$

とおくと，(1.6.15) は $M\boldsymbol{d} = \boldsymbol{0}$ と表せる。ここで $\boldsymbol{d} \neq \boldsymbol{0}$ だから，行列式 $\det(M) = 0$ でこれを展開すれば（パラメータが消去され）$A_1x_1 + A_2x_2 + A_3x_3 + A_4 = 0$ という形に整理でき，これが平面 π を表す方程式となる。

例 1.4　3 点 A(1, 0, 0)，B(0, 1, 0)，C(0, 0, 1) を通る平面 π の方程式を求めよう。(1.6.16) の行列 M で $\det(M) = 0$ を求めると，

$$\det(\boldsymbol{p} - \boldsymbol{a}, \boldsymbol{b} - \boldsymbol{a}, \boldsymbol{c} - \boldsymbol{a}) = \det \begin{pmatrix} x_1 - 1 & -1 & -1 \\ x_2 & 1 & 0 \\ x_3 & 0 & 1 \end{pmatrix} \quad \cdots (1.6.17)$$

$$= (x_1 - 1) + x_2 + x_3 = x_1 + x_2 + x_3 - 1 = 0 \quad \cdots (1.6.18)$$

となる。これが平面 π を表す方程式である。

2 内　　積

《目標 & ポイント》 平面や空間における，長さや角度について学ぶ。次に内積を定義し，その意味や性質を理解する。また内積を使っても，長さや角度の概念が定義できることをみる。
《キーワード》 長さ，角度，内積，座標系，計量ベクトル空間

2.1 空間や平面における長さや角度 (A)

高校で習った平面や空間において，長さや角度は，三平方の定理や（それから得られる）余弦定理を使って求めることができた。これを復習しよう。

まず 2 点間の距離 (2 点を結ぶ線分の長さ) を求めよう。図 2.1 左図のように平面上の 2 点 $\mathrm{A}(a_1, a_2)$，$\mathrm{B}(b_1, b_2)$ において線分 $\overline{\mathrm{AB}}$ の長さは，三平方の定理より，

$$\sqrt{(b_1 - a_1)^2 + (b_2 - a_2)^2} \qquad \cdots (2.1.1)$$

で求められる。今度は図 2.1 右図のように空間上の 2 点 $\mathrm{A}(a_1, a_2, a_3)$,

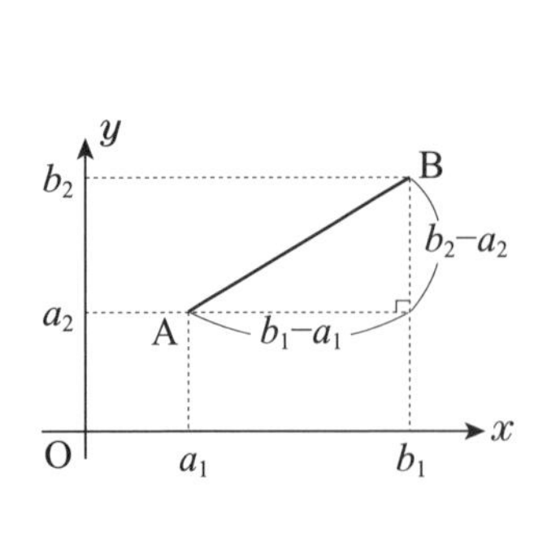

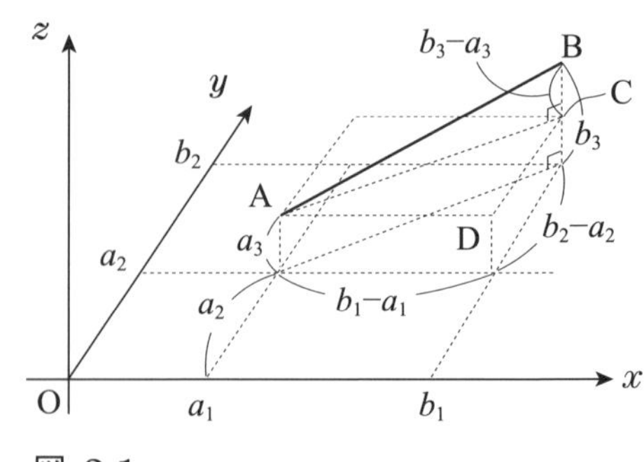

図 2.1

$\mathrm{B}(b_1, b_2, b_3)$ において，線分 $\overline{\mathrm{AB}}$ の長さ (これも $\overline{\mathrm{AB}}$ で表すこととする) を求めると，

△ACD に三平方の定理を使い

$$\overline{\mathrm{AC}}^2 = \overline{\mathrm{AD}}^2 + \overline{\mathrm{DC}}^2 = (b_1 - a_1)^2 + (b_2 - a_2)^2 \qquad \cdots (2.1.2)$$

さらに△ABC に三平方の定理を使い

$$\overline{\mathrm{AB}}^2 = \overline{\mathrm{AC}}^2 + \overline{\mathrm{CB}}^2 = (b_1 - a_1)^2 + (b_2 - a_2)^2 + (b_3 - a_3)^2 \quad \cdots (2.1.3)$$

よって，$\overline{\mathrm{AB}} = \sqrt{(b_1 - a_1)^2 + (b_2 - a_2)^2 + (b_3 - a_3)^2} \qquad \cdots (2.1.4)$

次に図 2.2 で，△ABC に余弦定理を用いると，

$$\overline{\mathrm{BC}}^2 = \overline{\mathrm{AB}}^2 + \overline{\mathrm{AC}}^2 - 2\overline{\mathrm{AB}} \cdot \overline{\mathrm{AC}} \cos\theta \qquad \cdots (2.1.5)$$

よって，$\cos\theta = \dfrac{\overline{\mathrm{AB}}^2 + \overline{\mathrm{AC}}^2 - \overline{\mathrm{BC}}^2}{2\overline{\mathrm{AB}} \cdot \overline{\mathrm{AC}}} \qquad \cdots (2.1.6)$

これより $\angle\mathrm{BAC} = \theta$ の余弦が求められる。このように平面（あるいは空間）において，三平方の定理（や余弦定理）を用いて，(2.1.1)，(2.1.4)，(2.1.6) により，長さや角度（の余弦）を求めることができる。

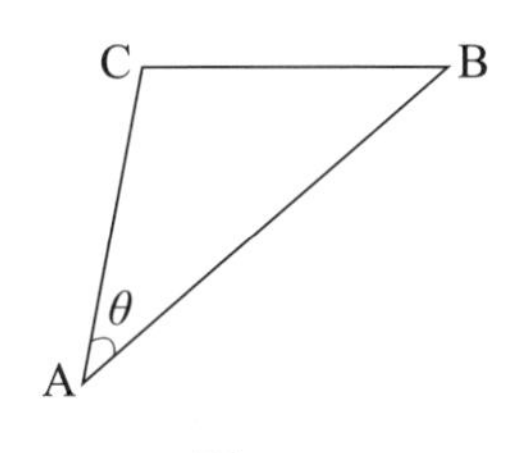

図 2.2

2.2 内 積 (A)

平面において，ベクトル

$$\boldsymbol{a} = \begin{pmatrix} a_1 \\ a_2 \end{pmatrix}, \quad \boldsymbol{b} = \begin{pmatrix} b_1 \\ b_2 \end{pmatrix} \qquad \cdots (2.2.1)$$

の内積 $(\boldsymbol{a},\boldsymbol{b})$ を，対応する成分どうしの積の和，すなわち

$$(\boldsymbol{a},\boldsymbol{b}) = a_1b_1 + a_2b_2 \qquad \cdots (2.2.2)$$

と定義する。とくに $(\boldsymbol{a},\boldsymbol{a}) = a_1^2 + a_2^2 \geq 0$ で，最後の不等式の等号は $a_1 = a_2 = 0$，すなわち $\boldsymbol{a} = \boldsymbol{0}$ のときに成り立つ。次に，

$$\boldsymbol{a}\text{の大きさ（長さ）}\|\boldsymbol{a}\|\text{を，}\sqrt{(\boldsymbol{a},\boldsymbol{a})} = \sqrt{a_1^2 + a_2^2} \cdots (2.2.3)$$

で定義する。

例 2.1

$$\boldsymbol{a} = \begin{pmatrix} a_1 \\ a_2 \end{pmatrix}\text{のとき，}c\boldsymbol{a} = \begin{pmatrix} ca_1 \\ ca_2 \end{pmatrix} \qquad \cdots (2.2.4)$$

$$\text{だから，}(c\boldsymbol{a}, c\boldsymbol{a}) = c^2a_1^2 + c^2a_2^2\text{ よって} \qquad \cdots (2.2.5)$$

$$\|c\boldsymbol{a}\| = \sqrt{(c\boldsymbol{a}, c\boldsymbol{a})} = \sqrt{c^2(a_1^2 + a_2^2)} = |c| \cdot \|\boldsymbol{a}\| \quad \cdots (2.2.6)$$

すなわち $c\boldsymbol{a}$ の大きさは，ベクトル $\boldsymbol{a}$ の大きさの $|c|$ 倍となる。

空間でも同様である。ベクトル

$$\boldsymbol{a} = \begin{pmatrix} a_1 \\ a_2 \\ a_3 \end{pmatrix}, \quad \boldsymbol{b} = \begin{pmatrix} b_1 \\ b_2 \\ b_3 \end{pmatrix} \qquad \cdots (2.2.7)$$

の内積 $(\boldsymbol{a},\boldsymbol{b})$ を，対応する成分どうしの積の和，すなわち

$$(\boldsymbol{a},\boldsymbol{b}) = a_1b_1 + a_2b_2 + a_3b_3 \qquad \cdots (2.2.8)$$

と定義する。そして，

$$\boldsymbol{a}\text{の大きさ（長さ）}\|\boldsymbol{a}\|\text{を，}\sqrt{(\boldsymbol{a},\boldsymbol{a})} = \sqrt{a_1^2 + a_2^2 + a_3^2} \quad \cdots (2.2.9)$$

で定義する。平面の場合と同様に，$c\boldsymbol{a} = {}^t(ca_1, ca_2, ca_3)$ だから，

$$\begin{aligned}\|c\boldsymbol{a}\| &= \sqrt{(c\boldsymbol{a}, c\boldsymbol{a})} = \sqrt{c^2a_1^2 + c^2a_2^2 + c^2a_3^2} \\ &= \sqrt{c^2(a_1^2 + a_2^2 + a_3^2)} = |c|\sqrt{a_1^2 + a_2^2 + a_3^2} = |c| \cdot \|\boldsymbol{a}\|\end{aligned} \qquad \cdots (2.2.10)$$

コメント 2.1　ベクトル $\boldsymbol{a}$ の大きさ $\|\boldsymbol{a}\|$ は，平面のときは (2.2.3)，空間のときは (2.2.9) によって定義された。$\boldsymbol{a}$ を $\overrightarrow{\mathrm{AB}}$ と書けば，$\|\boldsymbol{a}\|$ は $\overline{\mathrm{AB}}$ の長さになるべきである。これを確認しよう。((2.1.4) で求めた) 線分 $\overline{\mathrm{AB}}$ の長さと，((2.2.9) で定義した) ベクトル $\overrightarrow{\mathrm{AB}}$ の大きさ $\|\overrightarrow{\mathrm{AB}}\|$ をそれぞれ求めると，

2点 $\mathrm{A}(a_1, a_2, a_3)$，$\mathrm{B}(b_1, b_2, b_3)$ において，　$\cdots (2.2.11)$

A，B の位置ベクトルを $\boldsymbol{a}$，$\boldsymbol{b}$ とする。三平方の定理より　$\cdots (2.2.12)$

$\overline{\mathrm{AB}} = \sqrt{(b_1 - a_1)^2 + (b_2 - a_2)^2 + (b_3 - a_3)^2}$，一方　$\cdots (2.2.13)$

$$\overrightarrow{\mathrm{AB}} = \boldsymbol{b} - \boldsymbol{a} = \begin{pmatrix} b_1 \\ b_2 \\ b_3 \end{pmatrix} - \begin{pmatrix} a_1 \\ a_2 \\ a_3 \end{pmatrix} = \begin{pmatrix} b_1 - a_1 \\ b_2 - a_2 \\ b_3 - a_3 \end{pmatrix} \qquad \cdots (2.2.14)$$

で $\|\overrightarrow{\mathrm{AB}}\| = \sqrt{(b_1 - a_1)^2 + (b_2 - a_2)^2 + (b_3 - a_3)^2}$　$\cdots (2.2.15)$

よって，$\overline{\mathrm{AB}} = \|\overrightarrow{\mathrm{AB}}\|$　$\cdots (2.2.16)$

となり確かに，ベクトル $\overrightarrow{\mathrm{AB}}$ の大きさ $\|\overrightarrow{\mathrm{AB}}\|$ は線分 $\overline{\mathrm{AB}}$ の長さに等しい ((2.2.13)，(2.2.15) を見比べればわかるように実質同じ計算である)。

次に，空間における内積の性質を述べる。平面の場合と同様である。零でないベクトル $\boldsymbol{a}$，$\boldsymbol{b}$ において，$\boldsymbol{a}$，$\boldsymbol{b}$ の（始点をそろえたときに）なす角を θ として，次の (2.2.17)，(2.2.18)，(2.2.19) が成り立つ。

$$(\boldsymbol{a}, \boldsymbol{b}) = \|\boldsymbol{a}\| \cdot \|\boldsymbol{b}\| \cos\theta \qquad \cdots (2.2.17)$$

$$|(\boldsymbol{a}, \boldsymbol{b})| \leq \|\boldsymbol{a}\| \cdot \|\boldsymbol{b}\| \qquad \cdots (2.2.18)$$

$$\|\boldsymbol{a} + \boldsymbol{b}\| \leq \|\boldsymbol{a}\| + \|\boldsymbol{b}\| \qquad \cdots (2.2.19)$$

$$(2.2.17) より，\cos\theta = \frac{(\boldsymbol{a},\boldsymbol{b})}{\|\boldsymbol{a}\|\cdot\|\boldsymbol{b}\|} \qquad \cdots (2.2.20)$$

(2.2.16) より 2 点間の距離すなわち $\overline{\mathrm{AB}}$ の長さは，ベクトル $\overrightarrow{\mathrm{AB}}$ の大きさ $\|\overrightarrow{\mathrm{AB}}\|$ に等しく，その大きさは (2.2.9) より内積を使って表される（求められる)。さらに角度も上式 (2.2.20) から内積を使って表されることがわかる。このように内積を使って，距離や角度を求めることができるのである。また (2.2.17) で $(\boldsymbol{a},\boldsymbol{b})=0$ のとき $\cos\theta=0$ だから，
$\theta=\frac{\pi}{2},\frac{3}{2}\pi$　よって $(\boldsymbol{a},\boldsymbol{b})=0$ のとき，$\boldsymbol{a}$ と $\boldsymbol{b}$ は直交するといい，$\boldsymbol{a}\perp\boldsymbol{b}$ と書く。$\boldsymbol{a}$ あるいは $\boldsymbol{b}$ が零ベクトルの場合も (角度 θ は定義されないが) $(\boldsymbol{a},\boldsymbol{b})=0$ だから，直交するという。

コメント 2.2 (B)　(2.2.17)，(2.2.18)，(2.2.19) を証明しよう。図 2.3 右図の三角形 OAC の各辺の長さを考えると (2.2.19) が導かれる。次に (2.2.17) については，図 2.3 左図の三角形 OAB をみて，ベクトル $\boldsymbol{a}$，$\boldsymbol{b}$ のなす角を θ とすると，(2.1.5) で述べたように余弦定理より

$$\|\boldsymbol{b}-\boldsymbol{a}\|^2 = \|\boldsymbol{a}\|^2+\|\boldsymbol{b}\|^2-2\|\boldsymbol{a}\|\cdot\|\boldsymbol{b}\|\cos\theta \quad よって \qquad \cdots (2.2.21)$$

$$\|\boldsymbol{a}\|\cdot\|\boldsymbol{b}\|\cos\theta \qquad \cdots (2.2.22)$$

$$= \frac{1}{2}(\|\boldsymbol{a}\|^2+\|\boldsymbol{b}\|^2-\|\boldsymbol{b}-\boldsymbol{a}\|^2) \quad (2.2.7) を使い \qquad \cdots (2.2.23)$$

$$= \frac{1}{2}\{(a_1^2+a_2^2+a_3^2)+(b_1^2+b_2^2+b_3^2) - (b_1-a_1)^2-(b_2-a_2)^2-(b_3-a_3)^2\} \qquad \cdots (2.2.24)$$

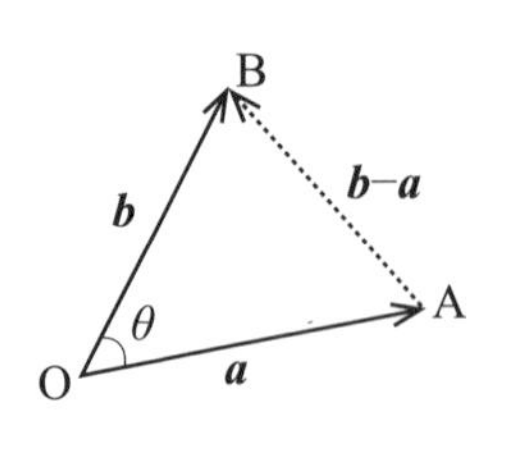

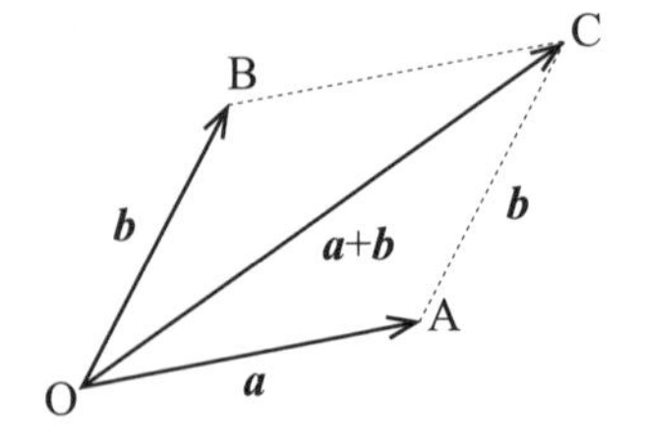

図 2.3

$$= \frac{1}{2}\{(a_1^2 + a_2^2 + a_3^2) + (b_1^2 + b_2^2 + b_3^2) \quad \cdots (2.2.25)$$

$$- (b_1^2 - 2a_1b_1 + a_1^2) - (b_2^2 - 2a_2b_2 + a_2^2) - (b_3^2 - 2a_3b_3 + a_3^2)\} \quad \cdots (2.2.26)$$

$$= a_1b_1 + a_2b_2 + a_3b_3 = (\boldsymbol{a}, \boldsymbol{b}) \quad \cdots (2.2.27)$$

これより，(2.2.17) が導かれる。ここで，$-1 \leq \cos\theta \leq 1$ だから $(-\|\boldsymbol{a}\| \cdot \|\boldsymbol{b}\| \leq (\boldsymbol{a}, \boldsymbol{b}) \leq \|\boldsymbol{a}\| \cdot \|\boldsymbol{b}\|$ すなわち) (2.2.18) も成り立つ。

図 2.4 左図で $\boldsymbol{a} = \overrightarrow{\mathrm{OA}}$ とし，点 A から (点 O を通り $\boldsymbol{b}$ と平行な) 直線 ℓ へ垂線を下ろした点を P としたとき，$\|\boldsymbol{b}\| = 1$ なら (2.2.17) より

$(\boldsymbol{a}, \boldsymbol{b})\boldsymbol{b} = \|\boldsymbol{a}\| \cos\theta \boldsymbol{b} = \overrightarrow{\mathrm{OP}}$◇2.1　よって $\|(\boldsymbol{a}, \boldsymbol{b})\boldsymbol{b}\| = |(\boldsymbol{a}, \boldsymbol{b})| = \overline{\mathrm{OP}}$

$\overrightarrow{\mathrm{PA}} \perp \overrightarrow{\mathrm{OP}}$ だから $\overrightarrow{\mathrm{PA}} = \overrightarrow{\mathrm{OA}} - \overrightarrow{\mathrm{OP}} = \boldsymbol{a} - (\boldsymbol{a}, \boldsymbol{b})\boldsymbol{b}$ と $\boldsymbol{b}$ は直交する。 $\cdots (2.2.28)$

$\boldsymbol{a}$ と各基本ベクトル $\boldsymbol{e}_1$，$\boldsymbol{e}_2$，$\boldsymbol{e}_3$ が，

$$\boldsymbol{a} = \begin{pmatrix} x_1 \\ x_2 \\ x_3 \end{pmatrix}, \quad \boldsymbol{e}_1 = \begin{pmatrix} 1 \\ 0 \\ 0 \end{pmatrix}, \quad \boldsymbol{e}_2 = \begin{pmatrix} 0 \\ 1 \\ 0 \end{pmatrix}, \quad \boldsymbol{e}_3 = \begin{pmatrix} 0 \\ 0 \\ 1 \end{pmatrix} \quad \cdots (2.2.29)$$

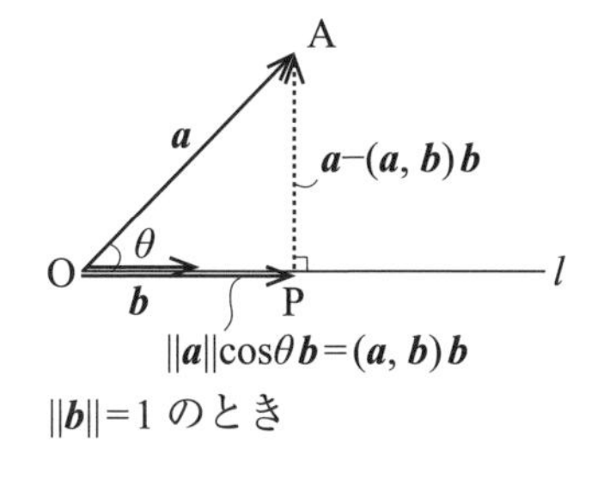

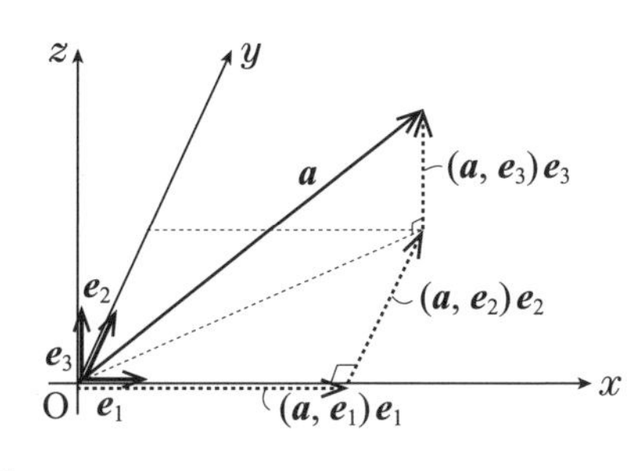

図 2.4

◇2.1 図 2.4 左図では $\|\boldsymbol{a}\| \cos\theta$ は $\overline{\mathrm{OP}}$ の長さを表す。

であるとき，(2.2.8)，(2.2.9) に従って計算すると，

$$(\boldsymbol{e}_1, \boldsymbol{e}_2) = (\boldsymbol{e}_1, \boldsymbol{e}_3) = (\boldsymbol{e}_2, \boldsymbol{e}_3) = 0 \quad \cdots (2.2.30)$$

$$\|\boldsymbol{e}_1\| = \|\boldsymbol{e}_2\| = \|\boldsymbol{e}_3\| = 1 \quad \cdots (2.2.31)$$

よって基本ベクトルの大きさは1で互いに直交する。 $\cdots (2.2.32)$

$$(\boldsymbol{a}, \boldsymbol{e}_1) = x_1, \quad (\boldsymbol{a}, \boldsymbol{e}_2) = x_2, \quad (\boldsymbol{a}, \boldsymbol{e}_3) = x_3 \quad \cdots (2.2.33)$$

よって $\boldsymbol{a} = x_1\boldsymbol{e}_1 + x_2\boldsymbol{e}_2 + x_3\boldsymbol{e}_3 \quad \cdots (2.2.34)$

$$= (\boldsymbol{a}, \boldsymbol{e}_1)\boldsymbol{e}_1 + (\boldsymbol{a}, \boldsymbol{e}_2)\boldsymbol{e}_2 + (\boldsymbol{a}, \boldsymbol{e}_3)\boldsymbol{e}_3 \quad \cdots (2.2.35)$$

成分表示すれば，$\boldsymbol{a} = \begin{pmatrix} x_1 \\ x_2 \\ x_3 \end{pmatrix} = \begin{pmatrix} (\boldsymbol{a}, \boldsymbol{e}_1) \\ (\boldsymbol{a}, \boldsymbol{e}_2) \\ (\boldsymbol{a}, \boldsymbol{e}_3) \end{pmatrix} \quad \cdots (2.2.36)$

となる (図 2.4 右図参照)。すなわち，各 $(\boldsymbol{a}, \boldsymbol{e}_i)$ は $\boldsymbol{a}$ の第 i 成分 ((1.4.2) 後の文章参照) を表す。

例 2.2　平面上の直線 ℓ

$$ax_1 + bx_2 + c = 0 \quad \cdots (2.2.37)$$

において，ℓ 上の 2 点 $\mathrm{P}(p_1, p_2)$，$\mathrm{Q}(q_1, q_2)$ において，$\overrightarrow{\mathrm{PQ}}$ は直線 ℓ の方向ベクトルである。ここで

$ap_1 + bp_2 + c = 0$，$aq_1 + bq_2 + c = 0$　辺々引き算して

$a(q_1 - p_1) + b(q_2 - p_2) = 0$　これは

$\boldsymbol{n} = \begin{pmatrix} a \\ b \end{pmatrix}$ は方向ベクトル $\overrightarrow{\mathrm{PQ}} = \begin{pmatrix} q_1 - p_1 \\ q_2 - p_2 \end{pmatrix}$ に垂直 $\cdots (2.2.38)$

であることを示している。直線 ℓ の方向ベクトルに垂直なベクトルを，直線 ℓ の法線ベクトルという。(2.2.37) の係数からなる上記ベクトル $\boldsymbol{n}$ は直線 ℓ の法線ベクトルである。

同様に空間上の平面 π

$$ax_1 + bx_2 + cx_3 + d = 0 \quad \cdots (2.2.39)$$

において，π 上の 2 点 $\mathrm{P}(p_1, p_2, p_3)$，$\mathrm{Q}(q_1, q_2, q_3)$ において，$\overrightarrow{\mathrm{PQ}}$ は平面 π 上にある。ここで

$$ap_1 + bp_2 + cp_3 + d = 0,\ aq_1 + bq_2 + cq_3 + d = 0 \quad \text{引き算して} \qquad \cdots (2.2.40)$$

$$a(q_1 - p_1) + b(q_2 - p_2) + c(q_3 - p_3) = 0 \quad \text{これは} \qquad \cdots (2.2.41)$$

$$\boldsymbol{n} = \begin{pmatrix} a \\ b \\ c \end{pmatrix} \text{は平面上のベクトル}\ \overrightarrow{\mathrm{PQ}} = \begin{pmatrix} q_1 - p_1 \\ q_2 - p_2 \\ q_3 - p_3 \end{pmatrix} \text{に垂直} \qquad \cdots (2.2.42)$$

であることを示している。平面 π 上の任意のベクトルに垂直なベクトルを，平面 π の**法線ベクトル**という。(2.2.39) の係数からなる上記ベクトル $\boldsymbol{n}$ は平面 π の法線ベクトルである。

例 2.3　点 $\mathrm{P}(p_1, p_2, p_3)$ を通り，ベクトル

$$\boldsymbol{n} = \begin{pmatrix} a \\ b \\ c \end{pmatrix} \qquad \cdots (2.2.43)$$

が法線ベクトルとなるような平面 π の方程式を求めよう。平面上の任意の点を $\mathrm{Q}(x_1, x_2, x_3)$ とすれば，$\boldsymbol{n}$ と $\overrightarrow{\mathrm{PQ}}$ は垂直だから，内積は 0 となる。よって

$$(\boldsymbol{n}, \overrightarrow{\mathrm{PQ}}) = a(x_1 - p_1) + b(x_2 - p_2) + c(x_3 - p_3) = 0 \qquad \cdots (2.2.44)$$

これが平面 π の方程式となる。例えば，点 $\mathrm{P}(1, 1, 1)$ を通り，ベクトル

$$\boldsymbol{n} = \begin{pmatrix} 1 \\ 2 \\ 3 \end{pmatrix} \qquad \cdots (2.2.45)$$

が法線ベクトルとなるような平面 π の方程式を求めよう。平面上の任意

の点を $\mathrm{Q}(x_1, x_2, x_3)$ とすれば，

$$(\boldsymbol{n}, \overrightarrow{\mathrm{PQ}}) = (x_1 - 1) + 2(x_2 - 1) + 3(x_3 - 1) = 0 \quad よって \quad \cdots (2.2.46)$$

$$x_1 + 2x_2 + 3x_3 - 6 = 0 \quad \cdots (2.2.47)$$

これが平面 π の方程式である。

2.3 座標系 (A)

空間において考える。原点となる点 O と，ベクトルの集合 $\{\boldsymbol{a}_1, \boldsymbol{a}_2, \boldsymbol{a}_3\}$ で，

各ベクトルの長さが 1 で，任意の異なる 2 つのベクトルが直交する

$\cdots (2.3.1)$

(すなわち，$1 \leq i \neq j \leq 3$ なる i，j で $(\boldsymbol{a}_i, \boldsymbol{a}_j) = 0$ である) とき，この組 $(\mathrm{O}, \{\boldsymbol{a}_1, \boldsymbol{a}_2, \boldsymbol{a}_3\})$ を（直交な）座標系という。我々は 1.4 節で，原点 O を通り，$\boldsymbol{a}_1$，$\boldsymbol{a}_2$，$\boldsymbol{a}_3$ に平行な直線をそれぞれ，x 軸，y 軸，z 軸とよんだのである。そして，ベクトル $\boldsymbol{a}_i$ を $\boldsymbol{e}_i$ と書いて基本ベクトルと呼んだのである。(1.4.2)，(1.4.4) で述べたように，座標系 $(\mathrm{O}, \{\boldsymbol{e}_1, \boldsymbol{e}_2, \boldsymbol{e}_3\})$ を決めれば，空間上の 2 点 S，P に対し，

$\overrightarrow{\mathrm{SP}} = x_1\boldsymbol{e}_1 + x_2\boldsymbol{e}_2 + x_3\boldsymbol{e}_3$ なる x_1，x_2，x_3 が決まる。 $\cdots (2.3.2)$

このとき $\overrightarrow{\mathrm{SP}} = \begin{pmatrix} x_1 \\ x_2 \\ x_3 \end{pmatrix}$ とかき，$\overrightarrow{\mathrm{SP}}$ の成分表示という。上記で，

$\cdots (2.3.3)$

$\mathrm{S} = \mathrm{O}$ とすれば，空間上の点 P に対してその座標が決まる。すなわち，

$\cdots (2.3.4)$

$\overrightarrow{\mathrm{OP}} = x_1\boldsymbol{e}_1 + x_2\boldsymbol{e}_2 + x_3\boldsymbol{e}_3 \Leftrightarrow$ P の座標は (x_1, x_2, x_3) $\cdots (2.3.5)$

である (従って空間上の点Pの座標は，座標系の決め方で変わる)。

本章のいままでの議論を振り返ってみよう。まず空間に座標系 $(\mathrm{O}, \{\boldsymbol{e}_1, \boldsymbol{e}_2, \boldsymbol{e}_3\})$ が導入され，これにより空間上の任意の点Pに対してその点の座標が (2.3.5) により決まった。そして 2.1 節において，三平方の定理（や余弦定理）を使うことによって，長さや角度を求めた。すなわち空間を幾何的にみたのである。これら長さや角度の概念が入った（すなわち中学や高校で習った）空間（平面）をユークリッド空間（平面）という。ユークリッド空間（の点の集合）を $\boldsymbol{E}^3$ (平面の場合は $\boldsymbol{E}^2$) としよう。さらに我々は 2.2 節で内積を定義した。そして内積を使う（出発点にする）ことによっても，(2.2.9)，(2.2.20)，

$$\|\boldsymbol{a}\| = \sqrt{(\boldsymbol{a}, \boldsymbol{a})}$$
$$\cos\theta = \frac{(\boldsymbol{a}, \boldsymbol{b})}{\|\boldsymbol{a}\|\,\|\boldsymbol{b}\|} \quad \cdots (2.3.6)$$

により，長さや角度を（内積を用いて）表せることをみた。

「入門線型代数」では，数ベクトル空間 $\boldsymbol{R}^3$ は (幾何的なイメージを忘れて)，単に3つの実数の順序列の集合として（代数的に）定義された。そして $\boldsymbol{R}^3$ の要素をベクトルと呼んだのである。ここで $\boldsymbol{R}^3$ のベクトル

$$\boldsymbol{a} = \begin{pmatrix} a_1 \\ a_2 \\ a_3 \end{pmatrix}, \quad \boldsymbol{b} = \begin{pmatrix} b_1 \\ b_2 \\ b_3 \end{pmatrix} \quad \cdots (2.3.7)$$

の内積を，

$(\boldsymbol{a}, \boldsymbol{b}) = a_1 b_1 + a_2 b_2 + a_3 b_3$ と定義し，ベクトル $\boldsymbol{a}$ の大きさ（長さ）を
$\cdots (2.3.8)$

$\|\boldsymbol{a}\| = \sqrt{(\boldsymbol{a}, \boldsymbol{a})} = \sqrt{a_1^2 + a_2^2 + a_3^2}$ と定義しよう。さらに $\boldsymbol{a}$，$\boldsymbol{b}$ のなす角を
$\cdots (2.3.9)$

$\cos\theta = \dfrac{(\boldsymbol{a}, \boldsymbol{b})}{\|\boldsymbol{a}\| \cdot \|\boldsymbol{b}\|}$ と定義しよう。 $\cdots (2.3.10)$

こうすると (ユークリッド空間 $\boldsymbol{E}^3$ で考えたような幾何的なイメージなしに) $\boldsymbol{R}^3$ においては，内積の定義から出発して（代数的に）ベクトルの大きさや，2 つのベクトルのなす角度を定義できることがわかる。そして内積が定義された数ベクトル空間 $\boldsymbol{R}^3$ は (3 次の) 計量数ベクトル空間とよばれる。この考えは，2.5 節で，n 次計量数ベクトル空間 $\boldsymbol{R}^n$ を考えるときに用いられる。今後は計量数ベクトル空間を単に数ベクトル空間ということが多い。

次に，数ベクトル空間 $\boldsymbol{R}^3$ とユークリッド空間 $\boldsymbol{E}^3$ を比べてみよう。ユークリッド空間 $\boldsymbol{E}^3$ の要素は点であるのに対し，$\boldsymbol{R}^3$ の要素はベクトルである。しかしこれら要素の間には，(1.4.4) により

$$\begin{array}{c}\text{空間上の点 P} \in \boldsymbol{E}^3 \\ \text{の座標}\,(p_1, p_2, p_3)\end{array} \overset{1\text{ 対 }1}{\longleftrightarrow} \overrightarrow{\mathrm{OP}} = \begin{pmatrix} p_1 \\ p_2 \\ p_3 \end{pmatrix} \in \boldsymbol{R}^3 \quad \cdots (2.3.11)$$

なる対応があり，点 P の座標は，位置ベクトル $\overrightarrow{\mathrm{OP}}$ の成分表示に（縦書きか横書きかの違いを除けば）各成分等しい。ベクトルの成分表示 ${}^t(p_1, p_2, p_3)$ が与えられれば，上記により点 $\mathrm{P}(p_1, p_2, p_3)$ やその位置ベクトル $\overrightarrow{\mathrm{OP}}$ を思い浮かべてもよいが，同時にベクトルは始点 S を自由にとることができるので，$\overrightarrow{\mathrm{SA}} = \overrightarrow{\mathrm{OP}}$ なる $\overrightarrow{\mathrm{SA}}$ も自由に考えられるようにしよう。

2.4　補　足 (C)

ここではユークリッド空間 $\boldsymbol{E}^3$ をもう少し正確に理解しよう。$\boldsymbol{E}^3$ は「点」の集合であるが，それだけでは不十分である。2 点 S，P が与えられたとき，その位置関係 (S と P がどの方向にどれだけ離れているか) を示す「指標」が必要で，それがベクトル $\overrightarrow{\mathrm{SP}}$ である。このとき座標系を

導入することで，ベクトルは成分表示される。そのようなベクトル（指標）の集合が計量数ベクトル空間 $\boldsymbol{R}^3$ である。すなわち，$\boldsymbol{E}^3$ の任意の2点S，Pに対し，それを結ぶベクトル $\overrightarrow{\mathrm{SP}}$ が存在し，そのようなベクトルを (同じものは同一視して，(2.3.2)，(2.3.3) に従って成分表示したものを) 全て集めたものは計量数ベクトル空間 $\boldsymbol{R}^3$ を形成する。従ってユークリッド空間 $\boldsymbol{E}^3$ は点の集合であるだけでなく，計量数ベクトル空間 $\boldsymbol{R}^3$ の構造をその内部にもっている。正確には $\boldsymbol{E}^3$ は「点の集合」と「(2点を結ぶ) ベクトルの集合 $\boldsymbol{R}^3$」の「組」とみることができる。我々はユークリッド空間といったときには座標系がすでに導入されているものとする。

2.5　内積の定義 — 一般の場合 (A)

一般に，数ベクトル空間 $\boldsymbol{R}^n$ において，ベクトル

$$\boldsymbol{a} = \begin{pmatrix} a_1 \\ a_2 \\ \vdots \\ a_n \end{pmatrix}, \quad \boldsymbol{b} = \begin{pmatrix} b_1 \\ b_2 \\ \vdots \\ b_n \end{pmatrix}, \quad \boldsymbol{c} = \begin{pmatrix} c_1 \\ c_2 \\ \vdots \\ c_n \end{pmatrix} \qquad \cdots (2.5.1)$$

とする。$\boldsymbol{a}$ と $\boldsymbol{b}$ の内積 $(\boldsymbol{a}, \boldsymbol{b})$ を，対応する成分どうしの積の和，すなわち

$$(\boldsymbol{a}, \boldsymbol{b}) = a_1 b_1 + a_2 b_2 + \cdots + a_n b_n \qquad \cdots (2.5.2)$$

として定義する[◇2.2]。対称性より，

$$(\boldsymbol{b}, \boldsymbol{a}) = b_1 a_1 + b_2 a_2 + \cdots + b_n a_n = (\boldsymbol{a}, \boldsymbol{b}) \qquad \cdots (2.5.3)$$

となる。上述のように $\boldsymbol{a}$ と $\boldsymbol{b}$ を列ベクトルとみなすと，その転置 ${}^t\boldsymbol{a}$，${}^t\boldsymbol{b}$ は行ベクトル，

◇2.2 $\boldsymbol{a}$，$\boldsymbol{b}$ を列ベクトルとみなしたとき，これらを2列に並べて得られる行列は，$(\boldsymbol{a}\ \boldsymbol{b})$ あるいは $(\boldsymbol{a}, \boldsymbol{b})$ とかく。前後の文脈から内積の表記と混乱の恐れはない。

$$ {}^t\boldsymbol{a} = (a_1, a_2, \cdots, a_n), \quad {}^t\boldsymbol{b} = (b_1, b_2, \cdots, b_n) \qquad \cdots (2.5.4) $$

で，内積 $(\boldsymbol{a}, \boldsymbol{b})$ は，行ベクトルを使って $({}^t\boldsymbol{a}, {}^t\boldsymbol{b})$ とも書くことにする。(なお上記の列ベクトルや行ベクトルは $\boldsymbol{a} = (a_i)$ などと簡単に記することもある。) ここで，

$$ (\boldsymbol{a}, \boldsymbol{b}) = (a_1, a_2, \cdots, a_n)\begin{pmatrix} b_1 \\ b_2 \\ \vdots \\ b_n \end{pmatrix} = (b_1, b_2, \cdots, b_n)\begin{pmatrix} a_1 \\ a_2 \\ \vdots \\ a_n \end{pmatrix} \qquad \cdots (2.5.5) $$

$$ = {}^t\boldsymbol{a}\boldsymbol{b} = {}^t\boldsymbol{b}\boldsymbol{a} $$

であるから，内積は，行ベクトル ${}^t\boldsymbol{a}$ と列ベクトル $\boldsymbol{b}$ の行列としての積 (あるいは，行ベクトル ${}^t\boldsymbol{b}$ と列ベクトル $\boldsymbol{a}$ の行列としての積) に等しい[◇2.3]。次に，

$$ \begin{aligned} &(\boldsymbol{a}+\boldsymbol{c}, \boldsymbol{b}) \\ &= (a_1 + c_1)b_1 + (a_2 + c_2)b_2 + \cdots + (a_n + c_n)b_n \\ &= (a_1 b_1 + a_2 b_2 + \cdots + a_n b_n) + (c_1 b_1 + c_2 b_2 + \cdots + c_n b_n) \qquad \cdots (2.5.6) \\ &= (\boldsymbol{a}, \boldsymbol{b}) + (\boldsymbol{c}, \boldsymbol{b}) \end{aligned} $$

よって

$(\boldsymbol{a}+\boldsymbol{c}, \boldsymbol{b}) = (\boldsymbol{a}, \boldsymbol{b}) + (\boldsymbol{c}, \boldsymbol{b})$ が成り立ち，同様に

$(\boldsymbol{a}, \boldsymbol{b}+\boldsymbol{c}) = (\boldsymbol{a}, \boldsymbol{b}) + (\boldsymbol{a}, \boldsymbol{c})$ も成り立つ

また c を実数とすると，$c\boldsymbol{a} = {}^t(ca_1, ca_2, \cdots, ca_n)$ だから，

◇2.3 2つのベクトルに対して内積が定義されるが（混乱を避けるため）行ベクトル $\boldsymbol{a}$ と列ベクトル $\boldsymbol{b}$ に対して，「$\boldsymbol{a}$ と $\boldsymbol{b}$ との内積」といういい方はしない。この場合「行ベクトル $\boldsymbol{a}$ と行ベクトル ${}^t\boldsymbol{b}$ との内積」あるいは「列ベクトル ${}^t\boldsymbol{a}$ と列ベクトル $\boldsymbol{b}$ との内積」と，2つのベクトルを行ベクトルあるいは列ベクトルにそろえていうことにする。

$$(c\boldsymbol{a}, \boldsymbol{b}) = ca_1b_1 + ca_2b_2 + \cdots + ca_nb_n$$
$$= c(a_1b_1 + a_2b_2 + \cdots + a_nb_n) = c(\boldsymbol{a}, \boldsymbol{b}) \text{ よって} \quad \cdots (2.5.7)$$
$$(c\boldsymbol{a}, \boldsymbol{b}) = c(\boldsymbol{a}, \boldsymbol{b}), \text{ 同様に } (\boldsymbol{a}, d\boldsymbol{b}) = d(\boldsymbol{a}, \boldsymbol{b})$$

も成り立つ。以上より内積は写像としてみると多重線型性をもつ[◇2.4]。

例 2.4

$$(c\boldsymbol{a}, c\boldsymbol{a}) = c^2a_1^2 + c^2a_2^2 + \cdots + c^2a_n^2 \quad \text{よって} \quad \cdots (2.5.8)$$
$$\|c\boldsymbol{a}\| = \sqrt{(c\boldsymbol{a}, c\boldsymbol{a})} = \sqrt{c^2(a_1^2 + a_2^2 + \cdots + a_n^2)} = |c| \cdot \|\boldsymbol{a}\| \quad \cdots (2.5.9)$$

すなわち $c\boldsymbol{a}$ の大きさは，$\boldsymbol{a}$ の大きさの $|c|$ 倍となる。また，

$$\|\boldsymbol{b} - \boldsymbol{a}\|^2 = (\boldsymbol{b} - \boldsymbol{a}, \boldsymbol{b} - \boldsymbol{a}) \text{ で (2.5.6) を用い}$$
$$= (\boldsymbol{b}, \boldsymbol{b}) - (\boldsymbol{b}, \boldsymbol{a}) - (\boldsymbol{a}, \boldsymbol{b}) + (\boldsymbol{a}, \boldsymbol{a}) \text{ で (2.5.3) を用い} \quad \cdots (2.5.10)$$
$$= \|\boldsymbol{a}\|^2 - 2(\boldsymbol{a}, \boldsymbol{b}) + \|\boldsymbol{b}\|^2$$

コメント 2.3 (B)　$n = 3$ として上式をユークリッド空間において考えるならば，余弦定理 (2.2.21)

$$\|\boldsymbol{b} - \boldsymbol{a}\|^2 = \|\boldsymbol{a}\|^2 + \|\boldsymbol{b}\|^2 - 2\|\boldsymbol{a}\| \cdot \|\boldsymbol{b}\| \cos\theta$$
$$\text{と見比べることで (2.2.17)，} (\boldsymbol{a}, \boldsymbol{b}) = \|\boldsymbol{a}\| \cdot \|\boldsymbol{b}\| \cos\theta$$

を導くこともできる。さて (2.5.6)，(2.5.7) を繰り返し用いると，

$$\left(\sum_{k=1}^{3} c_k\boldsymbol{a}_k, \boldsymbol{b}\right) = (c_1\boldsymbol{a}_1 + c_2\boldsymbol{a}_2 + c_3\boldsymbol{a}_3, \boldsymbol{b}) \quad \cdots (2.5.11)$$
$$= (c_1\boldsymbol{a}_1, \boldsymbol{b}) + (c_2\boldsymbol{a}_2, \boldsymbol{b}) + (c_3\boldsymbol{a}_3, \boldsymbol{b}) = \sum_{k=1}^{3} (c_k\boldsymbol{a}_k, \boldsymbol{b}) \text{ より} \quad \cdots (2.5.12)$$

◇2.4 写像 $f(\boldsymbol{a}, \boldsymbol{b}) = (\boldsymbol{a}, \boldsymbol{b})$ とみれば，上記の性質から，$f(c\boldsymbol{a}, d\boldsymbol{b}) = cd \cdot f(\boldsymbol{a}, \boldsymbol{b})$，$f(\boldsymbol{a} + \boldsymbol{c}, \boldsymbol{b}) = f(\boldsymbol{a}, \boldsymbol{b}) + f(\boldsymbol{c}, \boldsymbol{b})$，$f(\boldsymbol{a}, \boldsymbol{b} + \boldsymbol{c}) = f(\boldsymbol{a}, \boldsymbol{b}) + f(\boldsymbol{a}, \boldsymbol{c})$
よってこの写像 $f(\boldsymbol{a}, \boldsymbol{b})$ は $\boldsymbol{a}$，$\boldsymbol{b}$ に関して線型である（多重線型性）。

$$\left(\sum_{k=1}^{3} c_k \boldsymbol{a}_k, \boldsymbol{b}\right) = \sum_{k=1}^{3}(c_k \boldsymbol{a}_k, \boldsymbol{b}) = \sum_{k=1}^{3} c_k(\boldsymbol{a}_k, \boldsymbol{b}) \quad \text{同様に} \qquad \cdots(2.5.13)$$

$$\left(\boldsymbol{a}, \sum_{l=1}^{3} d_l \boldsymbol{b}_l\right) = \sum_{l=1}^{3}(\boldsymbol{a}, d_l \boldsymbol{b}_l) = \sum_{l=1}^{3} d_l(\boldsymbol{a}, \boldsymbol{b}_l) \qquad \cdots(2.5.14)$$

(2.5.13) で $\boldsymbol{b}$ を $\displaystyle\sum_{l=1}^{3} d_l \boldsymbol{b}_l$ に置き換えて上の2性質を使い　$\cdots(2.5.15)$

$$\left(\sum_{k=1}^{3} c_k \boldsymbol{a}_k, \sum_{l=1}^{3} d_l \boldsymbol{b}_l\right) = \sum_{k=1}^{3}\left(c_k \boldsymbol{a}_k, \sum_{l=1}^{3} d_l \boldsymbol{b}_l\right) \qquad \cdots(2.5.16)$$

$$= \sum_{k=1}^{3}\sum_{l=1}^{3}(c_k \boldsymbol{a}_k, d_l \boldsymbol{b}_l) = \sum_{k,l=1}^{3} c_k d_l(\boldsymbol{a}_k, \boldsymbol{b}_l) \qquad \cdots(2.5.17)$$

このようにシグマ記号は内積の外に出せる。一般に次が成り立つ。

$$\left(\sum_{k=1}^{m} c_k \boldsymbol{a}_k, \boldsymbol{b}\right) = \sum_{k=1}^{m}(c_k \boldsymbol{a}_k, \boldsymbol{b}) = \sum_{k=1}^{m} c_k(\boldsymbol{a}_k, \boldsymbol{b})$$

$$\left(\boldsymbol{a}, \sum_{l=1}^{n} d_l \boldsymbol{b}_l\right) = \sum_{l=1}^{n}(\boldsymbol{a}, d_l \boldsymbol{b}_l) = \sum_{l=1}^{n} d_l(\boldsymbol{a}, \boldsymbol{b}_l)$$

$$\left(\sum_{k=1}^{m} c_k \boldsymbol{a}_k, \sum_{l=1}^{n} d_l \boldsymbol{b}_l\right) = \sum_{k=1}^{m}\sum_{l=1}^{n}(c_k \boldsymbol{a}_k, d_l \boldsymbol{b}_l) = \sum_{k=1}^{m}\sum_{l=1}^{n} c_k d_l(\boldsymbol{a}_k, \boldsymbol{b}_l) \qquad \cdots(2.5.18)$$

一般の n 次数ベクトル空間 $\boldsymbol{R}^n$ では（幾何的なイメージがわきにくいため）そもそも，ベクトルの大きさ（長さ）や2つのベクトルのなす角度が何を意味しているかはっきりしない。そこで2.3節で述べた $\boldsymbol{R}^3$ に関する記述を参考にして，これらを定義しよう。n 次数ベクトル $\boldsymbol{a} = (a_i)$, $\boldsymbol{b} = (b_i)$ において，内積 $(\boldsymbol{a}, \boldsymbol{b})$ を用い，

$\boldsymbol{a}$ の長さ（大きさ）$\|\boldsymbol{a}\|$ を $\sqrt{(\boldsymbol{a}, \boldsymbol{a})} = \sqrt{a_1^2 + a_2^2 + \cdots + a_n^2}$ で

$\cdots (2.5.19)$

2つのベクトルのなす角 θ を $\cos\theta = \dfrac{(\boldsymbol{a}, \boldsymbol{b})}{\|\boldsymbol{a}\| \cdot \|\boldsymbol{b}\|}$ で定義する。$\cdots (2.5.20)$

こうして一般の数ベクトル空間 $\boldsymbol{R}^n$ の場合にも，ベクトルの長さ（大きさ）や2つのベクトルのなす角度の概念を導入できた(ただしこの場合(2.5.20) の右辺の値が -1 以上 1 以下であることを確認しなければならない，これについては 2.6 節参照)。

平面や空間の場合の (1.3.2)，(2.2.20)（の後の解説）になぞらえて，$\boldsymbol{a} = k\boldsymbol{b}$ となる k が存在するとき，$\boldsymbol{a}$ と $\boldsymbol{b}$ は平行であるという。また $(\boldsymbol{a}, \boldsymbol{b}) = 0$ のとき，$\boldsymbol{a}$ と $\boldsymbol{b}$ は直交するといい，$\boldsymbol{a} \perp \boldsymbol{b}$ と書く。

コメント 2.4　ここで 2.3 節の $\boldsymbol{E}^3$ に関する記述 ((2.3.6) に至る議論) を参考に，一般の n 次ユークリッド空間 $\boldsymbol{E}^n$ が ($\boldsymbol{R}^n$ を使い) どう定義されるかみよう。原点となる点 O と，n 個のベクトル $\{\boldsymbol{e}_1, \boldsymbol{e}_2, \cdots, \boldsymbol{e}_n\}$ で，

各ベクトルの大きさが1で，任意の異なる二つのベクトルが直交する

$\cdots (2.5.21)$

とき，この組 $(\mathrm{O}, \{\boldsymbol{e}_1, \boldsymbol{e}_2, \cdots, \boldsymbol{e}_n\})$ を（直交な）座標系という。座標系 $(\mathrm{O}, \{\boldsymbol{e}_1, \boldsymbol{e}_2, \cdots, \boldsymbol{e}_n\})$ が与えられ，空間 $\boldsymbol{E}^n$ 上の 2 点 S，P を結ぶベクトル $\overrightarrow{\mathrm{SP}}$ に対して，

$\overrightarrow{\mathrm{SP}} = c_1\boldsymbol{e}_1 + c_2\boldsymbol{e}_2 + \cdots + c_n\boldsymbol{e}_n$ なる $c_1, \cdots, c_n$ が決まる。このベクトルの

$\cdots (2.5.22)$

成分表示は $\begin{pmatrix} c_1 \\ c_2 \\ \vdots \\ c_n \end{pmatrix}$ である。ベクトル $\boldsymbol{a} = \begin{pmatrix} x_1 \\ x_2 \\ \vdots \\ x_n \end{pmatrix}$，$\boldsymbol{b} = \begin{pmatrix} y_1 \\ y_2 \\ \vdots \\ y_n \end{pmatrix}$ の内積

を $\cdots(2.5.23)$

$(\boldsymbol{a},\boldsymbol{b}) = x_1y_1 + x_2y_2 + \cdots + x_ny_n$ で定義し (2.3.6) で長さや角度を定義する。 $\cdots(2.5.24)$

上記で $\mathrm{S}=\mathrm{O}$ とすれば，点 P に対してその座標が決まる。すなわち

$\cdots(2.5.25)$

位置ベクトル $\overrightarrow{\mathrm{OP}} = c_1\boldsymbol{e}_1 + \cdots + c_n\boldsymbol{e}_n \Leftrightarrow$ P の座標は $(c_1,\cdots,c_n)$

$\cdots(2.5.26)$

こうして n 次ユークリッド空間 $\boldsymbol{E}^n$ が定義される。

2.6 内積の性質 — 一般の場合 (C)

2.5 節で内積を定義し，ベクトルの大きさや 2 つのベクトルのなす角度を導入した。では，このとき 2.2 節で述べた性質 (2.2.17), $\cdots$, (2.2.19) すなわち，

$$(\boldsymbol{a},\boldsymbol{b}) = \|\boldsymbol{a}\|\cdot\|\boldsymbol{b}\|\cos\theta \qquad \cdots(2.6.1)$$

$$|(\boldsymbol{a},\boldsymbol{b})| \leq \|\boldsymbol{a}\|\cdot\|\boldsymbol{b}\| \qquad \cdots(2.6.2)$$

$$\|\boldsymbol{a}+\boldsymbol{b}\| \leq \|\boldsymbol{a}\| + \|\boldsymbol{b}\| \qquad \cdots(2.6.3)$$

は成り立つのであろうか。(2.6.1) は，(2.5.20) より問題ない。ところが (2.6.2)，(2.6.3) については，対応する (2.2.18)，(2.2.19) の証明をみればわかるように（平面や空間における）三角形についての性質を用いている。しかし n 次元の場合は同様にはできない。そこで (2.6.2)，(2.6.3) を証明し直そう。

(2.6.2) は（図形に頼らず）次のように証明される。まず，c を実数として次の式を考える。

$$\|c\boldsymbol{a}+\boldsymbol{b}\|^2,\ \text{定義より} \qquad \cdots(2.6.4)$$

$$= (c\boldsymbol{a}+\boldsymbol{b}, c\boldsymbol{a}+\boldsymbol{b}),\ \text{線型性より} \qquad \cdots(2.6.5)$$

$$= (c\boldsymbol{a}, c\boldsymbol{a}) + (c\boldsymbol{a}, \boldsymbol{b}) + (\boldsymbol{b}, c\boldsymbol{a}) + (\boldsymbol{b}, \boldsymbol{b}) \qquad \cdots (2.6.6)$$

$$= c^2\|\boldsymbol{a}\|^2 + 2c(\boldsymbol{a}, \boldsymbol{b}) + \|\boldsymbol{b}\|^2 \geq 0 \qquad \cdots (2.6.7)$$

この式は c に関して2次式であり，全ての実数 c について0以上となるから，判別式は0以下になる。つまり，

$$|(\boldsymbol{a}, \boldsymbol{b})|^2 - \|\boldsymbol{a}\|^2 \cdot \|\boldsymbol{b}\|^2 \leq 0 \text{ より } |(\boldsymbol{a}, \boldsymbol{b})| \leq \|\boldsymbol{a}\| \cdot \|\boldsymbol{b}\| \qquad \cdots (2.6.8)$$

で (2.6.2) が成り立つ。(2.6.8) をシュワルツ (Schwarz) の不等式という。(2.6.8) の等号が成り立つのは，(2.6.7) で判別式が0となるときであり，これは (2.6.7) の値が0となる c が（ただ一つ）存在するときである。これは $c\boldsymbol{a} + \boldsymbol{b} = \boldsymbol{0}$ となる c が存在するときで (コメント2.4の前の定義より) すなわち $\boldsymbol{a}$ と $\boldsymbol{b}$ が平行になるときである。

最後の式 (2.6.3) は次のように証明される。

$$\|\boldsymbol{a} + \boldsymbol{b}\|^2 = (\boldsymbol{a} + \boldsymbol{b}, \boldsymbol{a} + \boldsymbol{b}) \text{ で線型性を使い} \qquad \cdots (2.6.9)$$

$$= (\boldsymbol{a}, \boldsymbol{a}) + (\boldsymbol{a}, \boldsymbol{b}) + (\boldsymbol{b}, \boldsymbol{a}) + (\boldsymbol{b}, \boldsymbol{b}) \qquad \cdots (2.6.10)$$

$$= \|\boldsymbol{a}\|^2 + 2(\boldsymbol{a}, \boldsymbol{b}) + \|\boldsymbol{b}\|^2 \text{ また} \qquad \cdots (2.6.11)$$

$$(\|\boldsymbol{a}\| + \|\boldsymbol{b}\|)^2 = \|\boldsymbol{a}\|^2 + 2\|\boldsymbol{a}\| \cdot \|\boldsymbol{b}\| + \|\boldsymbol{b}\|^2 \text{ ここで} \qquad \cdots (2.6.12)$$

$$\text{(2.6.2) より，} |(\boldsymbol{a}, \boldsymbol{b})| \leq \|\boldsymbol{a}\| \cdot \|\boldsymbol{b}\| \text{ だから} \qquad \cdots (2.6.13)$$

$$\|\boldsymbol{a} + \boldsymbol{b}\| \leq \|\boldsymbol{a}\| + \|\boldsymbol{b}\| \qquad \cdots (2.6.14)$$

この式を三角不等式という。また $\|\boldsymbol{a}\| \cdot \|\boldsymbol{b}\| \neq 0$ のとき，(2.6.2) より，

$$\frac{|(\boldsymbol{a}, \boldsymbol{b})|}{\|\boldsymbol{a}\| \cdot \|\boldsymbol{b}\|} \leq 1 \text{ で，} -1 \leq \frac{(\boldsymbol{a}, \boldsymbol{b})}{\|\boldsymbol{a}\| \cdot \|\boldsymbol{b}\|} \leq 1 \qquad \cdots (2.6.15)$$

となる。したがって

$$\cos\theta = \frac{(\boldsymbol{a}, \boldsymbol{b})}{\|\boldsymbol{a}\| \cdot \|\boldsymbol{b}\|} \qquad \cdots (2.6.16)$$

となる θ が $0 \leq \theta \leq \pi$ の範囲でただ1つ存在する。この θ を $\boldsymbol{a}$ と $\boldsymbol{b}$ のなす角と定義したのである。

2.7 内積と行列 (A)

例えば,

$$Ax = \begin{pmatrix} a_{11} & a_{12} & a_{13} \\ a_{21} & a_{22} & a_{23} \\ a_{31} & a_{32} & a_{33} \end{pmatrix} \begin{pmatrix} x_1 \\ x_2 \\ x_3 \end{pmatrix} = \begin{pmatrix} a_{11}x_1 + a_{12}x_2 + a_{13}x_3 \\ a_{21}x_1 + a_{22}x_2 + a_{23}x_3 \\ a_{31}x_1 + a_{32}x_2 + a_{33}x_3 \end{pmatrix} \quad \cdots (2.7.1)$$

だから,

$$\begin{aligned} &{}^t(A\boldsymbol{x}) \\ &= (a_{11}x_1 + a_{12}x_2 + a_{13}x_3, \\ &\quad a_{21}x_1 + a_{22}x_2 + a_{23}x_3, a_{31}x_1 + a_{32}x_2 + a_{33}x_3) \quad \cdots (2.7.2) \\ &= (x_1, x_2, x_3) \begin{pmatrix} a_{11} & a_{21} & a_{31} \\ a_{12} & a_{22} & a_{32} \\ a_{13} & a_{23} & a_{33} \end{pmatrix} = {}^t\boldsymbol{x}\,{}^tA \end{aligned}$$

となる。一般に ${}^t(A\boldsymbol{x}) = {}^t\boldsymbol{x}\,{}^tA$ が成り立つ。

$\boldsymbol{a}$, $\boldsymbol{b}$ を n 次列ベクトルとする。A を n 次正方行列として, 2 つのベクトル $A\boldsymbol{a}$ と $\boldsymbol{b}$ との内積を考えよう。転置に関する性質 ${}^t({}^tA) = A$ や上のことを使えば, (2.5.5) より,

${}^t({}^tA) = A$, ${}^t(A\boldsymbol{a}) = {}^t\boldsymbol{a}\,{}^tA$, $(\boldsymbol{x}, \boldsymbol{y}) = {}^t\boldsymbol{x}\boldsymbol{y}$ より

$(A\boldsymbol{a}, \boldsymbol{b}) = {}^t(A\boldsymbol{a})\boldsymbol{b} = {}^t\boldsymbol{a}\,{}^tA\boldsymbol{b} = {}^t\boldsymbol{a}({}^tA\boldsymbol{b}) = (\boldsymbol{a}, {}^tA\boldsymbol{b})$　同様に $\cdots (2.7.3)$

$(\boldsymbol{a}, A\boldsymbol{b}) = {}^t\boldsymbol{a}A\boldsymbol{b} = ({}^t\boldsymbol{a}A)\boldsymbol{b} = {}^t({}^tA\boldsymbol{a})\boldsymbol{b} = ({}^tA\boldsymbol{a}, \boldsymbol{b})$[◇2.5]

◇2.5 ${}^t({}^tA\boldsymbol{a}) = {}^t\boldsymbol{a}\,{}^t({}^tA) = {}^t\boldsymbol{a}A$

3 外　　積

《目標 & ポイント》 部分空間や線型独立の概念について復習する。平面や空間において，平行四辺形の面積を求める方法を考える。それらを通して，外積を定義し，その意味や性質を理解する。
《キーワード》 部分空間，線型独立，平行四辺形の面積，外積

3.1 部分空間 (A)

前章では，ユークリッド空間と数ベクトル空間について学んだ。第1章では空間における平面や直線を考えた。空間において，平面や直線は部分空間といえる。また平面において，直線は部分空間といえる。そこで部分空間について復習しよう。

数ベクトル空間 $\boldsymbol{R}^n$ において，ベクトルの集合 W が $\boldsymbol{R}^n$ の部分空間であるとは，

$$\begin{aligned}&\boldsymbol{a}, \boldsymbol{b} \in W \text{ のとき，} \boldsymbol{a}+\boldsymbol{b} \in W \\ &c \text{ をスカラーとして } \boldsymbol{a} \in W \text{ のとき，} c\boldsymbol{a} \in W\end{aligned} \qquad \cdots (3.1.1)$$

が成り立つときであった。ベクトル $\boldsymbol{a}_1, \boldsymbol{a}_2, \cdots, \boldsymbol{a}_p$ の線形結合とは，c_i $(1 \leq i \leq p)$ をスカラーとして，

$$c_1\boldsymbol{a}_1 + c_2\boldsymbol{a}_2 + \cdots + c_p\boldsymbol{a}_p \qquad \cdots (3.1.2)$$

という形で表されるベクトルをいった。$\boldsymbol{R}^n$ のベクトル $\boldsymbol{a}_1, \cdots, \boldsymbol{a}_p$ の線形結合で表されるベクトルの集合 $L(\boldsymbol{a}_1, \cdots, \boldsymbol{a}_p)$ は，$\boldsymbol{R}^n$ の部分空間となる ($\boldsymbol{a}_1, \cdots, \boldsymbol{a}_p$ で生成される部分空間ともいう)。その理由は，$\boldsymbol{p}, \boldsymbol{q} \in L(\boldsymbol{a}_1, \cdots, \boldsymbol{a}_p)$ を，

$$\boldsymbol{p} = c_1\boldsymbol{a}_1 + \cdots + c_p\boldsymbol{a}_p,\ \boldsymbol{q} = d_1\boldsymbol{a}_1 + \cdots + d_p\boldsymbol{a}_p \text{ と表せば，} \qquad \cdots (3.1.3)$$

$$\boldsymbol{p}+\boldsymbol{q}=(c_1+d_1)\boldsymbol{a}_1+\cdots+(c_p+d_p)\boldsymbol{a}_p \in L(\boldsymbol{a}_1,\cdots,\boldsymbol{a}_p) \quad \cdots(3.1.4)$$
$$k\boldsymbol{p}=kc_1\boldsymbol{a}_1+\cdots+kc_p\boldsymbol{a}_p \in L(\boldsymbol{a}_1,\cdots,\boldsymbol{a}_p) \quad \cdots(3.1.5)$$

となるからである。

$\boldsymbol{a}_1, \boldsymbol{a}_2, \cdots, \boldsymbol{a}_p$ が線型独立であるとは,

$$c_1\boldsymbol{a}_1+c_2\boldsymbol{a}_2+\cdots+c_p\boldsymbol{a}_p=\boldsymbol{0} \text{ ならば } c_1=c_2=\cdots=c_p=0 \quad \cdots(3.1.6)$$

が成り立つことであった。もちろん $\boldsymbol{a}_1, \boldsymbol{a}_2, \cdots, \boldsymbol{a}_p$ が線型独立ならば,そこから幾つかを取り出したベクトルもまた線型独立である。線型独立でないとき線型従属であるという。すなわち,

$$\begin{array}{l} c_1, c_2, \cdots, c_p \text{ のうち1つは0でないものが存在し,} \\ c_1\boldsymbol{a}_1+c_2\boldsymbol{a}_2+\cdots+c_p\boldsymbol{a}_p=\boldsymbol{0} \text{ となる} \end{array} \quad \cdots(3.1.7)$$

ときである。このことの幾何的意味を (図 3.1 でイメージしながら) 考えよう。

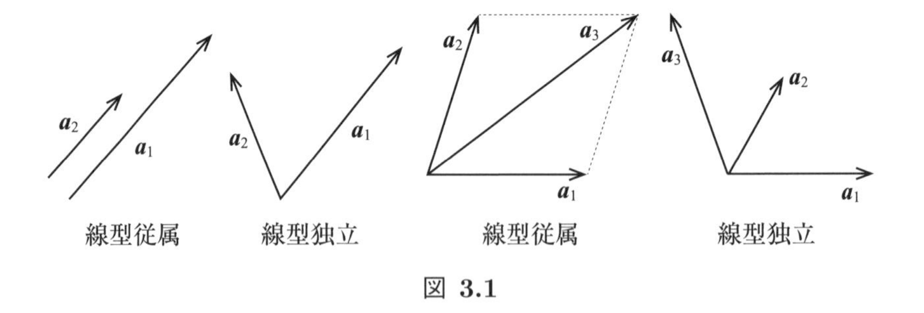

図 **3.1**

命題 3.1　零でないベクトル $\boldsymbol{a}_1$, $\boldsymbol{a}_2$ において以下は同値である。

i. $\boldsymbol{a}_1$ と $\boldsymbol{a}_2$ は線型従属である。

ii. $\boldsymbol{a}_1$ と $\boldsymbol{a}_2$ は平行である ((1.3.2) 参照)。

証明　i ⇒ ii　$\boldsymbol{a}_1$ と $\boldsymbol{a}_2$ が線型従属ならば,

c_1，c_2 のいずれかは0でないものが存在して，$c_1\boldsymbol{a}_1 + c_2\boldsymbol{a}_2 = \boldsymbol{0}$ $\cdots(3.1.8)$

となる。ここで $c_1 \neq 0$ と仮定しても一般性を失わない。すると $\cdots(3.1.9)$

$\boldsymbol{a}_1 = -(c_2/c_1)\boldsymbol{a}_2$ となり，$\boldsymbol{a}_1$ と $\boldsymbol{a}_2$ は平行である。 $\cdots(3.1.10)$

ii $\Rightarrow$ i　$\boldsymbol{a}_1$ と $\boldsymbol{a}_2$ が平行ならば，

ある c が存在して，$\boldsymbol{a}_1 = c\boldsymbol{a}_2$　よって $\cdots(3.1.11)$

$\boldsymbol{a}_1 - c\boldsymbol{a}_2 = \boldsymbol{0}$ となり，$\boldsymbol{a}_1$ と $\boldsymbol{a}_2$ は線型従属である。 $\cdots(3.1.12)$

以下でイメージしやすくするため，部分空間 $L(\boldsymbol{q}, \boldsymbol{r})$ のことを $\boldsymbol{q}$ と $\boldsymbol{r}$ を含む（からなる）平面ということにする。また $L(\boldsymbol{q}, \boldsymbol{r})$ の要素は，$\boldsymbol{q}$ と $\boldsymbol{r}$ を含む平面上にあるともいう。従って $\boldsymbol{q}$，$\boldsymbol{r}$ を含む平面上に $\boldsymbol{p}$ があるとき，ある実数 s，t が存在して $\boldsymbol{p} = s\boldsymbol{q} + t\boldsymbol{r}$ となる ($\boldsymbol{p}$ が $\boldsymbol{q}$，$\boldsymbol{r}$ の線型結合で表せる)。

命題 3.2　零でないベクトル $\boldsymbol{a}_1$，$\boldsymbol{a}_2$，$\boldsymbol{a}_3$ において以下は同値である。

i. $\boldsymbol{a}_1$，$\boldsymbol{a}_2$，$\boldsymbol{a}_3$ は線型従属である。

ii. ある1つのベクトルが，残りの2つを含む平面上にある。

証明　i $\Rightarrow$ ii　$\boldsymbol{a}_1$，$\boldsymbol{a}_2$，$\boldsymbol{a}_3$ が線型従属とすれば，

c_1，c_2，c_3 のうち1つは0でなくて，$c_1\boldsymbol{a}_1 + c_2\boldsymbol{a}_2 + c_3\boldsymbol{a}_3 = \boldsymbol{0}$ となる $\cdots(3.1.13)$

ものが存在する。ここで $c_1 \neq 0$ と仮定しても一般性を失わない。すると $\cdots(3.1.14)$

$\boldsymbol{a}_1 = -(c_2/c_1)\boldsymbol{a}_2 - (c_3/c_1)\boldsymbol{a}_3$ で，$\boldsymbol{a}_1$ は $\boldsymbol{a}_2$，$\boldsymbol{a}_3$ を含む平面上にある。 $\cdots(3.1.15)$

ii $\Rightarrow$ i　例えば $\boldsymbol{a}_3$ が，$\boldsymbol{a}_1$，$\boldsymbol{a}_2$ を含む平面上にあるとする（他の場合も同様である)。すると

$$\text{ある } c_1,\ c_2 \text{ が存在して，} \boldsymbol{a}_3 = c_1\boldsymbol{a}_1 + c_2\boldsymbol{a}_2 \text{ と表せる。} \quad \cdots (3.1.16)$$

$$\text{よって } c_1\boldsymbol{a}_1 + c_2\boldsymbol{a}_2 - \boldsymbol{a}_3 = \boldsymbol{0} \text{ となり線型従属となる。} \quad \cdots (3.1.17)$$

コメント 3.1　ユークリッド平面において (1.5.1)，(1.5.2) を思い出そう。点 A を通る直線 ℓ の方向ベクトルを $\boldsymbol{d}$ とする。$L(\boldsymbol{d}) = \{t\boldsymbol{d}\colon t$ は実数$\}$ でこの要素は，始点を A に固定すれば，P を直線 ℓ 上の点として $\overrightarrow{\mathrm{AP}}$ と表せる。すなわち部分空間 $L(\boldsymbol{d})$ は始点を A に固定することで，（平面における）直線 ℓ を表しているといえる。（ベクトルは始点を自由にとれるので）始点を (ℓ 上にない) 別の点 B に固定すれば，$L(\boldsymbol{d})$ は点 B を通り ℓ に平行な直線を表す。

同様にユークリッド空間において (1.6.2) を思い出そう。点 A を含み，またベクトル $\boldsymbol{q}$，$\boldsymbol{r}$ を含む平面 π を考える。$L(\boldsymbol{q}, \boldsymbol{r}) = \{s\boldsymbol{q} + t\boldsymbol{r}\colon s,\ t$ は実数$\}$ でこの要素は，始点を A に固定すれば，P を平面 π 上の点として $\overrightarrow{\mathrm{AP}}$ と表せる。すなわち部分空間 $L(\boldsymbol{q}, \boldsymbol{r})$ は始点を A に固定することで，（空間における）平面 π を表しているといえる。始点を (π 上にない) 別の点 B に固定すれば $L(\boldsymbol{q}, \boldsymbol{r})$ は，点 B を通り π に平行な平面を表す。

数ベクトル空間 $\boldsymbol{R}^3$ において $L(\boldsymbol{q}, \boldsymbol{r})$ は $\boldsymbol{q}$，$\boldsymbol{r}$ で生成される部分空間（平面）である。これを（ユークリッド空間上に）図示するとすれば，上で述べたように 1 つには定まらないことになる。

3.2　平行四辺形の面積—その 1 (A)

図 3.2 のように空間（あるいは平面）における 3 点 P，A，B において，$\overline{\mathrm{PA}}$，$\overline{\mathrm{PB}}$ を隣り合う 2 辺とする平行四辺形の面積 S を求めよう。そのために $\overrightarrow{\mathrm{PA}} = \boldsymbol{a}$，$\overrightarrow{\mathrm{PB}} = \boldsymbol{b}$ とし，$\angle\mathrm{APB} = \theta$ とすると，

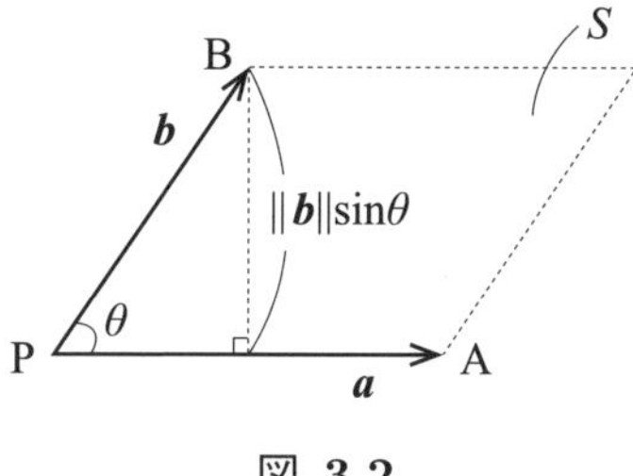

図 3.2

$$S = \overline{\mathrm{PA}} \cdot \overline{\mathrm{PB}} \sin\theta = \|\overrightarrow{\mathrm{PA}}\|\,\|\overrightarrow{\mathrm{PB}}\| \sin\theta = \|\boldsymbol{a}\|\,\|\boldsymbol{b}\| \sin\theta \text{ より} \quad \cdots (3.2.1)$$

$$S^2 = \|\boldsymbol{a}\|^2\|\boldsymbol{b}\|^2(1-\cos^2\theta) = \|\boldsymbol{a}\|^2\|\boldsymbol{b}\|^2 - \|\boldsymbol{a}\|^2\|\boldsymbol{b}\|^2\cos^2\theta \quad \cdots (3.2.2)$$

$$= (\boldsymbol{a},\boldsymbol{a})(\boldsymbol{b},\boldsymbol{b}) - (\boldsymbol{a},\boldsymbol{b})^2 = \det\begin{pmatrix} (\boldsymbol{a},\boldsymbol{a}) & (\boldsymbol{a},\boldsymbol{b}) \\ (\boldsymbol{a},\boldsymbol{b}) & (\boldsymbol{b},\boldsymbol{b}) \end{pmatrix} \quad \cdots (3.2.3)$$

となる。よってベクトル $\boldsymbol{a}$, $\boldsymbol{b}$ の内積をつかって，面積 S を求めることができる。(3.2.3) の右辺のように行列式の形に書いた理由を述べる。

まず簡単のため $\boldsymbol{a}$, $\boldsymbol{b}$ を平面上のベクトルとしよう。そこで，

$$\boldsymbol{a} = \begin{pmatrix} a_1 \\ a_2 \end{pmatrix}, \quad \boldsymbol{b} = \begin{pmatrix} b_1 \\ b_2 \end{pmatrix}, \quad M = (\boldsymbol{a}\ \boldsymbol{b}) = \begin{pmatrix} a_1 & b_1 \\ a_2 & b_2 \end{pmatrix} \quad \cdots (3.2.4)$$

とおくと，(3.2.3) は，

$$(\boldsymbol{a},\boldsymbol{a}) = a_1^2 + a_2^2,\ (\boldsymbol{b},\boldsymbol{b}) = b_1^2 + b_2^2,\ (\boldsymbol{a},\boldsymbol{b}) = a_1b_1 + a_2b_2 \text{ より} \quad \cdots (3.2.5)$$

$$S^2 = \det\begin{pmatrix} (\boldsymbol{a},\boldsymbol{a}) & (\boldsymbol{a},\boldsymbol{b}) \\ (\boldsymbol{a},\boldsymbol{b}) & (\boldsymbol{b},\boldsymbol{b}) \end{pmatrix} = \det\left\{\begin{pmatrix} a_1 & a_2 \\ b_1 & b_2 \end{pmatrix}\begin{pmatrix} a_1 & b_1 \\ a_2 & b_2 \end{pmatrix}\right\} \quad \cdots (3.2.6)$$

$$= \det({}^tMM) = \det({}^tM)\det(M) = \{\det(M)\}^2 \text{ より}^{\diamond 3.1} \quad \cdots (3.2.7)$$

$$S = |\det(M)| = |a_1b_2 - a_2b_1| \quad \cdots (3.2.8)$$

よって面積 S は，(隣り合う 2 辺に対応するベクトル $\boldsymbol{a}$, $\boldsymbol{b}$ を列にして得

◇3.1 $\det({}^tM) = \det(M)$, $\det(AB) = \det(A)\det(B)$ である。それぞれ「入門線型代数」6 章定理 6.1 (p. 124)，7 章の定理 7.5 (p. 153) 参照。

られる) 行列 $M = (\boldsymbol{a}, \boldsymbol{b})$ の行列式の絶対値に等しい。

3.3 平行四辺形の面積—その 2 (A) (C)

3.2 節では $\boldsymbol{a}$, $\boldsymbol{b}$ を平面上のベクトルとしたが，ここでは空間上のベクトルとして，平行四辺形の面積 S を求めよう。そこで，

$$\boldsymbol{a} = \begin{pmatrix} a_1 \\ a_2 \\ a_3 \end{pmatrix}, \quad \boldsymbol{b} = \begin{pmatrix} b_1 \\ b_2 \\ b_3 \end{pmatrix}, \quad M = (\boldsymbol{a}\ \boldsymbol{b}) = \begin{pmatrix} a_1 & b_1 \\ a_2 & b_2 \\ a_3 & b_3 \end{pmatrix} \qquad \cdots (3.3.1)$$

とおくと，(3.2.3) は，

$$(\boldsymbol{a}, \boldsymbol{a}) = a_1^2 + a_2^2 + a_3^2,\ (\boldsymbol{a}, \boldsymbol{b}) = a_1 b_1 + a_2 b_2 + a_3 b_3 \text{ 等より} \quad \cdots (3.3.2)$$

$$S^2 = \det\begin{pmatrix} (\boldsymbol{a}, \boldsymbol{a}) & (\boldsymbol{a}, \boldsymbol{b}) \\ (\boldsymbol{a}, \boldsymbol{b}) & (\boldsymbol{b}, \boldsymbol{b}) \end{pmatrix} = \det\left\{\begin{pmatrix} a_1 & a_2 & a_3 \\ b_1 & b_2 & b_3 \end{pmatrix}\begin{pmatrix} a_1 & b_1 \\ a_2 & b_2 \\ a_3 & b_3 \end{pmatrix}\right\} \qquad \cdots (3.3.3)$$

$$= \det({}^t MM) \text{ より} \qquad \cdots (3.3.4)$$

$$S = \sqrt{\det({}^t MM)} \qquad \cdots (3.3.5)$$

となる。ここで，行列 ${}^t MM$ は 2 次の正方行列で，その行列式を考えることができる。しかし行列 M は 3 行 2 列の行列である（正方行列でない）から (3.2.7) のように，$\det({}^t MM) = \det({}^t M)\det(M)$ と変形はできない。そこで次のように考えよう。まず計算を見やすくする目的で，

$$\boldsymbol{x}_1 = \begin{pmatrix} a_1 \\ b_1 \end{pmatrix}, \quad \boldsymbol{x}_2 = \begin{pmatrix} a_2 \\ b_2 \end{pmatrix}, \quad \boldsymbol{x}_3 = \begin{pmatrix} a_3 \\ b_3 \end{pmatrix},$$

$$M = \begin{pmatrix} a_1 & b_1 \\ a_2 & b_2 \\ a_3 & b_3 \end{pmatrix}, \quad {}^t M = \begin{pmatrix} a_1 & a_2 & a_3 \\ b_1 & b_2 & b_3 \end{pmatrix} = (\boldsymbol{x}_1\ \boldsymbol{x}_2\ \boldsymbol{x}_3) \qquad \cdots (3.3.6)$$

とおくと，

$$S^2 = \det({}^tMM) = \det\left\{(\boldsymbol{x}_1\ \boldsymbol{x}_2\ \boldsymbol{x}_3)\begin{pmatrix} a_1 & b_1 \\ a_2 & b_2 \\ a_3 & b_3 \end{pmatrix}\right\} \quad \cdots (3.3.7)$$

$$= \det(a_1\boldsymbol{x}_1 + a_2\boldsymbol{x}_2 + a_3\boldsymbol{x}_3, b_1\boldsymbol{x}_1 + b_2\boldsymbol{x}_2 + b_3\boldsymbol{x}_3)^{\diamond 3.2} \quad \cdots (3.3.8)$$

$$= a_1b_1\det(\boldsymbol{x}_1, \boldsymbol{x}_1) + a_1b_2\det(\boldsymbol{x}_1, \boldsymbol{x}_2) + a_1b_3\det(\boldsymbol{x}_1, \boldsymbol{x}_3) + \quad \cdots (3.3.9)$$

$$+ a_2b_1\det(\boldsymbol{x}_2, \boldsymbol{x}_1) + a_2b_2\det(\boldsymbol{x}_2, \boldsymbol{x}_2) + a_2b_3\det(\boldsymbol{x}_2, \boldsymbol{x}_3) + \quad \cdots (3.3.10)$$

$$+ a_3b_1\det(\boldsymbol{x}_3, \boldsymbol{x}_1) + a_3b_2\det(\boldsymbol{x}_3, \boldsymbol{x}_2) + a_3b_3\det(\boldsymbol{x}_3, \boldsymbol{x}_3) \quad \cdots (3.3.11)$$

ここで $\det(\boldsymbol{x}_i, \boldsymbol{x}_i) = 0$，$\det(\boldsymbol{x}_i, \boldsymbol{x}_j) = -\det(\boldsymbol{x}_j, \boldsymbol{x}_i)$ 等に注意して $\cdots (3.3.12)$

$$= (a_2b_3 - a_3b_2)\det(\boldsymbol{x}_2, \boldsymbol{x}_3) + (a_3b_1 - a_1b_3)\det(\boldsymbol{x}_3, \boldsymbol{x}_1) + (a_1b_2 - a_2b_1)\det(\boldsymbol{x}_1, \boldsymbol{x}_2) \quad \cdots (3.3.13)$$

$$= (a_2b_3 - a_3b_2)\begin{vmatrix} a_2 & a_3 \\ b_2 & b_3 \end{vmatrix} + (a_3b_1 - a_1b_3)\begin{vmatrix} a_3 & a_1 \\ b_3 & b_1 \end{vmatrix} + (a_1b_2 - a_2b_1)\begin{vmatrix} a_1 & a_2 \\ b_1 & b_2 \end{vmatrix} \quad \cdots (3.3.14)$$

$$= (a_2b_3 - a_3b_2)\begin{vmatrix} a_2 & b_2 \\ a_3 & b_3 \end{vmatrix} + (a_3b_1 - a_1b_3)\begin{vmatrix} a_3 & b_3 \\ a_1 & b_1 \end{vmatrix} + (a_1b_2 - a_2b_1)\begin{vmatrix} a_1 & b_1 \\ a_2 & b_2 \end{vmatrix}^{\diamond 3.3} \quad \cdots (3.3.15)$$

$$= \begin{vmatrix} a_2 & b_2 \\ a_3 & b_3 \end{vmatrix}^2 + \begin{vmatrix} a_3 & b_3 \\ a_1 & b_1 \end{vmatrix}^2 + \begin{vmatrix} a_1 & b_1 \\ a_2 & b_2 \end{vmatrix}^2 \quad \cdots (3.3.16)$$

◇3.2 この式では ${}^tM$ の第 i 列 $\boldsymbol{x}_i$ には M の第 i 行の成分 a_i，b_i がかけてあることを確認しよう。次式へは行列式の多重線型性 (「入門線型代数」第 7 章定理 7.1 (p. 135) 参照) を用いている。

◇3.3 正方行列 A において $\det(A) = \det({}^tA)$ を使っている。

となり，$\boldsymbol{a}$，$\boldsymbol{b}$ を隣り合う 2 辺（の表すベクトル）とする平行四辺形の面積 S は

$$S = \sqrt{\begin{vmatrix} a_2 & b_2 \\ a_3 & b_3 \end{vmatrix}^2 + \begin{vmatrix} a_3 & b_3 \\ a_1 & b_1 \end{vmatrix}^2 + \begin{vmatrix} a_1 & b_1 \\ a_2 & b_2 \end{vmatrix}^2} \qquad \cdots (3.3.17)$$

となることがわかった。根号内の覚え方は，(3.4.2), $\cdots$, (3.4.4) を参照。

3.4　外　積 (A) (B)

3.3 節 (3.3.17) の式をみて，ベクトル $\boldsymbol{a}$ と $\boldsymbol{b}$ に対して，

$$\boldsymbol{a} \times \boldsymbol{b} = \left(\begin{vmatrix} a_2 & b_2 \\ a_3 & b_3 \end{vmatrix}, \begin{vmatrix} a_3 & b_3 \\ a_1 & b_1 \end{vmatrix}, \begin{vmatrix} a_1 & b_1 \\ a_2 & b_2 \end{vmatrix} \right) \qquad \cdots (3.4.1)$$

$$= \left(\begin{vmatrix} a_2 & b_2 \\ a_3 & b_3 \end{vmatrix}, -\begin{vmatrix} a_1 & b_1 \\ a_3 & b_3 \end{vmatrix}, \begin{vmatrix} a_1 & b_1 \\ a_2 & b_2 \end{vmatrix} \right)$$ とおくと

$S = \|\boldsymbol{a} \times \boldsymbol{b}\|$ となる。$\boldsymbol{a} \times \boldsymbol{b}$ を $\boldsymbol{a}$ と $\boldsymbol{b}$ の外積という。

$\boldsymbol{a} \times \boldsymbol{b}$ の各成分 (または (3.3.17) の根号内の各項の行列式) は

第 1 成分 ((3.3.17) の 1 番目の行列式) は，行列 $M = (\boldsymbol{a}\ \boldsymbol{b})$ の第 1 行を除き，第 2，3 行の順に並べた行列の行列式　$\cdots$ (3.4.2)

第 2 成分 ((3.3.17) の 2 番目の行列式) は，行列 $M = (\boldsymbol{a}\ \boldsymbol{b})$ の第 2 行を除き，第 3，1 行の順に並べた行列の行列式　$\cdots$ (3.4.3)

第 3 成分 ((3.3.17) の 3 番目の行列式) は，行列 $M = (\boldsymbol{a}\ \boldsymbol{b})$ の第 3 行を除き，第 1，2 行の順に並べた行列の行列式　$\cdots$ (3.4.4)

となっている。第 2 成分については，(第 2 行を除いて) 第 1 行，第 3 行の順に並べた行列を考えれば，その行列式にマイナスがつくことに注意。(3.3.17) より，$\boldsymbol{a} \times \boldsymbol{b}$ の大きさ $\|\boldsymbol{a} \times \boldsymbol{b}\|$ は $\boldsymbol{a}$，$\boldsymbol{b}$ を隣り合う 2 辺とする平行四辺形の面積 S に等しいことがわかった。ではその向きについては何がいえるであろうか。まず，

$$\boldsymbol{a} = \begin{pmatrix} a_1 \\ a_2 \\ a_3 \end{pmatrix}, \quad \boldsymbol{b} = \begin{pmatrix} b_1 \\ b_2 \\ b_3 \end{pmatrix}, \quad \boldsymbol{c} = \begin{pmatrix} c_1 \\ c_2 \\ c_3 \end{pmatrix} \qquad \cdots (3.4.5)$$

とおいて，$\boldsymbol{a} \times \boldsymbol{b}$ と $\boldsymbol{c}$ との内積を計算すると，

$$(\boldsymbol{a} \times \boldsymbol{b}, \boldsymbol{c}) = \begin{vmatrix} a_2 & b_2 \\ a_3 & b_3 \end{vmatrix} c_1 - \begin{vmatrix} a_1 & b_1 \\ a_3 & b_3 \end{vmatrix} c_2 + \begin{vmatrix} a_1 & b_1 \\ a_2 & b_2 \end{vmatrix} c_3$$

$$= \begin{vmatrix} a_1 & b_1 & c_1 \\ a_2 & b_2 & c_2 \\ a_3 & b_3 & c_3 \end{vmatrix}^{\diamond 3.4} = \det(\boldsymbol{a}, \boldsymbol{b}, \boldsymbol{c}) \qquad \cdots (3.4.6)$$

となる。これより (2 列が同じ正方行列の行列式は 0 だから)，

$$(\boldsymbol{a} \times \boldsymbol{b}, \boldsymbol{a}) = \det(\boldsymbol{a}, \boldsymbol{b}, \boldsymbol{a}) = 0 \qquad \cdots (3.4.7)$$

$$(\boldsymbol{a} \times \boldsymbol{b}, \boldsymbol{b}) = \det(\boldsymbol{a}, \boldsymbol{b}, \boldsymbol{b}) = 0 \qquad \cdots (3.4.8)$$

となり，これは $\boldsymbol{a} \times \boldsymbol{b}$ が，$\boldsymbol{a}$ と $\boldsymbol{b}$ 両方に垂直であることを示している。

例 **3.1**　$\boldsymbol{a}$ と $\boldsymbol{b} \times \boldsymbol{c}$ との内積を計算すると，

$$(\boldsymbol{a}, \boldsymbol{b} \times \boldsymbol{c}) = a_1 \begin{vmatrix} b_2 & c_2 \\ b_3 & c_3 \end{vmatrix} - a_2 \begin{vmatrix} b_1 & c_1 \\ b_3 & c_3 \end{vmatrix} + a_3 \begin{vmatrix} b_1 & c_1 \\ b_2 & c_2 \end{vmatrix} \cdots (3.4.9)$$

$$= \begin{vmatrix} a_1 & b_1 & c_1 \\ a_2 & b_2 & c_2 \\ a_3 & b_3 & c_3 \end{vmatrix} = \det(\boldsymbol{a}, \boldsymbol{b}, \boldsymbol{c}) \qquad \cdots (3.4.10)$$

最後に外積についての性質を以下に述べる。

$$\boldsymbol{a} \times \boldsymbol{a} = \boldsymbol{0} \qquad \boldsymbol{a} \times \boldsymbol{b} = -\boldsymbol{b} \times \boldsymbol{a} \qquad \cdots (3.4.11)$$

$$(\boldsymbol{a} + \boldsymbol{b}) \times \boldsymbol{c} = \boldsymbol{a} \times \boldsymbol{c} + \boldsymbol{b} \times \boldsymbol{c} \quad \boldsymbol{a} \times (\boldsymbol{b} + \boldsymbol{c}) = \boldsymbol{a} \times \boldsymbol{b} + \boldsymbol{a} \times \boldsymbol{c} \qquad \cdots (3.4.12)$$

◇3.4 この行列式を，第 3 列について展開すると，その上の式が得られる。

$$(c\boldsymbol{a}) \times \boldsymbol{b} = c(\boldsymbol{a} \times \boldsymbol{b}) \qquad \boldsymbol{a} \times (c\boldsymbol{b}) = c(\boldsymbol{a} \times \boldsymbol{b}) \quad \cdots (3.4.13)$$

これらを示そう。

$$\boldsymbol{a} \times \boldsymbol{a} = \left(\begin{vmatrix} a_2 & a_2 \\ a_3 & a_3 \end{vmatrix}, \begin{vmatrix} a_3 & a_3 \\ a_1 & a_1 \end{vmatrix}, \begin{vmatrix} a_1 & a_1 \\ a_2 & a_2 \end{vmatrix} \right) = \boldsymbol{0} \quad \cdots (3.4.14)$$

$$\boldsymbol{a} \times \boldsymbol{b} = \left(\begin{vmatrix} a_2 & b_2 \\ a_3 & b_3 \end{vmatrix}, \begin{vmatrix} a_3 & b_3 \\ a_1 & b_1 \end{vmatrix}, \begin{vmatrix} a_1 & b_1 \\ a_2 & b_2 \end{vmatrix} \right) \quad \cdots (3.4.15)$$

$$= \left(-\begin{vmatrix} b_2 & a_2 \\ b_3 & a_3 \end{vmatrix}, -\begin{vmatrix} b_3 & a_3 \\ b_1 & a_1 \end{vmatrix}, -\begin{vmatrix} b_1 & a_1 \\ b_2 & a_2 \end{vmatrix} \right) = -\boldsymbol{b} \times \boldsymbol{a} \quad \cdots (3.4.16)$$

$$(\boldsymbol{a} + \boldsymbol{b}) \times \boldsymbol{c} = \left(\begin{vmatrix} a_2 + b_2 & c_2 \\ a_3 + b_3 & c_3 \end{vmatrix}, \begin{vmatrix} a_3 + b_3 & c_3 \\ a_1 + b_1 & c_1 \end{vmatrix}, \begin{vmatrix} a_1 + b_1 & c_1 \\ a_2 + b_2 & c_2 \end{vmatrix} \right) \quad \cdots (3.4.17)$$

$$= \left(\begin{vmatrix} a_2 & c_2 \\ a_3 & c_3 \end{vmatrix} + \begin{vmatrix} b_2 & c_2 \\ b_3 & c_3 \end{vmatrix}, \begin{vmatrix} a_3 & c_3 \\ a_1 & c_1 \end{vmatrix} + \begin{vmatrix} b_3 & c_3 \\ b_1 & c_1 \end{vmatrix}, \begin{vmatrix} a_1 & c_1 \\ a_2 & c_2 \end{vmatrix} + \begin{vmatrix} b_1 & c_1 \\ b_2 & c_2 \end{vmatrix} \right) \quad \cdots (3.4.18)$$

$$= \left(\begin{vmatrix} a_2 & c_2 \\ a_3 & c_3 \end{vmatrix}, \begin{vmatrix} a_3 & c_3 \\ a_1 & c_1 \end{vmatrix}, \begin{vmatrix} a_1 & c_1 \\ a_2 & c_2 \end{vmatrix} \right) + \left(\begin{vmatrix} b_2 & c_2 \\ b_3 & c_3 \end{vmatrix}, \begin{vmatrix} b_3 & c_3 \\ b_1 & c_1 \end{vmatrix}, \begin{vmatrix} b_1 & c_1 \\ b_2 & c_2 \end{vmatrix} \right) \quad \cdots (3.4.19)$$

$$= \boldsymbol{a} \times \boldsymbol{c} + \boldsymbol{b} \times \boldsymbol{c} \quad \cdots (3.4.20)$$

$$(c\boldsymbol{a}) \times \boldsymbol{b} = \left(\begin{vmatrix} ca_2 & b_2 \\ ca_3 & b_3 \end{vmatrix}, \begin{vmatrix} ca_3 & b_3 \\ ca_1 & b_1 \end{vmatrix}, \begin{vmatrix} ca_1 & b_1 \\ ca_2 & b_2 \end{vmatrix} \right) \quad \cdots (3.4.21)$$

$$= \left(c\begin{vmatrix} a_2 & b_2 \\ a_3 & b_3 \end{vmatrix}, c\begin{vmatrix} a_3 & b_3 \\ a_1 & b_1 \end{vmatrix}, c\begin{vmatrix} a_1 & b_1 \\ a_2 & b_2 \end{vmatrix} \right) \quad \cdots (3.4.22)$$

$$= c\left(\begin{vmatrix} a_2 & b_2 \\ a_3 & b_3 \end{vmatrix}, \begin{vmatrix} a_3 & b_3 \\ a_1 & b_1 \end{vmatrix}, \begin{vmatrix} a_1 & b_1 \\ a_2 & b_2 \end{vmatrix} \right) = c(\boldsymbol{a} \times \boldsymbol{b}) \quad \cdots (3.4.23)$$

練習 3.1　次を証明せよ。

$$\boldsymbol{a} \times (\boldsymbol{b} + \boldsymbol{c}) = \boldsymbol{a} \times \boldsymbol{b} + \boldsymbol{a} \times \boldsymbol{c}$$

$$\boldsymbol{a} \times (c\boldsymbol{b}) = c(\boldsymbol{a} \times \boldsymbol{b})$$

解答

$$\boldsymbol{a}\times(\boldsymbol{b}+\boldsymbol{c})=\left(\begin{vmatrix}a_2 & b_2+c_2\\ a_3 & b_3+c_3\end{vmatrix},\begin{vmatrix}a_3 & b_3+c_3\\ a_1 & b_1+c_1\end{vmatrix},\begin{vmatrix}a_1 & b_1+c_1\\ a_2 & b_2+c_2\end{vmatrix}\right)$$

$$=\left(\begin{vmatrix}a_2 & b_2\\ a_3 & b_3\end{vmatrix}+\begin{vmatrix}a_2 & c_2\\ a_3 & c_3\end{vmatrix},\begin{vmatrix}a_3 & b_3\\ a_1 & b_1\end{vmatrix}+\begin{vmatrix}a_3 & c_3\\ a_1 & c_1\end{vmatrix},\begin{vmatrix}a_1 & b_1\\ a_2 & b_2\end{vmatrix}+\begin{vmatrix}a_1 & c_1\\ a_2 & c_2\end{vmatrix}\right)$$

$$=\left(\begin{vmatrix}a_2 & b_2\\ a_3 & b_3\end{vmatrix},\begin{vmatrix}a_3 & b_3\\ a_1 & b_1\end{vmatrix},\begin{vmatrix}a_1 & b_1\\ a_2 & b_2\end{vmatrix}\right)+\left(\begin{vmatrix}a_2 & c_2\\ a_3 & c_3\end{vmatrix},\begin{vmatrix}a_3 & c_3\\ a_1 & c_1\end{vmatrix},\begin{vmatrix}a_1 & c_1\\ a_2 & c_2\end{vmatrix}\right)$$

$$=\boldsymbol{a}\times\boldsymbol{b}+\boldsymbol{a}\times\boldsymbol{c}$$

$$\boldsymbol{a}\times(c\boldsymbol{b})=\left(\begin{vmatrix}a_2 & cb_2\\ a_3 & cb_3\end{vmatrix},\begin{vmatrix}a_3 & cb_3\\ a_1 & cb_1\end{vmatrix},\begin{vmatrix}a_1 & cb_1\\ a_2 & cb_2\end{vmatrix}\right)$$

$$=\left(c\begin{vmatrix}a_2 & b_2\\ a_3 & b_3\end{vmatrix},c\begin{vmatrix}a_3 & b_3\\ a_1 & b_1\end{vmatrix},c\begin{vmatrix}a_1 & b_1\\ a_2 & b_2\end{vmatrix}\right)$$

$$=c\left(\begin{vmatrix}a_2 & b_2\\ a_3 & b_3\end{vmatrix},\begin{vmatrix}a_3 & b_3\\ a_1 & b_1\end{vmatrix},\begin{vmatrix}a_1 & b_1\\ a_2 & b_2\end{vmatrix}\right)=c(\boldsymbol{a}\times\boldsymbol{b})$$

3.5　平行六面体の体積 (A)

図 3.3 のように，空間上に 4 点 P，A，B，C がある。$\overline{\mathrm{PA}}$，$\overline{\mathrm{PB}}$，$\overline{\mathrm{PC}}$ を 3 辺とする平行六面体を考え，その体積 V を求めよう。そのために $\overrightarrow{\mathrm{PA}}=\boldsymbol{a}$，$\overrightarrow{\mathrm{PB}}=\boldsymbol{b}$，$\overrightarrow{\mathrm{PC}}=\boldsymbol{c}$ とおく。そして $\overline{\mathrm{PA}}$ と $\overline{\mathrm{PB}}$ からなる平行四辺形の面積を S とし，

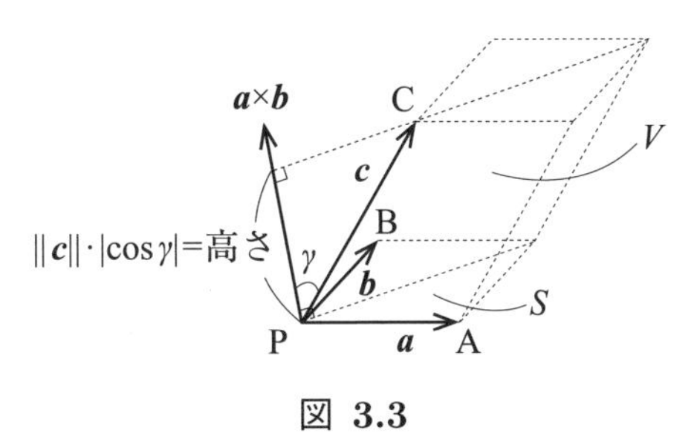

図 3.3

$\boldsymbol{a}\times\boldsymbol{b}$ と $\boldsymbol{c}$ とのなす角を γ とする。そして $\boldsymbol{a}$，$\boldsymbol{b}$，$\boldsymbol{c}$ を列ベクトルとして並べた行列を $M=(\boldsymbol{a},\boldsymbol{b},\boldsymbol{c})$ とおくと，図 3.3，(3.4.6) より，

$$V=S\cdot\|\boldsymbol{c}\|\cdot|\cos\gamma|=\|\boldsymbol{a}\times\boldsymbol{b}\|\cdot\|\boldsymbol{c}\|\cdot|\cos\gamma| \qquad \cdots(3.5.1)$$

$$=|(\boldsymbol{a}\times\boldsymbol{b},\boldsymbol{c})|=|\det(M)| \qquad \cdots(3.5.2)$$

で求められる。

4　正規直交基底と直交補空間

《目標 & ポイント》 直和について復習し，直交補空間を定義する。次に正規直交基底を定義し，その性質を導き，またその構成方法を学ぶ。
《キーワード》 直和，直交補空間，正規直交基底

4.1　直和と直交補空間 (A) (B)

本章では数ベクトル空間 $\boldsymbol{R}^n$ について考える。

命題 4.1　$\boldsymbol{a}_1, \boldsymbol{a}_2, \cdots, \boldsymbol{a}_p$ が与えられたとき，次の事柄は同値である。

i. それらが線型独立である。

ii. $\boldsymbol{x}$ がそれらの線型結合として表せるとき，その表し方は一意的である。

証明 (B)　i $\Rightarrow$ ii　もし $\boldsymbol{x}$ が

$$(\boldsymbol{x} =)\ c_1\boldsymbol{a}_1 + \cdots + c_p\boldsymbol{a}_p = c_1'\boldsymbol{a}_1 + \cdots + c_p'\boldsymbol{a}_p \quad \cdots (4.1.1)$$

と二通りに表されたとき，左辺から右辺を引いて，

$$(c_1 - c_1')\boldsymbol{a}_1 + (c_2 - c_2')\boldsymbol{a}_2 + \cdots + (c_p - c_p')\boldsymbol{a}_p = \boldsymbol{0} \quad \cdots (4.1.2)$$

となり，i より，$c_1 = c_1', c_2 = c_2', \cdots, c_p = c_p'$ となる。

ii $\Rightarrow$ i　もし

$$c_1\boldsymbol{a}_1 + c_2\boldsymbol{a}_2 + \cdots + c_p\boldsymbol{a}_p = \boldsymbol{0} \quad \cdots (4.1.3)$$

ならば，ii より ($\boldsymbol{0}$ の表し方の一意性から) $c_1 = c_2 = \cdots = c_p = 0$

定義 4.1　$\boldsymbol{b}_1, \boldsymbol{b}_2, \cdots, \boldsymbol{b}_p$ が直交系である[◇4.1]とは，任意の二つのベクトルが直交するとき（すなわち $1 \leq i \neq j \leq p$ なる i，j で，$(\boldsymbol{b}_i, \boldsymbol{b}_j) = 0$ のとき）をいう。さらに各 $\boldsymbol{b}_i$ の大きさが1（$(\boldsymbol{b}_i, \boldsymbol{b}_i) = 1$）のときは，正規直交系という。

零でない $\boldsymbol{b}_1, \cdots, \boldsymbol{b}_p$ が直交系であるとき，各ベクトル $\boldsymbol{b}_i$ をその大きさ $\|\boldsymbol{b}_i\|$ で割れば，正規直交系が得られる。$\boldsymbol{b}_1$，$\boldsymbol{b}_2$，$\boldsymbol{b}_3$ が直交系なら線型独立になることは，命題 3.2 より（図 4.1 と図 3.1 右端の図を見比べれば）わかる。一般に次が成り立つ。

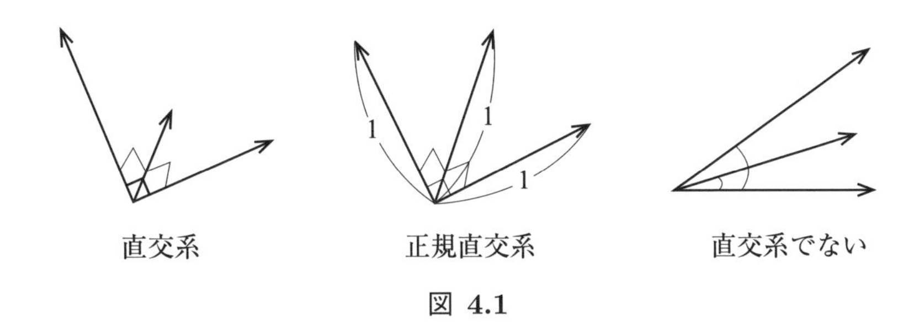

図 4.1

命題 4.2

i. $\boldsymbol{b}_1, \cdots, \boldsymbol{b}_k$ が線型独立なら，これら全てに直交する $\boldsymbol{x} \neq \boldsymbol{0}$ を加えた $\boldsymbol{x}, \boldsymbol{b}_1, \cdots, \boldsymbol{b}_k$ も線型独立である。

ii. 零でないベクトル $\boldsymbol{b}_1, \cdots, \boldsymbol{b}_k$ が直交系なら，これらは線型独立となる。

証明 (B)　i

$a_0\boldsymbol{x} + a_1\boldsymbol{b}_1 + \cdots + a_k\boldsymbol{b}_k = \boldsymbol{0}$ とする。$\boldsymbol{x}$ との内積をとり　$\cdots(4.1.4)$

$(\boldsymbol{x}, a_0\boldsymbol{x} + a_1\boldsymbol{b}_1 + \cdots + a_k\boldsymbol{b}_k) = (\boldsymbol{x}, \boldsymbol{0}) = 0$　よって　$\cdots(4.1.5)$

◇4.1 $\{\boldsymbol{b}_1, \boldsymbol{b}_2, \cdots, \boldsymbol{b}_p\}$ が直交系であるといっても同じことである。

$a_0(\boldsymbol{x},\boldsymbol{x})+a_1(\boldsymbol{x},\boldsymbol{b}_1)+\cdots+a_k(\boldsymbol{x},\boldsymbol{b}_k)=0$　ここで　$\cdots(4.1.6)$

$(\boldsymbol{x},\boldsymbol{b}_i)=0\ (1\leq i\leq k)$ より，$a_0\|\boldsymbol{x}\|^2=0$ で $a_0=0$　$\cdots(4.1.7)$

最初の式に代入して，$a_1\boldsymbol{b}_1+\cdots+a_k\boldsymbol{b}_k=\boldsymbol{0}$　$\cdots(4.1.8)$

$\boldsymbol{b}_1,\cdots,\boldsymbol{b}_k$ は線型独立だったから $a_1=\cdots=a_k=0$　$\cdots(4.1.9)$

ii　帰納法による。$1\leq l<k$ として，$\boldsymbol{b}_1,\cdots,\boldsymbol{b}_l$ が互いに直交するとき，帰納法の仮定で線型独立とすれば，これに $\boldsymbol{b}_{l+1}$ を加えても，(i) より，線型独立になる。よって証明された。

$\boldsymbol{R}^n$ の部分空間 W の線型独立な部分集合 $\mathcal{B}$ において，W のどの要素も $\mathcal{B}$ の要素の線型結合として表せるとき，$\mathcal{B}$ を W の基底といった。このとき

$$\mathcal{B}=\{\boldsymbol{b}_1,\cdots,\boldsymbol{b}_m\}\ \text{とすれば}\ W=L(\boldsymbol{b}_1,\cdots,\boldsymbol{b}_m)\cdots(4.1.10)$$

である。各 $\boldsymbol{b}_i$ を列ベクトルとして順に並べて得られる行列を $(\boldsymbol{b}_1,\boldsymbol{b}_2,\cdots,\boldsymbol{b}_m)$ と書けば，$\boldsymbol{x}\in W$ のとき，

$$\begin{aligned}\boldsymbol{x}&=x_1\boldsymbol{b}_1+x_2\boldsymbol{b}_2+\cdots+x_m\boldsymbol{b}_m\\&=(\boldsymbol{b}_1,\boldsymbol{b}_2,\cdots,\boldsymbol{b}_m)\begin{pmatrix}x_1\\x_2\\\vdots\\x_m\end{pmatrix}\ \text{となり，}\ \begin{pmatrix}x_1\\x_2\\\vdots\\x_m\end{pmatrix}\quad\cdots(4.1.11)\end{aligned}$$

を $\boldsymbol{x}$ の基底 $\mathcal{B}$ における成分表示といった。

W の基底で正規直交系をなすものを，W の正規直交基底という。$\boldsymbol{R}^n$ 上の任意のベクトルは，n 次の基本ベクトル $\boldsymbol{e}_1,\boldsymbol{e}_2,\cdots,\boldsymbol{e}_n$（これらは線型独立）の線型結合として表すことができるので，$\{\boldsymbol{e}_1,\boldsymbol{e}_2,\cdots,\boldsymbol{e}_n\}$ は基底をなす。しかも基本ベクトルの大きさは 1 で互いに直交するので，

$$\{\boldsymbol{e}_1,\boldsymbol{e}_2,\cdots,\boldsymbol{e}_n\}\ \text{は空間}\ \boldsymbol{R}^n\ \text{の正規直交基底である。}\quad\cdots(4.1.12)$$

$\boldsymbol{b}_1, \cdots, \boldsymbol{b}_m$ が正規直交系ならば (命題 4.2-(ii) より線型独立となり) 部分空間 $L(\boldsymbol{b}_1, \cdots, \boldsymbol{b}_m)$ の正規直交基底となる。

$\boldsymbol{R}^n$ の部分空間 $U_1, \cdots, U_p$ の和を

$$U_1 + \cdots + U_p = \{\boldsymbol{a}_1 + \cdots + \boldsymbol{a}_p \mid \boldsymbol{a}_i \in U_i,\ 1 \leq i \leq p\} \qquad \cdots(4.1.13)$$

と定義する。部分空間 W が (W の部分空間) $U_1, \cdots, U_p$ の和である（和として表される）とき，すなわち

$W = U_1 + \cdots + U_p$ は言い換えると，任意の $\boldsymbol{x} \in W$ は，　$\cdots(4.1.14)$

$\boldsymbol{a}_i \in U_i$ として，$\boldsymbol{x} = \boldsymbol{a}_1 + \cdots + \boldsymbol{a}_p$ と表せる　$\cdots(4.1.15)$

ということである。もし (4.1.15) の表し方が<u>一意的</u>である（右辺の表し方が一通りしかない）ときは，W を $U_1, \cdots, U_p$ の直和 (あるいは，W は $U_1, \cdots, U_p$ の直和に分解される) といい，$W = U_1 \oplus \cdots \oplus U_p$ と表す。このとき (4.1.15) で $\boldsymbol{x} = \boldsymbol{0}$ とすれば，各 i について $\boldsymbol{a}_i = \boldsymbol{0}$ でなければならない。$\boldsymbol{a}_i$ を，$\boldsymbol{x}$ の U_i への射影という。

例 4.1　W の基底を $\mathcal{B} = \{\boldsymbol{b}_1, \boldsymbol{b}_2, \boldsymbol{b}_3\}$ とすると，$W = L(\boldsymbol{b}_1, \boldsymbol{b}_2, \boldsymbol{b}_3)$ で，W の任意の要素 $\boldsymbol{x}$ は (命題 4.1 より) $x_1\boldsymbol{b}_1 + x_2\boldsymbol{b}_2 + x_3\boldsymbol{b}_3$ と一意に表せる。従って $L(\boldsymbol{b}_1, \boldsymbol{b}_2)$ の要素 $x_1\boldsymbol{b}_1 + x_2\boldsymbol{b}_2$ と $L(\boldsymbol{b}_3)$ の要素 $x_3\boldsymbol{b}_3$ の和に一意にかける。よって $W = L(\boldsymbol{b}_1, \boldsymbol{b}_2) \oplus L(\boldsymbol{b}_3)$ となる (図 4.2 左図参照)。基底 $\mathcal{B}$ での成分表示で示せば，(4.1.11) より，

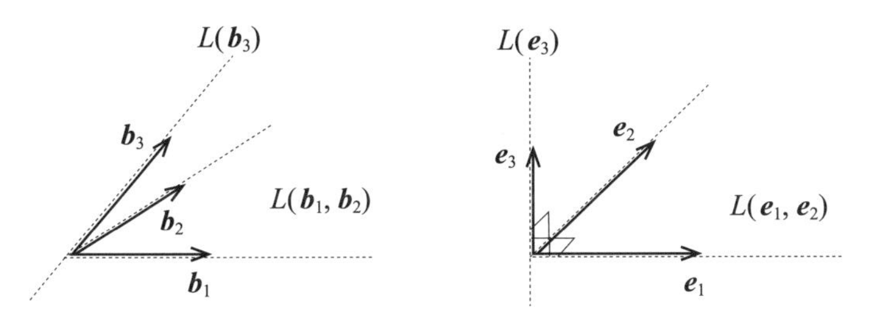

図 4.2

$$\begin{pmatrix} x_1 \\ x_2 \\ x_3 \end{pmatrix} = \begin{pmatrix} x_1 \\ x_2 \\ 0 \end{pmatrix} + \begin{pmatrix} 0 \\ 0 \\ x_3 \end{pmatrix} \qquad \cdots (4.1.16)$$

となる。ここで，左辺は W の要素，右辺第 1 項は $L(\boldsymbol{b}_1, \boldsymbol{b}_2)$ の要素，右辺第 2 項は $L(\boldsymbol{b}_3)$ の要素である。

$\boldsymbol{R}^n$ の部分空間 W の任意の要素 $\boldsymbol{a}$ に直交する (すなわち $(\boldsymbol{a}, \boldsymbol{x}) = 0$ となる) ベクトル $\boldsymbol{x}$ 全体の集合 V は $\boldsymbol{R}^n$ の部分空間になる。なぜならば，任意の $\boldsymbol{a} \in W$ において，

$$\boldsymbol{x}_1, \boldsymbol{x}_2 \in V \text{ のとき，} (\boldsymbol{a}, \boldsymbol{x}_1) = (\boldsymbol{a}, \boldsymbol{x}_2) = 0 \quad \text{すると} \qquad \cdots (4.1.17)$$

$$(\boldsymbol{a}, \boldsymbol{x}_1 + \boldsymbol{x}_2) = (\boldsymbol{a}, \boldsymbol{x}_1) + (\boldsymbol{a}, \boldsymbol{x}_2) = 0 \quad \text{よって，} \qquad \cdots (4.1.18)$$

$$\boldsymbol{x}_1 + \boldsymbol{x}_2 \in V \quad \text{また，} c \text{ を実数として} \qquad \cdots (4.1.19)$$

$$(\boldsymbol{a}, c\boldsymbol{x}_1) = c(\boldsymbol{a}, \boldsymbol{x}_1) = 0 \quad \text{よって，} c\boldsymbol{x}_1 \in V \qquad \cdots (4.1.20)$$

となるからである。この空間 V を W の**直交補空間**といい $W^{\perp}$ で表す。定義より次が成り立つ。

$$\boldsymbol{x} \in W^{\perp} \Leftrightarrow \text{任意の } \boldsymbol{a} \in W \text{ で } (\boldsymbol{a}, \boldsymbol{x}) = 0 \quad \text{従って} \qquad \cdots (4.1.21)$$

$$\text{任意の } \boldsymbol{x} \in W^{\perp} \text{ と任意の } \boldsymbol{a} \in W \text{ で，} (\boldsymbol{a}, \boldsymbol{x}) = 0 \qquad \cdots (4.1.22)$$

W を単にベクトルの集合としたときも上記 $W^{\perp}$ が定義でき，$W_1 \subseteq W_2$ なら $W_1^{\perp} \supseteq W_2^{\perp}$ が成り立つ。$U \supseteq W$ なる 2 つの部分空間があたえられたとき，W の任意の要素 $\boldsymbol{a}$ に直交するベクトル $\boldsymbol{x} \in U$ 全体の集合 V は，U における W の直交補空間という。表記は（前後の意味から誤解のないことが多いので）単に $W^{\perp}$ と書くことにする。

例 4.2　$\boldsymbol{R}^n$ において $\boldsymbol{a}_1, \boldsymbol{a}_2, \cdots, \boldsymbol{a}_m$ の各ベクトルに直交するベクトルの集合を V とする。任意の $\boldsymbol{x} \in V$ において，$1 \leq i \leq m$ なる各 i で，

$$(\boldsymbol{a}_i, \boldsymbol{x}) = 0 \text{ だから，内積の線型性 (2.5.18) より，} \qquad \cdots (4.1.23)$$

$$(c_1\boldsymbol{a}_1 + \cdots + c_m\boldsymbol{a}_m, \boldsymbol{x}) = c_1(\boldsymbol{a}_1, \boldsymbol{x}) + \cdots + c_m(\boldsymbol{a}_m, \boldsymbol{x}) = 0 \quad \cdots (4.1.24)$$

すなわち，$L(\boldsymbol{a}_1, \cdots, \boldsymbol{a}_m)$ の任意の要素 $c_1\boldsymbol{a}_1 + \cdots + c_m\boldsymbol{a}_m$ と V の要素は直交する。従って $V \subseteq L(\boldsymbol{a}_1, \cdots, \boldsymbol{a}_m)^{\perp}$。また $V = \{\boldsymbol{a}_1, \cdots, \boldsymbol{a}_m\}^{\perp} \supseteq L(\boldsymbol{a}_1, \cdots, \boldsymbol{a}_m)^{\perp}$。よって $V = L(\boldsymbol{a}_1, \boldsymbol{a}_2, \cdots, \boldsymbol{a}_m)^{\perp}$　例えば空間 $\boldsymbol{R}^3$ で，基本ベクトル $\boldsymbol{e}_1$，$\boldsymbol{e}_2$ の各々に直交するベクトルの集合は $L(\boldsymbol{e}_3)$ で，従って

$$L(\boldsymbol{e}_3) = L(\boldsymbol{e}_1, \boldsymbol{e}_2)^{\perp} \text{で，また} \boldsymbol{R}^3 = L(\boldsymbol{e}_1, \boldsymbol{e}_2) \oplus L(\boldsymbol{e}_3) \quad \cdots (4.1.25)$$

も成り立つ (例 4.1 で $\boldsymbol{b}_i = \boldsymbol{e}_i$ とすればよい，図 4.2 右図参照)。

4.2　幾つかの命題 (C)

直和となるための条件を考えよう。

命題 4.3　部分空間 W が $U_1, \cdots, U_p$ の和であるとき，次は同値である。

i. W は $U_1, \cdots, U_p$ の直和である。

ii. 各 U_i から零でないベクトルを選んだとき，それらは線型独立である。

証明　i $\Rightarrow$ ii　ベクトル $\boldsymbol{a}_i \in U_i$ $(1 \leq i \leq p)$ が零でないとし，$c_1\boldsymbol{a}_1 + \cdots + c_p\boldsymbol{a}_p = \boldsymbol{0}$ とする。i より ($\boldsymbol{0}$ の表し方の一意性から) 各 $c_i\boldsymbol{a}_i = \boldsymbol{0}$ よって，$c_1 = \cdots = c_p = 0$ で，$\boldsymbol{a}_1, \cdots, \boldsymbol{a}_p$ は線型独立である。

ii $\Rightarrow$ i　$\boldsymbol{a}_i, \boldsymbol{a}'_i \in U_i$ として，もし $\boldsymbol{x} \in W$ が

$$(\boldsymbol{x} =)\ \boldsymbol{a}_1 + \cdots + \boldsymbol{a}_p = \boldsymbol{a}'_1 + \cdots + \boldsymbol{a}'_p \quad \cdots (4.2.1)$$

と 2 通りに表せたとすると，左辺から右辺を引いて

$$(\boldsymbol{a}_1 - \boldsymbol{a}'_1) + \cdots + (\boldsymbol{a}_p - \boldsymbol{a}'_p) = \boldsymbol{0} \quad \cdots (4.2.2)$$

ここで $1 \leq i \leq p$ なる各 i で $\boldsymbol{a}_i - \boldsymbol{a}_i' \in U_i$ だから，これら $\boldsymbol{a}_i - \boldsymbol{a}_i'$ で零ベクトルでないものがあったとすれば，それらを集めたものは，その和が $\boldsymbol{0}$ である。それらは(仮定 ii より)線型独立だから（その定義から）結局各 i で $\boldsymbol{a}_i = \boldsymbol{a}_i'$ でならなければならない。これは $\boldsymbol{x}$ の表し方が一意であることを意味し，i が成り立つ。

命題 4.4 $1 \leq i \leq p$ とし，線型独立なベクトルの集合 $B_i = \{\boldsymbol{b}_{i,1}, \cdots, \boldsymbol{b}_{i,k_i}\}$ において，B_i の要素で生成される部分空間を U_i とする：$U_i = L(\boldsymbol{b}_{i,1}, \cdots, \boldsymbol{b}_{i,k_i})$ このとき，

$$W = U_1 \oplus \cdots \oplus U_p \Leftrightarrow B = \bigcup_{1 \leq i \leq p} B_i \text{ は } W \text{ の基底} \cdots (4.2.3)$$

証明 簡単のため $p = 2$ のときを証明する。一般の場合も同様である。

$\Rightarrow$ $1 \leq i \leq 2$ とする。$W = U_1 \oplus U_2$ だから，各 $\boldsymbol{x} \in W$ は，

$\boldsymbol{x} = \boldsymbol{a}_1 + \boldsymbol{a}_2$，$\boldsymbol{a}_i \in U_i$ と一意に表せる。各 B_i は U_i の基底だから

命題 4.1 より，$\boldsymbol{a}_i$ は B_i の要素の線型結合として一意に表せる。

従って $\boldsymbol{x}$ は $B = B_1 \cup B_2$ の要素の線型結合として一意に表せる。

従って命題 4.1 より B の要素は線型独立で[◇4.2] W の基底となる

$$\cdots (4.2.4)$$

$\Leftarrow$ B は W の基底であるから，命題 4.1 より，W の要素 $\boldsymbol{x}$ は B の要素の線型結合として一意に表せそれを

$$\boldsymbol{x} = c_1\boldsymbol{b}_{1,1} + \cdots + c_{k_1}\boldsymbol{b}_{1,k_1} + d_1\boldsymbol{b}_{2,1} + \cdots + d_{k_2}\boldsymbol{b}_{2,k_2} \quad \cdots (4.2.5)$$

と書く。ここで，$\boldsymbol{a}_1 = c_1\boldsymbol{b}_{1,1} + \cdots + c_{k_1}\boldsymbol{b}_{1,k_1} \in U_1$ $\cdots (4.2.6)$

$\boldsymbol{a}_2 = d_1\boldsymbol{b}_{2,1} + \cdots + d_{k_2}\boldsymbol{b}_{2,k_2} \in U_2$ とすると[◇4.3] $\cdots (4.2.7)$

◇4.2 $\boldsymbol{x}$ が B の要素の線型結合として表されるとき，B_1 の要素の線型結合部分を $\boldsymbol{a}_1 \in U_1$ とし，B_2 の要素の線型結合部分を $\boldsymbol{a}_2 \in U_2$ として，$\boldsymbol{x} = \boldsymbol{a}_1 + \boldsymbol{a}_2$ と表せ，よって $\boldsymbol{x} \in W$ である。

$\boldsymbol{x} = \boldsymbol{a}_1 + \boldsymbol{a}_2$，$\boldsymbol{a}_i \in U_i$ と一意に表せることになる。 $\cdots(4.2.8)$

よって $W = U_1 \oplus U_2$ $\cdots(4.2.9)$

命題 4.5 $\boldsymbol{R}^n$ の正規直交基底 $\mathcal{B} = \{\boldsymbol{b}_1, \boldsymbol{b}_2, \cdots, \boldsymbol{b}_n\}$ に対し，$1 \leq k < n$ として，

$\boldsymbol{b}_1, \cdots, \boldsymbol{b}_k$ で生成される部分空間を $W_1 = L(\boldsymbol{b}_1, \cdots, \boldsymbol{b}_k)$ $\cdots(4.2.10)$

$\boldsymbol{b}_{k+1}, \cdots, \boldsymbol{b}_n$ で生成される部分空間を $W_2 = L(\boldsymbol{b}_{k+1}, \cdots, \boldsymbol{b}_n)$ $\cdots(4.2.11)$

とすれば，$W_2 = W_1^{\perp}$ また $\boldsymbol{R}^n = W_1 \oplus W_1^{\perp}$ である。 $\cdots(4.2.12)$

証明　命題 4.4 より $\boldsymbol{R}^n = W_1 \oplus W_2$ となる。$\mathcal{B}$ は正規直交基底であるから，$(\boldsymbol{b}_i, \boldsymbol{b}_i) = 1$ また，$i \neq j$ のとき $(\boldsymbol{b}_i, \boldsymbol{b}_j) = 0$　このとき $\boldsymbol{R}^n$ の要素を $\boldsymbol{b} = \sum_{i=1}^{n} c_i \boldsymbol{b}_i$ と表すと，

$$\boldsymbol{b} = \sum_{i=1}^{n} c_i \boldsymbol{b}_i \in L(\boldsymbol{b}_1, \cdots, \boldsymbol{b}_k)^{\perp} \quad \cdots(4.2.13)$$

$\Leftrightarrow 1 \leq j \leq k$ なる $\boldsymbol{b}_j$ で，$(\boldsymbol{b}, \boldsymbol{b}_j) = 0$ (例 4.2 参照) $\cdots(4.2.14)$

ここで $(\boldsymbol{b}, \boldsymbol{b}_j) = \left(\sum_{i=1}^{n} c_i \boldsymbol{b}_i, \boldsymbol{b}_j \right) = \sum_{i=1}^{n} (c_i \boldsymbol{b}_i, \boldsymbol{b}_j) = (c_j \boldsymbol{b}_j, \boldsymbol{b}_j) = c_j \|\boldsymbol{b}_j\|$

より $\cdots(4.2.15)$

$\Leftrightarrow 1 \leq j \leq k$ なる j で $c_j = 0$ $\cdots(4.2.16)$

$$\Leftrightarrow \boldsymbol{b} = \sum_{j=k+1}^{n} c_j \boldsymbol{b}_j \in L(\boldsymbol{b}_{k+1}, \cdots, \boldsymbol{b}_n) \quad \cdots(4.2.17)$$

よって $L(\boldsymbol{b}_{k+1}, \cdots, \boldsymbol{b}_n) = L(\boldsymbol{b}_1, \cdots, \boldsymbol{b}_k)^{\perp}$ すなわち $W_2 = W_1^{\perp}$

◇4.3 $\boldsymbol{x}$ を B の要素の線型結合として表したとき，これを B_1 の要素の線型結合部分 $\boldsymbol{a}_1$ と B_2 の要素の線型結合部分 $\boldsymbol{a}_2$ に分けたのである。

上記命題で空間 $\boldsymbol{R}^n$ を，($\boldsymbol{R}^m$ の) 部分空間 W に置き換えれば次の系が成り立つ。

系 4.1　$\boldsymbol{R}^m$ の部分空間 W の正規直交基底 $\mathcal{B} = \{\boldsymbol{b}_1, \boldsymbol{b}_2, \cdots, \boldsymbol{b}_n\}$ に対し，$1 \leq k < n$ として，

$\boldsymbol{b}_1, \cdots, \boldsymbol{b}_k$ で生成される部分空間を $W_1 = L(\boldsymbol{b}_1, \cdots, \boldsymbol{b}_k)$　$\cdots$ (4.2.18)

$\boldsymbol{b}_{k+1}, \cdots, \boldsymbol{b}_n$ で生成される部分空間を $W_2 = L(\boldsymbol{b}_{k+1}, \cdots, \boldsymbol{b}_n)$

$\cdots$ (4.2.19)

とすれば，$W_2 = W_1^{\perp}$ また $W = W_1 \oplus W_1^{\perp}$ である。ここで $W_1^{\perp}$ は，$\underline{W}$ における W_1 の直交補空間である。

コメント 4.1　W の基底 $\mathcal{B} = \{\boldsymbol{b}_1, \cdots, \boldsymbol{b}_p\}$ と $\boldsymbol{x} \in W$ において，命題 4.1 より，

$$\boldsymbol{x} = a_1\boldsymbol{b}_1 + \cdots + a_p\boldsymbol{b}_p \quad \text{と一意に表せる} \qquad \cdots (4.2.20)$$

このことは，各 $\boldsymbol{b}_i$ で生成される W の部分空間 $L(\boldsymbol{b}_i)$ を考えて，

$\boldsymbol{x}$ は各 $L(\boldsymbol{b}_i)$ の要素 (すなわち $a_i\boldsymbol{b}_i$) の和として一意に表せる[◇4.4]。

$\cdots$ (4.2.21)

と言い換えることもできる。一方，W の部分空間 $U_1, \cdots, U_q$ について，

$\boldsymbol{x} \in W$ は各 U_i の要素の和として一意に表せる　$\cdots$ (4.2.22)

とき，W は $U_1, \cdots, U_q$ の直和であるといった。上記 (4.2.21)，(4.2.22) を見比べ，部分空間 $L(\boldsymbol{b}_i)$ (あるいは基底の各要素 $\boldsymbol{b}_i$) と部分空間 U_i の対応を考えれば，直和は，基底の概念を (集合 U_i 上に) 拡張したものとみることもできる。

◇4.4 従って $W = L(\boldsymbol{b}_1) \oplus L(\boldsymbol{b}_2) \oplus \cdots \oplus L(\boldsymbol{b}_p)$ である。

次の命題は定理 4.2 の証明で使う。

命題 4.6　$\boldsymbol{R}^n$ の部分空間 W の正規直交基底 $\{\boldsymbol{b}_1, \cdots, \boldsymbol{b}_k\}$ が与えられているとする。このとき，$\boldsymbol{R}^n = W \oplus W^{\perp}$ が成り立つ。すなわち，任意の $\boldsymbol{x} \in \boldsymbol{R}^n$ において，$\boldsymbol{x}_1 \in W$ と $\boldsymbol{x}_2 \in W^{\perp}$ が唯一存在して，$\boldsymbol{x} = \boldsymbol{x}_1 + \boldsymbol{x}_2$ となる。

証明　まず $W = L(\boldsymbol{b}_1, \cdots, \boldsymbol{b}_k)$ である。$\boldsymbol{x} \in \boldsymbol{R}^n$ に対し，求める $\boldsymbol{x}_1 \in W$ が，a_i $(1 \leq i \leq k)$ を実数として，

$$\boldsymbol{x}_1 = a_1\boldsymbol{b}_1 + \cdots + a_k\boldsymbol{b}_k \qquad \cdots(4.2.23)$$

と表されたとする。このとき $\boldsymbol{x}_2 = \boldsymbol{x} - \boldsymbol{x}_1$ が $W^{\perp}$ の要素であるための条件を求めよう。$\boldsymbol{x} - \boldsymbol{x}_1$ は各 $\boldsymbol{b}_i$ と直交しなければならないから，$(\boldsymbol{x} - \boldsymbol{x}_1, \boldsymbol{b}_i) = 0$　よって $i \neq j$ のとき $(\boldsymbol{b}_i, \boldsymbol{b}_j) = 0$ だから，

$$\begin{aligned}(\boldsymbol{x} - \boldsymbol{x}_1, \boldsymbol{b}_i) &= (\boldsymbol{x} - a_1\boldsymbol{b}_1 - \cdots - a_k\boldsymbol{b}_k, \boldsymbol{b}_i) \\ &= (\boldsymbol{x}, \boldsymbol{b}_i) - a_i(\boldsymbol{b}_i, \boldsymbol{b}_i) = (\boldsymbol{x}, \boldsymbol{b}_i) - a_i = 0\end{aligned} \qquad \cdots(4.2.24)$$

よって各 i で，$a_i = (\boldsymbol{x}, \boldsymbol{b}_i)$ と決定される。これより $\boldsymbol{x}_1$，$\boldsymbol{x}_2$ は，

$$\begin{aligned}&\boldsymbol{x}_1 = (\boldsymbol{x}, \boldsymbol{b}_1)\boldsymbol{b}_1 + \cdots + (\boldsymbol{x}, \boldsymbol{b}_k)\boldsymbol{b}_k \in W, \\ &\boldsymbol{x}_2 = \boldsymbol{x} - \boldsymbol{x}_1 = \boldsymbol{x} - (\boldsymbol{x}, \boldsymbol{b}_1)\boldsymbol{b}_1 - \cdots - (\boldsymbol{x}, \boldsymbol{b}_k)\boldsymbol{b}_k \in W^{\perp}\end{aligned} \qquad \cdots(4.2.25)$$

と決定され，この $\boldsymbol{x}_1$，$\boldsymbol{x}_2$ は命題を満たす。

図 4.3 は $k = 1, 2$ の場合を示した。そこで $(\boldsymbol{x}, \boldsymbol{b}_1)\boldsymbol{b}_1$ や $(\boldsymbol{x}, \boldsymbol{b}_2)\boldsymbol{b}_2$ を図示するには (2.2.28) を使っている。

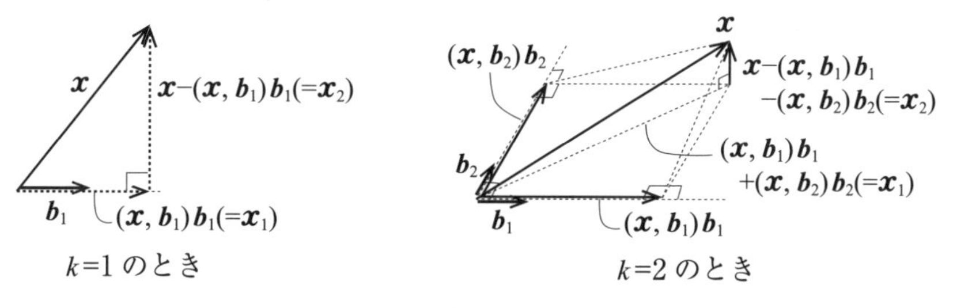

図 4.3

4.3 正規直交基底 (A)

「入門線型代数」12 章定理 12.4 (p. 237) と系 12.3 (p. 239) において次が成り立った。

定理 4.1 $\boldsymbol{R}^n$ の部分空間 W の有限部分集合 B が線型独立とする。このとき B に W の有限個のベクトルを付け加えて，W の基底にできる。

系 4.2 W を $\mathbf{0}$ 以外のベクトルを含む $\boldsymbol{R}^n$ の部分空間とする。このとき有限個のベクトルからなる W の基底が存在する。

さらに W の任意の基底は同じ個数のベクトルからなることがそこで示された。そして W の基底のベクトルの個数を，空間 W の次元といった。従って例えば $\boldsymbol{R}^n$ の n 個の線型独立なベクトルは基底となる。また $\mathbf{0}$ でないベクトル $\boldsymbol{a}_1, \boldsymbol{a}_2, \cdots, \boldsymbol{a}_n$ が正規直交系ならば，命題 4.2-(ii) より線型独立となり，従って $\boldsymbol{R}^n$ の正規直交基底となる。では，一般に部分空間 W の正規直交基底は常に存在するであろうか。それに対する答えが次の定理である（証明は次節参照）。

定理 4.2 W を $\mathbf{0}$ 以外のベクトルを含む $\boldsymbol{R}^n$ の部分空間としたとき，W の正規直交基底が存在する。

この定理を使うと，命題 4.6 より次がいえる。

定理 4.3 $\boldsymbol{R}^n$ の部分空間 W において，$\boldsymbol{R}^n = W \oplus W^{\perp}$ が成り立つ。

4.4 証　明 (C)

まず次を確認しよう。$\boldsymbol{b}_1, \cdots, \boldsymbol{b}_k$ が線型独立とする。

$$
\begin{aligned}
&\boldsymbol{x} \notin L(\boldsymbol{b}_1, \cdots, \boldsymbol{b}_k) \Leftrightarrow \\
&\boldsymbol{x}\text{ は，}\boldsymbol{b}_1, \cdots, \boldsymbol{b}_k\text{ の線形結合の形で表せない} \Leftrightarrow^{\diamond 4.5} \qquad \cdots (4.4.1) \\
&\boldsymbol{x}, \boldsymbol{b}_1, \cdots, \boldsymbol{b}_k\text{ が線型独立}
\end{aligned}
$$

さて定理 4.2 の証明をしよう。系 4.2 により，W の基底を $\boldsymbol{a}_1, \cdots, \boldsymbol{a}_m$ としよう。これを出発点にして，正規直交基底 $\boldsymbol{b}_1, \cdots, \boldsymbol{b}_m$ を構成していく。その流れは，

$\boldsymbol{a}_1$ より，$\boldsymbol{b}_1$ をつくる

今つくった $\boldsymbol{b}_1$ と $\boldsymbol{a}_2$ より，$\boldsymbol{b}_2$ をつくる　　$\cdots (4.4.2)$

今までつくった $\boldsymbol{b}_1$，$\boldsymbol{b}_2$ それと $\boldsymbol{a}_3$ より，$\boldsymbol{b}_3$ をつくる…

となる。以下詳細を示そう。まず，

$$\boldsymbol{b}_1 = \frac{1}{\|\boldsymbol{a}_1\|}\boldsymbol{a}_1 \text{ とすれば，} L(\boldsymbol{a}_1) = L(\boldsymbol{b}_1) \qquad \cdots (4.4.3)$$

次に (4.4.1) より，$\boldsymbol{a}_2 \notin L(\boldsymbol{a}_1) = L(\boldsymbol{b}_1)$ だから，命題 4.6 で $W = L(\boldsymbol{b}_1)$，$k = 1$，$\boldsymbol{x} = \boldsymbol{a}_2$ とすれば，(4.2.25) より $\boldsymbol{x}_2$ すなわち，

$$\boldsymbol{a}_2 - (\boldsymbol{a}_2, \boldsymbol{b}_1)\boldsymbol{b}_1 \text{ を } \boldsymbol{b}_2' \text{ として } \boldsymbol{b}_2' \in L(\boldsymbol{b}_1)^\perp \qquad \cdots (4.4.4)$$

$$\boldsymbol{b}_2 = \frac{1}{\|\boldsymbol{b}_2'\|}\boldsymbol{b}_2' \text{ とすれば，} \|\boldsymbol{b}_2\| = 1 \text{ で} \qquad \cdots (4.4.5)$$

$$\boldsymbol{b}_2 \in L(\boldsymbol{b}_1)^\perp \text{ また } L(\boldsymbol{b}_1, \boldsymbol{b}_2) = L(\boldsymbol{a}_1, \boldsymbol{a}_2)^{\diamond 4.6} \qquad \cdots (4.4.6)$$

つまり，$\boldsymbol{b}_1$，$\boldsymbol{b}_2$ は互いに直交する単位ベクトルである。同様に (4.4.1) より，$\boldsymbol{a}_3 \notin L(\boldsymbol{a}_1, \boldsymbol{a}_2) = L(\boldsymbol{b}_1, \boldsymbol{b}_2)$ だから，命題 4.6 で $W = L(\boldsymbol{b}_1, \boldsymbol{b}_2)$，$k = 2$，$\boldsymbol{x} = \boldsymbol{a}_3$ とすれば，(4.2.25) より $\boldsymbol{x}_2$ すなわち，

◇4.5「入門線型代数」9 章の定理 9.6 (p. 194) 参照。そこでは「$\boldsymbol{x}, \boldsymbol{b}_1, \cdots, \boldsymbol{b}_k$ が線型従属」ならば「$\boldsymbol{x}$ は，$\boldsymbol{b}_1, \cdots, \boldsymbol{b}_k$ の線形結合の形で表せる」を示してあるが，この逆は明らかである。

◇4.6 $\boldsymbol{b}_1$ は $\boldsymbol{a}_1$ の線型結合で表される。$\boldsymbol{b}_2$ は $\boldsymbol{a}_2$ と $\boldsymbol{b}_1$ (よって $\boldsymbol{a}_1$) の線型結合で表される。

$\boldsymbol{a}_3 - (\boldsymbol{a}_3, \boldsymbol{b}_2)\boldsymbol{b}_2 - (\boldsymbol{a}_3, \boldsymbol{b}_1)\boldsymbol{b}_1$ を $\boldsymbol{b}'_3$ として，$\boldsymbol{b}'_3 \in L(\boldsymbol{b}_1, \boldsymbol{b}_2)^{\perp}$ $\cdots(4.4.7)$

$\boldsymbol{b}_3 = \dfrac{1}{\|\boldsymbol{b}'_3\|}\boldsymbol{b}'_3$ とすれば，$\|\boldsymbol{b}_3\| = 1$ で $\cdots(4.4.8)$

$\boldsymbol{b}_3 \in L(\boldsymbol{b}_1, \boldsymbol{b}_2)^{\perp}$ また $L(\boldsymbol{b}_1, \boldsymbol{b}_2, \boldsymbol{b}_3) = L(\boldsymbol{a}_1, \boldsymbol{a}_2, \boldsymbol{a}_3)$[◇4.7] $\cdots(4.4.9)$

つまり，$\boldsymbol{b}_1$，$\boldsymbol{b}_2$，$\boldsymbol{b}_3$ は互いに直交する単位ベクトルである。これを（帰納法により）繰り返せばよい。つまり $\boldsymbol{b}_1, \cdots, \boldsymbol{b}_{k-1}$ が互いに直交する単位ベクトルのとき (4.4.1) より，$\boldsymbol{a}_k \notin L(\boldsymbol{a}_1, \cdots, \boldsymbol{a}_{k-1}) = L(\boldsymbol{b}_1, \cdots, \boldsymbol{b}_{k-1})$ だから[◇4.8] 命題 4.6 で $W = L(\boldsymbol{b}_1, \boldsymbol{b}_2, \cdots, \boldsymbol{b}_{k-1})$，$\boldsymbol{x} = \boldsymbol{a}_k$ とすれば，(4.2.25) より $\boldsymbol{x}_2$ すなわち，

$$\boldsymbol{a}_k - (\boldsymbol{a}_k, \boldsymbol{b}_{k-1})\boldsymbol{b}_{k-1} - \cdots - (\boldsymbol{a}_k, \boldsymbol{b}_1)\boldsymbol{b}_1 \qquad \cdots(4.4.10)$$

を $\boldsymbol{b}'_k$ として $\boldsymbol{b}_k = \dfrac{1}{\|\boldsymbol{b}'_k\|}\boldsymbol{b}'_k$ とすれば，$\|\boldsymbol{b}_k\| = 1$ で $\cdots(4.4.11)$

$\boldsymbol{b}_k \in L(\boldsymbol{b}_1, \cdots, \boldsymbol{b}_{k-1})^{\perp}$ また $L(\boldsymbol{b}_1, \cdots, \boldsymbol{b}_k) = L(\boldsymbol{a}_1, \cdots, \boldsymbol{a}_k)$[◇4.9]

$\cdots(4.4.12)$

こうして，$\boldsymbol{b}_1, \cdots, \boldsymbol{b}_k$ は互いに直交する単位ベクトルとなる。以上より $\boldsymbol{b}_1 = \dfrac{1}{\|\boldsymbol{a}_1\|}\boldsymbol{a}_1$ とし，帰納法で各 $2 \leq k \leq m$ において，

$\boldsymbol{a}_k - (\boldsymbol{a}_k, \boldsymbol{b}_{k-1})\boldsymbol{b}_{k-1} - \cdots - (\boldsymbol{a}_k, \boldsymbol{b}_1)\boldsymbol{b}_1$ を $\boldsymbol{b}'_k$ として

$\boldsymbol{b}_k = \dfrac{1}{\|\boldsymbol{b}'_k\|}\boldsymbol{b}'_k$ とすれば，$\boldsymbol{b}_1, \cdots, \boldsymbol{b}_m$ は正規直交基底となる。 $\cdots(4.4.13)$

図 4.4 は $m = 2$ の場合を示した。そこで $(\boldsymbol{a}_2, \boldsymbol{b}_1)\boldsymbol{b}_1$ を図示するには (2.2.28) を使っている。$m = 3$ の場合は，さらに図 4.3 右図で $\boldsymbol{x} = \boldsymbol{a}_3$ とした場合となる。

◇4.7 $\boldsymbol{b}_3$ は $\boldsymbol{b}_1$，$\boldsymbol{b}_2$，$\boldsymbol{a}_3$（よって $\boldsymbol{a}_1$，$\boldsymbol{a}_2$，$\boldsymbol{a}_3$）の線型結合で表される。

◇4.8 帰納法の仮定より $L(\boldsymbol{a}_1, \cdots, \boldsymbol{a}_{k-1}) = L(\boldsymbol{b}_1, \cdots, \boldsymbol{b}_{k-1})$ としている。

◇4.9 $\boldsymbol{b}_k$ は，($\boldsymbol{b}_1, \cdots, \boldsymbol{b}_{k-1}, \boldsymbol{a}_k$ よって注釈 4.8 により）$\boldsymbol{a}_1, \cdots, \boldsymbol{a}_{k-1}, \boldsymbol{a}_k$ の線型結合で表される。

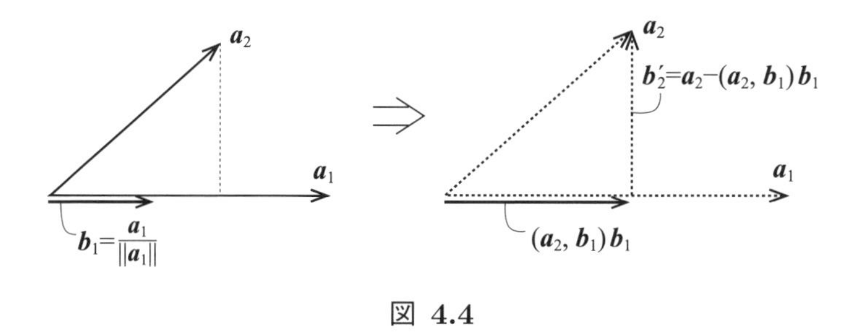

図 **4.4**

系 4.3　$\boldsymbol{R}^n$ の部分空間 W とその正規直交系 $\mathcal{B} = \{\boldsymbol{a}_1, \cdots, \boldsymbol{a}_l\}$ が与えられたとする。このとき $\mathcal{B}$ に幾つかの要素を付け加えることによって，W の正規直交基底が存在する。

証明　定理 4.1 により，$\mathcal{B}$ に幾つかの要素を付け加えて，W の基底を $\{\boldsymbol{a}_1, \cdots, \boldsymbol{a}_l, \cdots, \boldsymbol{a}_m\}$ とする。各々の $1 \leq j \leq l$ で $\boldsymbol{b}_j = \boldsymbol{a}_j$ とし，$l < k \leq m$ なる $\boldsymbol{b}_k$ のつくり方は，定理 4.2 の証明と同じである。

コメント 4.2　定理 4.3 の別解。W の正規直交基底を $\boldsymbol{b}_1, \cdots, \boldsymbol{b}_l$ とする。系 4.3 より (そこで $W = \boldsymbol{R}^n$，各 $\boldsymbol{a}_i = \boldsymbol{b}_i$ として) これにさらに $n - l$ 個の要素 $\boldsymbol{b}_{l+1}, \cdots, \boldsymbol{b}_n$ を付け加えることによって，$\boldsymbol{R}^n$ の正規直交基底をつくる。このとき

$$\boldsymbol{b}_1, \cdots, \boldsymbol{b}_l \text{ で生成される部分空間 } W = L(\boldsymbol{b}_1, \cdots, \boldsymbol{b}_l) \text{ と，} \quad \cdots (4.4.14)$$

$$\boldsymbol{b}_{l+1}, \cdots, \boldsymbol{b}_n \text{ で生成される部分空間 } W_1 = L(\boldsymbol{b}_{l+1}, \cdots, \boldsymbol{b}_n) \quad \cdots (4.4.15)$$

において命題 4.5 を使えば，$W_1 = W^{\perp}$ また $\boldsymbol{R}^n = W \oplus W^{\perp}$ である。

定理 4.3 で $\boldsymbol{R}^n$ を空間 U に置き換えれば，コメント 4.2 で述べた証明と同様に，次が成り立つ。

系 4.4　$\boldsymbol{R}^m$ の部分空間 U と，U の部分空間 W において，$U = W \oplus W^{\perp}$ が成り立つ。ここで $W^{\perp}$ は，U における W の直交補空間である。

系 4.5　$(W^{\perp})^{\perp} = W$

証明　直交補空間 $W^{\perp}$ の定義より ((4.1.22) より)，W の任意の要素は，$W^{\perp}$ の任意の要素とは直交する。よって ($(W^{\perp})^{\perp}$ の定義より) $W \subseteq (W^{\perp})^{\perp}$　次に $\boldsymbol{x} \in (W^{\perp})^{\perp}$ とすると ($\boldsymbol{x} \in W$ を示す)，定理 4.3 よりある $\boldsymbol{x}_1$，$\boldsymbol{x}_2$ が存在して，$\boldsymbol{x} = \boldsymbol{x}_1 + \boldsymbol{x}_2$，$\boldsymbol{x}_1 \in W$ かつ $\boldsymbol{x}_2 \in W^{\perp}$ となる。ここで $W \subseteq (W^{\perp})^{\perp}$ だから $\boldsymbol{x} - \boldsymbol{x}_1 \in (W^{\perp})^{\perp}$　また $\boldsymbol{x} - \boldsymbol{x}_1 = \boldsymbol{x}_2 \in W^{\perp}$ だから，$\boldsymbol{x}_2 \in W^{\perp} \cap (W^{\perp})^{\perp}$　定理 4.3 で W を $W^{\perp}$ に置き換えれば，$\boldsymbol{R}^n = W^{\perp} \oplus (W^{\perp})^{\perp}$ で，$W^{\perp} \cap (W^{\perp})^{\perp} = \{\boldsymbol{0}\}$　よって $\boldsymbol{x}_2 = \boldsymbol{0}$ となり，$\boldsymbol{x} = \boldsymbol{x}_1 \in W$　よって $(W^{\perp})^{\perp} \subseteq W$。以上より $(W^{\perp})^{\perp} = W$

コメント 4.3　$\boldsymbol{R}^n$ の部分空間 W において，$\boldsymbol{R}^n = W \oplus V$ となる V は 1 つには定まらない。例えば W の基底を $\mathcal{B} = \{\boldsymbol{b}_1, \cdots, \boldsymbol{b}_k\}$ として，これに $\boldsymbol{b}_{k+1}, \cdots, \boldsymbol{b}_n$ を付け加えて，$\boldsymbol{R}^n$ の基底をつくれば，命題 4.4 より，

$$\begin{aligned}
&L(\boldsymbol{b}_1, \cdots, \boldsymbol{b}_n) = L(\boldsymbol{b}_1, \cdots, \boldsymbol{b}_k) \oplus L(\boldsymbol{b}_{k+1}, \cdots, \boldsymbol{b}_n) \text{ だから} \\
&\boldsymbol{R}^n = W \oplus L(\boldsymbol{b}_{k+1}, \cdots, \boldsymbol{b}_n) \text{ また定理 4.3 より} \qquad \cdots (4.4.16) \\
&\boldsymbol{R}^n = W \oplus W^{\perp} \text{ でもある。}
\end{aligned}$$

例えば空間 $\boldsymbol{R}^3$ で，基本ベクトル $\boldsymbol{e}_1$，$\boldsymbol{e}_2$ で生成される部分空間の直交補空間 $L(\boldsymbol{e}_1, \boldsymbol{e}_2)^{\perp}$ は (例 4.2 より) $L(\boldsymbol{e}_3)$ で，$\boldsymbol{R}^3 = L(\boldsymbol{e}_1, \boldsymbol{e}_2) \oplus L(\boldsymbol{e}_3)$ である。しかし $L(\boldsymbol{e}_1, \boldsymbol{e}_2)$ (xy 平面) に含まれない任意のベクトルを $\boldsymbol{c}$ とすれば $\{\boldsymbol{e}_1, \boldsymbol{e}_2, \boldsymbol{c}\}$ は (命題 3.2 より線型独立で従って) $\boldsymbol{R}^3$ の基底となり (命題 4.4 より) $\boldsymbol{R}^3 = L(\boldsymbol{e}_1, \boldsymbol{e}_2) \oplus L(\boldsymbol{c})$ である。

4.5　練　習 (A)

部分空間 W の与えられた基底 $\{\boldsymbol{a}_1, \cdots, \boldsymbol{a}_m\}$ から，正規直交基底を求める練習をしよう。$\boldsymbol{b}_1 = \dfrac{1}{\|\boldsymbol{a}_1\|}\boldsymbol{a}_1$ とし，(4.4.13) で $k = 2, 3, \cdots$ として，

$$\boldsymbol{a}_k - (\boldsymbol{a}_k, \boldsymbol{b}_{k-1})\boldsymbol{b}_{k-1} - \cdots - (\boldsymbol{a}_k, \boldsymbol{b}_1)\boldsymbol{b}_1 \text{ を } \boldsymbol{b}'_k \text{ として}$$

$$\boldsymbol{b}_k = \frac{1}{\|\boldsymbol{b}'_k\|}\boldsymbol{b}'_k \text{ とすれば，} \boldsymbol{b}_1, \cdots, \boldsymbol{b}_m \text{ は正規直交基底となる} \qquad \cdots (4.5.1)$$

に従って計算すればよい。以下の例では，$m = k = 2$ とすればよい(図 4.4 参照)。

例 4.3　$\boldsymbol{R}^2$ の基底　$\boldsymbol{a}_1 = \begin{pmatrix} 1 \\ 2 \end{pmatrix}$, $\boldsymbol{a}_2 = \begin{pmatrix} 2 \\ 3 \end{pmatrix}$　$\cdots (4.5.2)$

から，正規直交基底を，(4.5.1) に従って求めよう。まず，

$$\|\boldsymbol{a}_1\| = \sqrt{1^2 + 2^2} = \sqrt{5} \text{ より } \boldsymbol{b}_1 = \frac{\boldsymbol{a}_1}{\|\boldsymbol{a}_1\|} = \begin{pmatrix} \dfrac{1}{\sqrt{5}} \\ \dfrac{2}{\sqrt{5}} \end{pmatrix} \qquad \cdots (4.5.3)$$

とすれば，$\|\boldsymbol{b}_1\| = 1$　次に $\boldsymbol{b}'_2$ を

$$\boldsymbol{b}'_2 = \boldsymbol{a}_2 - (\boldsymbol{a}_2, \boldsymbol{b}_1)\boldsymbol{b}_1 \qquad \cdots (4.5.4)$$

$$= \begin{pmatrix} 2 \\ 3 \end{pmatrix} - \frac{8}{\sqrt{5}} \begin{pmatrix} \dfrac{1}{\sqrt{5}} \\ \dfrac{2}{\sqrt{5}} \end{pmatrix} = \begin{pmatrix} \dfrac{2}{5} \\ -\dfrac{1}{5} \end{pmatrix} \qquad \cdots (4.5.5)$$

とすると，これは $\boldsymbol{b}_1$ と直交する。そして，

$$\boldsymbol{b}_2 = \frac{\boldsymbol{b}'_2}{\|\boldsymbol{b}'_2\|} = \sqrt{5}\boldsymbol{b}'_2 = \begin{pmatrix} \dfrac{2\sqrt{5}}{5} \\ -\dfrac{\sqrt{5}}{5} \end{pmatrix} \qquad \cdots (4.5.6)$$

とすれば，$\boldsymbol{b}_1$，$\boldsymbol{b}_2$ が正規直交基底になる。

例 4.4
$$\boldsymbol{a}_1 = \begin{pmatrix} 1 \\ -1 \\ 0 \end{pmatrix}, \quad \boldsymbol{a}_2 = \begin{pmatrix} 1 \\ 0 \\ -1 \end{pmatrix} \qquad \cdots (4.5.7)$$

で生成される空間 W_1 の正規直交基底を，(4.5.1) に従って求めよう。

$$\|\boldsymbol{a}_1\| = \sqrt{1^2 + (-1)^2} = \sqrt{2} \text{ より } \boldsymbol{b}_1 = \frac{\boldsymbol{a}_1}{\|\boldsymbol{a}_1\|} = \begin{pmatrix} \frac{1}{\sqrt{2}} \\ -\frac{1}{\sqrt{2}} \\ 0 \end{pmatrix} \qquad \cdots (4.5.8)$$

とすれば，$\|\boldsymbol{b}_1\| = 1$　次に $\boldsymbol{b}'_2$ を

$$\boldsymbol{b}'_2 = \boldsymbol{a}_2 - (\boldsymbol{a}_2, \boldsymbol{b}_1)\boldsymbol{b}_1 \qquad \cdots (4.5.9)$$

$$= \begin{pmatrix} 1 \\ 0 \\ -1 \end{pmatrix} - \frac{1}{\sqrt{2}} \begin{pmatrix} \frac{1}{\sqrt{2}} \\ -\frac{1}{\sqrt{2}} \\ 0 \end{pmatrix} = \begin{pmatrix} \frac{1}{2} \\ \frac{1}{2} \\ -1 \end{pmatrix} \qquad \cdots (4.5.10)$$

とすると，これは $\boldsymbol{b}_1$ と直交する。そして，

$$\boldsymbol{b}_2 = \frac{\boldsymbol{b}'_2}{\|\boldsymbol{b}'_2\|} = \frac{\sqrt{6}}{3}\boldsymbol{b}'_2 = \begin{pmatrix} \frac{\sqrt{6}}{6} \\ \frac{\sqrt{6}}{6} \\ -\frac{\sqrt{6}}{3} \end{pmatrix} \qquad \cdots (4.5.11)$$

とすれば，$\boldsymbol{b}_1$，$\boldsymbol{b}_2$ が正規直交基底になる。

4.6　正規直交基底と内積 (C)

$\boldsymbol{R}^n$ の正規直交基底を $\mathcal{B} = \{\boldsymbol{a}_1, \boldsymbol{a}_2, \cdots, \boldsymbol{a}_n\}$ とする。$\boldsymbol{x}$，$\boldsymbol{y}$ が，

$$\boldsymbol{x} = c_1\boldsymbol{a}_1 + c_2\boldsymbol{a}_2 + \cdots + c_n\boldsymbol{a}_n \qquad \cdots (4.6.1)$$

$$\boldsymbol{y} = d_1\boldsymbol{a}_1 + d_2\boldsymbol{a}_2 + \cdots + d_n\boldsymbol{a}_n \qquad \cdots (4.6.2)$$

と表されている。$(\boldsymbol{x}, \boldsymbol{a}_i)$ を計算しよう。$(\boldsymbol{a}_i, \boldsymbol{a}_i) = 1$，$i \neq j$ のとき $(\boldsymbol{a}_i, \boldsymbol{a}_j) = 0$ だから，内積の線型性 (2.5.18) を使い，

$$(\boldsymbol{x}, \boldsymbol{a}_i) = \left(\sum_{j=1}^{n} c_j\boldsymbol{a}_j, \boldsymbol{a}_i\right) = \sum_{j=1}^{n}(c_j\boldsymbol{a}_j, \boldsymbol{a}_i) = c_i(\boldsymbol{a}_i, \boldsymbol{a}_i) = c_i \qquad \cdots (4.6.3)$$

よって，$\boldsymbol{x} = (\boldsymbol{x}, \boldsymbol{a}_1)\boldsymbol{a}_1 + (\boldsymbol{x}, \boldsymbol{a}_2)\boldsymbol{a}_2 + \cdots + (\boldsymbol{x}, \boldsymbol{a}_n)\boldsymbol{a}_n \qquad \cdots (4.6.4)$

となる。次に内積 $(\boldsymbol{x}, \boldsymbol{y})$ を計算しよう。

$$(\boldsymbol{x}, \boldsymbol{y}) = \left(\sum_{j=1}^{n} c_j\boldsymbol{a}_j, \sum_{k=1}^{n} d_k\boldsymbol{a}_k\right) \qquad \cdots (4.6.5)$$

$$= \sum_{j=1}^{n}\sum_{k=1}^{n}(c_j\boldsymbol{a}_j, d_k\boldsymbol{a}_k) = \sum_{j=1}^{n}\sum_{k=1}^{n} c_j d_k(\boldsymbol{a}_j, \boldsymbol{a}_k) \qquad \cdots (4.6.6)$$

$$= c_1d_1 + c_2d_2 + \cdots + c_nd_n \text{ よって} \qquad \cdots (4.6.7)$$

$$(\boldsymbol{x}, \boldsymbol{y}) = c_1d_1 + c_2d_2 + \cdots + c_nd_n \qquad \cdots (4.6.8)$$

ベクトルの内積は，標準基底で成分表示したうえで，(2.5.2) により定義された。しかし上式により，ベクトルが（標準基底のみならず一般に）正規直交基底において成分表示されていれば，内積を (2.5.2) と同様に（対応する成分の積をとり，これらの和として）計算してよい。

5 合同変換と直交行列

《目標 & ポイント》 合同変換とはどのようなものか，対称移動や回転移動といった例をあげながら理解する。またその行列表示として，直交行列を定義し，その性質を導く。

《キーワード》 合同変換，対称移動，回転移動，直交行列

5.1 合同変換 (A)

空間 V からそれ自身への写像は，**変換**ともいう。ユークリッド空間（平面）上の変換 f が任意の 2 点の長さを変えないとき，f を**合同変換**という。すなわち，2 点 P，Q の f による像を P′，Q′ とすれば，$\overline{\mathrm{PQ}} = \overline{\mathrm{P'Q'}}$ である。よって異なる 2 点の f による像は異なる 2 点である。図 5.1 のように，もし 3 点 P，Q，R が三角形を形づくれば，これらの f による像 P′，Q′，R′ がつくる $\triangle \mathrm{P'Q'R'}$ は (対応する 3 辺が等しいので) $\triangle \mathrm{PQR}$ と合同になる。とくに P，Q，R が一直線上にあれば，P′，Q′，R′ も (それぞれ P，Q，R と) 同じ順に同じ間隔で，一直線上にある。

また (四角形は対角線によって三角形を 2 つ合わせたものとみれるから) 4 点 P，Q，R，S が四角形 PQRS を形作れば，これらの f による像

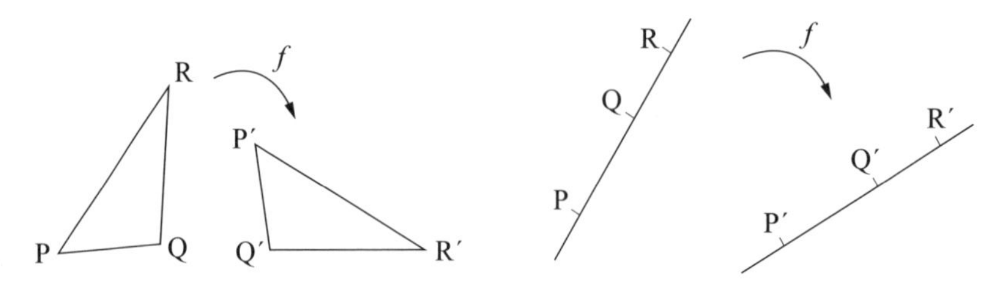

図 5.1

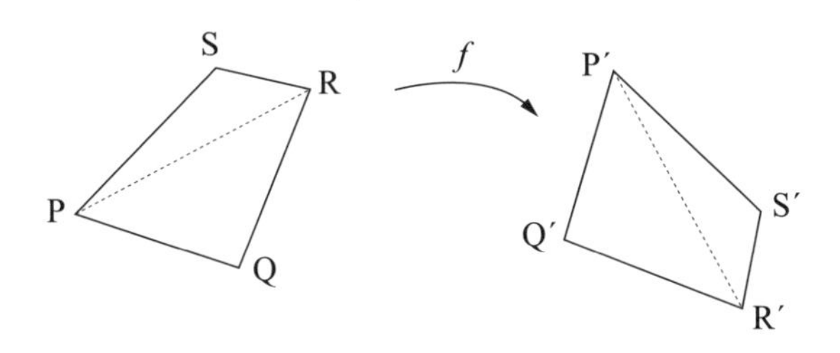

図 5.2

P′，Q′，R′，S′ がつくる四角形 P′Q′R′S′ もやはり合同な四角形となる。このように考えると合同変換は文字通り，形を変えない変換である。

2 点 $\mathrm{P}(x_1, x_2, x_3)$，$\mathrm{P}'(y_1, y_2, y_3)$ の位置ベクトルを $\boldsymbol{x} = \overrightarrow{\mathrm{OP}}$，$\boldsymbol{y} = \overrightarrow{\mathrm{OP}'}$ とすれば，

「点 P の f による像は P′ である」は
「位置ベクトル $\boldsymbol{x}$ の f による像は $\boldsymbol{y}$ である」ともいえる。　$\cdots(5.1.1)$

従って（点の変換であった）f は，位置ベクトルから位置ベクトルへの変換ともみることができ (同じ記号 f を使えば) $f(\boldsymbol{x}) = \boldsymbol{y}$ と書くことができる。$\boldsymbol{x}$，$\boldsymbol{y}$ の成分表示を使えば，

$$f\left(\begin{pmatrix} x_1 \\ x_2 \\ x_3 \end{pmatrix}\right) = \begin{pmatrix} y_1 \\ y_2 \\ y_3 \end{pmatrix} \text{簡単に，} f\begin{pmatrix} x_1 \\ x_2 \\ x_3 \end{pmatrix} = \begin{pmatrix} y_1 \\ y_2 \\ y_3 \end{pmatrix} \qquad \cdots(5.1.2)$$

と書くこともできる。もちろんこれは点 $\mathrm{P}(x_1, x_2, x_3)$ が，変換 f によって，点 $\mathrm{P}'(y_1, y_2, y_3)$ に移るということでもある。このように空間上の点の変換は，（点を位置ベクトルに置き換えて）位置ベクトルの変換としてもみることができる。今後は，位置ベクトルの変換としてみることが多い[◇5.1]。

合同変換の例をまず 1 つあげる。

◇5.1 そうすれば，f を数ベクトル空間 $\boldsymbol{R}^3$ 上の変換としてみることも可能となる。

例 5.1　平面上の点を，一定の方向に一定の長さ移動させる変換 T を，平行移動という。

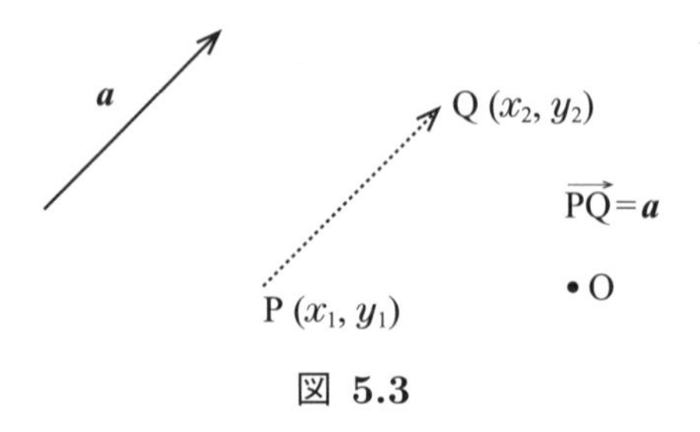

図 **5.3**

移動する方向と長さをベクトル

$$\boldsymbol{a} = \begin{pmatrix} a \\ b \end{pmatrix} \qquad \cdots (5.1.3)$$

で表し，この合同変換を $T_{\boldsymbol{a}}$ で表そう。点 $\mathrm{P}(x_1, y_1)$ が $T_{\boldsymbol{a}}$ により点 $\mathrm{Q}(x_2, y_2)$ に移ったとすれば，この 2 点の座標の関係は，

$$\begin{cases} x_2 = x_1 + a \\ y_2 = y_1 + b \end{cases} \qquad \cdots (5.1.4)$$

となる。P，Q の位置ベクトルを $\boldsymbol{p}$，$\boldsymbol{q}$ とすれば，

$\overrightarrow{\mathrm{OQ}} = \overrightarrow{\mathrm{OP}} + \overrightarrow{\mathrm{PQ}}$ すなわち $\boldsymbol{q} = T_{\boldsymbol{a}}(\boldsymbol{p}) = \boldsymbol{p} + \boldsymbol{a}$ と表せ，　　$\cdots (5.1.5)$

成分を使えば $\begin{pmatrix} x_2 \\ y_2 \end{pmatrix} = \begin{pmatrix} x_1 \\ y_1 \end{pmatrix} + \begin{pmatrix} a \\ b \end{pmatrix}$　　$\cdots (5.1.6)$

となる。$T_{\boldsymbol{a}}$ の逆変換は，$-\boldsymbol{a}$ で表される平行移動 $T_{-\boldsymbol{a}}$ で，$T_{-\boldsymbol{a}} \circ T_{\boldsymbol{a}}$ は恒等変換 id である。一般にユークリッド空間 $\boldsymbol{E}^n$ 上の「平行移動」も同様に定義する。すなわち，ベクトル $\boldsymbol{a}$ で表される平行移動 $T_{\boldsymbol{a}}$ を，$T_{\boldsymbol{a}}(\boldsymbol{p}) = \boldsymbol{p} + \boldsymbol{a}$ で定義する。

合同変換 f が原点を他の点 A に移し，$\overrightarrow{\mathrm{OA}} = \boldsymbol{a}$ とする。このとき変換 f の後，ベクトル $-\boldsymbol{a}$ で表される ($\boldsymbol{a}$ とは逆方向で同じ長さ移動する) 平

行移動 $T_{-\boldsymbol{a}}$ をおこなえば(点Aは原点に戻るから)この合成変換 $T_{-\boldsymbol{a}} \circ f$ により原点は動かない。従って

$f = (T_{\boldsymbol{a}} \circ T_{-\boldsymbol{a}}) \circ f = T_{\boldsymbol{a}} \circ (T_{-\boldsymbol{a}} \circ f)$ だから，任意の合同変換 f は，
原点を動かさない合同変換 $T_{-\boldsymbol{a}} \circ f$ と平行移動 $T_{\boldsymbol{a}}$ の合成変換
$\cdots(5.1.7)$

と見なせる。そこで原点を動かさない合同変換について以下考えよう。

コメント5.1　2.3節で定義したように，空間の座標系を $(\mathrm{O}, \{\boldsymbol{a}_1, \boldsymbol{a}_2, \boldsymbol{a}_3\})$ としよう。ここで $\{\boldsymbol{a}_1, \boldsymbol{a}_2, \boldsymbol{a}_3\}$ は正規直交基底をなす[◇5.2]。合同変換 f が「原点Oを他の点Aに移す」とは「点 $(0,0,0)$ を点Aに移す」という意味であって「変換後は点Aが原点になる」という意味ではない。f による変換前も後も座標系は変わらない(すなわち原点Oの位置や正規直交基底は変わらない)。

原点Oと点Pの合同変換 f による像をそれぞれ点A，P′とする。2点P，P′の位置ベクトルをそれぞれ，$\boldsymbol{x}$，$\boldsymbol{y}$ とすれば，$f(\boldsymbol{x}) = \boldsymbol{y}$ と書ける。合同変換の意味から，

$\overline{\mathrm{OP}} = \overline{\mathrm{AP'}}$ であり，$\overline{\mathrm{OP}} = \overline{\mathrm{OP'}}$ $(\|\boldsymbol{x}\| = \|f(\boldsymbol{x})\|)$ ではない。もし
f が原点を動かさなければ $\mathrm{O} = \mathrm{A}$ で，$\overline{\mathrm{OP}} = \overline{\mathrm{OP'}}$ $(\|\boldsymbol{x}\| = \|f(\boldsymbol{x})\|)$
$\cdots(5.1.8)$

となる。そこで，

$\|\boldsymbol{x}\| = \|f(\boldsymbol{x})\|$ $(\overline{\mathrm{OP}} = \overline{\mathrm{OP'}})$ を満たすとき，
f は（位置）ベクトルの大きさ（原点からの距離）を変えない
$\cdots(5.1.9)$

と定義する。すると原点を動かさない合同変換は，ベクトルの大きさを

◇5.2 $\boldsymbol{a}_1$，$\boldsymbol{a}_2$，$\boldsymbol{a}_3$ は大きさ1で互いに直交し，任意のベクトルはこれらの線型結合として表される，という意味である。

変えない。平行移動は合同変換であるが，（位置）ベクトルの大きさ（原点からの距離）を変える。

5.2 原点を動かさない合同変換 (B)

さて f を，原点 O を動かさない合同変換とする。よって f はベクトルの大きさを変えない。図 5.4 で，2 点 P，Q の位置ベクトルをそれぞれ $\boldsymbol{p}$，$\boldsymbol{q}$ とする。2 点の f による像 P′，Q′ の位置ベクトルはそれぞれ $f(\boldsymbol{p})$，$f(\boldsymbol{q})$ である。図 5.4 左図で，

$\|\boldsymbol{p}\| = \overline{\mathrm{OP}} = \overline{\mathrm{OP'}} = \|f(\boldsymbol{p})\|$，$\|\boldsymbol{q}\| = \overline{\mathrm{OQ}} = \overline{\mathrm{OQ'}} = \|f(\boldsymbol{q})\|$ $\cdots$(5.2.1)

O，P，Q が一直線上にあれば，ある c が存在し $c\boldsymbol{p} = \boldsymbol{q}$ $\cdots$(5.2.2)

すると f の像O，P′，Q′ も (それぞれ OPQ と) 同じ順に同じ間隔で $\cdots$(5.2.3)

一直線上にあり，$cf(\boldsymbol{p}) = f(\boldsymbol{q}) = f(c\boldsymbol{p})$ $\cdots$(5.2.4)

となる。今度は図 5.4 右図で，四角形 OPRQ は平行四辺形である。

P，Q，R の位置ベクトルはそれぞれ，$\boldsymbol{p}$，$\boldsymbol{q}$，$\boldsymbol{p}+\boldsymbol{q}$ で $\cdots$(5.2.5)

変換後の点 P′，Q′，R′ の位置ベクトルは，$f(\boldsymbol{p})$，$f(\boldsymbol{q})$，$f(\boldsymbol{p}+\boldsymbol{q})$ $\cdots$(5.2.6)

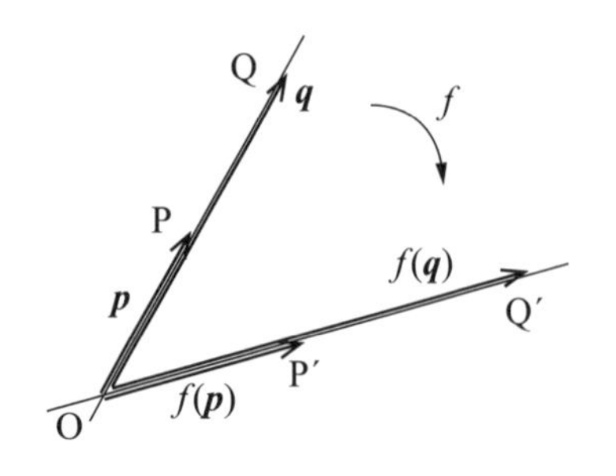

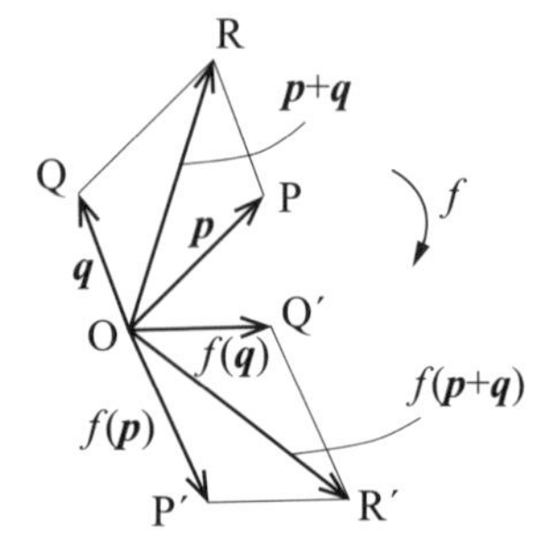

図 **5.4**

四角形$\mathrm{OP'R'Q'}$も平行四辺形だから，$f(\boldsymbol{p}+\boldsymbol{q})=f(\boldsymbol{p})+f(\boldsymbol{q})$

$$\cdots(5.2.7)$$

が成り立つ。(5.2.4)，(5.2.7) より，

$f(c\boldsymbol{p})=cf(\boldsymbol{p})$ また $f(\boldsymbol{p}+\boldsymbol{q})=f(\boldsymbol{p})+f(\boldsymbol{q})$

この2式を満たす変換（写像）を線型変換（写像）といった。

よって原点を動かさない合同変換は線型変換である。

$$\cdots(5.2.8)$$

逆に変換 f が線型変換なら (原点の位置ベクトルは $\mathbf{0}$ で) $f(\mathbf{0})=f(\mathbf{0}+\mathbf{0})=f(\mathbf{0})+f(\mathbf{0})=2f(\mathbf{0})$ より $f(\mathbf{0})=\mathbf{0}$ となるから，原点を動かさない。以上より「f が原点を動かさない合同変換」$\Leftrightarrow$「線型変換 f が合同変換」が成り立つ。

5.3　幾つかの例 (A) (B)

前節で

「f が原点を動かさない合同変換」$\Leftrightarrow$「線型変換 f が合同変換」

$$\cdots(5.3.1)$$

を示した。線型変換 f に対しては (「入門線型代数」11 章の定義 (p. 212) または定理 11.1 (p. 216) より) その行列表示 A が存在する。すなわちベクトル $\boldsymbol{p}$，$\boldsymbol{q}$ において，

$f(\boldsymbol{p})=\boldsymbol{q}$ すなわち $\boldsymbol{p}$ が (f による) 変換後 $\boldsymbol{q}$
になったならば，$A\boldsymbol{p}=\boldsymbol{q}$ が成り立つ。　$\cdots(5.3.2)$

ここで $A\boldsymbol{p}=\boldsymbol{q}$ と書いたときは，$\boldsymbol{p}$，$\boldsymbol{q}$ は成分表示されているものとする。さて，原点を動かさない合同変換の例をいくつかあげよう。

例 5.2　平面上の点を，x 軸に関して対称移動する変換 T を，x 軸に関する鏡映という。これも合同変換である。

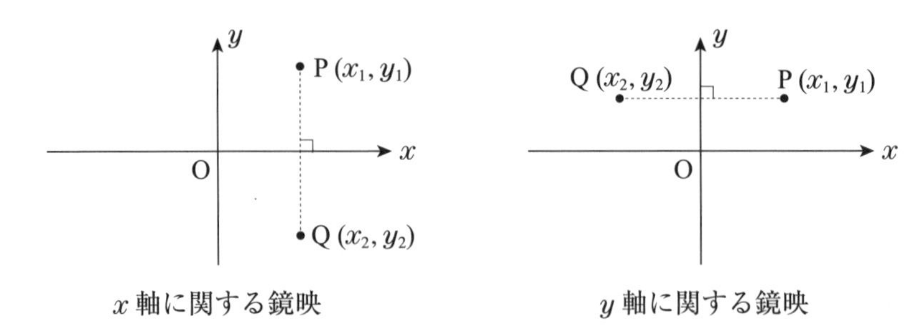

図 5.5

点 $\mathrm{P}(x_1, y_1)$ がこの鏡映により点 $\mathrm{Q}(x_2, y_2)$ に移ったとすれば，座標を使って，

$$\begin{cases} x_2 = x_1 \\ y_2 = -y_1 \end{cases} \qquad \cdots (5.3.3)$$

となる。これをベクトルと行列を使って書き表すと，

$$\begin{pmatrix} x_2 \\ y_2 \end{pmatrix} = \begin{pmatrix} 1 & 0 \\ 0 & -1 \end{pmatrix} \begin{pmatrix} x_1 \\ y_1 \end{pmatrix} \qquad \cdots (5.3.4)$$

となる。同様に y 軸に関する鏡映は，

$$\begin{pmatrix} x_2 \\ y_2 \end{pmatrix} = \begin{pmatrix} -1 & 0 \\ 0 & 1 \end{pmatrix} \begin{pmatrix} x_1 \\ y_1 \end{pmatrix} \qquad \cdots (5.3.5)$$

となる。今度は空間において，平面に関する対称移動を考えよう。xy 平面に関する対称移動は，xy 平面に関する鏡映という。

点 $\mathrm{P}(x_1, y_1, z_1)$ がこの鏡映により点 $\mathrm{Q}(x_2, y_2, z_2)$ に移ったとすれば，座標を使って，

$$\begin{cases} x_2 = x_1 \\ y_2 = y_1 \\ z_2 = -z_1 \end{cases} \qquad \cdots (5.3.6)$$

となる。これをベクトルと行列を使って書き表すと，

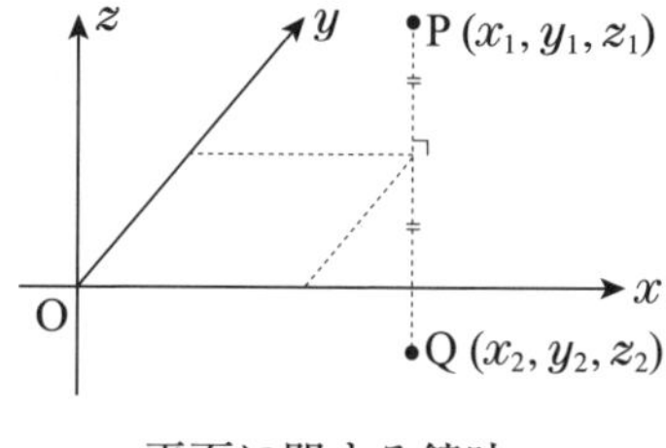

xy 平面に関する鏡映

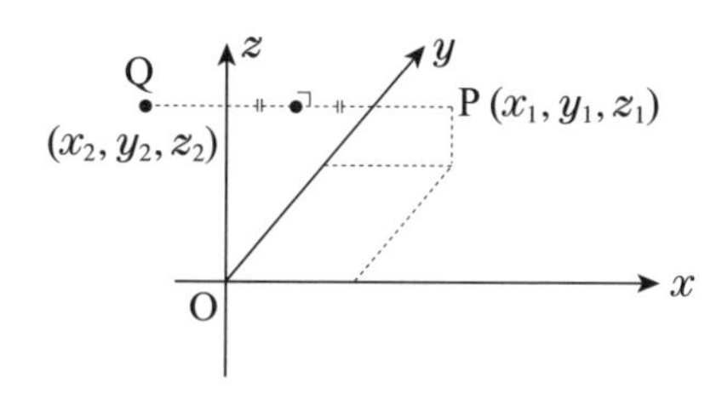

yz 平面に関する鏡映

図 5.6

$$\begin{pmatrix} x_2 \\ y_2 \\ z_2 \end{pmatrix} = \begin{pmatrix} 1 & 0 & 0 \\ 0 & 1 & 0 \\ 0 & 0 & -1 \end{pmatrix} \begin{pmatrix} x_1 \\ y_1 \\ z_1 \end{pmatrix} \qquad \cdots (5.3.7)$$

となる。同様に yz 平面に関する鏡映，xz 平面に関する鏡映は，それぞれ，

$$\begin{pmatrix} x_2 \\ y_2 \\ z_2 \end{pmatrix} = \begin{pmatrix} -1 & 0 & 0 \\ 0 & 1 & 0 \\ 0 & 0 & 1 \end{pmatrix} \begin{pmatrix} x_1 \\ y_1 \\ z_1 \end{pmatrix} \qquad \cdots (5.3.8)$$

$$\begin{pmatrix} x_2 \\ y_2 \\ z_2 \end{pmatrix} = \begin{pmatrix} 1 & 0 & 0 \\ 0 & -1 & 0 \\ 0 & 0 & 1 \end{pmatrix} \begin{pmatrix} x_1 \\ y_1 \\ z_1 \end{pmatrix} \qquad \cdots (5.3.9)$$

例 5.3　平面上の点を，原点を中心にして反時計回りに角 θ だけ回転させる変換 T を考えよう。これも合同変換である。点 $\mathrm{P}(x_1, y_1)$ がこの回転移動により点 $\mathrm{Q}(x_2, y_2)$ に移ったとすると，次の図で，

点 A'，B' の位置ベクトルはそれぞれ，　$\cdots (5.3.10)$

$$\begin{pmatrix} x_1 \cos\theta \\ x_1 \sin\theta \end{pmatrix}, \quad \begin{pmatrix} y_1 \cos\left(\dfrac{\pi}{2} + \theta\right) \\ y_1 \sin\left(\dfrac{\pi}{2} + \theta\right) \end{pmatrix} = \begin{pmatrix} -y_1 \sin\theta \\ y_1 \cos\theta \end{pmatrix} \qquad \cdots (5.3.11)$$

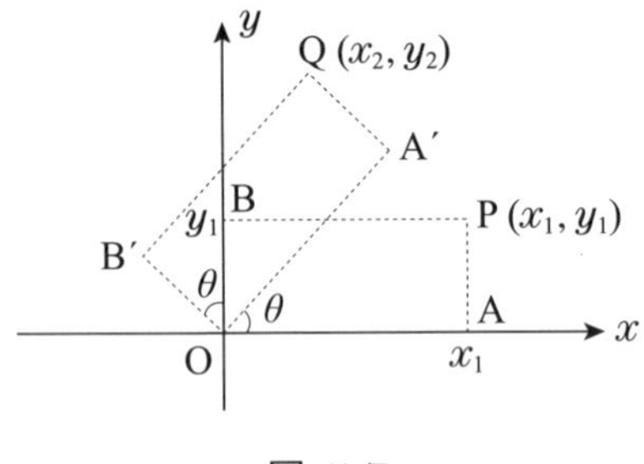

図 **5.7**

だから，$\overrightarrow{OQ} = \overrightarrow{OA'} + \overrightarrow{OB'}$ に上式を代入して，　　　$\cdots(5.3.12)$

$$\begin{pmatrix} x_2 \\ y_2 \end{pmatrix} = \begin{pmatrix} x_1\cos\theta - y_1\sin\theta \\ x_1\sin\theta + y_1\cos\theta \end{pmatrix} = \begin{pmatrix} \cos\theta & -\sin\theta \\ \sin\theta & \cos\theta \end{pmatrix}\begin{pmatrix} x_1 \\ y_1 \end{pmatrix} \qquad \cdots(5.3.13)$$

となる。

空間では，z 軸に関する角 θ の回転移動を求めよう (z 軸の正の方向から原点をみて，反時計回りの回転移動)。点 $\mathrm{P}(x_1, y_1, z_1)$ がこの回転移動により点 $\mathrm{Q}(x_2, y_2, z_2)$ に移ったとすると，次の図からもわかるように，z 座標の値は変わらず，x，y 座標の値は，上記平面の場合をあてはめると，

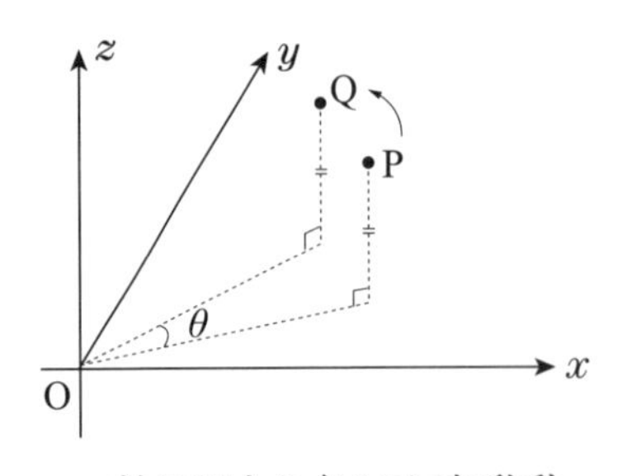

z 軸に関する角θの回転移動

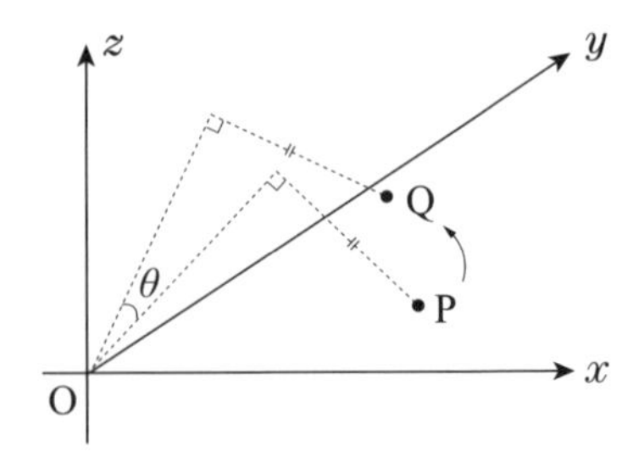

x 軸に関する角θの回転移動

図 **5.8**

$$\begin{pmatrix} x_2 \\ y_2 \\ z_2 \end{pmatrix} = \begin{pmatrix} \cos\theta & -\sin\theta & 0 \\ \sin\theta & \cos\theta & 0 \\ 0 & 0 & 1 \end{pmatrix} \begin{pmatrix} x_1 \\ y_1 \\ z_1 \end{pmatrix} \qquad \cdots (5.3.14)$$

となる。同様に，x 軸，y 軸に関する角 θ の回転移動は，それぞれ，

$$\begin{pmatrix} x_2 \\ y_2 \\ z_2 \end{pmatrix} = \begin{pmatrix} 1 & 0 & 0 \\ 0 & \cos\theta & -\sin\theta \\ 0 & \sin\theta & \cos\theta \end{pmatrix} \begin{pmatrix} x_1 \\ y_1 \\ z_1 \end{pmatrix} \qquad \cdots (5.3.15)$$

$$\begin{pmatrix} x_2 \\ y_2 \\ z_2 \end{pmatrix} = \begin{pmatrix} \cos\theta & 0 & \sin\theta \\ 0 & 1 & 0 \\ -\sin\theta & 0 & \cos\theta \end{pmatrix} \begin{pmatrix} x_1 \\ y_1 \\ z_1 \end{pmatrix} \qquad \cdots (5.3.16)$$

となる。ここで y 軸に関する反時計回りは，z 軸から x 軸への回転であることに注意しよう。すなわち，図 5.9 の xz 平面で，角 $-\theta$ の回転移動を考えて，

$$\begin{pmatrix} x_2 \\ z_2 \end{pmatrix} = \begin{pmatrix} \cos(-\theta) & -\sin(-\theta) \\ \sin(-\theta) & \cos(-\theta) \end{pmatrix} \begin{pmatrix} x_1 \\ z_1 \end{pmatrix} = \begin{pmatrix} \cos\theta & \sin\theta \\ -\sin\theta & \cos\theta \end{pmatrix} \begin{pmatrix} x_1 \\ z_1 \end{pmatrix} \qquad \cdots (5.3.17)$$

となる。(5.3.14)，(5.3.15)，(5.3.16) で $\theta = \pi$ とすれば，変換を表す行列はそれぞれ，

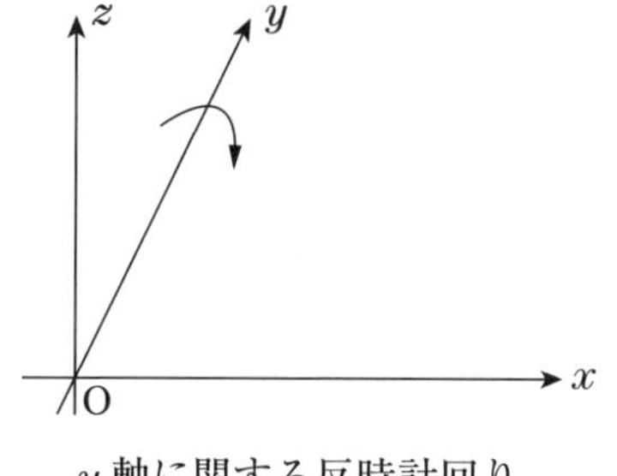

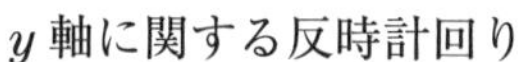

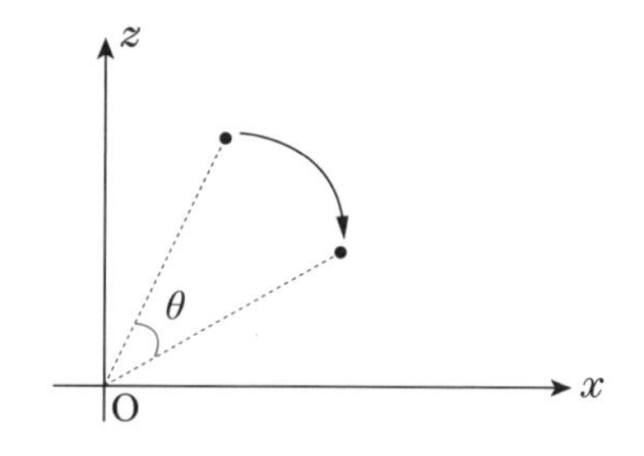

図 5.9

$$\begin{pmatrix} -1 & 0 & 0 \\ 0 & -1 & 0 \\ 0 & 0 & 1 \end{pmatrix}, \begin{pmatrix} 1 & 0 & 0 \\ 0 & -1 & 0 \\ 0 & 0 & -1 \end{pmatrix}, \begin{pmatrix} -1 & 0 & 0 \\ 0 & 1 & 0 \\ 0 & 0 & -1 \end{pmatrix} \cdots (5.3.18)$$

となりそれぞれ，z，x，y 軸に関する対称移動 (180° の回転) を表す。

例 5.4 平面上の点を，原点に関して対称移動する変換 T を，原点に関する反転という。これも合同変換である。

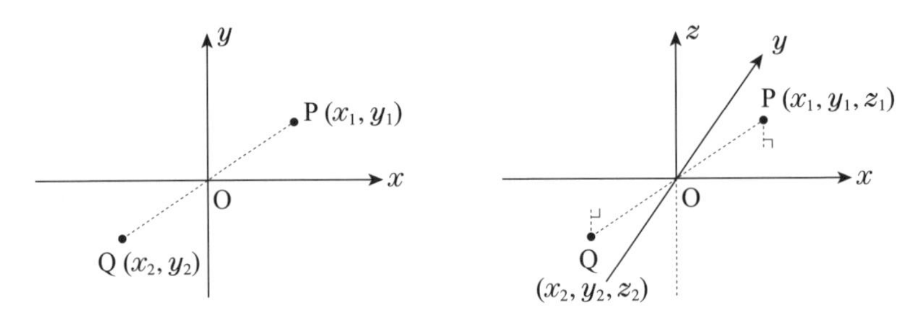

図 5.10

点 $\mathrm{P}(x_1, y_1)$ がこの反転により点 $\mathrm{Q}(x_2, y_2)$ に移ったとすれば，座標を使って，

$$\begin{cases} x_2 = -x_1 \\ y_2 = -y_1 \end{cases} \cdots (5.3.19)$$

となる。これをベクトルと行列を使って書き表すと，

$$\begin{pmatrix} x_2 \\ y_2 \end{pmatrix} = \begin{pmatrix} -1 & 0 \\ 0 & -1 \end{pmatrix} \begin{pmatrix} x_1 \\ y_1 \end{pmatrix} \cdots (5.3.20)$$

となる。ここで

$$\begin{pmatrix} -1 & 0 \\ 0 & -1 \end{pmatrix} = \begin{pmatrix} \cos\pi & -\sin\pi \\ \sin\pi & \cos\pi \end{pmatrix} \cdots (5.3.21)$$

であるから，原点を中心とした 180° の回転とみることもできる。

空間においては，点 $P(x_1, y_1, z_1)$ が，この（原点に関する）反転により点 $Q(x_2, y_2, z_2)$ に移ったとすれば，座標を使って，

$$\begin{cases} x_2 = -x_1 \\ y_2 = -y_1 \\ z_2 = -z_1 \end{cases} \qquad \cdots (5.3.22)$$

となる。これをベクトルと行列を使って書き表すと，

$$\begin{pmatrix} x_2 \\ y_2 \\ z_2 \end{pmatrix} = \begin{pmatrix} -1 & 0 & 0 \\ 0 & -1 & 0 \\ 0 & 0 & -1 \end{pmatrix} \begin{pmatrix} x_1 \\ y_1 \\ z_1 \end{pmatrix} \qquad \cdots (5.3.23)$$

となる。ここで例えば，

$$\begin{pmatrix} -1 & 0 & 0 \\ 0 & -1 & 0 \\ 0 & 0 & -1 \end{pmatrix} = \begin{pmatrix} 1 & 0 & 0 \\ 0 & 1 & 0 \\ 0 & 0 & -1 \end{pmatrix} \begin{pmatrix} -1 & 0 & 0 \\ 0 & -1 & 0 \\ 0 & 0 & 1 \end{pmatrix} \qquad \cdots (5.3.24)$$

であるから，この変換は ((5.3.18) より) z 軸に関する対称移動 (角 π の回転) の後 ((5.3.7) より) xy 平面に関する鏡映を続けておこなったものに等しい。同様に，

$$\begin{pmatrix} -1 & 0 & 0 \\ 0 & -1 & 0 \\ 0 & 0 & -1 \end{pmatrix} = \begin{pmatrix} -1 & 0 & 0 \\ 0 & 1 & 0 \\ 0 & 0 & 1 \end{pmatrix} \begin{pmatrix} 1 & 0 & 0 \\ 0 & -1 & 0 \\ 0 & 0 & -1 \end{pmatrix} \qquad \cdots (5.3.25)$$

であるから，この変換は ((5.3.18) より) x 軸に関する対称移動 (角 π の回転) の後 ((5.3.8) より) yz 平面に関する鏡映を続けておこなったものにも等しい。また，

$$\begin{pmatrix} -1 & 0 & 0 \\ 0 & -1 & 0 \\ 0 & 0 & -1 \end{pmatrix} = \begin{pmatrix} 1 & 0 & 0 \\ 0 & -1 & 0 \\ 0 & 0 & 1 \end{pmatrix} \begin{pmatrix} -1 & 0 & 0 \\ 0 & 1 & 0 \\ 0 & 0 & -1 \end{pmatrix} \qquad \cdots (5.3.26)$$

であるから，この変換は ((5.3.18) より) y 軸に関する対称移動 (角 π の回転) の後 ((5.3.9) より) zx 平面に関する鏡映を続けておこなったものにも等しい。

5.4 直交行列 (A)

(5.3.1) より「f が原点を動かさない合同変換」$\Leftrightarrow$「線型変換 f が合同変換」。従ってここでは線型変換 f の行列表示を A とし，f が合同変換となることを特徴づけよう。

定義 5.1　一般に $\boldsymbol{R}^n$ 上の線型変換 f の行列表示を A とする。f が (A が) ベクトルの大きさを変えないとは，任意の $\boldsymbol{x}$ で $\|\boldsymbol{x}\| = \|f(\boldsymbol{x})\|$ (すなわち $\|\boldsymbol{x}\| = \|A\boldsymbol{x}\|$) を満たすときをいう。$f$ が (A が) 内積を変えないとは，任意の $\boldsymbol{x}$，$\boldsymbol{y}$ で $(f(\boldsymbol{x}), f(\boldsymbol{y})) = (\boldsymbol{x}, \boldsymbol{y})$ (すなわち $(A\boldsymbol{x}, A\boldsymbol{y}) = (\boldsymbol{x}, \boldsymbol{y})$) を満たすときをいう。$A$ が直交行列とは，${}^tAA = A{}^tA = I$ を満たす (従って $A^{-1} = {}^tA$ となる) ときをいう。

定理 5.1　ユークリッド空間（平面）上の線型変換 f とその表す行列 A において，次は同値である。

i. f は合同変換である。

ii. f は (A は) ベクトルの大きさを変えない。

iii. f は (A は) 内積を変えない。

iv. A は直交行列。

v. A の各列からなるベクトル（の集合）は正規直交基底をなす[◇5.3]。

従って原点を変えない合同変換は線形変換で直交行列によって表すことができ，**直交変換**ともいう。

◇5.3 これは，行列 A による基底の変換で（標準基底が）正規直交基底に変換される，といっても同じことである。詳細は 7.1 節参照。

証明　i $\Leftrightarrow$ ii　2点P，Qの位置ベクトルをそれぞれ，$\boldsymbol{p}$，$\boldsymbol{q}$ とすれば，変換後の点 P′，Q′ の位置ベクトルは $f(\boldsymbol{p})$，$f(\boldsymbol{q})$ となる。線型変換 f が合同変換ならば（原点を動かさないから）$\overline{\mathrm{OP'}} = \overline{\mathrm{OP}}$ すなわち $\|f(\boldsymbol{p})\| = \|\boldsymbol{p}\|$ となり，ベクトルの大きさを変えない。逆に線型変換 f がベクトルの大きさを変えないとき，(1.4.14) より，

$$\overline{\mathrm{P'Q'}} = \|f(\boldsymbol{q}) - f(\boldsymbol{p})\|, \ f \text{の線形性より} \qquad \cdots (5.4.1)$$

$$= \|f(\boldsymbol{q} - \boldsymbol{p})\|, \ f \text{はベクトルの大きさを変えないから} \qquad \cdots (5.4.2)$$

$$= \|\boldsymbol{q} - \boldsymbol{p}\| = \overline{\mathrm{PQ}} \qquad \cdots (5.4.3)$$

となって2点の長さを変えないから，f は合同変換となる。

ii $\Rightarrow$ iii　これはコメント 5.2 で証明する。

ii $\Leftarrow$ iii　行列 A が内積を変えないなら，

$$\|A\boldsymbol{x}\|^2 = (A\boldsymbol{x}, A\boldsymbol{x}) = (\boldsymbol{x}, \boldsymbol{x}) = \|\boldsymbol{x}\|^2 \qquad \cdots (5.4.4)$$

より，A はベクトルの大きさを変えない。

iii $\Leftrightarrow$ iv

$$\text{任意の} \ \boldsymbol{x}, \ \boldsymbol{y} \ \text{において，} (A\boldsymbol{x}, A\boldsymbol{y}) = (\boldsymbol{x}, \boldsymbol{y}) \qquad \cdots (5.4.5)$$

$$(2.7.3) \text{ より } (A\boldsymbol{x}, A\boldsymbol{y}) = (\boldsymbol{x}, {}^tAA\boldsymbol{y}) \text{ だから，} \qquad \cdots (5.4.6)$$

$$\Leftrightarrow \text{任意の} \ \boldsymbol{x}, \ \boldsymbol{y} \ \text{において，} (\boldsymbol{x}, {}^tAA\boldsymbol{y}) = (\boldsymbol{x}, \boldsymbol{y}) \qquad \cdots (5.4.7)$$

$$\Leftrightarrow {}^tAA = I \qquad \cdots (5.4.8)$$

${}^tAA = I$ のとき ${}^tA$ は A の逆行列となり $A{}^tA = I$ も成り立つから[◇5.4]　$\cdots (5.4.9)$

$$\Leftrightarrow {}^tAA = A{}^tA = I \qquad \cdots (5.4.10)$$

◇5.4 ${}^tAA = I$ より，行列式の性質を使って，$\det({}^tAA) = \det({}^tA)\det(A) = 1$ 従って $\det(A) \neq 0$　よって A は正則で逆行列 A^{-1} が存在する。このとき ${}^tA = {}^tAAA^{-1} = A^{-1}$

iv $\Leftrightarrow$ v　ユークリッド空間では A は3次の正方行列である。

$$A = (\boldsymbol{a}_1, \boldsymbol{a}_2, \boldsymbol{a}_3) = \begin{pmatrix} c_{11} & c_{12} & c_{13} \\ c_{21} & c_{22} & c_{23} \\ c_{31} & c_{32} & c_{33} \end{pmatrix} \qquad \cdots (5.4.11)$$

とすると，

$$ {}^t\!AA = \begin{pmatrix} {}^t\boldsymbol{a}_1 \\ {}^t\boldsymbol{a}_2 \\ {}^t\boldsymbol{a}_3 \end{pmatrix} (\boldsymbol{a}_1, \boldsymbol{a}_2, \boldsymbol{a}_3) \qquad \cdots (5.4.12)$$

$$= \begin{pmatrix} c_{11} & c_{21} & c_{31} \\ c_{12} & c_{22} & c_{32} \\ c_{13} & c_{23} & c_{33} \end{pmatrix} \begin{pmatrix} c_{11} & c_{12} & c_{13} \\ c_{21} & c_{22} & c_{23} \\ c_{31} & c_{32} & c_{33} \end{pmatrix} \qquad \cdots (5.4.13)$$

$$= \begin{pmatrix} {}^t\boldsymbol{a}_1\boldsymbol{a}_1 & {}^t\boldsymbol{a}_1\boldsymbol{a}_2 & {}^t\boldsymbol{a}_1\boldsymbol{a}_3 \\ {}^t\boldsymbol{a}_2\boldsymbol{a}_1 & {}^t\boldsymbol{a}_2\boldsymbol{a}_2 & {}^t\boldsymbol{a}_2\boldsymbol{a}_3 \\ {}^t\boldsymbol{a}_3\boldsymbol{a}_1 & {}^t\boldsymbol{a}_3\boldsymbol{a}_2 & {}^t\boldsymbol{a}_3\boldsymbol{a}_3 \end{pmatrix} \qquad \cdots (5.4.14)$$

だから，$1 \leq i, j \leq 3$，$i \neq j$ として，

A の各列からなる集合 $\mathcal{B} = \{\boldsymbol{a}_1, \boldsymbol{a}_2, \boldsymbol{a}_3\}$ は正規直交基底をなす

$\cdots (5.4.15)$

$\Leftrightarrow i \neq j$ のとき $(\boldsymbol{a}_i, \boldsymbol{a}_j) = {}^t\boldsymbol{a}_i\boldsymbol{a}_j = 0$，$(\boldsymbol{a}_i, \boldsymbol{a}_i) = {}^t\boldsymbol{a}_i\boldsymbol{a}_i = 1$

$\cdots (5.4.16)$

$\Leftrightarrow i \neq j$ のとき ${}^t\!AA$ の (i, j) 成分 $= 0$，${}^t\!AA$ の (i, i) 成分 $= 1$

$\cdots (5.4.17)$

$\Leftrightarrow {}^t\!AA = I \Leftrightarrow {}^t\!AA = A{}^t\!A = I$ ((5.4.9) 参照)　$\cdots (5.4.18)$

コメント 5.2 (C)　ii $\Rightarrow$ iii を証明しよう。まず (2.6.11) より，

$$\|\boldsymbol{x} + \boldsymbol{y}\|^2 = \|\boldsymbol{x}\|^2 + 2(\boldsymbol{x}, \boldsymbol{y}) + \|\boldsymbol{y}\|^2 \qquad \cdots (5.4.19)$$

$$\|A\boldsymbol{x} + A\boldsymbol{y}\|^2 = \|A\boldsymbol{x}\|^2 + 2(A\boldsymbol{x}, A\boldsymbol{y}) + \|A\boldsymbol{y}\|^2 \qquad \cdots (5.4.20)$$

となる。A が (f が) ベクトルの大きさを変えないとすると，

(5.4.20) より

$$(A\boldsymbol{x}, A\boldsymbol{y}) = \frac{1}{2}(\|A\boldsymbol{x} + A\boldsymbol{y}\|^2 - \|A\boldsymbol{x}\|^2 - \|A\boldsymbol{y}\|^2) \qquad \cdots (5.4.21)$$

行列の線型性より

$$= \frac{1}{2}(\|A(\boldsymbol{x} + \boldsymbol{y})\|^2 - \|A\boldsymbol{x}\|^2 - \|A\boldsymbol{y}\|^2) \qquad \cdots (5.4.22)$$

長さを変えないから

$$= \frac{1}{2}(\|\boldsymbol{x} + \boldsymbol{y}\|^2 - \|\boldsymbol{x}\|^2 - \|\boldsymbol{y}\|^2) \qquad \cdots (5.4.23)$$

(5.4.19) より

$$= (\boldsymbol{x}, \boldsymbol{y}) \qquad \cdots (5.4.24)$$

よって

$$(A\boldsymbol{x}, A\boldsymbol{y}) = (\boldsymbol{x}, \boldsymbol{y}) \qquad \cdots (5.4.25)$$

以上を振り返ると，ii と iii の同値性は次のようにまとめられる。(5.4.4) より，ベクトルの大きさ $\|\boldsymbol{x}\|$ は内積 $(\boldsymbol{x}, \boldsymbol{x})$ を使って表せるから (A が) ベクトルの内積を変えなければ大きさも変えない。逆にベクトルの内積 $(\boldsymbol{x}, \boldsymbol{y})$ は，(5.4.23) よりベクトルの大きさを使って表せるから ((5.4.22)，(5.4.23) のように，A が) ベクトルの大きさを変えなければ，内積も変えない ((5.4.21)，(5.4.24))。

一般に n 次ユークリッド空間 $\boldsymbol{E}^n$ でも同じことが成り立つ。

定理 5.2　ユークリッド空間 $\boldsymbol{E}^n$ 上の線型変換 f とその表す行列 A において，次は同値である。

i. f は合同変換である。

ii. f (A は) はベクトルの大きさを変えない，$\|f(\boldsymbol{x})\| = \|\boldsymbol{x}\|$

iii. f (A は) は内積を変えない，$(f(\boldsymbol{x}), f(\boldsymbol{y})) = (\boldsymbol{x}, \boldsymbol{y})$

iv. A は直交行列である，$A{}^tA = {}^tAA = I$

v. A の各列（からなる集合）は正規直交基底をなす。

この条件を満たす線型変換を直交変換ともいう。上記で $\boldsymbol{E}^n$ を数ベクトル空間 $\boldsymbol{R}^n$ に置き換えても同じことが成り立つ[◇5.5] (ただし $\boldsymbol{R}^n$ では「点」の概念はないので i は除く)。

証明 (C)　i ⇔ ii ⇔ iii ⇔ iv の証明は定理 5.1 と同じである。iv ⇔ v の証明も，A は n 次正方行列となり次のように同様である。$A = (\boldsymbol{a}_1, \boldsymbol{a}_2, \cdots, \boldsymbol{a}_n)$ とすると，

$$
\begin{aligned}
{}^tAA &= \begin{pmatrix} {}^t\boldsymbol{a}_1 \\ {}^t\boldsymbol{a}_2 \\ \vdots \\ {}^t\boldsymbol{a}_n \end{pmatrix} (\boldsymbol{a}_1, \boldsymbol{a}_2, \cdots, \boldsymbol{a}_n) \\
&= \begin{pmatrix} {}^t\boldsymbol{a}_1\boldsymbol{a}_1 & {}^t\boldsymbol{a}_1\boldsymbol{a}_2 & \cdots & {}^t\boldsymbol{a}_1\boldsymbol{a}_n \\ {}^t\boldsymbol{a}_2\boldsymbol{a}_1 & {}^t\boldsymbol{a}_2\boldsymbol{a}_2 & \cdots & {}^t\boldsymbol{a}_2\boldsymbol{a}_n \\ \vdots & \vdots & & \vdots \\ {}^t\boldsymbol{a}_n\boldsymbol{a}_1 & {}^t\boldsymbol{a}_n\boldsymbol{a}_2 & \cdots & {}^t\boldsymbol{a}_n\boldsymbol{a}_n \end{pmatrix}
\end{aligned}
\qquad \cdots (5.4.26)
$$

となる。$1 \leq i, j \leq n$ として，A の第 i 列は $\boldsymbol{a}_i$ だから，${}^tA$ の第 i 行は ${}^t\boldsymbol{a}_i$ である。したがって，${}^tAA$ の (i, j) 成分は，${}^tA$ の第 i 行と A の第 j 列との積 ${}^t\boldsymbol{a}_i\boldsymbol{a}_j$ でこれは内積 $(\boldsymbol{a}_i, \boldsymbol{a}_j)$ に等しい。よって，(5.4.15), $\cdots$, (5.4.18) は同値となる。

コメント 5.3

A，B が直交行列ならば，行列 AB も直交行列である。　$\cdots$ (5.4.27)

◇5.5 (5.1.2) 後で述べたように，f は（位置）ベクトルから（位置）ベクトルへの変換だから，f を空間 $\boldsymbol{R}^n$ における線型変換としてみることもできる。

なぜならば，${}^t(AB)AB = {}^tB^tAAB = {}^tBB = I$ $\cdots(5.4.28)$

$AB^t(AB) = AB^tB^tA = A^tA = I$ $\cdots(5.4.29)$

だからである。また，

A が直交行列ならば，その列を並べ替えて得られる行列 A' も直交行列である $\cdots(5.4.30)$

なぜならば，A' の各列ベクトルを順番に並べて得られる基底 $\mathcal{B}'$ は ((5.4.15) の基底 $\mathcal{B}$ の要素の順序を入れ替えたものにすぎず) 正規直交基底であることにかわりはないので (定理 5.2 より) A' は直交行列である。

5.5　2次の直交行列 (B)

2次の直交行列がどういうものになるか見てみよう。行列

$$A = \begin{pmatrix} a_{11} & a_{12} \\ a_{21} & a_{22} \end{pmatrix} \qquad \cdots(5.5.1)$$

が直交行列であれば，${}^tAA = I$ より，

$$ {}^tAA = \begin{pmatrix} a_{11} & a_{21} \\ a_{12} & a_{22} \end{pmatrix}\begin{pmatrix} a_{11} & a_{12} \\ a_{21} & a_{22} \end{pmatrix} \qquad \cdots(5.5.2)$$

$$= \begin{pmatrix} a_{11}^2 + a_{21}^2 & a_{11}a_{12} + a_{21}a_{22} \\ a_{11}a_{12} + a_{21}a_{22} & a_{12}^2 + a_{22}^2 \end{pmatrix} = \begin{pmatrix} 1 & 0 \\ 0 & 1 \end{pmatrix} \qquad \cdots(5.5.3)$$

よって，

$$a_{11}^2 + a_{21}^2 = 1 \qquad \cdots(5.5.4)$$

$$a_{11}a_{12} + a_{21}a_{22} = 0 \qquad \cdots(5.5.5)$$

$$a_{12}^2 + a_{22}^2 = 1 \qquad \cdots(5.5.6)$$

となる。(5.5.4) より，ある θ $(0 \leq \theta < 2\pi)$ が存在して，

$$a_{11} = \cos\theta, \quad a_{21} = \sin\theta \qquad \cdots (5.5.7)$$

と表すことができる。これを (5.5.5) に代入して,

$$a_{12}\cos\theta + a_{22}\sin\theta = 0 \text{ 従って } -\frac{a_{12}}{\sin\theta} = \frac{a_{22}}{\cos\theta} = c \qquad \cdots (5.5.8)$$

とすると,

$$a_{12} = -c\sin\theta, \quad a_{22} = c\cos\theta \qquad \cdots (5.5.9)$$

となる。これを (5.5.6) に代入して,

$$c^2(\sin^2\theta + \cos^2\theta) = c^2 = 1 \quad \text{よって } c = \pm 1 \quad \cdots (5.5.10)$$

となる。$c = 1$ のとき, (5.5.7), (5.5.9) より

$$A = \begin{pmatrix} \cos\theta & -c\sin\theta \\ \sin\theta & c\cos\theta \end{pmatrix} = \begin{pmatrix} \cos\theta & -\sin\theta \\ \sin\theta & \cos\theta \end{pmatrix} \quad \cdots (5.5.11)$$

となる。これは (例 5.3 より) 原点を中心とした角 θ の回転である。$c = -1$ のときは,

$$A = \begin{pmatrix} \cos\theta & \sin\theta \\ \sin\theta & -\cos\theta \end{pmatrix} = \begin{pmatrix} \cos\theta & -\sin\theta \\ \sin\theta & \cos\theta \end{pmatrix}\begin{pmatrix} 1 & 0 \\ 0 & -1 \end{pmatrix} \qquad \cdots (5.5.12)$$

であるからこれは (例 5.2 より) x 軸に関する鏡映の後, 角 θ の回転を施したものである。なお, y 軸に関する鏡映は, x 軸に関する鏡映の後 π の回転を行うことで得られる。

3 次の直交行列については 9.6 節で考える。

6　複素ベクトル空間

《目標 & ポイント》 複素数について学ぶ。複素数を成分にもつベクトルや行列，空間を考える。また複素ベクトルの内積を定義し，その性質をみる。そして直交行列に対応する概念として，ユニタリ行列を学ぶ。また行列のブロック分割を学ぶ。
《キーワード》 複素数，複素ベクトル，複素行列，ユニタリ行列

6.1　複素数 (A) (B)

a，b，c，d を実数とし，i を虚数単位とする。複素数 $\alpha = a + bi$ において，a を α の実部といい $\mathrm{Re}(\alpha)$ で表す。また b を虚部といい，$\mathrm{Im}(\alpha)$ で表す。二つの複素数が等しいとは，実部どうし，虚部どうしが等しいとき，と定義する。すなわち複素数 $\alpha = a + bi$，$\beta = c + di$ において，

$$\alpha = \beta \Leftrightarrow a = c \text{ かつ } b = d \qquad \cdots (6.1.1)$$

である。複素数どうしの和や積の演算は，

$$\begin{aligned} \alpha + \beta &= (a + bi) + (c + di) = (a + c) + (b + d)i \\ \alpha\beta &= (a + bi)(c + di) = (ac - bd) + (ad + bc)i \end{aligned} \qquad \cdots (6.1.2)$$

と定義する。$\alpha = a + bi$ に対して，$a - bi$ を α の**共役複素数**と呼び，$\overline{\alpha}$ と書く。このとき次の諸性質が成り立つ。

$$\overline{i} = -i, \quad i\overline{i} = i(-i) = -i^2 = 1$$

$$\alpha = \overline{\alpha} \Leftrightarrow a + bi = a - bi \Leftrightarrow b = 0 \Leftrightarrow (\alpha \text{ が実数})$$

$$\overline{c\alpha} = \overline{ca + cbi} = ca - cbi = c(a - bi) = c\overline{\alpha}$$

$$\overline{\alpha} + \overline{\beta} = (a - bi) + (c - di) = (a + c) - (b + d)i$$

$$= \overline{(a+c)+(b+d)i} = \overline{\alpha+\beta} \qquad \cdots (6.1.3)$$

$$\overline{\alpha}\,\overline{\beta} = (a-bi)(c-di) = (ac-bd)-(ad+bc)i$$

$$= \overline{(ac-bd)+(ad+bc)i} = \overline{\alpha\beta}$$

$$\overline{\overline{\alpha}} = \overline{a-bi} = \overline{a+(-bi)} = a-(-bi) = a+bi = \alpha$$

$$\alpha\overline{\alpha} = (a+bi)(a-bi) = a^2-(bi)^2 = a^2+b^2 \geq 0$$

これらは今後断りなく使う。

例 6.1　α_i, β_i を複素数として,

$$\gamma = \alpha_1\beta_1 + \alpha_2\beta_2 + \cdots + \alpha_n\beta_n, \text{ のとき}$$

$$\overline{\gamma} = \overline{\alpha_1\beta_1 + \alpha_2\beta_2 + \cdots + \alpha_n\beta_n}$$

$$= \overline{\alpha_1\beta_1} + \overline{\alpha_2\beta_2} + \cdots + \overline{\alpha_n\beta_n} \qquad \cdots (6.1.4)$$

$$= \overline{\alpha_1}\,\overline{\beta_1} + \overline{\alpha_2}\,\overline{\beta_2} + \cdots + \overline{\alpha_n}\,\overline{\beta_n}$$

となる。また,

$$\overline{\alpha\overline{\beta}} = \overline{\alpha}\,\overline{\overline{\beta}} = \overline{\alpha}\beta$$

$$\overline{\overline{\alpha}\beta} = \overline{\overline{\alpha}}\,\overline{\beta} = \alpha\overline{\beta} \qquad \cdots (6.1.5)$$

複素数 α の実部と虚部は, 共役複素数を使って表せる, すなわち

$$\frac{\alpha+\overline{\alpha}}{2} = \frac{(a+bi)+(a-bi)}{2} = a = \mathrm{Re}(\alpha)$$

$$\frac{\alpha-\overline{\alpha}}{2i} = \frac{(a+bi)-(a-bi)}{2i} = b = \mathrm{Im}(\alpha) \qquad \cdots (6.1.6)$$

である。0 でない複素数 $\alpha = a+bi$ に対し, $\alpha\gamma = 1$ となる複素数 γ は $\dfrac{1}{\alpha}\left(= \dfrac{1}{a+bi}\right)$ で, (分母分子に $\overline{\alpha}$ をかければ)

$$\frac{1}{\alpha} \text{ は } \frac{1}{a^2+b^2}\overline{\alpha}\left(= \frac{a}{a^2+b^2} - \frac{b}{a^2+b^2}i\right) \qquad \cdots (6.1.7)$$

と定義される。実際 α との積を計算すると，(6.1.3) より，

$$\frac{1}{\alpha}\cdot\alpha=\frac{1}{a^2+b^2}\overline{\alpha}\cdot\alpha=\frac{1}{a^2+b^2}(a^2+b^2)=1 \qquad \cdots(6.1.8)$$

となる。すると

$$\frac{1}{\overline{\alpha}}=\frac{1}{a^2+b^2}\overline{\overline{\alpha}}=\frac{1}{a^2+b^2}\alpha \qquad \cdots(6.1.9)$$

である。さらに (6.1.3) や (6.1.5) を使って，

$$\frac{\overline{\alpha}}{\overline{\beta}}=\frac{1}{c^2+d^2}\overline{\overline{\beta}}\cdot\overline{\alpha}=\frac{1}{c^2+d^2}\beta\overline{\alpha}=\overline{\frac{1}{c^2+d^2}\overline{\beta}\alpha}=\overline{\frac{\alpha}{\beta}} \qquad \cdots(6.1.10)$$

が成り立つ。複素数 $\alpha=a+bi$ において，

$\alpha^2=a^2-b^2+2abi$ であり $\alpha^2\geq 0$ とはならない。しかし

$\alpha\overline{\alpha}=(a+bi)(a-bi)=a^2+b^2\geq 0$ であり，$\qquad \cdots(6.1.11)$

α の大きさ（絶対値）$|\alpha|$ を $\sqrt{\alpha\overline{\alpha}}=\sqrt{a^2+b^2}$ で定義する。

このとき

$$|\alpha|^2=\alpha\overline{\alpha},\ \ |\overline{\alpha}|^2=\overline{\alpha}\,\overline{\overline{\alpha}}=\overline{\alpha}\alpha \quad \text{よって}\ |\alpha|=|\overline{\alpha}|$$

$$|\alpha|=0\Leftrightarrow a^2+b^2=0\Leftrightarrow a=b=0\Leftrightarrow \alpha=0 \qquad \cdots(6.1.12)$$

$$\frac{\alpha+\overline{\alpha}}{2}=a\leq|\alpha|\ \text{つまり，}\ \mathrm{Re}(\alpha)\leq|\alpha|$$

が成り立つ。これらは今後断りなく使う。複素数 α，β の大小関係は定義されないが，その絶対値 $|\alpha|$，$|\beta|$ を比較することはできる。複素数の絶対値についてはさらに次が成り立つ。

$$|\alpha\beta|=\sqrt{\alpha\beta\overline{\alpha\beta}}=\sqrt{\alpha\beta\overline{\alpha}\,\overline{\beta}}=\sqrt{\alpha\overline{\alpha}}\sqrt{\beta\overline{\beta}}=|\alpha|\,|\beta| \qquad \cdots(6.1.13)$$

また，

$$|\alpha+\beta|^2=(\alpha+\beta)(\overline{\alpha}+\overline{\beta})=\alpha\overline{\alpha}+\beta\overline{\beta}+(\alpha\overline{\beta}+\overline{\alpha}\beta) \qquad \cdots(6.1.14)$$

$$=|\alpha|^2+|\beta|^2+(\alpha\overline{\beta}+\overline{\alpha\overline{\beta}})=|\alpha|^2+|\beta|^2+2\,\mathrm{Re}(\alpha\overline{\beta}) \qquad \cdots(6.1.15)$$

$$(|\alpha| + |\beta|)^2 = |\alpha|^2 + |\beta|^2 + 2|\alpha|\,|\beta| = |\alpha|^2 + |\beta|^2 + 2|\alpha|\,|\overline{\beta}| \quad \cdots (6.1.16)$$

$$= |\alpha|^2 + |\beta|^2 + 2|\alpha\overline{\beta}| \quad \cdots (6.1.17)$$

ここで (6.1.12) より，$\mathrm{Re}(\alpha\overline{\beta}) \leq |\alpha\overline{\beta}|$ だから， $\cdots (6.1.18)$

$|\alpha + \beta| \leq |\alpha| + |\beta|$　これを三角不等式という。 $\cdots (6.1.19)$

6.2　複素ベクトルと複素行列 (A)

今までは実数の集合 $\boldsymbol{R}$ をもとに，数ベクトル空間 $\boldsymbol{R}^n$ を考えた。$\boldsymbol{R}^n$ を実数上のベクトル空間（あるいは実ベクトル空間）という。そこでは，ベクトルや行列の成分は実数で，実ベクトル，実行列と呼ぶ。複素数の集合 $\boldsymbol{C}$ をもとに，数ベクトル空間 $\boldsymbol{C}^n$ を考えることもできる。$\boldsymbol{C}^n$ を複素数上のベクトル空間（あるいは複素ベクトル空間）という。そこでは，ベクトルや行列の成分は複素数で，複素ベクトル，複素行列という。

固有値について復習しよう。

定義 6.1　零でないベクトル $\boldsymbol{x}$ において，

$$A\boldsymbol{x} = \lambda\boldsymbol{x} \quad \cdots (6.2.1)$$

となるとき，λ を A の固有値といい，$\boldsymbol{x}$ を固有値 λ に属する (λ に対する，λ の) 固有ベクトルという。そして $E(\lambda)$ を，零ベクトルと，λ に属する固有ベクトルを全て集めたもの，すなわち

$$E(\lambda) = \{\boldsymbol{x} \mid A\boldsymbol{x} = \lambda\boldsymbol{x}\} \quad \cdots (6.2.2)$$

と定義すれば (これは部分空間を成し[◇6.1]) 固有値 λ に対する (λ の) 固有（部分）空間と呼ぶ。従って $\boldsymbol{p}$ が λ に属する固有ベクトルならば

◇6.1 $\boldsymbol{x}, \boldsymbol{y} \in E(\lambda)$ のとき，$A(\boldsymbol{x}+\boldsymbol{y}) = A\boldsymbol{x} + A\boldsymbol{y} = \lambda(\boldsymbol{x}+\boldsymbol{y})$ より $\boldsymbol{x}+\boldsymbol{y} \in E(\lambda)$ また $A(\alpha\boldsymbol{x}) = \alpha A\boldsymbol{x} = \alpha\lambda\boldsymbol{x}$ より $\alpha\boldsymbol{x} \in E(\lambda)$

$L(\boldsymbol{p}) \subseteq E(\lambda)$

コメント 6.1　(6.2.1) が成り立つとき，$(A-\lambda I)\boldsymbol{x}=\boldsymbol{0}$ だから，$A-\lambda I$ の逆行列は存在せず $|A-\lambda I|=0$ が成り立つ (注釈 1.8 参照)。従って A が実正方行列だとしても，固有値や固有ベクトルを求めようとするなら，λ についての固有方程式 $|A-\lambda I|=0$ を解かなければならず，一般に解は複素数である。従って固有値が複素数であれば，(6.2.1) より，固有ベクトルも複素ベクトルとなり，複素数上のベクトル空間 $\boldsymbol{C}^n$ を考えるほうが扱いやすい。今後はとくに断らない限り，成分が複素数の行列やベクトルを考える。その場合にスカラーは複素数となる。$\boldsymbol{R}^n$ に関する性質は，多くの場合 $\boldsymbol{C}^n$ においても同様に成り立つので，その都度言及はしない。同様には成り立たない場合は必ず言及する。

$$\begin{aligned}&\text{複素行列 } A=(a_{ij}),\ \text{複素ベクトル } \boldsymbol{z}=(z_i) \text{ に対し，}\\&\overline{A}=(\overline{a_{ij}}),\ \overline{\boldsymbol{z}}=(\overline{z_i}) \text{ と定義する}\end{aligned} \qquad \cdots(6.2.3)$$

すなわち $\overline{A}$ の (i,j) 成分は，A の (i,j) 成分の共役複素数である。同様に $\overline{\boldsymbol{z}}$ の第 i 成分は，$\boldsymbol{z}$ の第 i 成分の共役複素数である。$\overline{A}$ を A の**共役複素行列**（あるいは複素共役行列）という。$\overline{\boldsymbol{z}}$ を $\boldsymbol{z}$ の共役複素ベクトル（あるいは複素共役ベクトル）という。複素行列や複素ベクトルの和や積の演算は，実行列や実ベクトルの場合と同様である。

例 6.2

$$A=\begin{pmatrix} a & b \\ c & d \end{pmatrix},\ \boldsymbol{z}=\begin{pmatrix} z_1 \\ z_2 \end{pmatrix} \text{ のとき} \qquad \cdots(6.2.4)$$

$$\overline{A\boldsymbol{z}}=\overline{\begin{pmatrix} az_1+bz_2 \\ cz_1+dz_2 \end{pmatrix}}=\begin{pmatrix} \overline{az_1+bz_2} \\ \overline{cz_1+dz_2} \end{pmatrix} \qquad \cdots(6.2.5)$$

$$=\begin{pmatrix} \overline{a}\,\overline{z_1}+\overline{b}\,\overline{z_2} \\ \overline{c}\,\overline{z_1}+\overline{d}\,\overline{z_2} \end{pmatrix}=\begin{pmatrix} \overline{a} & \overline{b} \\ \overline{c} & \overline{d} \end{pmatrix}\begin{pmatrix} \overline{z_1} \\ \overline{z_2} \end{pmatrix}=\overline{A}\,\overline{\boldsymbol{z}} \qquad \cdots(6.2.6)$$

$$ {}^t(\overline{A}) = {}^t\begin{pmatrix} \overline{a} & \overline{b} \\ \overline{c} & \overline{d} \end{pmatrix} = \begin{pmatrix} \overline{a} & \overline{c} \\ \overline{b} & \overline{d} \end{pmatrix} \qquad \cdots (6.2.7) $$

$$ \overline{{}^tA} = \overline{\begin{pmatrix} a & c \\ b & d \end{pmatrix}} = \begin{pmatrix} \overline{a} & \overline{c} \\ \overline{b} & \overline{d} \end{pmatrix} = {}^t(\overline{A}) \qquad \cdots (6.2.8) $$

$$ B = \begin{pmatrix} x & y \\ z & w \end{pmatrix} = (\boldsymbol{z}_1\ \boldsymbol{z}_2) \text{とすると} \qquad \cdots (6.2.9) $$

$$ \overline{AB} = \overline{A(\boldsymbol{z}_1, \boldsymbol{z}_2)} = \overline{(A\boldsymbol{z}_1, A\boldsymbol{z}_2)} = (\overline{A\boldsymbol{z}_1}, \overline{A\boldsymbol{z}_2}) \qquad \cdots (6.2.10) $$

$$ = (\overline{A}\,\overline{\boldsymbol{z}_1}, \overline{A}\,\overline{\boldsymbol{z}_2}) = \overline{A}(\overline{\boldsymbol{z}_1}\ \overline{\boldsymbol{z}_2}) = \overline{A}\,\overline{B} \qquad \cdots (6.2.11) $$

一般の場合にも $\overline{A\boldsymbol{z}} = \overline{A}\,\overline{\boldsymbol{z}}$ や $\overline{{}^tA} = {}^t(\overline{A})$，$\overline{AB} = \overline{A}\,\overline{B}$ が成り立つ。

コメント 6.2 (C)　一般の場合には次のように確かめられる。

$$ {}^tA \text{の} (i,j) \text{成分} = A \text{の} (j,i) \text{成分より，} \overline{{}^tA} \text{の} (i,j) \text{成分} $$
$$ = \overline{A} \text{の} (j,i) \text{成分} = {}^t(\overline{A}) \text{の} (i,j) \text{成分，よって} \overline{{}^tA} = {}^t(\overline{A}) \qquad \cdots (6.2.12) $$

また $m \times n$ 型複素行列 $A = (a_{ij})$ と n 次複素ベクトル $\boldsymbol{z} = (z_i)$ で，

A の第 i 行を $\boldsymbol{a}_i$ とすると，$A\boldsymbol{z}$ の第 i 成分は，　$\cdots (6.2.13)$

$\boldsymbol{a}_i\boldsymbol{z} = a_{i1}z_1 + a_{i2}z_2 + \cdots + a_{in}z_n$ となる。　$\cdots (6.2.14)$

$\overline{A\boldsymbol{z}}$ の第 i 成分は，この共役複素数 $\overline{\boldsymbol{a}_i\boldsymbol{z}}$ で，(6.1.4) より，　$\cdots (6.2.15)$

$\overline{\boldsymbol{a}_i\boldsymbol{z}} = \overline{a_{i1}}\,\overline{z_1} + \overline{a_{i2}}\,\overline{z_2} + \cdots + \overline{a_{in}}\,\overline{z_n} = \overline{\boldsymbol{a}_i}\,\overline{\boldsymbol{z}}$　$\cdots (6.2.16)$

で，これは $\overline{A}\,\overline{\boldsymbol{z}}$ の第 i 成分である。従って，　$\cdots (6.2.17)$

$\overline{A\boldsymbol{z}}$ の第 i 成分 $= \overline{A}\,\overline{\boldsymbol{z}}$ の第 i 成分で，$\overline{A\boldsymbol{z}} = \overline{A}\,\overline{\boldsymbol{z}}$　$\cdots (6.2.18)$

となる。これより積 AB が定義されるなら，B を列ベクトル $\boldsymbol{z}_i$ を並べたもの，

$B = (\boldsymbol{z}_1, \cdots, \boldsymbol{z}_l)$ とすると $AB = (A\boldsymbol{z}_1, \cdots, A\boldsymbol{z}_l)$　$\cdots (6.2.19)$

$\overline{B} = (\overline{\boldsymbol{z}_1}, \cdots, \overline{\boldsymbol{z}_l})$，$\overline{A}\,\overline{B} = (\overline{A}\,\overline{\boldsymbol{z}_1}, \cdots, \overline{A}\,\overline{\boldsymbol{z}_l})$　よって，　$\cdots (6.2.20)$

$$\overline{AB} = (\overline{A\boldsymbol{z}_1}, \cdots, \overline{A\boldsymbol{z}_l}) = (\overline{A}\,\overline{\boldsymbol{z}_1}, \cdots, \overline{A}\,\overline{\boldsymbol{z}_l}) = \overline{A}\,\overline{B} \qquad \cdots (6.2.21)$$

6.3　複素ベクトルの内積 (A)

複素ベクトル

$$\boldsymbol{y} = \begin{pmatrix} y_1 \\ y_2 \\ \vdots \\ y_n \end{pmatrix}, \quad \boldsymbol{z} = \begin{pmatrix} z_1 \\ z_2 \\ \vdots \\ z_n \end{pmatrix} \qquad \cdots (6.3.1)$$

において内積 $(\boldsymbol{y}, \boldsymbol{z})$ をどう定義したらいいだろうか。ベクトル $\boldsymbol{y}$ の大きさ $\|\boldsymbol{y}\|$ は ≥ 0 であって欲しい。実ベクトルの場合のように，

$(\boldsymbol{y}, \boldsymbol{z}) = y_1 z_1 + \cdots + y_n z_n$，$\|\boldsymbol{y}\| = \sqrt{(\boldsymbol{y}, \boldsymbol{y})}$ と定義すると，$\cdots (6.3.2)$

$\|\boldsymbol{y}\| = \sqrt{y_1^2 + y_2^2 + \cdots + y_n^2}$ は ≥ 0 とはならない。　$\cdots (6.3.3)$

なぜならば (6.1.11) より，$y_i^2 \geq 0$ とはならないからである。しかし $y_i \overline{y_i} \geq 0$ であるから，

$(\boldsymbol{y}, \boldsymbol{z}) = y_1 \overline{z_1} + \cdots + y_n \overline{z_n}$，$\|\boldsymbol{y}\| = \sqrt{(\boldsymbol{y}, \boldsymbol{y})}$ と定義すると，$\cdots (6.3.4)$

$$\|\boldsymbol{y}\| = \sqrt{y_1 \overline{y_1} + y_2 \overline{y_2} + \cdots + y_n \overline{y_n}} \geq 0 \qquad \cdots (6.3.5)$$

とくに $\boldsymbol{y} \neq \boldsymbol{0}$ ならば，ある i で $y_i \neq 0$ で，上式は > 0 となる。そこで内積を

$$\begin{aligned} (\boldsymbol{y}, \boldsymbol{z}) &= y_1 \overline{z_1} + y_2 \overline{z_2} + \cdots + y_n \overline{z_n} \\ &= (y_1, y_2, \cdots, y_n) \begin{pmatrix} \overline{z_1} \\ \overline{z_2} \\ \vdots \\ \overline{z_n} \end{pmatrix} = {}^t\boldsymbol{y}\overline{\boldsymbol{z}} \end{aligned} \qquad \cdots (6.3.6)$$

と定義する[◇6.2]。すると，(6.1.4) より，

$$\overline{(\boldsymbol{z},\boldsymbol{y})} = \overline{z_1\overline{y_1} + z_2\overline{y_2} + \cdots + z_n\overline{y_n}} \qquad \cdots (6.3.7)$$

$$= \overline{z_1}\,\overline{\overline{y_1}} + \overline{z_2}\,\overline{\overline{y_2}} + \cdots + \overline{z_n}\,\overline{\overline{y_n}} = (\overline{\boldsymbol{z}},\overline{\boldsymbol{y}}) \qquad \cdots (6.3.8)$$

$$= y_1\overline{z_1} + y_2\overline{z_2} + \cdots + y_n\overline{z_n} = (\boldsymbol{y},\boldsymbol{z}) \qquad \cdots (6.3.9)$$

すなわち一般には，$(\boldsymbol{y},\boldsymbol{z}) \neq (\boldsymbol{z},\boldsymbol{y})$ であるが $(\boldsymbol{y},\boldsymbol{z}) = \overline{(\boldsymbol{z},\boldsymbol{y})}$

$$\cdots (6.3.10)$$

となる。また $\|\boldsymbol{y}\|^2 = (\boldsymbol{y},\boldsymbol{y}) = \overline{(\boldsymbol{y},\boldsymbol{y})} = (\overline{\boldsymbol{y}},\overline{\boldsymbol{y}}) = \|\overline{\boldsymbol{y}}\|^2 \qquad \cdots (6.3.11)$

内積を (6.3.6) で定義することによって $\|\boldsymbol{y}\| \geq 0$ を得たが，代わりに内積の対称性は失われた：$(\boldsymbol{y},\boldsymbol{z}) \neq (\boldsymbol{z},\boldsymbol{y})$。$(\boldsymbol{y},\boldsymbol{z}) = 0$ のとき，$\boldsymbol{y}$ と $\boldsymbol{z}$ は直交するという。

A を n 次複素正方行列として，n 次複素列ベクトル $\boldsymbol{a}$，$\boldsymbol{b}$ に対して，転置に関する性質 ${}^t({}^tA) = A$ や ((2.7.2) より) ${}^t(A\boldsymbol{a}) = {}^t\boldsymbol{a}{}^tA$ を使えば，

$\overline{\overline{{}^tA}\boldsymbol{b}} = \overline{\overline{{}^tA}}\,\overline{\boldsymbol{b}} = {}^tA\overline{\boldsymbol{b}}$ に注意して，$\qquad \cdots (6.3.12)$

$(A\boldsymbol{a},\boldsymbol{b}) = {}^t(A\boldsymbol{a})\overline{\boldsymbol{b}} = {}^t\boldsymbol{a}{}^tA\overline{\boldsymbol{b}} = {}^t\boldsymbol{a}\overline{\overline{{}^tA}\boldsymbol{b}} = (\boldsymbol{a},\overline{{}^tA}\boldsymbol{b})$，同様に $\qquad \cdots (6.3.13)$

${}^t(\overline{{}^tA}\boldsymbol{a}) = {}^t\boldsymbol{a}{}^t(\overline{{}^tA}) = {}^t\boldsymbol{a}\overline{A}$ に注意して，$\qquad \cdots (6.3.14)$

$(\boldsymbol{a},A\boldsymbol{b}) = {}^t\boldsymbol{a}\overline{A\boldsymbol{b}} = {}^t\boldsymbol{a}\overline{A}\,\overline{\boldsymbol{b}} = ({}^t\boldsymbol{a}\overline{A})\overline{\boldsymbol{b}} = {}^t(\overline{{}^tA}\boldsymbol{a})\overline{\boldsymbol{b}} = (\overline{{}^tA}\boldsymbol{a},\boldsymbol{b}) \qquad \cdots (6.3.15)$

以上より $(A\boldsymbol{a},\boldsymbol{b}) = (\boldsymbol{a},\overline{{}^tA}\boldsymbol{b})$ また $(\boldsymbol{a},A\boldsymbol{b}) = (\overline{{}^tA}\boldsymbol{a},\boldsymbol{b})$ となる[◇6.3]。

$$\cdots (6.3.16)$$

実ベクトルの内積に関する性質 (2.5.6)，(2.5.7) は，複素ベクトルにおいては次のようになる。複素ベクトル

◇6.2 $\boldsymbol{y}$，$\boldsymbol{z}$ が実ベクトルとしても，$(\boldsymbol{y},\boldsymbol{z}) = {}^t\boldsymbol{y}\overline{\boldsymbol{z}} = {}^t\boldsymbol{y}\boldsymbol{z}$ だから，実ベクトルの場合の (2.5.5) も含んでる。

◇6.3 A が実行列としても，$\overline{{}^tA} = {}^tA$ だから，(2.7.3) の性質も含んでいる。

$$\boldsymbol{a} = \begin{pmatrix} a_1 \\ a_2 \\ \vdots \\ a_n \end{pmatrix}, \quad \boldsymbol{b} = \begin{pmatrix} b_1 \\ b_2 \\ \vdots \\ b_n \end{pmatrix}, \quad \boldsymbol{c} = \begin{pmatrix} c_1 \\ c_2 \\ \vdots \\ c_n \end{pmatrix} \quad \cdots (6.3.17)$$

に対し，

$$(\boldsymbol{a}+\boldsymbol{c}, \boldsymbol{b}) \quad \cdots (6.3.18)$$

$$= (a_1+c_1)\overline{b_1} + (a_2+c_2)\overline{b_2} + \cdots + (a_n+c_n)\overline{b_n} \quad \cdots (6.3.19)$$

$$= (a_1\overline{b_1} + a_2\overline{b_2} + \cdots + a_n\overline{b_n}) + (c_1\overline{b_1} + c_2\overline{b_2} + \cdots + c_n\overline{b_n}) \cdots (6.3.20)$$

$$= (\boldsymbol{a}, \boldsymbol{b}) + (\boldsymbol{c}, \boldsymbol{b}) \quad \text{同様に} \quad \cdots (6.3.21)$$

$$(\boldsymbol{a}, \boldsymbol{b}+\boldsymbol{c}) \quad \cdots (6.3.22)$$

$$= a_1(\overline{b_1+c_1}) + a_2(\overline{b_2+c_2}) + \cdots + a_n(\overline{b_n+c_n}) \quad \cdots (6.3.23)$$

$$= a_1(\overline{b_1}+\overline{c_1}) + a_2(\overline{b_2}+\overline{c_2}) + \cdots + a_n(\overline{b_n}+\overline{c_n}) \quad \cdots (6.3.24)$$

$$= (a_1\overline{b_1} + a_2\overline{b_2} + \cdots + a_n\overline{b_n}) + (a_1\overline{c_1} + a_2\overline{c_2} + \cdots + a_n\overline{c_n}) \quad \cdots (6.3.25)$$

$$= (\boldsymbol{a}, \boldsymbol{b}) + (\boldsymbol{a}, \boldsymbol{c}) \quad \cdots (6.3.26)$$

また複素数 c において，

$$\begin{aligned} (c\boldsymbol{a}, \boldsymbol{b}) &= ca_1\overline{b_1} + ca_2\overline{b_2} + \cdots + ca_n\overline{b_n} \\ &= c(a_1\overline{b_1} + a_2\overline{b_2} + \cdots + a_n\overline{b_n}) = c(\boldsymbol{a}, \boldsymbol{b}) \text{ また} \\ (\boldsymbol{a}, c\boldsymbol{b}) &= a_1\overline{cb_1} + a_2\overline{cb_2} + \cdots + a_n\overline{cb_n} \\ &= \overline{c}(a_1\overline{b_1} + a_2\overline{b_2} + \cdots + a_n\overline{b_n}) = \overline{c}(\boldsymbol{a}, \boldsymbol{b}) \end{aligned} \quad \cdots (6.3.27)$$

$(\boldsymbol{a}, c\boldsymbol{b}) = c(\boldsymbol{a}, \boldsymbol{b})$ でないことに注意しよう。

6.4　補　足 (C)

上記を繰り返すと一般に $\boldsymbol{a}_j$，$\boldsymbol{b}_k$ を複素ベクトル，c_j，d_k を複素数として，

$$\left(\sum_{j=1}^{m} c_j \boldsymbol{a}_j, \boldsymbol{b}\right) = \sum_{j=1}^{m} (c_j \boldsymbol{a}_j, \boldsymbol{b}) = \sum_{j=1}^{m} c_j (\boldsymbol{a}_j, \boldsymbol{b})$$

$$\left(\boldsymbol{a}, \sum_{k=1}^{n} d_k \boldsymbol{b}_k\right) = \sum_{k=1}^{n} (\boldsymbol{a}, d_k \boldsymbol{b}_k) = \sum_{k=1}^{n} \overline{d_k} (\boldsymbol{a}, \boldsymbol{b}_k)$$

$$\left(\sum_{j=1}^{m} c_j \boldsymbol{a}_j, \sum_{k=1}^{n} d_k \boldsymbol{b}_k\right) = \sum_{j=1}^{m} \sum_{k=1}^{n} (c_j \boldsymbol{a}_j, d_k \boldsymbol{b}_k) = \sum_{j=1}^{m} \sum_{k=1}^{n} c_j \overline{d_k} (\boldsymbol{a}_j, \boldsymbol{b}_k) \quad \cdots (6.4.1)$$

実ベクトルの場合には，内積の対称性から，(2.6.11) が成り立つ。複素ベクトルの場合には，対称性が成り立たないのでやや複雑である。

$$\|\boldsymbol{a} + \boldsymbol{b}\|^2 \quad \cdots (6.4.2)$$

$$= (\boldsymbol{a} + \boldsymbol{b}, \boldsymbol{a} + \boldsymbol{b}) \text{ で線型性を使い} \quad \cdots (6.4.3)$$

$$= (\boldsymbol{a}, \boldsymbol{a}) + (\boldsymbol{a}, \boldsymbol{b}) + (\boldsymbol{b}, \boldsymbol{a}) + (\boldsymbol{b}, \boldsymbol{b}),\ (6.3.10) \text{ より} \quad \cdots (6.4.4)$$

$$= \|\boldsymbol{a}\|^2 + (\boldsymbol{a}, \boldsymbol{b}) + \overline{(\boldsymbol{a}, \boldsymbol{b})} + \|\boldsymbol{b}\|^2,\ (6.1.6) \text{ より} \quad \cdots (6.4.5)$$

$$= \|\boldsymbol{a}\|^2 + 2\,\mathrm{Re}((\boldsymbol{a}, \boldsymbol{b})) + \|\boldsymbol{b}\|^2 \quad \text{また} \quad \cdots (6.4.6)$$

$$\|i\boldsymbol{a} + \boldsymbol{b}\|^2 \quad \cdots (6.4.7)$$

$$= (i\boldsymbol{a} + \boldsymbol{b}, i\boldsymbol{a} + \boldsymbol{b}) \text{ で線型性を使い} \quad \cdots (6.4.8)$$

$$= (i\boldsymbol{a}, i\boldsymbol{a}) + (i\boldsymbol{a}, \boldsymbol{b}) + (\boldsymbol{b}, i\boldsymbol{a}) + (\boldsymbol{b}, \boldsymbol{b}),\ (6.3.27) \text{ より} \quad \cdots (6.4.9)$$

$$= i\bar{i}(\boldsymbol{a}, \boldsymbol{a}) + i(\boldsymbol{a}, \boldsymbol{b}) - i(\boldsymbol{b}, \boldsymbol{a}) + (\boldsymbol{b}, \boldsymbol{b}),\ (6.3.10) \text{ より} \quad \cdots (6.4.10)$$

$$= \|\boldsymbol{a}\|^2 + i\{(\boldsymbol{a}, \boldsymbol{b}) - \overline{(\boldsymbol{a}, \boldsymbol{b})}\} + \|\boldsymbol{b}\|^2,\ (6.1.6) \text{ より} \quad \cdots (6.4.11)$$

$$= \|\boldsymbol{a}\|^2 - 2\,\mathrm{Im}((\boldsymbol{a}, \boldsymbol{b})) + \|\boldsymbol{b}\|^2 \quad \cdots (6.4.12)$$

6.5 ユニタリ行列 (A)

実行列 A が直交行列であるとは，${}^t\!AA = A{}^t\!A = I$ (すなわち $A^{-1} = {}^t\!A$) を満たすときをいった。しかし ${}^t\!AA = I$ を満たせば，注釈 5.4 よ

り $A^{-1} = {}^tA$ となり，A は直交行列となる。(2.7.3) より，実ベクトル空間 $\boldsymbol{R}^n$ において $(A\boldsymbol{x}, A\boldsymbol{y}) = (\boldsymbol{x}, {}^tAA\boldsymbol{y})$ は常に成り立つから (定理 5.1 より)，

$$\begin{array}{l} {}^tAA = I \Leftrightarrow (A\boldsymbol{x}, A\boldsymbol{y}) = (\boldsymbol{x}, {}^tAA\boldsymbol{y}) = (\boldsymbol{x}, \boldsymbol{y}) \\ \text{すなわち，}A\text{が直交行列} \Leftrightarrow A\text{は内積を変えない} \end{array} \quad \cdots (6.5.1)$$

が成り立つ。上式を複素行列において考え直そう。まず $A\overline{{}^tA} = \overline{{}^tA}A = I$ (すなわち $A^{-1} = \overline{{}^tA}$) を満たす行列 A を**ユニタリ行列**と定義する。ここで $\overline{{}^tA}A = I$ を満たせば $A^{-1} = \overline{{}^tA}$ となり[◇6.4] A はユニタリ行列となる。複素ベクトル空間 $\boldsymbol{C}^n$ においては (6.3.16) より，$(A\boldsymbol{x}, A\boldsymbol{y}) = (\boldsymbol{x}, \overline{{}^tA}A\boldsymbol{y})$ が成り立つから，

$$\begin{array}{l} \overline{{}^tA}A = I \Leftrightarrow (A\boldsymbol{x}, A\boldsymbol{y}) = (\boldsymbol{x}, \overline{{}^tA}A\boldsymbol{y}) = (\boldsymbol{x}, \boldsymbol{y}) \\ \text{すなわち，}A\text{がユニタリ行列} \Leftrightarrow A\text{は内積を変えない} \end{array} \quad \cdots (6.5.2)$$

となる。よって，実ベクトル空間 $\boldsymbol{R}^n$ における直交行列に相当する概念は，複素ベクトル空間 $\boldsymbol{C}^n$ においてはユニタリ行列ということになる。さらに実行列では，${}^tA = A$ を満たす行列を対称行列と呼んだことに対応して，複素行列では $\overline{{}^tA} = A$ を満たす行列を**エルミット行列**と呼ぶことにする。

直交行列に関する定理 5.2 に対応して次のことが成り立つ（証明は次節参照)。

定理 6.1　複素ベクトル空間 $\boldsymbol{C}^n$ 上の線型変換 f を表す行列 A において，次の条件は同値である。

i. f は (A は) ベクトルの大きさを変えない，$\|A\boldsymbol{x}\| = \|\boldsymbol{x}\|$

ii. f は (A は) は内積を変えない，$(A\boldsymbol{x}, A\boldsymbol{y}) = (\boldsymbol{x}, \boldsymbol{y})$

iii. A はユニタリ行列である，$A\overline{{}^tA} = \overline{{}^tA}A = I$

◇6.4 直交行列の場合の注釈 5.4 と同様である。そこでの ${}^tA$ を $\overline{{}^tA}$ に置き換えればよい。

iv. A の各列は正規直交基底をなす[◇6.5]。
この条件を満たす f を**ユニタリ変換**という。

コメント 6.3 (5.4.27), $\cdots$, (5.4.29) と同様に,

A, B がユニタリ行列なら, 行列 AB もユニタリ行列。 $\cdots$(6.5.3)

なぜならば (6.2.21) より, $\overline{AB} = \overline{A}\,\overline{B}$ だから $\cdots$(6.5.4)

$$\overline{{}^t(AB)}AB = \overline{{}^tB^tA}AB = \overline{{}^tB}\,\overline{{}^tA}AB = \overline{{}^tB}B = I \quad \cdots(6.5.5)$$

$$AB\overline{{}^t(AB)} = AB\overline{{}^tB}\,\overline{{}^tA} = AB\overline{{}^tB}\,\overline{{}^tA} = A\overline{{}^tA} = I \quad \cdots(6.5.6)$$

だからである。また (5.4.30) が成り立つのと同じ理由で,

A がユニタリ行列ならば, 2つの列を交換して得られる A' もユニタリ行列である $\cdots$(6.5.7)

6.6 証　明 (C)

証明 i $\Rightarrow$ ii　これはあとで証明する。i $\Leftarrow$ ii　行列 A が内積を変えないならば, ベクトルの大きさを変えない。なぜならば,

$$\|A\boldsymbol{x}\|^2 = (A\boldsymbol{x}, A\boldsymbol{x}) = (\boldsymbol{x}, \boldsymbol{x}) = \|\boldsymbol{x}\|^2 \quad \cdots(6.6.1)$$

だからである。

ii $\Leftrightarrow$ iii は (6.5.2) で示した。

iii $\Leftrightarrow$ iv　$A = (\boldsymbol{a}_1, \boldsymbol{a}_2, \cdots, \boldsymbol{a}_n)$ とすると, $\overline{{}^tA}$ の第 i 行は (A の第 i 列の (転置の) 共役複素ベクトルで) $\overline{{}^t\boldsymbol{a}_i}$ で, 行列 A の第 j 列は $\boldsymbol{a}_j$ である。したがって,

---

◇6.5 これは, 行列 A による基底の変換で (標準基底が) 正規直交基底に変換される, といっても同じことである。詳細は 7.1 節参照。

$\overline{{}^tA}A$の(i,j)成分は($\overline{{}^tA}$の第i行とAの第j列との積) $\overline{{}^t\boldsymbol{a}_i}\boldsymbol{a}_j$で

これは内積$(\boldsymbol{a}_i,\boldsymbol{a}_j) = {}^t\boldsymbol{a}_i\overline{\boldsymbol{a}_j}$の共役複素数である[◇6.6]。

$$\cdots(6.6.2)$$

よって，$i \neq j$として，

Aの各列からなる集合$\{\boldsymbol{a}_1, \cdots, \boldsymbol{a}_n\}$は正規直交基底をなす

$$\cdots(6.6.3)$$

$\Leftrightarrow i \neq j$のとき$(\boldsymbol{a}_i,\boldsymbol{a}_j) = {}^t\boldsymbol{a}_i\overline{\boldsymbol{a}_j} = 0$，$(\boldsymbol{a}_i,\boldsymbol{a}_i) = {}^t\boldsymbol{a}_i\overline{\boldsymbol{a}_i} = 1$ $\cdots(6.6.4)$

$\Leftrightarrow i \neq j$のとき$\overline{{}^tA}A$の(i,j)成分$=0$，$\overline{{}^tA}A$の(i,i)成分$=1$

$$\cdots(6.6.5)$$

$\Leftrightarrow \overline{{}^tA}A = I \Leftrightarrow \overline{{}^tA}A = A\overline{{}^tA} = I$ (注釈6.4参照) $\cdots(6.6.6)$

i $\Rightarrow$ ii を証明しよう。Aがベクトルの大きさを変えないとする。

(6.4.6) より

$$\mathrm{Re}((A\boldsymbol{x}, A\boldsymbol{y})) = \frac{1}{2}(\|A\boldsymbol{x}+A\boldsymbol{y}\|^2 - \|A\boldsymbol{x}\|^2 - \|A\boldsymbol{y}\|^2) \quad \cdots(6.6.7)$$

線型性より

$$= \frac{1}{2}(\|A(\boldsymbol{x}+\boldsymbol{y})\|^2 - \|A\boldsymbol{x}\|^2 - \|A\boldsymbol{y}\|^2) \quad \cdots(6.6.8)$$

仮定より

$$= \frac{1}{2}(\|\boldsymbol{x}+\boldsymbol{y}\|^2 - \|\boldsymbol{x}\|^2 - \|\boldsymbol{y}\|^2) \quad \cdots(6.6.9)$$

(6.4.6) より

$$= \mathrm{Re}((\boldsymbol{x}, \boldsymbol{y})) \quad \cdots(6.6.10)$$

また，

(6.4.12) より

◇6.6 (6.1.5) を使って，$\overline{{}^t\boldsymbol{a}_i\overline{\boldsymbol{a}_j}} = \overline{{}^t\boldsymbol{a}_i}\,\overline{\overline{\boldsymbol{a}_j}} = \overline{{}^t\boldsymbol{a}_i}\boldsymbol{a}_j$

$$\mathrm{Im}((A\boldsymbol{x}, A\boldsymbol{y})) = \frac{-1}{2}(\|iA\boldsymbol{x} + A\boldsymbol{y}\|^2 - \|A\boldsymbol{x}\|^2 - \|A\boldsymbol{y}\|^2) \cdots (6.6.11)$$

線型性より

$$= \frac{-1}{2}(\|A(i\boldsymbol{x} + \boldsymbol{y})\|^2 - \|A\boldsymbol{x}\|^2 - \|A\boldsymbol{y}\|^2 \qquad \cdots (6.6.12)$$

仮定より

$$= \frac{-1}{2}(\|i\boldsymbol{x} + \boldsymbol{y}\|^2 - \|\boldsymbol{x}\|^2 - \|\boldsymbol{y}\|^2) \qquad \cdots (6.6.13)$$

(6.4.12) より

$$= \mathrm{Im}((\boldsymbol{x}, \boldsymbol{y})) \qquad \cdots (6.6.14)$$

となり $(A\boldsymbol{x}, A\boldsymbol{y})$ と $(\boldsymbol{x}, \boldsymbol{y})$ は実部も虚部も等しいので，結局

$$(A\boldsymbol{x}, A\boldsymbol{y}) = (\boldsymbol{x}, \boldsymbol{y}) \qquad \cdots (6.6.15)$$

となる。よって A は内積を変えない。

6.7 ブロック分割 (A)

まず次の計算をしよう。

$$AB = \left(\begin{array}{cc|cc} a_{11} & a_{12} & 0 & 0 \\ a_{21} & a_{22} & 0 & 0 \\ \hline 0 & 0 & a_{33} & a_{34} \\ 0 & 0 & a_{43} & a_{44} \\ 0 & 0 & a_{53} & a_{54} \end{array}\right) \left(\begin{array}{cc|cc} b_{11} & b_{12} & b_{13} & b_{14} \\ b_{21} & b_{22} & b_{23} & b_{24} \\ \hline b_{31} & b_{32} & b_{33} & b_{34} \\ b_{41} & b_{42} & b_{43} & b_{44} \end{array}\right) \qquad \cdots (6.7.1)$$

$$= \left(\begin{array}{cc|cc} a_{11}b_{11}+a_{12}b_{21} & a_{11}b_{12}+a_{12}b_{22} & a_{11}b_{13}+a_{12}b_{23} & a_{11}b_{14}+a_{12}b_{24} \\ a_{21}b_{11}+a_{22}b_{21} & a_{21}b_{12}+a_{22}b_{22} & a_{21}b_{13}+a_{22}b_{23} & a_{21}b_{14}+a_{22}b_{24} \\ \hline a_{33}b_{31}+a_{34}b_{41} & a_{33}b_{32}+a_{34}b_{42} & a_{33}b_{33}+a_{34}b_{43} & a_{33}b_{34}+a_{34}b_{44} \\ a_{43}b_{31}+a_{44}b_{41} & a_{43}b_{32}+a_{44}b_{42} & a_{43}b_{33}+a_{44}b_{43} & a_{43}b_{34}+a_{44}b_{44} \\ a_{53}b_{31}+a_{54}b_{41} & a_{53}b_{32}+a_{54}b_{42} & a_{53}b_{33}+a_{54}b_{43} & a_{53}b_{34}+a_{54}b_{44} \end{array}\right) \cdots (6.7.2)$$

この計算は，

$$A = \left(\begin{array}{c|c} A_1 & O \\ \hline O & A_4 \end{array}\right), \quad B = \left(\begin{array}{c|c} B_1 & B_2 \\ \hline B_3 & B_4 \end{array}\right) \qquad \cdots(6.7.3)$$

とおくことによって，

$$AB = \left(\begin{array}{c|c} A_1 & O \\ \hline O & A_4 \end{array}\right)\left(\begin{array}{c|c} B_1 & B_2 \\ \hline B_3 & B_4 \end{array}\right) = \left(\begin{array}{c|c} A_1B_1 & A_1B_2 \\ \hline A_4B_3 & A_4B_4 \end{array}\right) \qquad \cdots(6.7.4)$$

と計算してよいことを示している (すなわち A_1B_1 といった小行列どうしの積を個別に計算していけばよい)。

上の例を参考にして，一般の行列において

$$AB = \left(\begin{array}{c|c} A_1 & A_2 \\ \hline A_3 & A_4 \end{array}\right)\left(\begin{array}{c|c} B_1 & B_2 \\ \hline B_3 & B_4 \end{array}\right) = \left(\begin{array}{c|c} A_1B_1 + A_2B_3 & A_1B_2 + A_2B_4 \\ \hline A_3B_1 + A_4B_3 & A_3B_2 + A_4B_4 \end{array}\right) \qquad \cdots(6.7.5)$$

と計算してよい (ただし A_i，B_j の個別の行列の積は正しく定義されているものとする（詳細は次節参照))。このように AB を計算するのに，A，B をそれぞれ (4 つの) ブロックに分割して，各ブロックごとの積を考えると，計算の見通しが良くなることがある。

6.8　補　足 (B)

一般に次の $(p+q)\times(r+s)$ 型行列 A と $(r+s)\times(p'+q')$ 型行列 B の積 AB

$$\left(\begin{array}{ccc|ccc} a_{11} & \cdots & a_{1r} & a_{1r+1} & \cdots & a_{1r+s} \\ \vdots & & \vdots & \vdots & & \vdots \\ a_{p1} & \cdots & a_{pr} & a_{pr+1} & \cdots & a_{pr+s} \\ \hline a_{p+11} & \cdots & a_{p+1r} & a_{p+1r+1} & \cdots & a_{p+1r+s} \\ \vdots & & \vdots & \vdots & & \vdots \\ a_{p+q1} & \cdots & a_{p+qr} & a_{p+qr+1} & \cdots & a_{p+qr+s} \end{array}\right)$$

$$
\times \left(\begin{array}{ccc|ccc}
b_{11} & \cdots & b_{1p'} & b_{1p'+1} & \cdots & b_{1p'+q'} \\
\vdots & & \vdots & \vdots & & \vdots \\
b_{r1} & \cdots & b_{rp'} & b_{rp'+1} & \cdots & b_{rp'+q'} \\
\hline
b_{r+11} & \cdots & b_{r+1p'} & b_{r+1p'+1} & \cdots & b_{r+1p'+q'} \\
\vdots & & \vdots & \vdots & & \vdots \\
b_{r+s1} & \cdots & b_{r+sp'} & b_{r+sp'+1} & \cdots & b_{r+sp'+q'}
\end{array}\right) \qquad \cdots (6.8.1)
$$

を考えればわかるように，(6.7.5) と同様，

$$
AB = \left(\begin{array}{c|c} A_1 & A_2 \\ \hline A_3 & A_4 \end{array}\right)\left(\begin{array}{c|c} B_1 & B_2 \\ \hline B_3 & B_4 \end{array}\right) = \left(\begin{array}{c|c} A_1B_1 + A_2B_3 & A_1B_2 + A_2B_4 \\ \hline A_3B_1 + A_4B_3 & A_3B_2 + A_4B_4 \end{array}\right) \qquad \cdots (6.8.2)
$$

と計算してよい。ここでもちろん，A_1 の列の数と B_1 の行の数は等しく ((6.8.1) の場合は r)，また A_2 の列の数と B_3 の行の数は等しく ((6.8.1) の場合は s)，積 A_1B_1，A_2B_3 などは定義されるものとする（以降このことは断らない)。また (6.8.1) の p と p' は任意である，簡単にいえば，左の行列内に引いた水平な直線と，右の行列内に引いた垂直な直線はどこにとってもよい。(6.8.1) の場合は，A_1B_1 は $p \times p'$ 型，A_1B_2 は $p \times q'$ 型，A_3B_1 は $q \times p'$ 型，A_3B_2 は $q \times q'$ 型である。

例 6.3　(6.8.2) において，A_2，A_3，B_2，B_3 が零行列のときは，

$$
AB = \left(\begin{array}{c|c} A_1 & O \\ \hline O & A_4 \end{array}\right)\left(\begin{array}{c|c} B_1 & O \\ \hline O & B_4 \end{array}\right) = \left(\begin{array}{c|c} A_1B_1 & O \\ \hline O & A_4B_4 \end{array}\right) \qquad \cdots (6.8.3)
$$

また A_1，A_4 が正方行列のときは，

$$
\left(\begin{array}{c|c} A_1 & O \\ \hline O & A_4 \end{array}\right)^2 = \left(\begin{array}{c|c} A_1 & O \\ \hline O & A_4 \end{array}\right)\left(\begin{array}{c|c} A_1 & O \\ \hline O & A_4 \end{array}\right) = \left(\begin{array}{c|c} A_1^2 & O \\ \hline O & A_4^2 \end{array}\right) \qquad \cdots (6.8.4)
$$

となる。一般に正方行列 $A_1, \cdots, A_l$ を対角線上に並べた (他の成分は 0 として) 正方行列 A において次が成り立つ。

$$A = \begin{pmatrix} A_1 & & & \\ & A_2 & & \text{\huge 0} \\ & & \ddots & \\ \text{\huge 0} & & & A_l \end{pmatrix} \text{のとき} A^k = \begin{pmatrix} A_1^k & & & \\ & A_2^k & & \text{\huge 0} \\ & & \ddots & \\ \text{\huge 0} & & & A_l^k \end{pmatrix} \quad \cdots (6.8.5)$$

例 6.4　A_1, A_2 をそれぞれ m 次, n 次の正則行列とする。$m+n$ 次の正方行列 B, B' を

$$B = \left(\begin{array}{c|c} A_1 & O \\ \hline O & A_2 \end{array}\right), \quad B' = \left(\begin{array}{c|c} A_1^{-1} & O \\ \hline O & A_2^{-1} \end{array}\right) \quad \cdots (6.8.6)$$

とすると, B' が B の逆行列となる。なぜならば,

$$BB' = \left(\begin{array}{c|c} A_1 & O \\ \hline O & A_2 \end{array}\right)\left(\begin{array}{c|c} A_1^{-1} & O \\ \hline O & A_2^{-1} \end{array}\right) = \left(\begin{array}{c|c} A_1A_1^{-1} & O \\ \hline O & A_2A_2^{-1} \end{array}\right) = I \quad \cdots (6.8.7)$$

$$B'B = \left(\begin{array}{c|c} A_1^{-1} & O \\ \hline O & A_2^{-1} \end{array}\right)\left(\begin{array}{c|c} A_1 & O \\ \hline O & A_2 \end{array}\right) = \left(\begin{array}{c|c} A_1^{-1}A_1 & O \\ \hline O & A_2^{-1}A_2 \end{array}\right) = I \quad \cdots (6.8.8)$$

となるからである。

例 6.5　例 6.4 と同じ A_1, A_2, B において,

$$B{}^tB = \left(\begin{array}{c|c} A_1 & O \\ \hline O & A_2 \end{array}\right)\left(\begin{array}{c|c} {}^tA_1 & O \\ \hline O & {}^tA_2 \end{array}\right) = \left(\begin{array}{c|c} A_1{}^tA_1 & O \\ \hline O & A_2{}^tA_2 \end{array}\right) \quad \cdots (6.8.9)$$

$${}^tBB = \left(\begin{array}{c|c} {}^tA_1 & O \\ \hline O & {}^tA_2 \end{array}\right)\left(\begin{array}{c|c} A_1 & O \\ \hline O & A_2 \end{array}\right) = \left(\begin{array}{c|c} {}^tA_1A_1 & O \\ \hline O & {}^tA_2A_2 \end{array}\right) \quad \cdots (6.8.10)$$

より, $1 \leq i \leq 2$ として,

各 A_i が直交行列ならば，$A_i{}^tA_i = {}^tA_iA_i = I$ より，B も直交行列 $\cdots(6.8.11)$

B が直交行列ならば，$B{}^tB = {}^tBB = I$ より，各 A_i も直交行列 $\cdots(6.8.12)$

である。同様に

$$B\overline{{}^tB} = \begin{pmatrix} A_1 & O \\ O & A_2 \end{pmatrix}\begin{pmatrix} \overline{{}^tA_1} & O \\ O & \overline{{}^tA_2} \end{pmatrix} = \begin{pmatrix} A_1\overline{{}^tA_1} & O \\ O & A_2\overline{{}^tA_2} \end{pmatrix} \quad \cdots(6.8.13)$$

$$\overline{{}^tB}B = \begin{pmatrix} \overline{{}^tA_1} & O \\ O & \overline{{}^tA_2} \end{pmatrix}\begin{pmatrix} A_1 & O \\ O & A_2 \end{pmatrix} = \begin{pmatrix} \overline{{}^tA_1}A_1 & O \\ O & \overline{{}^tA_2}A_2 \end{pmatrix} \quad \cdots(6.8.14)$$

より，$1 \leq i \leq 2$ として，

各 A_i がユニタリ行列ならば，$A_i\overline{{}^tA_i} = \overline{{}^tA_i}A_i = I$ より，B もユニタリ行列 $\cdots(6.8.15)$

B がユニタリ行列ならば，$B\overline{{}^tB} = \overline{{}^tB}B = I$ より，各 A_i もユニタリ行列 $\cdots(6.8.16)$

例 6.6　A_1，A_2 を正方行列，I_1，I_2 を単位行列とすれば，(6.8.3) より

$$\begin{pmatrix} I_1 & O \\ O & A_2 \end{pmatrix}\begin{pmatrix} A_1 & O \\ O & I_2 \end{pmatrix} = \begin{pmatrix} A_1 & O \\ O & I_2 \end{pmatrix}\begin{pmatrix} I_1 & O \\ O & A_2 \end{pmatrix} = \begin{pmatrix} A_1 & O \\ O & A_2 \end{pmatrix} \quad \cdots(6.8.17)$$

となる。上式の右端の正方行列を A としよう。まず，「入門線型代数」6 章の定理 6.2 (p. 126) と練習 6.3 (p. 127) で次が成り立った。

定理 6.2

$$\begin{vmatrix} a_{11} & a_{12} & \cdots & a_{1n} \\ 0 & a_{22} & \cdots & a_{2n} \\ \vdots & \vdots & & \vdots \\ 0 & a_{n2} & \cdots & a_{nn} \end{vmatrix} = a_{11} \begin{vmatrix} a_{22} & \cdots & a_{2n} \\ \vdots & & \vdots \\ a_{n2} & \cdots & a_{nn} \end{vmatrix}$$

また

$$\begin{vmatrix} a_{11} & a_{12} & \cdots & 0 \\ \vdots & \vdots & \cdots & \vdots \\ a_{n-11} & a_{n-12} & \cdots & 0 \\ a_{n1} & a_{n2} & \cdots & a_{nn} \end{vmatrix} = a_{nn} \begin{vmatrix} a_{11} & \cdots & a_{1n-1} \\ \vdots & & \vdots \\ a_{n-11} & \cdots & a_{n-1n-1} \end{vmatrix}$$

すると (6.8.17) の右端の行列 A の行列式をとれば，$\det(AB) = \det(A)\det(B)$ (「入門線型代数」7 章の定理 7.5 (p. 153) 参照) を使い，

$$|A| = \left| \begin{pmatrix} A_1 & O \\ O & A_2 \end{pmatrix} \right| = \left| \begin{pmatrix} A_1 & O \\ O & I_2 \end{pmatrix} \right| \left| \begin{pmatrix} I_1 & O \\ O & A_2 \end{pmatrix} \right| \quad \cdots (6.8.18)$$

ここで ($a_{11} = a_{nn} = 1$ として) 定理 6.2 を繰り返し使えば，

$$\cdots (6.8.19)$$

$$= |A_1|\,|A_2| \quad \cdots (6.8.20)$$

となる。とくに，A の固有多項式を $\Phi_A(x)$ とすると，

$$\Phi_A(x) = |A - xI| = \left| \begin{pmatrix} A_1 - xI_1 & O \\ O & A_2 - xI_2 \end{pmatrix} \right| \quad \cdots (6.8.21)$$

$$= |A_1 - xI_1|\,|A_2 - xI_2| = \Phi_{A_1}(x)\Phi_{A_2}(x)$$

よって A の固有多項式は，A_1 の固有多項式と A_2 の固有多項式の積に等しい。従って A の固有値は，A_1 の固有値と A_2 の固有値（を合わせたもの）に（重複度も含めて）等しい。一般に正方行列 $A_1, \cdots, A_k$ を対角線上に並べた (他の成分は 0 として) 正方行列 A において，

$$A = \begin{pmatrix} A_1 & & & \\ & A_2 & & \text{\huge 0} \\ & & \ddots & \\ \text{\huge 0} & & & A_k \end{pmatrix}$$ の行列式は $|A| = |A_1| \cdot |A_2| \cdots |A_k|$，また

A の固有多項式は，各 A_i の固有多項式の積に等しい。よって

（固有方程式の解である）A の固有値は，$A_1, \cdots, A_k$ の固有値（を合わせたもの）に（重複度も含めて）等しい。

$\cdots (6.8.22)$

例 6.7　次の n 次正方行列 A，A' が与えられたとする。

$$A = \begin{pmatrix} a & * & \cdots & * \\ 0 & & & \\ \vdots & & B & \\ 0 & & & \end{pmatrix}, \quad A' = \begin{pmatrix} a' & * & \cdots & * \\ 0 & & & \\ \vdots & & B' & \\ 0 & & & \end{pmatrix} \quad \cdots (6.8.23)$$

ここで行列 A は次のことを意味する。A の $(1,1)$ 成分は a で，記号 $*$ は第 1 行の他の成分は何か数が与えられる（入る）という意味である。さらに第 2 行以降また第 2 列以降は，$n-1$ 次行列 B で与えられている。A'，B' についても同様である。AA' を (6.8.2) を使い計算すると，

$$\left(\begin{array}{c|ccc} a & * & \cdots & * \\ \hline 0 & & & \\ \vdots & & B & \\ 0 & & & \end{array}\right) \left(\begin{array}{c|ccc} a' & * & \cdots & * \\ \hline 0 & & & \\ \vdots & & B' & \\ 0 & & & \end{array}\right) = \left(\begin{array}{c|ccc} aa' & * & \cdots & * \\ \hline 0 & & & \\ \vdots & & BB' & \\ 0 & & & \end{array}\right) \quad \cdots (6.8.24)$$

となる。従って $A = A'$ とすれば，一般に

$$A^k = \begin{pmatrix} a^k & * & \cdots & * \\ 0 & & & \\ \vdots & & B^k & \\ 0 & & & \end{pmatrix} \quad \cdots (6.8.25)$$

7　基底の変換

《目標 & ポイント》 基底の変換について復習し，理解をさらに進める。基底の要素の和，入れ替え，スカラー倍，といった基本操作によって，線型写像の行列表示がどのように変わるかをみる。

《キーワード》 線型写像，行列表示，基底の変換

7.1　基底の変換と線型写像 (A)

$\boldsymbol{R}^n$ 上の線型写像 f の基底 $\mathcal{A} = \{\boldsymbol{a}_1, \cdots, \boldsymbol{a}_n\}$ による行列表示を A とする。ベクトル $\boldsymbol{a}_i$ を基底 $\mathcal{A}$ で成分表示すれば ${}^t(0, \cdots, 0, \overset{i\text{番目}}{1}, 0, \cdots, 0) = \boldsymbol{e}_i$ である。これに $\underline{A\text{をかけたもの}}$ $A\boldsymbol{e}_i$ (A の第 i 列) は，ベクトル $\boldsymbol{a}_i$ の $\underline{f\text{による像}}$ $f(\boldsymbol{a}_i)$ を (基底 $\mathcal{A}$ で) 成分表示したものである。すなわち

A の第 i 列は，$f(\boldsymbol{a}_i)$ を (基底 $\mathcal{A}$ で) 成分表示したもので，　$\cdots$(7.1.1)

$\underline{\text{その上で}}$，$A = (f(\boldsymbol{a}_1), f(\boldsymbol{a}_2), \cdots, f(\boldsymbol{a}_n))$ と表せる。　$\cdots$(7.1.2)

すなわち A は，基底 $\mathcal{A}$ の各要素の f による像を（この基底で）成分表示して並べて得られる。

とくに基底 $\mathcal{A} = \{\boldsymbol{a}_1, \cdots, \boldsymbol{a}_n\}$ が標準基底 $\{\boldsymbol{e}_1, \cdots, \boldsymbol{e}_n\}$ ならば，各 i で $\boldsymbol{a}_i = \boldsymbol{e}_i$ だから (7.1.2) より，f の行列表示 A は

$$A = (f(\boldsymbol{e}_1), f(\boldsymbol{e}_2), \cdots, f(\boldsymbol{e}_n)) \text{ と表せる。} \qquad \cdots(7.1.3)$$

(7.1.2) で，もし任意の i で $f(\boldsymbol{a}_i) = \lambda_i \boldsymbol{a}_i$ ならば，像 $\lambda_i \boldsymbol{a}_i$ の (基底 $\mathcal{A}$ による) 成分表示は ${}^t(0, \cdots, 0, \overset{i\text{番目}}{\lambda_i}, 0, \cdots, 0)$ だから，f の行列表示 A は

$$A = (f(\boldsymbol{a}_1), f(\boldsymbol{a}_2), \cdots, f(\boldsymbol{a}_n)) = \qquad \cdots(7.1.4)$$

$$(\lambda_1 \boldsymbol{a}_1, \lambda_2 \boldsymbol{a}_2, \cdots, \lambda_n \boldsymbol{a}_n) = \begin{pmatrix} \lambda_1 & & & 0 \\ & \lambda_2 & & \\ & & \ddots & \\ 0 & & & \lambda_n \end{pmatrix} \qquad \cdots (7.1.5)$$

となる。次に，基底の変換について復習しよう。$\boldsymbol{R}^3$ の基底 $\mathcal{B} = \{\boldsymbol{b}_1, \boldsymbol{b}_2, \boldsymbol{b}_3\}$ が与えられているとする。具体的には，

$$\boldsymbol{b}_1 = \begin{pmatrix} c_{11} \\ c_{21} \\ c_{31} \end{pmatrix}, \quad \boldsymbol{b}_2 = \begin{pmatrix} c_{12} \\ c_{22} \\ c_{32} \end{pmatrix}, \quad \boldsymbol{b}_3 = \begin{pmatrix} c_{13} \\ c_{23} \\ c_{33} \end{pmatrix} \qquad \cdots (7.1.6)$$

と（標準基底で）成分表示されているとする。このとき，基底 $\mathcal{B}$ の各要素を列ベクトルとして並べて得られる行列を

$$P = (\boldsymbol{b}_1, \boldsymbol{b}_2, \boldsymbol{b}_3) = \begin{pmatrix} c_{11} & c_{12} & c_{13} \\ c_{21} & c_{22} & c_{23} \\ c_{31} & c_{32} & c_{33} \end{pmatrix} \qquad \cdots (7.1.7)$$

とする。すると

$$(\boldsymbol{b}_1, \boldsymbol{b}_2, \boldsymbol{b}_3) = (\boldsymbol{e}_1, \boldsymbol{e}_2, \boldsymbol{e}_3)P \qquad \cdots (7.1.8)$$

が成り立つ。この式は標準基底の要素 $\boldsymbol{e}_1$，$\boldsymbol{e}_2$，$\boldsymbol{e}_3$ から基底 $\mathcal{B}$ の要素を求める式である。すなわち基底 $\mathcal{B}$ の i 番目の要素 $\boldsymbol{b}_i$ は，標準基底からなる（この場合単位）行列 $(\boldsymbol{e}_1, \boldsymbol{e}_2, \boldsymbol{e}_3)$ と P の第 i 列との積で得られる。この意味で P を (標準基底から基底 $\mathcal{B}$ への) 基底変換を表す行列といった。

(7.1.8) を一般化して，$\boldsymbol{R}^n$ の基底 $\mathcal{B} = \{\boldsymbol{b}_1, \boldsymbol{b}_2, \cdots, \boldsymbol{b}_n\}$ において，基底 $\mathcal{B}$ の各要素を（標準基底で）成分表示して並べて得られる行列 P は

$$(\boldsymbol{b}_1, \boldsymbol{b}_2, \cdots, \boldsymbol{b}_n) = (\boldsymbol{e}_1, \boldsymbol{e}_2, \cdots, \boldsymbol{e}_n)P \qquad \cdots (7.1.9)$$

が成り立つ。この式は標準基底の要素 $\boldsymbol{e}_1, \boldsymbol{e}_2, \cdots, \boldsymbol{e}_n$ から基底 $\mathcal{B}$ の要素

を求める式である。

さらに，$\boldsymbol{R}^n$ の基底 $\mathcal{A} = \{\boldsymbol{a}_1, \boldsymbol{a}_2, \cdots, \boldsymbol{a}_n\}$ と $\mathcal{B} = \{\boldsymbol{b}_1, \boldsymbol{b}_2, \cdots, \boldsymbol{b}_n\}$ が与えられているとする。基底 $\mathcal{B}$ の各要素 $\boldsymbol{b}_i$ を (基底 $\mathcal{A}$ において成分表示して) i 番目の列ベクトルとして並べて得られる行列を P とすれば，(4.1.11) より

$$(\boldsymbol{b}_1, \boldsymbol{b}_2, \cdots, \boldsymbol{b}_n) = (\boldsymbol{a}_1, \boldsymbol{a}_2, \cdots, \boldsymbol{a}_n)P \qquad \cdots (7.1.10)$$

を満たす。この式は基底 $\mathcal{A}$ の要素から基底 $\mathcal{B}$ の要素を求める式である。すなわち基底 $\mathcal{B}$ の i 番目の要素 $\boldsymbol{b}_i$ は，基底 $\mathcal{A}$ の要素からなる行列 $(\boldsymbol{a}_1, \boldsymbol{a}_2, \cdots, \boldsymbol{a}_n)$ と P の第 i 列との積で得られる。この意味で P を (基底 $\mathcal{A}$ から基底 $\mathcal{B}$ への) 基底変換を表す行列といった。

ベクトル $\boldsymbol{y}$ が，基底 $\mathcal{B}$ において

$$\boldsymbol{y} = \begin{pmatrix} y_1 \\ y_2 \\ \vdots \\ y_n \end{pmatrix} \qquad \cdots (7.1.11)$$

と成分表示されていると，(7.1.10) より，

$$(\boldsymbol{b}_1, \boldsymbol{b}_2, \cdots, \boldsymbol{b}_n)\begin{pmatrix} y_1 \\ y_2 \\ \vdots \\ y_n \end{pmatrix} = (\boldsymbol{a}_1, \boldsymbol{a}_2, \cdots, \boldsymbol{a}_n)P\begin{pmatrix} y_1 \\ y_2 \\ \vdots \\ y_n \end{pmatrix} \qquad \cdots (7.1.12)$$

が成り立つ。ここで，

左辺はこのベクトル $\boldsymbol{y}$ を基底 $\mathcal{B}$ の線型結合で表したもの　$\cdots (7.1.13)$

右辺は同じベクトルを基底 $\mathcal{A}$ の線型結合で表したもの。　$\cdots (7.1.14)$

よって基底 $\mathcal{B}$ で成分表示された $\boldsymbol{y}$ を，$\mathcal{A}$ で成分表示すると $P\boldsymbol{y}$

$\cdots (7.1.15)$

となる。$P\boldsymbol{y}=\boldsymbol{x}$として，上記を言い換えると，　$\cdots(7.1.16)$

変換前の基底$\mathcal{A}$で成分表示された$\boldsymbol{x}$は，　$\cdots(7.1.17)$

変換後の基底$\mathcal{B}$で成分表示すると$P^{-1}\boldsymbol{x}$である。　$\cdots(7.1.18)$

ここでPは基底$\mathcal{A}$から$\mathcal{B}$への基底の変換を表す行列である　$\cdots(7.1.19)$

(7.1.18) で P^{-1} をかけることに注意し，(5.3.2) と混同しないようにしよう。P は座標変換（ベクトルの成分変換）を表す行列ともいう。

コメント 7.1 (C)　ユークリッド空間 $\boldsymbol{E}^n$ に上記をあてはめてみよう。$\mathcal{A}$ と $\mathcal{B}$ を上記の基底として，$(\mathrm{O},\mathcal{A})$ と $(\mathrm{O},\mathcal{B})$ を $\boldsymbol{E}^n$ の 2 つの座標系とする。空間上に点 P を

座標系 $(\mathrm{O},\mathcal{A})$ における $\overrightarrow{\mathrm{OP}}$ の成分表示が $\boldsymbol{x}$　$\cdots(7.1.20)$

となるようにとる。((1.4.4)，(2.5.26) 後の記述より)

$\boldsymbol{x}$ は座標系 $(\mathrm{O},\mathcal{A})$ における点 P の座標　$\cdots(7.1.21)$

ともみることができる。同様に (7.1.18) より，

$\boldsymbol{y}=P^{-1}\boldsymbol{x}$ は座標系 $(\mathrm{O},\mathcal{B})$ における点 P の座標　$\cdots(7.1.22)$

といえる。つまり (7.1.18) は，座標系が $(\mathrm{O},\mathcal{A})$ から $(\mathrm{O},\mathcal{B})$ に変わったときに，点 P の座標がどのように変わるかを表しているといえる。従って P を座標変換を表す行列といっているのである。

基底の変換によって，与えられた線形写像がどのような行列で表されるかを復習しよう。次の定理が成り立った (「入門線型代数」13 章の定理 13.2 (p. 267) 参照)。

定理 7.1　$\boldsymbol{R}^n$ から $\boldsymbol{R}^n$ への線型写像 f の (標準基底 $\{\boldsymbol{e}_1,\cdots,\boldsymbol{e}_n\}$ による) 行列表示が A のとき，基底 $\mathcal{B}=\{\boldsymbol{b}_1,\cdots,\boldsymbol{b}_n\}$ による行列表示 B は，$B=P^{-1}AP$ と表せる。ここで P の各列は，基底 $\mathcal{B}$ の各ベクトルを標準基底において成分表示したものとなっている。すなわち，$(\boldsymbol{b}_1,\cdots,\boldsymbol{b}_n)=$

$(\boldsymbol{e}_1, \cdots, \boldsymbol{e}_n)P$ で，P は標準基底から基底 $\mathcal{B}$ への基底の変換を表す行列である。

上の定理は，標準基底による行列表示 A を出発点にしている。これを一般に，基底 $\mathcal{A}$ による行列表示を出発点にして議論しても，上と同様のことが成り立つ。すなわち，

系 7.1　$\boldsymbol{R}^n$ から $\boldsymbol{R}^n$ への線型写像 f の (基底 $\mathcal{A}$ による) 行列表示が A のとき，基底 $\mathcal{B}$ による行列表示 B は，$B = P^{-1}AP$ と表せる。ここで P の各列は，基底 $\mathcal{B}$ の各ベクトルを (基底 $\mathcal{A}$ において) 成分表示したものとなっている。すなわち，$(\boldsymbol{b}_1, \cdots, \boldsymbol{b}_n) = (\boldsymbol{a}_1, \cdots, \boldsymbol{a}_n)P$ で，P は基底 $\mathcal{A}$ から基底 $\mathcal{B}$ への基底の変換を表す行列である。

このことを振り返ろう。上の系で式 $B = P^{-1}AP$ は次のことを意味する。与えられたベクトルの基底 $\mathcal{B}$ での成分表示を（ここでは文字を使って）$\boldsymbol{y}$ とするとき，

$\boldsymbol{y}$ の f による像を基底 $\mathcal{B}$ で成分表示すると $B\boldsymbol{y}$　$\cdots$ (7.1.23)

となる。これは次のことと同じである。まず　$\cdots$ (7.1.24)

$\boldsymbol{y}$ を基底 $\mathcal{A}$ での成分表示に書き換えると (7.1.15) より $P\boldsymbol{y}$　$\cdots$ (7.1.25)

となる。この f による像を基底 $\mathcal{A}$ で成分表示すると $AP\boldsymbol{y}$。$\cdots$ (7.1.26)

これを基底 $\mathcal{B}$ での成分表示に戻すと (7.1.18) より $P^{-1}AP\boldsymbol{y}$ $\cdots$ (7.1.27)

となる。(7.1.23)，(7.1.27) を見比べて $B = P^{-1}AP$ となる。

$\cdots$ (7.1.28)

コメント 7.2　系 7.1 を次のように簡単に言い表すことにする。線型写像 f の行列表示が A のとき，P で表される基底の変換によって (新たな基底 $\mathcal{B}$ による) f の行列表示は $P^{-1}AP$ となる。さらに簡単に (線型写像 f に言及せず)，A は（基底の変換を表す）P によって $P^{-1}AP$ に

変形される（書き換えられる）ともいう。ある正則行列 P が存在して $P^{-1}AP$ が対角行列となるとき，A は (P によって) **対角化可能**であるという。これは次のようにも言い換えられる。A で表される線型写像 f は，基底の変換を表す行列 P をうまく選べば，（新たな基底での）行列表示が対角行列 $P^{-1}AP$ になる。

例 7.1　線型写像 f の，基底 $\mathcal{A}=\{\boldsymbol{a}_1,\boldsymbol{a}_2,\boldsymbol{a}_3\}$ による行列表示を

$$A=\begin{pmatrix}2&0&0\\1&2&0\\0&0&2\end{pmatrix}$$

とする。新たな基底 $\mathcal{B}$ を，基底 $\mathcal{A}$ の 1，3 番目の要素を入れ替えたものとしよう。すなわち，

$$\mathcal{A}=\{\boldsymbol{a}_1,\boldsymbol{a}_2,\boldsymbol{a}_3\},\quad \mathcal{B}=\{\boldsymbol{a}_3,\boldsymbol{a}_2,\boldsymbol{a}_1\} \qquad \cdots(7.1.29)$$

とする。基底の変換を表す行列 P の各列は，基底 $\mathcal{B}$ の各ベクトルを (基底 $\mathcal{A}$ において) 成分表示したもので，(7.1.10) より，

$$(\boldsymbol{a}_3,\boldsymbol{a}_2,\boldsymbol{a}_1)=(\boldsymbol{a}_1,\boldsymbol{a}_2,\boldsymbol{a}_3)P \text{ より} \qquad \cdots(7.1.30)$$

$$P=\begin{pmatrix}0&0&1\\0&1&0\\1&0&0\end{pmatrix} \text{ また } P^{-1}=\begin{pmatrix}0&0&1\\0&1&0\\1&0&0\end{pmatrix} \qquad \cdots(7.1.31)$$

となる[◇7.1]。このとき f の基底 $\mathcal{B}$ による行列表示 B は，系 7.1 より，

◇7.1 基底 $\mathcal{B}$ の 1 番目の要素 $\boldsymbol{a}_3$ は，基底 $\mathcal{A}$ において成分表示すれば ${}^t(0,0,1)$ であるから，P の第 1 列は ${}^t(0,0,1)$ である。同様に基底 $\mathcal{B}$ の 3 番目の要素 $\boldsymbol{a}_1$ は，基底 $\mathcal{A}$ において成分表示すれば ${}^t(1,0,0)$ であるから，P の第 3 列は ${}^t(1,0,0)$ である。XP は，X の第 1，3 列を交換する。さらに P を右からかけると (第 1，3 列が再び交換されて) もとの X に戻る。よって ($XPP=X$ より) $P^{-1}=P$ がわかる。

$$B = P^{-1}AP = \begin{pmatrix} 0 & 0 & 1 \\ 0 & 1 & 0 \\ 1 & 0 & 0 \end{pmatrix} \begin{pmatrix} 0 & 0 & 2 \\ 0 & 2 & 1 \\ 2 & 0 & 0 \end{pmatrix} = \begin{pmatrix} 2 & 0 & 0 \\ 0 & 2 & 1 \\ 0 & 0 & 2 \end{pmatrix} \quad \cdots (7.1.32)$$

例 7.2　線型写像 f の，基底 $\mathcal{A} = \{\boldsymbol{a}_1, \boldsymbol{a}_2, \boldsymbol{a}_3\}$ による行列表示を

$$A = \begin{pmatrix} 2 & 0 & 6 \\ 0 & 2 & 3 \\ 0 & 0 & 2 \end{pmatrix}$$

とする。新たな基底 $\mathcal{B}$ を，基底 $\mathcal{A}$ の 3 番目の要素を $\dfrac{1}{3}$ 倍したものとしよう。すなわち，

$$\mathcal{A} = \{\boldsymbol{a}_1, \boldsymbol{a}_2, \boldsymbol{a}_3\},\ \ \mathcal{B} = \left\{\boldsymbol{a}_1, \boldsymbol{a}_2, \frac{1}{3}\boldsymbol{a}_3\right\} \quad \cdots (7.1.33)$$

とする。基底の変換を表す行列 P の各列は，基底 $\mathcal{B}$ の各ベクトルを (基底 $\mathcal{A}$ において) 成分表示したもので，(7.1.10) より，

$$\left(\boldsymbol{a}_1, \boldsymbol{a}_2, \frac{1}{3}\boldsymbol{a}_3\right) = (\boldsymbol{a}_1, \boldsymbol{a}_2, \boldsymbol{a}_3)P \text{ より} \quad \cdots (7.1.34)$$

$$P = \begin{pmatrix} 1 & 0 & 0 \\ 0 & 1 & 0 \\ 0 & 0 & 1/3 \end{pmatrix} \text{ また } P^{-1} = \begin{pmatrix} 1 & 0 & 0 \\ 0 & 1 & 0 \\ 0 & 0 & 3 \end{pmatrix} \quad \cdots (7.1.35)$$

となる[◇7.2]。このとき f の基底 $\mathcal{B}$ による行列表示 B は，系 7.1 より，

◇7.2 例えば基底 $\mathcal{B}$ の 3 番目の要素 $\dfrac{1}{3}\boldsymbol{a}_3$ は，基底 $\mathcal{A}$ において成分表示すれば ${}^t(0,0,1/3)$ であるから，P の第 3 列は ${}^t(0,0,1/3)$ である。また XP は，X の第 3 列を $1/3$ 倍する。さらに P^{-1} を右からかけるともとの X に戻る。よって XP^{-1} は X の第 3 列を 3 倍することがわかり，P^{-1} の第 3 列は ${}^t(0,0,3)$ となる。

$$B = P^{-1}AP = \begin{pmatrix} 1 & 0 & 0 \\ 0 & 1 & 0 \\ 0 & 0 & 3 \end{pmatrix} \begin{pmatrix} 2 & 0 & 2 \\ 0 & 2 & 1 \\ 0 & 0 & 2/3 \end{pmatrix} = \begin{pmatrix} 2 & 0 & 2 \\ 0 & 2 & 1 \\ 0 & 0 & 2 \end{pmatrix} \quad \cdots (7.1.36)$$

となる。さらに基底 $\mathcal{C}$ を，基底 $\mathcal{B} = \left\{ \boldsymbol{a}_1, \boldsymbol{a}_2, \frac{1}{3}\boldsymbol{a}_3 \right\}$ の 1，3 番目の要素は変えず，2 番目の要素は基底 $\mathcal{B}$ の 1 番目の要素の 2 倍を 2 番目の要素に足したもの，すなわち

$$\mathcal{B} = \left\{ \boldsymbol{a}_1, \boldsymbol{a}_2, \frac{1}{3}\boldsymbol{a}_3 \right\}, \quad \mathcal{C} = \left\{ \boldsymbol{a}_1, 2\boldsymbol{a}_1 + \boldsymbol{a}_2, \frac{1}{3}\boldsymbol{a}_3 \right\} \quad \cdots (7.1.37)$$

とする。基底の変換を表す行列 Q の各列は，基底 $\mathcal{C}$ の各ベクトルを (基底 $\mathcal{B}$ において) 成分表示したもので，(7.1.10) より，

$$\left(\boldsymbol{a}_1, 2\boldsymbol{a}_1 + \boldsymbol{a}_2, \frac{1}{3}\boldsymbol{a}_3 \right) = \left(\boldsymbol{a}_1, \boldsymbol{a}_2, \frac{1}{3}\boldsymbol{a}_3 \right) Q \text{ より} \quad \cdots (7.1.38)$$

$$Q = \begin{pmatrix} 1 & 2 & 0 \\ 0 & 1 & 0 \\ 0 & 0 & 1 \end{pmatrix} \text{ また } Q^{-1} = \begin{pmatrix} 1 & -2 & 0 \\ 0 & 1 & 0 \\ 0 & 0 & 1 \end{pmatrix} \quad \cdots (7.1.39)$$

となる[◇7.3]。このとき f の基底 $\mathcal{C}$ による行列表示 C は，系 7.1 より，

$$C = Q^{-1}BQ = \begin{pmatrix} 1 & -2 & 0 \\ 0 & 1 & 0 \\ 0 & 0 & 1 \end{pmatrix} \begin{pmatrix} 2 & 4 & 2 \\ 0 & 2 & 1 \\ 0 & 0 & 2 \end{pmatrix} = \begin{pmatrix} 2 & 0 & 0 \\ 0 & 2 & 1 \\ 0 & 0 & 2 \end{pmatrix} \quad \cdots (7.1.40)$$

◇7.3 例えば基底 $\mathcal{C}$ の 2 番目の要素 $2\boldsymbol{a}_1 + \boldsymbol{a}_2$ は，基底 $\mathcal{B}$ において成分表示すれば ${}^t(2,1,0)$ であるから，Q の第 2 列は ${}^t(2,1,0)$ である。また XQ は，X の第 1 列の 2 倍を第 2 列に加えたものである。さらに Q^{-1} を右からかけるともとの X に戻る。よって XQ^{-1} は X の第 1 列の -2 倍を第 2 列に加えたもので，Q^{-1} の第 2 列は ${}^t(-2,1,0)$ となる。

7.2　基底の基本変換 (B) (C)

例 7.1，例 7.2 の 3 つの基底の変換は次の定義の例となっている。

定義 7.1　基底の基本変換は次のものである。ここで $\alpha \neq 0$ はスカラーで，また $i \neq j$ である。

i. 基底の第 i 番目と第 j 番目を交換する。
ii. 基底の第 i 番目を α 倍する。
iii. 基底の第 i 番目に別の第 j 番目の α 倍を足す。

そこで我々は基底の基本変換によって，与えられた (線型写像を表す) 行列がどのように変わるかを次節以降具体的にみていくことにする。

コメント 7.3　基底 $\mathcal{A}$ から $\mathcal{B}$ への変換を表す行列 P は ((7.1.10) より基底 $\mathcal{B}$ の各要素を基底 $\mathcal{A}$ で成分表示し列ベクトルとして並べたものだから) 正則である。正則行列は，基本行列の積の形で表される[◇7.4]。そこで P が（簡単な）基本行列であるとき，与えられた (基底 $\mathcal{A}$ によって表された) 行列が (基底 $\mathcal{B}$ によって) どのように変わるかを具体的にみていこうというのである。

7.3　基底の基本変換その 1 (B)

まず定義 7.1-i に相当する基底の変換を考える。

例 7.3　$\boldsymbol{R}^3$ 上の線型写像 f の，基底 $\mathcal{A} = \{\boldsymbol{a}_1, \boldsymbol{a}_2, \boldsymbol{a}_3\}$ による行列表示を

$$A = \begin{pmatrix} a_{11} & a_{12} & a_{13} \\ a_{21} & a_{22} & a_{23} \\ a_{31} & a_{32} & a_{33} \end{pmatrix}$$

◇7.4 詳細は「入門線型代数」4 章の定理参照。

とする。($\mathcal{A}$の要素 $\boldsymbol{a}_i$ の成分と行列 A の成分とは無関係である。混同しないこと。以下同様である。) 新たな基底 $\mathcal{B}$ を，基底 $\mathcal{A}$ の 2 番目と 3 番目の要素を入れ替えたもの，すなわち

$$\mathcal{A} = \{\boldsymbol{a}_1, \boldsymbol{a}_2, \boldsymbol{a}_3\}, \quad \mathcal{B} = \{\boldsymbol{a}_1, \boldsymbol{a}_3, \boldsymbol{a}_2\} \qquad \cdots (7.3.1)$$

とする。すると基底の変換を表す行列 P は，　　$\cdots$(7.3.2)

$(\boldsymbol{a}_1, \boldsymbol{a}_3, \boldsymbol{a}_2) = (\boldsymbol{a}_1, \boldsymbol{a}_2, \boldsymbol{a}_3)P$，より　　$\cdots$(7.3.3)

$$P = \begin{pmatrix} 1 & 0 & 0 \\ 0 & 0 & 1 \\ 0 & 1 & 0 \end{pmatrix} = P^{-1} \qquad \cdots (7.3.4)$$

となる (単位行列の第 2 列と第 3 列 (第 2 行と第 3 行) を交換したもの)[◇7.5]。このとき f の基底 $\mathcal{B}$ による行列表示 B を求めよう。系 7.1 より，

$$B = P^{-1}AP = \begin{pmatrix} 1 & 0 & 0 \\ 0 & 0 & 1 \\ 0 & 1 & 0 \end{pmatrix} \begin{pmatrix} a_{11} & a_{12} & a_{13} \\ a_{21} & a_{22} & a_{23} \\ a_{31} & a_{32} & a_{33} \end{pmatrix} \begin{pmatrix} 1 & 0 & 0 \\ 0 & 0 & 1 \\ 0 & 1 & 0 \end{pmatrix} \cdots (7.3.5)$$

$$= \begin{pmatrix} 1 & 0 & 0 \\ 0 & 0 & 1 \\ 0 & 1 & 0 \end{pmatrix} \begin{pmatrix} a_{11} & a_{13} & a_{12} \\ a_{21} & a_{23} & a_{22} \\ a_{31} & a_{33} & a_{32} \end{pmatrix} = \begin{pmatrix} a_{11} & a_{13} & a_{12} \\ a_{31} & a_{33} & a_{32} \\ a_{21} & a_{23} & a_{22} \end{pmatrix} \qquad \cdots (7.3.6)$$

となる。すなわち求める行列 B は (A に P を右からかけて) A の第 2 列と第 3 列を入れ替え ((7.3.6) の左辺の右側の行列)，さらに (P^{-1} を左からかけて) 第 2 行と第 3 行を入れ替えて得られる ((7.3.6) の右辺の行列)。

◇7.5 例えば，基底 $\mathcal{B}$ の 2 番目の要素 $\boldsymbol{a}_3$ は基底 $\mathcal{A}$ において成分表示すれば ${}^t(0,0,1)$ であるから，P の第 2 列は ${}^t(0,0,1)$ である。P^{-1} は公式を使って求めてもよいが，次のように考えてもよい。XP は X の第 2 列と第 3 列を交換される。さらに P を右からかけると (第 2，3 列が再び交換されて) もとの X に戻ることを考えると ($XPP = X$ より) $P^{-1} = P$ がわかる。

7.4　定理と練習 (A)

上の例は容易に一般化でき，次が成り立つ。

命題 7.1　$\boldsymbol{R}^n$ 上の線型写像 f の，基底 $\mathcal{A}$ による行列表示を A とする。新たな基底 $\mathcal{B}$ を，基底 $\mathcal{A}$ の i 番目と j 番目の要素を入れ替えたものとする。このとき f の基底 $\mathcal{B}$ による行列表示 B は，A の第 i 列と第 j 列を入れ替え，さらに第 i 行と第 j 行を入れ替えて得られる。

証明 (B)　$\mathcal{A} = \{\boldsymbol{a}_1, \cdots, \boldsymbol{a}_i, \cdots, \boldsymbol{a}_j, \cdots, \boldsymbol{a}_n\}$ とすれば，新たな基底は $\mathcal{B} = \{\boldsymbol{a}_1, \cdots, \boldsymbol{a}_j, \cdots, \boldsymbol{a}_i, \cdots, \boldsymbol{a}_n\}$。基底の変換を表す行列 P は，

$$(\boldsymbol{a}_1, \cdots, \boldsymbol{a}_j, \cdots, \boldsymbol{a}_i, \cdots, \boldsymbol{a}_n) = (\boldsymbol{a}_1, \cdots, \boldsymbol{a}_i, \cdots, \boldsymbol{a}_j, \cdots, \boldsymbol{a}_n)P \qquad \cdots (7.4.1)$$

を満たし P は単位行列の第 i 列と第 j 列 (第 i 行と第 j 行) を交換した基本行列である。そして $P^{-1} = P$ である。このとき f の基底 $\mathcal{B}$ による行列表示 B は，$B = P^{-1}AP$ で求められる。この式の意味は，まず (A に P を右からかけて) A の第 i 列と第 j 列が交換され，さらに (P^{-1} を左からかけて) 第 i 行と第 j 行が交換され，こうして B となる。

例 7.4　線型写像 f の，基底 $\mathcal{A} = \{\boldsymbol{a}_1, \boldsymbol{a}_2, \boldsymbol{a}_3\}$ による行列表示を

$$A = \begin{pmatrix} 2 & 0 & 3 \\ 0 & 2 & 0 \\ 0 & 0 & 2 \end{pmatrix}$$

とする。基底 $\mathcal{B} = \{\boldsymbol{a}_1, \boldsymbol{a}_3, \boldsymbol{a}_2\}$ (2 番目と 3 番目を入れ替える) による f の行列表示 B は，命題 7.1 より，

$$\xrightarrow[\text{を入れ替える}]{A\text{の第 2 列と 3 列}} \begin{pmatrix} 2 & 3 & 0 \\ 0 & 0 & 2 \\ 0 & 2 & 0 \end{pmatrix} \xrightarrow[\text{を入れ替える}]{\text{第 2 行と 3 行}} B = \begin{pmatrix} 2 & 3 & 0 \\ 0 & 2 & 0 \\ 0 & 0 & 2 \end{pmatrix} \qquad \cdots (7.4.2)$$

練習 7.1 線型写像 f の，基底 $\mathcal{A}=\{\boldsymbol{a}_1, \boldsymbol{a}_2\}$ による行列表示を

$$A=\begin{pmatrix} -1 & 0 \\ 0 & 1 \end{pmatrix}$$

とする。基底 $\mathcal{B}=\{\boldsymbol{a}_2, \boldsymbol{a}_1\}$ による f の行列表示 B は何か。

また線型写像 g_1，g_2 の，基底 $\mathcal{A}=\{\boldsymbol{a}_1, \boldsymbol{a}_2, \boldsymbol{a}_3\}$ による行列表示をそれぞれ

$$A_1=\begin{pmatrix} 1 & 0 & 0 \\ 0 & 1 & 0 \\ 0 & 0 & -1 \end{pmatrix}, \quad A_2=\begin{pmatrix} 1 & 0 & 0 \\ 0 & -1 & 0 \\ 0 & 0 & 1 \end{pmatrix}$$

とする。基底 $\mathcal{B}_1=\{\boldsymbol{a}_3, \boldsymbol{a}_2, \boldsymbol{a}_1\}$ (1 番目と 3 番目を入れ替える) による g_1 の行列表示 B_1 は何か。基底 $\mathcal{B}_2=\{\boldsymbol{a}_2, \boldsymbol{a}_1, \boldsymbol{a}_3\}$ (1 番目と 2 番目を入れ替える) による g_2 の行列表示 B_2 は何か。

解答 命題 7.1 より以下の通りとなる。一般に対角行列では，基底の 2 つの要素の入れ替えで，2 つの対角成分が入れ替わる。

$$B=\begin{pmatrix} 1 & 0 \\ 0 & -1 \end{pmatrix}, \quad B_1=B_2=\begin{pmatrix} -1 & 0 & 0 \\ 0 & 1 & 0 \\ 0 & 0 & 1 \end{pmatrix}$$

7.5 基底の基本変換その 2 (B)

次に定義 7.1-ii に相当する基底の変換を考える。

例 7.5 $\boldsymbol{R}^3$ 上の線型写像 f の，基底 $\mathcal{A}=\{\boldsymbol{a}_1, \boldsymbol{a}_2, \boldsymbol{a}_3\}$ による行列表示を

$$A=\begin{pmatrix} a_{11} & a_{12} & a_{13} \\ a_{21} & a_{22} & a_{23} \\ a_{31} & a_{32} & a_{33} \end{pmatrix}$$

とする。新たな基底 $\mathcal{B}$ を，基底 $\mathcal{A}$ の <u>2 番目の要素を c 倍</u>したものとしよう。すなわち，

$$\mathcal{A}=\{\boldsymbol{a}_1, \boldsymbol{a}_2, \boldsymbol{a}_3\}, \quad \mathcal{B}=\{\boldsymbol{a}_1, c\boldsymbol{a}_2, \boldsymbol{a}_3\} \qquad \cdots(7.5.1)$$

とする。すると基底の変換を表す行列 P は， $\cdots(7.5.2)$

$$(\boldsymbol{a}_1, c\boldsymbol{a}_2, \boldsymbol{a}_3) = (\boldsymbol{a}_1, \boldsymbol{a}_2, \boldsymbol{a}_3)P \text{ より} \qquad \cdots (7.5.3)$$

$$P = \begin{pmatrix} 1 & 0 & 0 \\ 0 & c & 0 \\ 0 & 0 & 1 \end{pmatrix} \text{ また } P^{-1} = \begin{pmatrix} 1 & 0 & 0 \\ 0 & 1/c & 0 \\ 0 & 0 & 1 \end{pmatrix} \qquad \cdots (7.5.4)$$

となる (P は単位行列の第2列を c 倍，P^{-1} は単位行列の第2列 (2行) を $1/c$ 倍したもの)◇7.6。このとき f の基底 $\mathcal{B}$ による行列表示 B を求めよう。系 7.1 より，

$$B = P^{-1}AP = \begin{pmatrix} 1 & 0 & 0 \\ 0 & 1/c & 0 \\ 0 & 0 & 1 \end{pmatrix} \begin{pmatrix} a_{11} & a_{12} & a_{13} \\ a_{21} & a_{22} & a_{23} \\ a_{31} & a_{32} & a_{33} \end{pmatrix} \begin{pmatrix} 1 & 0 & 0 \\ 0 & c & 0 \\ 0 & 0 & 1 \end{pmatrix} \qquad \cdots (7.5.5)$$

$$= \begin{pmatrix} 1 & 0 & 0 \\ 0 & 1/c & 0 \\ 0 & 0 & 1 \end{pmatrix} \begin{pmatrix} a_{11} & ca_{12} & a_{13} \\ a_{21} & ca_{22} & a_{23} \\ a_{31} & ca_{32} & a_{33} \end{pmatrix} = \begin{pmatrix} a_{11} & ca_{12} & a_{13} \\ (1/c)a_{21} & a_{22} & (1/c)a_{23} \\ a_{31} & ca_{32} & a_{33} \end{pmatrix} \qquad \cdots (7.5.6)$$

となる。すなわち求める行列 B は (A に P を右からかけて) A の第2列を c 倍し ((7.5.6) の左辺の右側の行列) さらに (P^{-1} を左からかけて) 第2行を $1/c$ 倍して得られる ((7.5.6) の右辺の行列)。よって A の $(2,2)$ 成分は変わらない。

7.6　定理と練習 (A)

例 7.5 を一般化すると次のようになる。

◇7.6 例えば $\mathcal{B}$ の2番目の要素 $c\boldsymbol{a}_2$ を基底 $\mathcal{A}$ で成分表示すれば ${}^t(0, c, 0)$ であるから，P の第2列は ${}^t(0, c, 0)$ である。P^{-1} は公式を使って求めてもよいが，次のように考えてもよい。XP は，X の第2列を c 倍する。さらに P^{-1} を右からかけるともとの X に戻る。よって XP^{-1} は X の第2列を $1/c$ 倍することがわかる。よって P^{-1} の第2列は ${}^t(0, 1/c, 0)$ である。

命題 7.2 $\boldsymbol{R}^n$ 上の線型写像 f の，基底 $\mathcal{A}$ による行列表示を A とする。新たな基底 $\mathcal{B}$ を，基底 $\mathcal{A}$ の i 番目の要素を c 倍したものとする。このとき f の基底 $\mathcal{B}$ による行列表示 B は，A の第 i 列を c 倍し，さらに第 i 行を $1/c$ 倍して得られる (したがって (i,i) 成分は変わらない)。

証明 (B) $\mathcal{A} = \{\boldsymbol{a}_1, \cdots, \boldsymbol{a}_i, \cdots, \boldsymbol{a}_n\}$ とすれば，新たな基底は $\mathcal{B} = \{\boldsymbol{a}_1, \cdots, c\boldsymbol{a}_i, \cdots, \boldsymbol{a}_n\}$ となる。すると基底の変換を表す行列 P は，

$$(\boldsymbol{a}_1, \cdots, c\boldsymbol{a}_i, \cdots, \boldsymbol{a}_n) = (\boldsymbol{a}_1, \cdots, \boldsymbol{a}_i, \cdots, \boldsymbol{a}_n)P \quad \cdots (7.6.1)$$

を満たし P は単位行列の第 i 列を c 倍した基本行列である。そして P^{-1} は単位行列の第 i 列 (i 行) を $1/c$ 倍した基本行列である。このとき f の基底 $\mathcal{B}$ による行列表示 B は，$B = P^{-1}AP$ で求められる。この式の意味は，まず (A に P を右からかけて) A の第 i 列が c 倍され，さらに (P^{-1} を左からかけて) 第 i 行が $1/c$ 倍され，こうして得られたものが B となる。従って命題がいえる。

例 7.6 線型写像 f の，基底 $\mathcal{A} = \{\boldsymbol{a}_1, \boldsymbol{a}_2, \boldsymbol{a}_3\}$ による行列表示を

$$A = \begin{pmatrix} 2 & 3 & 0 \\ 0 & 2 & 2 \\ 0 & 0 & 2 \end{pmatrix}$$

とする。基底 $\mathcal{B} = \left\{\boldsymbol{a}_1, \dfrac{1}{3}\boldsymbol{a}_2, \boldsymbol{a}_3\right\}$ $\left(2 \text{ 番目を } \dfrac{1}{3} \text{ 倍する}\right)$ による f の行列表示 B は，

$$\xrightarrow[\text{を } 1/3 \text{ 倍して}]{A \text{ の第 } 2 \text{ 列}} \begin{pmatrix} 2 & 1 & 0 \\ 0 & 2/3 & 2 \\ 0 & 0 & 2 \end{pmatrix} \xrightarrow[\text{を } 3 \text{ 倍して}]{\text{第 } 2 \text{ 行}} B = \begin{pmatrix} 2 & 1 & 0 \\ 0 & 2 & 6 \\ 0 & 0 & 2 \end{pmatrix} \quad \cdots (7.6.2)$$

となる。さらに基底 $\mathcal{C} = \left\{\boldsymbol{a}_1, \dfrac{1}{3}\boldsymbol{a}_2, \dfrac{1}{6}\boldsymbol{a}_3\right\}$ $\left(3 \text{ 番目を } \dfrac{1}{6} \text{ 倍する}\right)$ による f の行列表示 C は，

$$\xrightarrow[\text{を}1/6\text{倍して}]{B\text{の第}3\text{列}} \begin{pmatrix} 2 & 1 & 0 \\ 0 & 2 & 1 \\ 0 & 0 & 1/3 \end{pmatrix} \xrightarrow[\text{を}6\text{倍して}]{\text{第}3\text{行}} C = \begin{pmatrix} 2 & 1 & 0 \\ 0 & 2 & 1 \\ 0 & 0 & 2 \end{pmatrix} \qquad \cdots (7.6.3)$$

練習 7.2　線型写像 f の，基底 $\mathcal{A} = \{\boldsymbol{a}_1, \boldsymbol{a}_2, \boldsymbol{a}_3\}$ による行列表示を

$$A = \begin{pmatrix} 2 & 3 & 0 \\ 0 & 2 & 0 \\ 0 & 0 & 2 \end{pmatrix}$$

とする。基底 $\mathcal{B} = \left\{\boldsymbol{a}_1, \dfrac{1}{3}\boldsymbol{a}_2, \boldsymbol{a}_3\right\}$ $\left(2\text{ 番目を }\dfrac{1}{3}\text{ 倍する}\right)$ による f の行列表示 B を求めよ。

解答　命題 7.2 より，$B = \begin{pmatrix} 2 & 1 & 0 \\ 0 & 2 & 0 \\ 0 & 0 & 2 \end{pmatrix}$ となる。

7.7　基底の基本変換その 3 (C)

次に定義 7.1-iii に相当する基底の変換を考える。

例 7.7　$\boldsymbol{R}^3$ から $\boldsymbol{R}^3$ への線型写像 f の，基底 $\mathcal{A} = \{\boldsymbol{a}_1, \boldsymbol{a}_2, \boldsymbol{a}_3\}$ による行列表示を

$$A = \begin{pmatrix} a_{11} & a_{12} & a_{13} \\ a_{21} & a_{22} & a_{23} \\ a_{31} & a_{32} & a_{33} \end{pmatrix}$$

とする。新たな基底 $\mathcal{B}$ を，1，2 番目の要素は変えず，また 3 番目の要素は基底 $\mathcal{A}$ の 2 番目の要素を c 倍したものを 3 番目の要素に足したもの，としよう。すなわち

$$\mathcal{A} = \{\boldsymbol{a}_1, \boldsymbol{a}_2, \boldsymbol{a}_3\}, \quad \mathcal{B} = \{\boldsymbol{a}_1, \boldsymbol{a}_2, c\boldsymbol{a}_2 + \boldsymbol{a}_3\} \qquad \cdots (7.7.1)$$

とする。すると基底の変換を表す行列 P は，　　$\cdots (7.7.2)$

$$(\boldsymbol{a}_1, \boldsymbol{a}_2, c\boldsymbol{a}_2 + \boldsymbol{a}_3) = (\boldsymbol{a}_1, \boldsymbol{a}_2, \boldsymbol{a}_3)P \text{ より} \qquad \cdots (7.7.3)$$

$$P = \begin{pmatrix} 1 & 0 & 0 \\ 0 & 1 & c \\ 0 & 0 & 1 \end{pmatrix} \text{ また } P^{-1} = \begin{pmatrix} 1 & 0 & 0 \\ 0 & 1 & -c \\ 0 & 0 & 1 \end{pmatrix} \qquad \cdots (7.7.4)$$

となる (P は単位行列の第 2 列の c 倍を第 3 列に足したもの，P^{-1} は単位行列の第 2 列の $-c$ 倍を第 3 列に (第 3 行の $-c$ 倍を第 2 行に) 足したもの)◇7.7。このとき f の基底 $\mathcal{B}$ による行列表示 B を求めよう。系 7.1 より $B = P^{-1}AP$ で，これは

$$\begin{pmatrix} 1 & 0 & 0 \\ 0 & 1 & -c \\ 0 & 0 & 1 \end{pmatrix} \begin{pmatrix} a_{11} & a_{12} & a_{13} \\ a_{21} & a_{22} & a_{23} \\ a_{31} & a_{32} & a_{33} \end{pmatrix} \begin{pmatrix} 1 & 0 & 0 \\ 0 & 1 & c \\ 0 & 0 & 1 \end{pmatrix} \qquad \cdots (7.7.5)$$

$$= \begin{pmatrix} 1 & 0 & 0 \\ 0 & 1 & -c \\ 0 & 0 & 1 \end{pmatrix} \begin{pmatrix} a_{11} & a_{12} & a_{13} + ca_{12} \\ a_{21} & a_{22} & a_{23} + ca_{22} \\ a_{31} & a_{32} & a_{33} + ca_{32} \end{pmatrix} \qquad \cdots (7.7.6)$$

$$= \begin{pmatrix} a_{11} & a_{12} & a_{13} + ca_{12} \\ a_{21} - ca_{31} & a_{22} - ca_{32} & * \\ a_{31} & a_{32} & a_{33} + ca_{32} \end{pmatrix} \qquad \cdots (7.7.7)$$

となる。ここで $(2,3)$ 成分 $*$ は $a_{23} + ca_{22} - ca_{33} - c^2 a_{32}$ となる。すなわち求める行列 B は (AP を計算して) A の第 2 列を c 倍したものを第 3 列に加え ((7.7.6) の右側の行列) さらに (P^{-1} を左からかけて) 第 3 行を $-c$ 倍したものを第 2 行に加える ((7.7.7) の行列) ことで得られる。

◇7.7 例えば $\mathcal{B}$ の 3 番目の要素 $c\boldsymbol{a}_2 + \boldsymbol{a}_3$ を基底 $\mathcal{A}$ で成分表示すれば ${}^t(0, c, 1)$ であるから，P の第 3 列は ${}^t(0, c, 1)$ である。P^{-1} は公式を使って求めてもよいが，次のように考えてもよい。XP は，X の第 2 列を c 倍したものが第 3 列に足される。さらに P^{-1} を右からかけるともとの X に戻る。よって XP^{-1} は X の第 2 列を $-c$ 倍したものが第 3 列に足されることになる。よって P^{-1} の第 3 列は ${}^t(0, -c, 1)$ である。

例 7.7 を一般化すると次が成り立つ。

命題 7.3　$\boldsymbol{R}^n$ から $\boldsymbol{R}^n$ への線型写像 f の，基底 $\mathcal{A}$ による行列表示を A とする。新たな基底 $\mathcal{B}$ を，基底 $\mathcal{A}$ の i 番目の要素を c 倍したものを j 番目の要素に加えたものとする。このとき f の基底 $\mathcal{B}$ による行列表示 B は，A の第 i 列を c 倍したものを第 j 列に加え，さらに第 j 行を $-c$ 倍したものを第 i 行に加えたものとして得られる。

証明　基底 $\mathcal{A} = \{\boldsymbol{a}_1, \cdots, \boldsymbol{a}_i, \cdots, \boldsymbol{a}_j, \cdots, \boldsymbol{a}_n\}$ とすれば，新たな基底 $\mathcal{B} = \{\boldsymbol{a}_1, \cdots, \boldsymbol{a}_i, \cdots, c\boldsymbol{a}_i + \boldsymbol{a}_j, \cdots, \boldsymbol{a}_n\}$ となる。すると基底の変換を表す行列 P は，

$$(\boldsymbol{a}_1, \cdots, \boldsymbol{a}_i, \cdots, c\boldsymbol{a}_i + \boldsymbol{a}_j, \cdots, \boldsymbol{a}_n) = (\boldsymbol{a}_1, \cdots, \boldsymbol{a}_i, \cdots, \boldsymbol{a}_j, \cdots, \boldsymbol{a}_n)P \qquad \cdots (7.7.8)$$

を満たし P は単位行列の第 i 列の c 倍を第 j 列に加えた基本行列である。そして P^{-1} は単位行列の第 i 列の $-c$ 倍を第 j 列に (第 j 行の $-c$ 倍を第 i 行に) 加えた基本行列である。このとき f の基底 $\mathcal{B}$ による行列表示 B は，$B = P^{-1}AP$ で求められる。この式の意味は，まず (A に P を右からかけて) A の第 i 列を c 倍したものを第 j 列に加え，さらに (P^{-1} を左からかけて) 第 j 行を $-c$ 倍したものを第 i 行に加え，こうして得られたものが B となる。従って命題がいえる。

今後のため次の例を考えよう。

例 7.8　$\boldsymbol{R}^3$ から $\boldsymbol{R}^3$ への線型写像 f の，基底 $\mathcal{A} = \{\boldsymbol{a}_1, \boldsymbol{a}_2, \boldsymbol{a}_3\}$ による行列表示を

$$A = \begin{pmatrix} \lambda & a_{12} & a_{13} \\ 0 & \lambda & 1 \\ 0 & 0 & \lambda \end{pmatrix} \qquad \cdots (7.7.9)$$

とする◇7.8。新たな基底 $\mathcal{B}$ を，1，3番目の要素は変えず，また2番目の要素は，基底 $\mathcal{A}$ の1番目の要素を c 倍したものを2番目の要素にたしたもの，としよう。すなわち，

$$\mathcal{A} = \{\boldsymbol{a}_1, \boldsymbol{a}_2, \boldsymbol{a}_3\}, \quad \mathcal{B} = \{\boldsymbol{a}_1, c\boldsymbol{a}_1 + \boldsymbol{a}_2, \boldsymbol{a}_3\} \quad \cdots (7.7.10)$$

である。このとき f の基底 $\mathcal{B}$ による行列表示 B を求めよう。命題 7.3 より，

$$\xrightarrow[\text{したものを第2列に加え}]{A\text{の第1列を}c\text{倍}} \begin{pmatrix} \lambda & c\lambda + a_{12} & a_{13} \\ 0 & \lambda & 1 \\ 0 & 0 & \lambda \end{pmatrix} \quad \cdots (7.7.11)$$

$$\xrightarrow[\text{したものを第1行に加え}]{\text{第2行を}-c\text{倍}} \begin{pmatrix} \lambda & a_{12} & a_{13} - c \\ 0 & \lambda & 1 \\ 0 & 0 & \lambda \end{pmatrix} \quad \cdots (7.7.12)$$

となる (従って A の $(1,2)$ 成分は変わらない)。まとめると行列 B は，A の第3列の第1成分から c を引いて得られる。$c = a_{13}$ ならば，

$$B = \begin{pmatrix} \lambda & a_{12} & 0 \\ 0 & \lambda & 1 \\ 0 & 0 & \lambda \end{pmatrix} \quad \cdots (7.7.13)$$

となる。

例 7.9　線型写像 f の，基底 $\mathcal{A} = \{\boldsymbol{a}_1, \boldsymbol{a}_2, \boldsymbol{a}_3\}$ による行列表示を

$$A = \begin{pmatrix} 2 & 0 & 3 \\ 0 & 2 & 4 \\ 0 & 0 & 2 \end{pmatrix}$$

とする。基底 $\mathcal{B} = \left\{\boldsymbol{a}_1, \boldsymbol{a}_2, \frac{1}{4}\boldsymbol{a}_3\right\}$ $\left(3\text{番目を}\ \frac{1}{4}\ \text{倍する}\right)$ による f の行

◇7.8 議論を簡単にするため，対角成分が等しい三角行列とする。

列表示 B は，命題 7.2 より，

$$\xrightarrow[\text{を}1/4\text{倍して}]{A\text{の第}3\text{列}} \begin{pmatrix} 2 & 0 & 3/4 \\ 0 & 2 & 1 \\ 0 & 0 & 1/2 \end{pmatrix} \xrightarrow[\text{を}4\text{倍して}]{\text{第}3\text{行}} B = \begin{pmatrix} 2 & 0 & 3/4 \\ 0 & 2 & 1 \\ 0 & 0 & 2 \end{pmatrix} \quad \cdots (7.7.14)$$

となる。さらに基底 $\mathcal{C} = \left\{ \boldsymbol{a}_1, \frac{3}{4}\boldsymbol{a}_1 + \boldsymbol{a}_2, \frac{1}{4}\boldsymbol{a}_3 \right\}$ $\left(1\text{番目の}\frac{3}{4}\text{倍を}2\text{番目に加える}\right)$ による f の行列表示 C は，例 7.8 より，

$$\xrightarrow[\text{したものを第}2\text{列に加え}]{B\text{の第}1\text{列を}3/4\text{倍}} \begin{pmatrix} 2 & 3/2 & 3/4 \\ 0 & 2 & 1 \\ 0 & 0 & 2 \end{pmatrix} \quad \cdots (7.7.15)$$

$$\xrightarrow[\text{したものを第}1\text{行に加える}]{\text{第}2\text{行を}-3/4\text{倍}} C = \begin{pmatrix} 2 & 0 & 0 \\ 0 & 2 & 1 \\ 0 & 0 & 2 \end{pmatrix} \quad \cdots (7.7.16)$$

本章の例や練習で得られた行列は全て，

$$\begin{pmatrix} \lambda & i_0 & 0 \\ 0 & \lambda & i_1 \\ 0 & 0 & \lambda \end{pmatrix} \quad \cdots (7.7.17)$$

の形に変形された。このような形の行列はジョルダンの標準形と呼ばれる。これについては 12.3 節以降で詳しく扱う。本章でもかいま見たが，今後，与えられた行列に基底の変換を施すことにより，より簡単な行列（ジョルダンの標準形）に変形していくことを主眼に学んでいく。

8 対称行列

《目標 & ポイント》 空間の直和分解を使って，線型写像の行列表示を簡単に表すことを考える。これを利用して，対称行列を対角化する方法を学ぶ。
《キーワード》 直和分解，f-不変，対称行列，エルミット行列，対角化

8.1 直和分解と線型写像 (A) (B)

例 8.1 $\boldsymbol{R}^n$ から $\boldsymbol{R}^n$ への線型写像 f の行列表示を A とする。$\boldsymbol{R}^n$ の部分空間 W が **$\boldsymbol{f}$-不変** (**$\boldsymbol{A}$-不変**) とは，

$$\text{任意の}\,\boldsymbol{x} \in W\,\text{において，}\,f(x) \in W\ (A\boldsymbol{x} \in W)\,\text{となる} \qquad \cdots (8.1.1)$$

ときをいった。定義 6.1 を思い出そう。A の固有値 λ の固有空間 $E(\lambda)$ と固有ベクトル $\boldsymbol{p}$ において，

$$L(\boldsymbol{p}) \subseteq E(\lambda) = \{\boldsymbol{x} \colon A\boldsymbol{x} = \lambda\boldsymbol{x}\}\,\text{だから} \qquad \cdots (8.1.2)$$

$$\text{任意の}\,\boldsymbol{x} \in E(\lambda)\,\text{において}\,A\boldsymbol{x} = \lambda\boldsymbol{x} \in E(\lambda) \qquad \cdots (8.1.3)$$

$$\text{同様に}\,\boldsymbol{x} \in L(\boldsymbol{p})\,\text{ならば，}\,A\boldsymbol{x} = \lambda\boldsymbol{x} \in L(\boldsymbol{p}) \qquad \cdots (8.1.4)$$

よって $E(\lambda)$ や $L(\boldsymbol{p})$ は A-不変である。

例 8.2 $\boldsymbol{R}^4$ の標準基底 $\mathcal{A} = \{\boldsymbol{e}_1, \boldsymbol{e}_2, \boldsymbol{e}_3, \boldsymbol{e}_4\}$ において，線型写像 f が

$$f(\boldsymbol{e}_1) = \boldsymbol{e}_1 + 2\boldsymbol{e}_2 \quad f(\boldsymbol{e}_2) = 3\boldsymbol{e}_1 + 4\boldsymbol{e}_2 \qquad \cdots (8.1.5)$$

$$f(\boldsymbol{e}_3) = 5\boldsymbol{e}_3 + 6\boldsymbol{e}_4 \quad f(\boldsymbol{e}_4) = 7\boldsymbol{e}_3 + 8\boldsymbol{e}_4 \qquad \cdots (8.1.6)$$

を満たすとき，f を表す行列 A は，(7.1.3) より，

$$A = (f(\boldsymbol{e}_1), f(\boldsymbol{e}_2), f(\boldsymbol{e}_3), f(\boldsymbol{e}_4)) = \begin{pmatrix} 1 & 3 & 0 & 0 \\ 2 & 4 & 0 & 0 \\ 0 & 0 & 5 & 7 \\ 0 & 0 & 6 & 8 \end{pmatrix} \cdots (8.1.7)$$

と表せる。これを次のように見直そう。まず

$$\begin{matrix} \boldsymbol{e}_1,\ \boldsymbol{e}_2 \text{ で生成される部分空間 } W_1 = L(\boldsymbol{e}_1, \boldsymbol{e}_2) \\ \boldsymbol{e}_3,\ \boldsymbol{e}_4 \text{ で生成される部分空間 } W_2 = L(\boldsymbol{e}_3, \boldsymbol{e}_4) \end{matrix} \cdots (8.1.8)$$

を考える。例 4.1 でもみたように $\boldsymbol{R}^4 = W_1 \oplus W_2$ である。また W_1 は f-不変である。実際，基底 $\{\boldsymbol{e}_1, \boldsymbol{e}_2\}$ において W_1 に制限した f を表す行列 A_1 は，(7.1.3)，(8.1.5) より，

$$A_1 = (f(\boldsymbol{e}_1), f(\boldsymbol{e}_2)) = \begin{pmatrix} 1 & 3 \\ 2 & 4 \end{pmatrix} \qquad \cdots (8.1.9)$$

である。同様に W_2 も f-不変である。実際，基底 $\{\boldsymbol{e}_3, \boldsymbol{e}_4\}$ において W_2 に制限した f を表す行列 A_2 は，(7.1.2) (そこで $n = 2$，$\boldsymbol{a}_1 = \boldsymbol{e}_3$，$\boldsymbol{a}_2 = \boldsymbol{e}_4$ として)，(8.1.6) より，

$$A_2 = (f(\boldsymbol{e}_3), f(\boldsymbol{e}_4)) = \begin{pmatrix} 5 & 7 \\ 6 & 8 \end{pmatrix} \qquad \cdots (8.1.10)$$

である。また行列 A は A_1，A_2 を使って，

$$A = \begin{pmatrix} 1 & 3 & 0 & 0 \\ 2 & 4 & 0 & 0 \\ 0 & 0 & 5 & 7 \\ 0 & 0 & 6 & 8 \end{pmatrix} = \begin{pmatrix} A_1 & O \\ O & A_2 \end{pmatrix} \qquad \cdots (8.1.11)$$

という形に書けることもわかる。

コメント 8.1　ベクトル $\boldsymbol{x} = a_1\boldsymbol{e}_1 + a_2\boldsymbol{e}_2$ の，$\boldsymbol{R}^4$ 基底 $\{\boldsymbol{e}_1, \cdots, \boldsymbol{e}_4\}$ における成分表示と，W_1 の基底 $\{\boldsymbol{e}_1, \boldsymbol{e}_2\}$ における成分表示は，それぞれ，

$$\begin{pmatrix} a_1 \\ a_2 \\ 0 \\ 0 \end{pmatrix}, \quad \begin{pmatrix} a_1 \\ a_2 \end{pmatrix} \qquad \cdots (8.1.12)$$

である。$\boldsymbol{R}^4$ における f の行列表示は A で，W_1 に制限した f の行列表示は A_1 である。$\boldsymbol{x}$ の f による像は，

$$\boldsymbol{y} = f(\boldsymbol{x}) = f_A(\boldsymbol{x}) = A\begin{pmatrix} a_1 \\ a_2 \\ 0 \\ 0 \end{pmatrix} = \begin{pmatrix} a_1 + 3a_2 \\ 2a_1 + 4a_2 \\ 0 \\ 0 \end{pmatrix} \qquad \cdots (8.1.13)$$

$$\boldsymbol{y} = f(\boldsymbol{x}) = f_{A_1}(\boldsymbol{x}) = A_1\begin{pmatrix} a_1 \\ a_2 \end{pmatrix} = \begin{pmatrix} a_1 + 3a_2 \\ 2a_1 + 4a_2 \end{pmatrix} \qquad \cdots (8.1.14)$$

でどちらも $\boldsymbol{y} = f(\boldsymbol{x}) = (a_1 + 3a_2)\boldsymbol{e}_1 + (2a_1 + 4a_2)\boldsymbol{e}_2 \qquad \cdots (8.1.15)$

を表している。このように，どの空間で考えるかによって f の行列表示も異なり，ベクトル $\boldsymbol{x}$ の成分表示も変わる。しかしどちらも同じ $f(\boldsymbol{x}) = \boldsymbol{y}$ を表していることに変わりはない。もし写像を区別する必要があるときは，f_A，f_{A_1} などと書けばよい。

練習 8.1　$\boldsymbol{R}^4$ の基底 $\mathcal{B} = \{\boldsymbol{b}_1, \boldsymbol{b}_2, \boldsymbol{b}_3, \boldsymbol{b}_4\}$ において，

$$f(\boldsymbol{b}_1) = 2\boldsymbol{b}_1 \qquad f(\boldsymbol{b}_2) = 2\boldsymbol{b}_2$$
$$f(\boldsymbol{b}_3) = 5\boldsymbol{b}_3 + 6\boldsymbol{b}_4 \quad f(\boldsymbol{b}_4) = 7\boldsymbol{b}_3 + 8\boldsymbol{b}_4$$

で表される線型写像 f を表す行列 A を求めよ。

解答　(7.1.2) より

$$A = (f(\boldsymbol{b}_1), f(\boldsymbol{b}_2), f(\boldsymbol{b}_3), f(\boldsymbol{b}_4)) = \begin{pmatrix} 2 & 0 & 0 & 0 \\ 0 & 2 & 0 & 0 \\ 0 & 0 & 5 & 7 \\ 0 & 0 & 6 & 8 \end{pmatrix}$$

コメント 8.2　後に使うため，前コメント 8.1 の趣旨を一般的にまとめておく。f を空間 W からそれ自身への線型写像とする。W の部分空間 U が f-不変ならば，f を U に制限して考えることもできる。すなわち $\boldsymbol{x} \in U$ ならば $f(\boldsymbol{x}) = \boldsymbol{y} \in U$ である。

さて W において（与えられた）基底 $\mathcal{B}_1$ における f の行列表示を A_1 とする。このとき

$$f(\boldsymbol{x}) = \boldsymbol{y} \text{ は } A_1\boldsymbol{x} = \boldsymbol{y} \text{ とも書ける。} \qquad \cdots (8.1.16)$$

この式の意味は，(基底 $\mathcal{B}_1$ において) A_1 で表される線型写像 f におけるベクトル $\boldsymbol{x}$ の像は $\boldsymbol{y}$，ということである。そして，ベクトル $\boldsymbol{x}$ を基底 $\mathcal{B}_1$ で成分表示したうえで積 $A_1\boldsymbol{x}$ を計算する。

今度は U の基底を $\mathcal{B}_2$ とし，(W の部分空間) U に制限した f の基底 $\mathcal{B}_2$ における行列表示を A_2 とする。このとき，$x \in U$ として，

$$f(\boldsymbol{x}) = \boldsymbol{y} \text{ は } A_2\boldsymbol{x} = \boldsymbol{y} \text{ とも書ける。} \qquad \cdots (8.1.17)$$

この式の意味は，(基底 $\mathcal{B}_2$ において) A_2 で表される (U に制限した) f におけるベクトル $\boldsymbol{x}$ の像は $\boldsymbol{y}$，ということである。そしてベクトル $\boldsymbol{x}$ を基底 $\mathcal{B}_2$ で成分表示したうえで積 $A_2\boldsymbol{x}$ を計算する。

さらに次のことも考えておこう。今度は W において (基底 $\mathcal{B}_1$ から) 基底 $\mathcal{B}_3$ へ基底の変換をおこない f の行列表示が A_3 になったとする。このとき

$$f(\boldsymbol{x}) = \boldsymbol{y} \text{ は } A_3\boldsymbol{x} = \boldsymbol{y} \text{ とも書ける。} \qquad \cdots (8.1.18)$$

この式の意味は，(基底 $\mathcal{B}_3$ において) A_3 で表される線型写像 f におけるベクトル $\boldsymbol{x}$ の像は $\boldsymbol{y}$，ということである。そして，ベクトル $\boldsymbol{x}$ を基底 $\mathcal{B}_3$ で成分表示したうえで積 $A_3\boldsymbol{x}$ を計算する。

このように $A_1\boldsymbol{x} = \boldsymbol{y}$ や $A_2\boldsymbol{x} = \boldsymbol{y}$，$A_3\boldsymbol{x} = \boldsymbol{y}$ はどれも $f(\boldsymbol{x}) = \boldsymbol{y}$ を意味していることには変わりない。

例 8.2，練習 8.1 を一般にいい直そう。f を $\boldsymbol{R}^n$ 上の線型写像とし，各 W_i $(1 \leq i \leq 2)$ は $\boldsymbol{R}^n$ の部分空間とする。ここで，

$\boldsymbol{R}^n = W_1 \oplus W_2$ で，各 W_i は f-不変，従って $\cdots$ (8.1.19)

W_i の基底 $\mathcal{D}_i$ で W_i に制限した f を表す行列を A_i とする。$\cdots$ (8.1.20)

このとき $\boldsymbol{R}^n$ の基底 $\mathcal{D}_1 \cup \mathcal{D}_2$ で f の表示は $\begin{pmatrix} A_1 & O \\ O & A_2 \end{pmatrix}$ $\cdots$ (8.1.21)

である。ここで (7.1.5) でみたように，W_1 の基底の任意の要素 $\boldsymbol{q}$ で $f(\boldsymbol{q}) = c\boldsymbol{q}$ ならば，A_1 は対角成分が c の対角行列となる。特に $W_1 = L(\boldsymbol{p})$ のときは，W_1 の任意の要素 $k\boldsymbol{p}$ の f による像は，(W_1 は f-不変であるから $f(\boldsymbol{p}) = c\boldsymbol{p}$ とすれば) $f(k\boldsymbol{p}) = kf(\boldsymbol{p}) = ck\boldsymbol{p}$ で，スカラー c 倍となる。よって基底 $\{\boldsymbol{p}\} \cup \mathcal{D}_2$ における上の行列表示で，A_1 は (1 行 1 列行列) c となる。有限個の部分空間の直和を考えても同様のことが成り立つ。これを定理として述べておこう。

定理 8.1　$\boldsymbol{R}^n$ がその部分空間 W_i $(1 \leq i \leq k)$ の直和 $\boldsymbol{R}^n = W_1 \oplus \cdots \oplus W_k$ として表され，各 W_i は f-不変とする。そして W_i の基底 $\mathcal{D}_i$ における，W_i に制限した f の行列表示を A_i とする。このとき，$\boldsymbol{R}^n$ の基底 $\bigcup_{1 \leq i \leq k} \mathcal{D}_i$ における f の行列表示は，

$$\begin{pmatrix} A_1 & & & \\ & A_2 & & 0 \\ & & \ddots & \\ 0 & & & A_k \end{pmatrix} \qquad \cdots (8.1.22)$$

である。ここで W_i の基底の任意の要素 $\boldsymbol{q}$ で $f(\boldsymbol{q}) = c\boldsymbol{q}$ ならば，A_i は対角成分が c の対角行列となる。とくに $W_i = L(\boldsymbol{p})$ のときは，$f(\boldsymbol{p}) = c\boldsymbol{p}$ とすれば，$A_i = c$ となる。

以上の考察から次のことを得る。f の ($\boldsymbol{R}^n$ における) 行列表示を求めるのに，$\boldsymbol{R}^n$ を f-不変な W_i の直和に表し，各 W_i に制限した f の行列表示 A_i を考えて，それらを (8.1.22) のように対角線上に並べることによって，行列表示を簡単に表すことができる。

8.2　直交補空間と線型写像その 1 (C)

次節の準備のために，次の補題を証明する。

補題 8.1　$\boldsymbol{R}^n$ からそれ自身への線形写像 f の行列表示を A とする。$\boldsymbol{R}^n$ の部分空間 W_0 が A-不変とする。W_0 の直交補空間を W_1 $(= W_0^{\perp})$ とすると，W_1 は ${}^tA$-不変である。

証明　(4.1.22) より，

任意の $\boldsymbol{p} \in W_0$ と $\underline{\boldsymbol{x} \in W_0^{\perp}}$ において $(\boldsymbol{p}, \boldsymbol{x}) = 0$　$\cdots$(8.2.1)

ここで W_0 が A-不変だから $A\boldsymbol{p} \in W_0$ また　$\cdots$(8.2.2)

$\boldsymbol{x} \in W_0^{\perp}$ だから $(A\boldsymbol{p}, \boldsymbol{x}) = 0$　すると (2.7.3) より　$\cdots$(8.2.3)

$(\boldsymbol{p}, {}^tA\boldsymbol{x}) = (A\boldsymbol{p}, \boldsymbol{x}) = 0$。$\boldsymbol{p} \in W_0$ は任意だから　$\cdots$(8.2.4)

$\underline{{}^tA\boldsymbol{x} \in W_0^{\perp}}$ で，$W_0^{\perp}$ は ${}^tA$-不変である。　$\cdots$(8.2.5)

上記補題で $\boldsymbol{R}^n$ を部分空間 W に置き換えても同様のことが成り立つ。

系 8.1　W を $\boldsymbol{R}^n$ の部分空間とし，W からそれ自身への線形写像 f の行列表示を A とする。W の部分空間 W_0 が A-不変とする。W_0 の $\underline{W \text{における}}$直交補空間を W_1 とすると，W_1 は ${}^tA$-不変である。

8.3 対称行列の対角化 (C)

補題 8.2 $\boldsymbol{R}^n$ からそれ自身への線形写像 f の行列表示 A が対称行列とする。$\boldsymbol{R}^n$ の部分空間 W_0 が f-不変ならば，W_0 の直交補空間 W_1 も f-不変である。

証明 補題 8.1 より，W_1 は ${}^tA$-不変であるが，${}^tA = A$ であるから，W_1 は A-不変 (f-不変) である。

系 8.2 W を $\boldsymbol{R}^n$ の部分空間とし，W からそれ自身への線形写像 f の行列表示 A が対称行列する。W の部分空間 W_0 が f-不変とする。W_0 の W における直交補空間 W_1 も f-不変である。

補題 8.3 $\boldsymbol{R}^n$ からそれ自身への線形写像 f の行列表示 A が対称行列とする。$\boldsymbol{R}^n$ の正規直交基底 $\mathcal{B} = \{\boldsymbol{b}_1, \cdots, \boldsymbol{b}_n\}$ による f の行列表示 B は，ふたたび対称行列となる。

証明 基底の変換を表す行列 P は，(7.1.9) より，

$$P = (\boldsymbol{b}_1, \cdots, \boldsymbol{b}_n) \text{で直交行列} (P^{-1} = {}^tP) \qquad \cdots (8.3.1)$$

となる (定理 5.2)。また定理 7.1 より，基底 $\mathcal{B}$ による f の行列表示は

$$B = P^{-1}AP = {}^tPAP \text{で，} \qquad \cdots (8.3.2)$$

$${}^tB = {}^t({}^tPAP) = {}^tP{}^tA{}^t({}^tP) = {}^tPAP = B \qquad \cdots (8.3.3)$$

よって，B は対称行列である。

補題 8.4 実対称行列 A の固有値はすべて実数である。(よって各固有値に属する固有ベクトルとして実固有ベクトルをとることができる。)

証明　A の固有値 λ の固有ベクトルを $\boldsymbol{x}$ とする：$A\boldsymbol{x}=\lambda\boldsymbol{x}$。$\overline{A}=A={}^tA=\overline{{}^tA}$ だから，

$$(6.3.27) より (\boldsymbol{x}, A\boldsymbol{x}) = (\boldsymbol{x}, \lambda\boldsymbol{x}) = \overline{\lambda}(\boldsymbol{x}, \boldsymbol{x}) \quad \cdots(8.3.4)$$

$$(6.3.16) より (\boldsymbol{x}, A\boldsymbol{x}) = (\overline{{}^tA}\boldsymbol{x}, \boldsymbol{x}) = (A\boldsymbol{x}, \boldsymbol{x}) = \lambda(\boldsymbol{x}, \boldsymbol{x}) \quad \cdots(8.3.5)$$

$$ここで (\boldsymbol{x}, \boldsymbol{x}) = {}^t\boldsymbol{x}\overline{\boldsymbol{x}} > 0 で，\lambda = \overline{\lambda} となり \lambda は実数 \quad \cdots(8.3.6)$$

となる。実数の固有値 λ に対して，$|A-\lambda I|=0$ であるから，$(A-\lambda I)\boldsymbol{p}=\boldsymbol{0}$ なる零でない実ベクトル $\boldsymbol{p}$ がとれる。

補題 8.5　実対称行列 A の異なる固有値に属する固有ベクトルは直交する。

証明　$\boldsymbol{p}_1$，$\boldsymbol{p}_2$ をそれぞれ（実数の）固有値 λ_1，λ_2 $(\lambda_1 \neq \lambda_2)$ に属する固有ベクトルとする。

$$(A\boldsymbol{p}_1, \boldsymbol{p}_2) = (\lambda_1\boldsymbol{p}_1, \boldsymbol{p}_2) = \lambda_1(\boldsymbol{p}_1, \boldsymbol{p}_2) \quad 一方， \quad \cdots(8.3.7)$$

$$(A\boldsymbol{p}_1, \boldsymbol{p}_2) = (\boldsymbol{p}_1, \overline{{}^tA}\boldsymbol{p}_2) = (\boldsymbol{p}_1, A\boldsymbol{p}_2) = (\boldsymbol{p}_1, \lambda_2\boldsymbol{p}_2) = \lambda_2(\boldsymbol{p}_1, \boldsymbol{p}_2) \quad \cdots(8.3.8)$$

$$\lambda_1 \neq \lambda_2 だから，(\boldsymbol{p}_1, \boldsymbol{p}_2) = 0 となる。 \quad \cdots(8.3.9)$$

定理 8.2　n 次実対称行列 A に対して，n 個の互いに直交する実固有ベクトルが存在する。従ってある直交行列 P（による基底の変換）で，$P^{-1}AP$ を対角行列にすることができる（そして対角成分は A の固有値からなる)。

証明　証明の間だけ，行列，ベクトル，スカラーは，それぞれ実行列，実ベクトル，実数とする。n に関する帰納法で証明する。$\boldsymbol{R}^n$ において A で表される線型写像を f とする。

ステップ 1　まず，A の固有値 λ_1 とその長さ 1 の固有ベクトル $\boldsymbol{p}_1$ を

1 つとる。

$$A\boldsymbol{p}_1 = \lambda_1 \boldsymbol{p}_1 \text{ すなわち } f(\boldsymbol{p}_1) = \lambda_1 \boldsymbol{p}_1 \qquad \cdots (8.3.10)$$

系 4.3 より，ベクトル $\boldsymbol{p}_1$ を含む正規直交基底を適当に選びそれを

$$\mathcal{B}_1 = \{\boldsymbol{p}_1, \boldsymbol{b}_2, \cdots, \boldsymbol{b}_n\} \text{ とする。} \qquad \cdots (8.3.11)$$

ここで (7.1.9) より，標準基底から正規直交基底 $\mathcal{B}_1$ への変換を表す行列を

$$P_1 = (\boldsymbol{p}_1, \boldsymbol{b}_2, \cdots, \boldsymbol{b}_n) \text{ とすると定理 5.2 より } P_1 \text{ は直交行列。} \cdots (8.3.12)$$

ここで P_1 の各列は標準基底により成分表示されている。定理 7.1 を使って，この基底 $\mathcal{B}_1$ で (f を表す) 行列 A を書き換えると，

$$A_1 = P_1^{-1} A P_1 = {}^tP_1 A P_1 \text{ で，} A_1 \text{ は対称行列} \quad \cdots (8.3.13)$$

である (補題 8.3)。(8.3.10) より，$\boldsymbol{p}_1$ で生成される空間

$$L(\boldsymbol{p}_1) \text{ は (例 8.1 より) } f\text{-不変} \qquad \cdots (8.3.14)$$

である。$L(\boldsymbol{p}_1)$ の直交補空間を W_1 とすると，命題 4.5 より，

$$L(\boldsymbol{p}_1)^{\perp} = W_1 = L(\boldsymbol{b}_2, \cdots, \boldsymbol{b}_n) \text{ で，} \boldsymbol{R}^n = L(\boldsymbol{p}_1) \oplus W_1 \quad \cdots (8.3.15)$$

である。そして補題 8.2 より

$$(L(\boldsymbol{p}_1) \text{ も}) \ W_1 \text{ も } f\text{-不変となる} \qquad \cdots (8.3.16)$$

定理 8.1 より基底 $\mathcal{B}_1 = \{\boldsymbol{p}_1, \boldsymbol{b}_2, \cdots, \boldsymbol{b}_n\}$ で f を表す ((8.3.13) の) 行列 A_1 は，

$$A_1 = P_1^{-1} A P_1 = {}^tP_1 A P_1 = \begin{pmatrix} \lambda_1 & {}^t\mathbf{0} \\ \mathbf{0} & B_1 \end{pmatrix} \qquad \cdots (8.3.17)$$

の形に書ける。A_1 は対称行列だから，A_1 の第 1 行と第 1 列を取り除いて得られる $n-1$ 次正方行列 B_1 も対称行列である。

ステップ2 (定理8.1で述べたように) f を部分空間 $W_1 = L(\boldsymbol{b}_2, \cdots, \boldsymbol{b}_n)$ に制限した写像の行列表示は，基底 $\{\boldsymbol{b}_2, \cdots, \boldsymbol{b}_n\}$ のもとで，B_1 である。B_1 は $n-1$ 次対称行列だから，帰納法の仮定より，W_1 に属する $n-1$ 個の互いに直交する固有ベクトルが存在する。これらの固有値とその長さ1の固有ベクトルを λ_i，$\boldsymbol{p}_i$，$2 \leq i \leq n$ とすると，(8.3.15) より，

$L(\boldsymbol{p}_1)^{\perp} = W_1$ で，各 $\boldsymbol{p}_i \in W_1$ は $\boldsymbol{p}_1$ と直交する。 $\cdots$(8.3.18)

$\boldsymbol{p}_2, \cdots, \boldsymbol{p}_n$ は正規直交系だから，$\mathcal{B} = \{\boldsymbol{p}_1, \cdots, \boldsymbol{p}_n\}$ は $\boldsymbol{R}^n$ の正規直交基底。 $\cdots$(8.3.19)

また $B_1\boldsymbol{p}_i = \lambda_i\boldsymbol{p}_i$ $(f(\boldsymbol{p}_i) = \lambda_i\boldsymbol{p}_i)$ だから $\cdots$(8.3.20)

(8.3.10) と合わせて結局 $1 \leq i \leq n$ なる各 i で $f(\boldsymbol{p}_i) = \lambda_i\boldsymbol{p}_i$ $\cdots$(8.3.21)

である (コメント8.2)。よって (7.1.5) より，

基底 $\mathcal{B}$ による f の行列表示は (i, i) 成分が λ_i の対角行列 D $\cdots$(8.3.22)

となる。よって D の対角成分は A の固有値からなる。また標準基底から正規直交基底 $\mathcal{B} = \{\boldsymbol{p}_1, \cdots, \boldsymbol{p}_n\}$ への変換を表す行列 P は，(7.1.9)，定理5.2より，

$P = (\boldsymbol{p}_1, \cdots, \boldsymbol{p}_n)$ で直交行列となり，$D = P^{-1}AP$ $\cdots$(8.3.23)

となる (定理7.1)。ここで P の第 i 列は $\boldsymbol{p}_i$ の標準基底による成分表示である。

よって n に関する数学的帰納法により，定理が成り立つ (なお $n = 1$ のときは自明である)。

コメント8.3　上記ステップ2の証明では，コメント8.2を使い，基底の変換を表す行列とその演算を明示することなく証明した。もしそれらを明示したいならばステップ2以降は次のようになる。

ステップ2　B_1 は $n-1$ 次の対称行列であるから，帰納法の仮定によ

り，ある $n-1$ 次直交行列 Q_1 によって，

$$Q_1^{-1}B_1Q_1 = {}^tQ_1B_1Q_1 \text{ を対角行列 } D \text{ にできる} \quad \cdots (8.3.24)$$

とする。このとき，

$$Q = \begin{pmatrix} 1 & {}^t\mathbf{0} \\ \mathbf{0} & Q_1 \end{pmatrix} \quad \cdots (8.3.25)$$

とおくと，例 6.5 より，Q も直交行列であり，従って $Q^{-1} = {}^tQ$

さて，$P = P_1Q$ とおくと，これは直交行列どうしの積で，(5.4.27) より，P も直交行列である。よって定理 5.2 より P の (n 個の) 各列は互いに直交する。そして $P^{-1} = {}^tP = {}^t(P_1Q) = {}^tQ{}^tP_1$ であるから，(8.3.17) より，演算 (6.8.3) に従うと，

$$P^{-1}AP = {}^tQ{}^tP_1AP_1Q = {}^tQA_1Q \quad \cdots (8.3.26)$$

$$= \begin{pmatrix} 1 & {}^t\mathbf{0} \\ \mathbf{0} & {}^tQ_1 \end{pmatrix}\begin{pmatrix} \lambda_1 & {}^t\mathbf{0} \\ \mathbf{0} & B_1 \end{pmatrix}\begin{pmatrix} 1 & {}^t\mathbf{0} \\ \mathbf{0} & Q_1 \end{pmatrix} \quad \cdots (8.3.27)$$

$$= \begin{pmatrix} \lambda_1 & {}^t\mathbf{0} \\ \mathbf{0} & {}^tQ_1B_1Q_1 \end{pmatrix} = \begin{pmatrix} \lambda_1 & {}^t\mathbf{0} \\ \mathbf{0} & D \end{pmatrix} \quad \cdots (8.3.28)$$

と対角行列になる。ここで最後の等式は (8.3.24) を使った。

8.4　練　習 (A)

コメント 7.2 でも述べたが，正方行列 A において，ある正則行列 P が存在して $P^{-1}AP$ が対角行列となるとき，A は (P によって) 対角化可能であるという。前節 (定理 8.2) より実対称行列 A は直交行列によって対角化可能であることがわかった。行列 A が行列 P によって対角化されるとき，

$D = P^{-1}AP$ は対角行列で $AP = PD$ となる。これを図示して

$$\cdots (8.4.1)$$

$$A(\boldsymbol{b}_1 \ \cdots \ \boldsymbol{b}_n) = (\boldsymbol{b}_1 \ \cdots \ \boldsymbol{b}_n)\begin{pmatrix} \lambda_1 & & \text{\Large 0} \\ & \ddots & \\ \text{\Large 0} & & \lambda_n \end{pmatrix} \qquad \cdots (8.4.2)$$

とすれば両辺の第 i 列は，$A\boldsymbol{b}_i = \lambda_i \boldsymbol{b}_i$ となる。　$\cdots (8.4.3)$

これは P の第 i 列 $\boldsymbol{b}_i$ は A の固有値 λ_i (これは D の (i,i) 成分) に属する固有ベクトルであることを示している。従って (8.4.2) より，P は A の固有ベクトル $\boldsymbol{b}_i$ を列ベクトルとして並べたもので，D は対応する固有値 λ_i を同じ順に対角線上に並べたものとなる。従って実対称行列 A を対角化する手続きは次のようにすればよい。

A の固有値 λ (λ の重複度を k とする) を全て求める。大きさ1の

$\cdots (8.4.4)$

互いに直交する λ の固有ベクトル $\boldsymbol{b}$ を k 個とる　$\cdots (8.4.5)$

(さらに補題8.5より異なる固有値に属する固有ベクトルは直交するから)

これら全ての $\boldsymbol{b}$ を列ベクトルとして並べた P は直交行列で，　$\cdots (8.4.6)$

対応する λ を同じ順に対角線上に並べた D が求める対角行列　$\cdots (8.4.7)$

となる。実際 $AP = PD$ が成り立つから $P^{-1}AP = D$ である

$\cdots (8.4.8)$

ここで直交行列 P を基底の変換を表す行列とみれば (定理7.1及びコメント7.2より) A（の表す線型写像）は，P による基底の変換で（行列表示が）$P^{-1}AP$ となりこれが対角行列になる (A は (P による) 変換後に対角行列になる) といっても同じことである。

例 8.3　対称行列

$$A = \begin{pmatrix} 1 & 2 & 2 \\ 2 & 1 & 2 \\ 2 & 2 & 1 \end{pmatrix} \qquad \cdots (8.4.9)$$

を直交行列によって対角化しよう。まず A の固有値を求める。

$$\det(A - xI) = \det \begin{pmatrix} 1-x & 2 & 2 \\ 2 & 1-x & 2 \\ 2 & 2 & 1-x \end{pmatrix} \qquad \cdots (8.4.10)$$

$$= (1-x)\{(1-x)^2 - 4\} - 2\{2(1-x) - 4\} + 2\{4 - 2(1-x)\} \qquad \cdots (8.4.11)$$

$$= -x^3 + 3x^2 + 9x + 5 = -(x+1)^2(x-5) \qquad \cdots (8.4.12)$$

よって固有値は -1，5 である ((8.4.4))。次に各固有値に属する固有ベクトルを求めよう。固有値 5 に属する固有ベクトルを求めるためには

$$\begin{pmatrix} -4 & 2 & 2 \\ 2 & -4 & 2 \\ 2 & 2 & -4 \end{pmatrix} \begin{pmatrix} x_1 \\ x_2 \\ x_3 \end{pmatrix} = \mathbf{0} \qquad \cdots (8.4.13)$$

を解く。

$$\begin{pmatrix} -4 & 2 & 2 & 0 \\ 2 & -4 & 2 & 0 \\ 2 & 2 & -4 & 0 \end{pmatrix} \xrightarrow[\text{第1行を}-4\text{で割る}]{\text{第2行と第3行を2で割る}} \begin{pmatrix} 1 & -1/2 & -1/2 & 0 \\ 1 & -2 & 1 & 0 \\ 1 & 1 & -2 & 0 \end{pmatrix}$$

$$\xrightarrow[\text{第3行に第1行の}-1\text{倍を足す}]{\text{第2行に第1行の}-1\text{倍を足す}} \begin{pmatrix} 1 & -1/2 & -1/2 & 0 \\ 0 & -3/2 & 3/2 & 0 \\ 0 & 3/2 & -3/2 & 0 \end{pmatrix} \xrightarrow{\text{第2，3行を}-\frac{2}{3}\text{倍する}}$$

$$\begin{pmatrix} 1 & -1/2 & -1/2 & 0 \\ 0 & 1 & -1 & 0 \\ 0 & -1 & 1 & 0 \end{pmatrix} \xrightarrow[\text{第1行に第2行の}\frac{1}{2}\text{倍を足す}]{\text{第3行に第2行を足す}} \begin{pmatrix} 1 & 0 & -1 & 0 \\ 0 & 1 & -1 & 0 \\ 0 & 0 & 0 & 0 \end{pmatrix}$$

より

$$\begin{aligned} x_1 - \qquad x_3 &= 0 \\ x_2 - x_3 &= 0 \end{aligned} \qquad \cdots (8.4.14)$$

従って $x_1 = x_2 = x_3$ となりこの解として

$$\boldsymbol{p}_1 = \begin{pmatrix} x_1 \\ x_2 \\ x_3 \end{pmatrix} = \begin{pmatrix} 1 \\ 1 \\ 1 \end{pmatrix} \qquad \cdots (8.4.15)$$

がとれ，大きさを 1 にして，

$$\boldsymbol{b}_1 = \frac{\boldsymbol{p}_1}{\|\boldsymbol{p}_1\|} = \frac{1}{\sqrt{3}} \begin{pmatrix} 1 \\ 1 \\ 1 \end{pmatrix} = \begin{pmatrix} \frac{\sqrt{3}}{3} \\ \frac{\sqrt{3}}{3} \\ \frac{\sqrt{3}}{3} \end{pmatrix} \qquad \cdots (8.4.16)$$

となる ((8.4.5))。固有値 -1 に属する固有ベクトルを求めるためには

$$\begin{pmatrix} 2 & 2 & 2 \\ 2 & 2 & 2 \\ 2 & 2 & 2 \end{pmatrix} \begin{pmatrix} x_1 \\ x_2 \\ x_3 \end{pmatrix} = \mathbf{0} \qquad \cdots (8.4.17)$$

を解いて，

$$x_1 + x_2 + x_3 = 0 \qquad \cdots (8.4.18)$$

となりこの解として 2 個の直交する固有ベクトルとして，例えば

$$\boldsymbol{p}_2 = \begin{pmatrix} 1 \\ -1 \\ 0 \end{pmatrix}, \quad \boldsymbol{p}_3 = \begin{pmatrix} 1 \\ 1 \\ -2 \end{pmatrix} \qquad \cdots (8.4.19)$$

がとれ $((\boldsymbol{p}_2, \boldsymbol{p}_3) = 0)$，大きさを 1 にして，

$$\boldsymbol{b}_2 = \frac{\boldsymbol{p}_2}{\|\boldsymbol{p}_2\|} = \frac{1}{\sqrt{2}}\begin{pmatrix} 1 \\ -1 \\ 0 \end{pmatrix} = \begin{pmatrix} \dfrac{\sqrt{2}}{2} \\ -\dfrac{\sqrt{2}}{2} \\ 0 \end{pmatrix} \qquad \cdots (8.4.20)$$

$$\boldsymbol{b}_3 = \frac{\boldsymbol{p}_3}{\|\boldsymbol{p}_3\|} = \frac{1}{\sqrt{6}}\begin{pmatrix} 1 \\ 1 \\ -2 \end{pmatrix} = \begin{pmatrix} \dfrac{\sqrt{6}}{6} \\ \dfrac{\sqrt{6}}{6} \\ -\dfrac{\sqrt{6}}{3} \end{pmatrix} \qquad \cdots (8.4.21)$$

となる ((8.4.5))。ここで各固有ベクトルを列ベクトルとして並べ,

$$P = (\boldsymbol{b}_1\ \boldsymbol{b}_2\ \boldsymbol{b}_3) = \begin{pmatrix} \dfrac{\sqrt{3}}{3} & \dfrac{\sqrt{2}}{2} & \dfrac{\sqrt{6}}{6} \\ \dfrac{\sqrt{3}}{3} & -\dfrac{\sqrt{2}}{2} & \dfrac{\sqrt{6}}{6} \\ \dfrac{\sqrt{3}}{3} & 0 & -\dfrac{\sqrt{6}}{3} \end{pmatrix} \qquad \cdots (8.4.22)$$

対応する固有値を対角線上に $D = \begin{pmatrix} 5 & 0 & 0 \\ 0 & -1 & 0 \\ 0 & 0 & -1 \end{pmatrix}$ $\cdots (8.4.23)$

とすると P は直交行列となり ((8.4.6)) D が求める対角行列となる ((8.4.7))。実際,

$A\boldsymbol{b}_1 = 5\boldsymbol{b}_1$, $A\boldsymbol{b}_2 = (-1)\boldsymbol{b}_2$, $A\boldsymbol{b}_3 = (-1)\boldsymbol{b}_3$ より $\cdots (8.4.24)$

$$A(\boldsymbol{b}_1\ \boldsymbol{b}_2\ \boldsymbol{b}_3) = (\boldsymbol{b}_1\ \boldsymbol{b}_2\ \boldsymbol{b}_3)\begin{pmatrix} 5 & 0 & 0 \\ 0 & -1 & 0 \\ 0 & 0 & -1 \end{pmatrix} \qquad \cdots (8.4.25)$$

すなわち $AP = PD$ となる。よって $P^{-1}AP = D$ となる ((8.4.8))。

例 8.4　対称行列

$$A = \begin{pmatrix} 1 & 1 & 1 \\ 1 & 1 & 1 \\ 1 & 1 & 1 \end{pmatrix} \qquad \cdots (8.4.26)$$

を直交行列によって対角化しよう。まず A の固有値を求める。

$$\det(A - xI) = \det \begin{pmatrix} 1-x & 1 & 1 \\ 1 & 1-x & 1 \\ 1 & 1 & 1-x \end{pmatrix} \qquad \cdots (8.4.27)$$

$$= (1-x)\{(1-x)^2 - 1\} - \{(1-x) - 1\} + \{1 - (1-x)\} \quad \cdots (8.4.28)$$

$$= -x^3 + 3x^2 = -x^2(x-3) \qquad \cdots (8.4.29)$$

よって固有値は 0，3 である ((8.4.4))。固有値 3 に属する固有ベクトルを求めるために

$$\begin{pmatrix} -2 & 1 & 1 \\ 1 & -2 & 1 \\ 1 & 1 & -2 \end{pmatrix} \begin{pmatrix} x_1 \\ x_2 \\ x_3 \end{pmatrix} = \mathbf{0} \qquad \cdots (8.4.30)$$

を解く。

$$\begin{pmatrix} -2 & 1 & 1 & 0 \\ 1 & -2 & 1 & 0 \\ 1 & 1 & -2 & 0 \end{pmatrix} \xrightarrow{\text{第1行と第3行を入れ替える}} \begin{pmatrix} 1 & 1 & -2 & 0 \\ 1 & -2 & 1 & 0 \\ -2 & 1 & 1 & 0 \end{pmatrix}$$

$$\xrightarrow[\text{第3行に第1行の2倍を足す}]{\text{第2行に第1行の}-1\text{倍を足す}} \begin{pmatrix} 1 & 1 & -2 & 0 \\ 0 & -3 & 3 & 0 \\ 0 & 3 & -3 & 0 \end{pmatrix} \xrightarrow{\text{第2，3行を}-\frac{1}{3}\text{倍する}}$$

$$\begin{pmatrix} 1 & 1 & -2 & 0 \\ 0 & 1 & -1 & 0 \\ 0 & -1 & 1 & 0 \end{pmatrix} \xrightarrow[\text{第1行に第2行の}-1\text{倍を足す}]{\text{第3行に第2行を足す}} \begin{pmatrix} 1 & 0 & -1 & 0 \\ 0 & 1 & -1 & 0 \\ 0 & 0 & 0 & 0 \end{pmatrix}$$

より

$$\begin{aligned} x_1 - \quad\quad x_3 &= 0 \\ x_2 - x_3 &= 0 \end{aligned} \qquad \cdots (8.4.31)$$

となりこの解で大きさ 1 の固有ベクトルとして

$$\boldsymbol{b}_1 = \begin{pmatrix} x_1 \\ x_2 \\ x_3 \end{pmatrix} = \frac{1}{\sqrt{3}} \begin{pmatrix} 1 \\ 1 \\ 1 \end{pmatrix} = \begin{pmatrix} \sqrt{3}/3 \\ \sqrt{3}/3 \\ \sqrt{3}/3 \end{pmatrix} \qquad \cdots (8.4.32)$$

をとることができる ((8.4.5))。固有値 0 に属する固有ベクトルを求めるためには

$$\begin{pmatrix} 1 & 1 & 1 \\ 1 & 1 & 1 \\ 1 & 1 & 1 \end{pmatrix} \begin{pmatrix} x_1 \\ x_2 \\ x_3 \end{pmatrix} = \mathbf{0} \qquad \cdots (8.4.33)$$

を解く。

$$x_1 + x_2 + x_3 = 0 \qquad \cdots (8.4.34)$$

となり，この解として例えば 2 個の直交する固有ベクトル

$$\begin{pmatrix} 0 \\ 1 \\ -1 \end{pmatrix}, \quad \begin{pmatrix} -2 \\ 1 \\ 1 \end{pmatrix} \qquad \cdots (8.4.35)$$

がとれ，大きさを 1 にして，

$$\boldsymbol{b}_2 = \frac{1}{\sqrt{2}} \begin{pmatrix} 0 \\ 1 \\ -1 \end{pmatrix} = \begin{pmatrix} 0 \\ \sqrt{2}/2 \\ -\sqrt{2}/2 \end{pmatrix} \qquad \cdots (8.4.36)$$

$$\boldsymbol{b}_3 = \frac{1}{\sqrt{6}} \begin{pmatrix} -2 \\ 1 \\ 1 \end{pmatrix} = \begin{pmatrix} -\sqrt{6}/3 \\ \sqrt{6}/6 \\ \sqrt{6}/6 \end{pmatrix} \qquad \cdots (8.4.37)$$

をとることができる ((8.4.5))。ここで各固有ベクトルを列ベクトルとして並べ,

$$P=(\boldsymbol{b}_1\ \boldsymbol{b}_2\ \boldsymbol{b}_3)=\begin{pmatrix}\sqrt{3}/3 & 0 & -\sqrt{6}/3\\ \sqrt{3}/3 & \sqrt{2}/2 & \sqrt{6}/6\\ \sqrt{3}/3 & -\sqrt{2}/2 & \sqrt{6}/6\end{pmatrix} \cdots (8.4.38)$$

対応する固有値を対角線上に $D=\begin{pmatrix}3&0&0\\0&0&0\\0&0&0\end{pmatrix} \cdots (8.4.39)$

とすると P は直交行列となり ((8.4.6)) D が求める対角行列となる ((8.4.7))。実際,

$$A\boldsymbol{b}_1=3\boldsymbol{b}_1,\ A\boldsymbol{b}_2=0\boldsymbol{b}_2,\ A\boldsymbol{b}_3=0\boldsymbol{b}_3 \text{ より} \qquad \cdots (8.4.40)$$

$$A(\boldsymbol{b}_1\ \boldsymbol{b}_2\ \boldsymbol{b}_3)=(\boldsymbol{b}_1\ \boldsymbol{b}_2\ \boldsymbol{b}_3)\begin{pmatrix}3&0&0\\0&0&0\\0&0&0\end{pmatrix} \qquad \cdots (8.4.41)$$

すなわち $AP=PD$ となる。よって $P^{-1}AP=D$ となる ((8.4.8))。

練習 8.2　対称行列

$$A=\begin{pmatrix}4&2&2\\2&1&1\\2&1&1\end{pmatrix}$$

を直交行列によって対角化せよ。

解答　まず A の固有値を求める。

$$\det(A-xI)=\det\begin{pmatrix}4-x&2&2\\2&1-x&1\\2&1&1-x\end{pmatrix}$$

$$=(4-x)\{(1-x)^2-1\}-2\{2(1-x)-2\}+2\{2-2(1-x)\}$$

$$=(4-x)(x^2-2x)+8x=-x^2(x-6)$$

よって固有値は 6，0 である ((8.4.4))。固有値 6 に属する固有ベクトルを求めるために

$$\begin{pmatrix} -2 & 2 & 2 \\ 2 & -5 & 1 \\ 2 & 1 & -5 \end{pmatrix}\begin{pmatrix} x_1 \\ x_2 \\ x_3 \end{pmatrix} = \mathbf{0}$$

を解く。

$$\begin{pmatrix} -2 & 2 & 2 & 0 \\ 2 & -5 & 1 & 0 \\ 2 & 1 & -5 & 0 \end{pmatrix} \xrightarrow[\text{第1行を }-2\text{ で割る}]{} \begin{pmatrix} 1 & -1 & -1 & 0 \\ 2 & -5 & 1 & 0 \\ 2 & 1 & -5 & 0 \end{pmatrix}$$

$$\xrightarrow[\text{第3行に第1行の }-2\text{ 倍を足す}]{\text{第2行に第1行の }-2\text{ 倍を足す}} \begin{pmatrix} 1 & -1 & -1 & 0 \\ 0 & -3 & 3 & 0 \\ 0 & 3 & -3 & 0 \end{pmatrix} \xrightarrow[\text{第3行を }\frac{1}{3}\text{ 倍する}]{\text{第2行を }-\frac{1}{3}\text{ 倍する}}$$

$$\begin{pmatrix} 1 & -1 & -1 & 0 \\ 0 & 1 & -1 & 0 \\ 0 & 1 & -1 & 0 \end{pmatrix} \xrightarrow[\text{第1行に第2行を足す}]{\text{第3行に第2行の }-1\text{ 倍を足す}} \begin{pmatrix} 1 & 0 & -2 & 0 \\ 0 & 1 & -1 & 0 \\ 0 & 0 & 0 & 0 \end{pmatrix}$$

より

$$\begin{aligned} x_1 - \qquad 2x_3 &= 0 \\ x_2 - x_3 &= 0 \end{aligned}$$

となりこの解で大きさ 1 の固有ベクトルとして

$$\boldsymbol{b}_1 = \begin{pmatrix} x_1 \\ x_2 \\ x_3 \end{pmatrix} = \frac{1}{\sqrt{6}}\begin{pmatrix} 2 \\ 1 \\ 1 \end{pmatrix} = \begin{pmatrix} \sqrt{6}/3 \\ \sqrt{6}/6 \\ \sqrt{6}/6 \end{pmatrix}$$

をとることができる ((8.4.5))。次に固有値 0 に属する固有ベクトルを求めるためには

$$\begin{pmatrix} 4 & 2 & 2 \\ 2 & 1 & 1 \\ 2 & 1 & 1 \end{pmatrix}\begin{pmatrix} x_1 \\ x_2 \\ x_3 \end{pmatrix} = \mathbf{0}$$

を解く。

$$2x_1 + x_2 + x_3 = 0$$

となり，この解として例えば2個の直交する固有ベクトル

$$\begin{pmatrix} 0 \\ 1 \\ -1 \end{pmatrix}, \begin{pmatrix} 1 \\ -1 \\ -1 \end{pmatrix}$$

がとれ，大きさを1にして，

$$\boldsymbol{b}_2 = \frac{1}{\sqrt{2}}\begin{pmatrix} 0 \\ 1 \\ -1 \end{pmatrix} = \begin{pmatrix} 0 \\ \sqrt{2}/2 \\ -\sqrt{2}/2 \end{pmatrix},$$

$$\boldsymbol{b}_3 = \frac{1}{\sqrt{3}}\begin{pmatrix} 1 \\ -1 \\ -1 \end{pmatrix} = \begin{pmatrix} \sqrt{3}/3 \\ -\sqrt{3}/3 \\ -\sqrt{3}/3 \end{pmatrix}$$

をとることができる((8.4.5))。ここで各固有ベクトルを列ベクトルとして並べ，

$$P = (\boldsymbol{b}_1\ \boldsymbol{b}_2\ \boldsymbol{b}_3) = \begin{pmatrix} \sqrt{6}/3 & 0 & \sqrt{3}/3 \\ \sqrt{6}/6 & \sqrt{2}/2 & -\sqrt{3}/3 \\ \sqrt{6}/6 & -\sqrt{2}/2 & -\sqrt{3}/3 \end{pmatrix}$$

$$\text{対応する固有値を対角線上に}\ D = \begin{pmatrix} 6 & 0 & 0 \\ 0 & 0 & 0 \\ 0 & 0 & 0 \end{pmatrix}$$

とすると P は直交行列となり((8.4.6)) D が求める対角行列となる((8.4.7))。実際，

$$A\boldsymbol{b}_1 = 6\boldsymbol{b}_1,\ A\boldsymbol{b}_2 = 0\boldsymbol{b}_2,\ A\boldsymbol{b}_3 = 0\boldsymbol{b}_3\ \text{より}$$

$$A(\boldsymbol{b}_1\ \boldsymbol{b}_2\ \boldsymbol{b}_3) = (\boldsymbol{b}_1\ \boldsymbol{b}_2\ \boldsymbol{b}_3)\begin{pmatrix} 6 & 0 & 0 \\ 0 & 0 & 0 \\ 0 & 0 & 0 \end{pmatrix}$$

すなわち $AP = PD$ となる。よって $P^{-1}AP = D$ となる((8.4.8))。

8.5　エルミット行列の対角化 (C)

前節では，実対称行列 A が対角化可能であることを証明した。そこでは(補題8.2従って)補題8.1を使った。A を複素行列とした場合には，

補題 8.1 に対応して次の補題が成り立つ (証明は補題 8.1 と同様である。そこで現れる ${}^tA$ を $\overline{{}^tA}$ に変えればよい)。

補題 8.6　$\boldsymbol{C}^n$ の部分空間 W_0 が A-不変とする。W_0 の直交補空間を W_1 $(= W_0^{\perp})$ とすると，W_1 は $\overline{{}^tA}$-不変である。

複素行列 A においては，$\overline{{}^tA} = A$ を満たす行列をエルミット行列と定義した。実行列で対称行列に対応する概念は，複素行列ではエルミット行列である。対称行列に関する補題 8.2，補題 8.3，補題 8.4 に対応して，エルミット行列に関する補題が次の 3 つである。

補題 8.7　$\boldsymbol{C}^n$ からそれ自身への線形写像 f の行列表示 A がエルミット行列とする。$\boldsymbol{C}^n$ の部分空間 W_0 が f-不変とする。W_0 の直交補空間 W_1 も f-不変である。

証明　補題 8.6 より W_1 は $\overline{{}^tA}$-不変であるが，$\overline{{}^tA} = A$ であるから，W_1 は A-不変 (f-不変) である。

補題 8.8　$\boldsymbol{C}^n$ からそれ自身への線形写像 f の行列表示 A がエルミット行列とする。$\boldsymbol{C}^n$ の正規直交基底 $\mathcal{B} = \{\boldsymbol{b}_1, \cdots, \boldsymbol{b}_n\}$ による f の行列表示 B は，ふたたびエルミット行列となる。

証明　基底の変換を表す行列は

$$P = (\boldsymbol{b}_1, \cdots, \boldsymbol{b}_n) \text{ でユニタリ行列 } (P^{-1} = \overline{{}^tP}) \qquad \cdots (8.5.1)$$

となる (定理 6.1)。また定理 7.1 より，基底 $\mathcal{B}$ による f の行列表示は

$$B = P^{-1}AP = \overline{{}^tP}AP \text{ で，} \qquad \cdots (8.5.2)$$

$$\overline{{}^tB} = \overline{{}^t(\overline{{}^tP}AP)} = \overline{{}^tP{}^tA{}^t(\overline{{}^tP})} = \overline{{}^tP}\,\overline{{}^tA}P = \overline{{}^tP}AP = B \qquad \cdots (8.5.3)$$

よって，B はエルミット行列である。

補題 8.9　エルミット行列 A の固有値はすべて実数である。

証明　λ を A の固有値とし，その固有ベクトルを $\boldsymbol{x}$ とする：$A\boldsymbol{x} = \lambda\boldsymbol{x}$
ここで $\overline{{}^t A} = A$ である。

(6.3.27) より $(\boldsymbol{x}, A\boldsymbol{x}) = (\boldsymbol{x}, \lambda\boldsymbol{x}) = \overline{\lambda}(\boldsymbol{x}, \boldsymbol{x})$　$\cdots$(8.5.4)

(6.3.16) より $(\boldsymbol{x}, A\boldsymbol{x}) = (\overline{{}^t A}\boldsymbol{x}, \boldsymbol{x}) = (A\boldsymbol{x}, \boldsymbol{x}) = \lambda(\boldsymbol{x}, \boldsymbol{x})$　$\cdots$(8.5.5)

ここで $(\boldsymbol{x}, \boldsymbol{x}) = {}^t\boldsymbol{x}\overline{\boldsymbol{x}} > 0$ で，$\lambda = \overline{\lambda}$ となり λ は実数　$\cdots$(8.5.6)

また実対称行列の場合の補題 8.5 の証明と同じく，エルミット行列においても異なる固有値に属する固有ベクトルは直交する。そして定理 8.2 に対応するのが次の定理である。証明は，定理 8.2 の証明と同様なので省略する[◇8.1]。

補題 8.10　エルミット行列の異なる固有値に属する固有ベクトルは直交する。

定理 8.3　A がエルミット行列ならば，A はユニタリ行列によって対角化することができる。すなわちあるユニタリ行列 P が存在して $P^{-1}AP$ を実対角行列にすることができる。

◇8.1 そこで使う補題をそれに対応する上記の補題に変え，定理 5.2 を定理 6.1 に変える。また「直交行列をユニタリ行列」，「対称行列をエルミット行列」等言葉の置き換えをすればよい。

9 正規行列

《目標 & ポイント》 一般に対角化できる行列がどのようなものか特徴付けを考えることで正規行列を定義し，そして対角化する方法を学ぶ。また実正規行列を簡単に表す方法を考える。そして直交行列の標準形を導く。
《キーワード》 正規行列，直交行列の標準形

9.1 正規行列 (A) (B)

行列 A に対し，

$$\overline{{}^tA} \text{ を } A^* \text{ と書き，} A \text{ の随伴行列という。} \quad \cdots(9.1.1)$$

$\overline{{}^tA}$ という表記は今まで何度も現れ慣れたと思うので，今後は A^* の表記を使うことにする (* の位置に注意)。この表記で，幾つかの性質を述べるので思い出そう。

$${}^t({}^tA) = A,\ \overline{\overline{A}} = A \text{ より，} (A^*)^* = \overline{{}^t(\overline{{}^tA})} = A \quad \cdots(9.1.2)$$

$${}^t(A+B) = {}^tA + {}^tB,\ \overline{A+B} = \overline{A} + \overline{B} \text{ より，} \quad \cdots(9.1.3)$$

$$(A+B)^* = \overline{{}^t(A+B)} = \overline{{}^tA} + \overline{{}^tB} = A^* + B^* \quad \cdots(9.1.4)$$

$${}^t(AB) = {}^tB{}^tA \text{ より，} (AB)^* = \overline{{}^t(AB)} = \overline{{}^tB{}^tA} = \overline{{}^tB}\,\overline{{}^tA} = B^*A^* \quad \cdots(9.1.5)$$

$$\text{また} (ABC)^* = \{A(BC)\}^* = (BC)^*A^* = C^*B^*A^* \quad \cdots(9.1.6)$$

$$(A\boldsymbol{x}, \boldsymbol{y}) = (\boldsymbol{x}, A^*\boldsymbol{y}),\ (\boldsymbol{x}, A\boldsymbol{y}) = (A^*\boldsymbol{x}, \boldsymbol{y}) \quad \cdots(9.1.7)$$

$$U \text{ がユニタリ行列} \Leftrightarrow U^*U = UU^* = I \quad \cdots(9.1.8)$$

$$\Leftrightarrow U^*(U^*)^* = (U^*)^*U^* = I \Leftrightarrow U^* \text{ がユニタリ行列} \quad \cdots(9.1.9)$$

さて定理8.3によると，Aがエルミット行列ならば，Aはユニタリ行列によって対角化することができる。しかしこの逆は成り立たない。そこで，ユニタリ行列によって対角化できるような行列の特色づけを考えよう。まずユニタリ行列によって対角化される行列Aの持つ性質を調べよう。

あるユニタリ行列Uが存在し$U^*AU = D$が対角行列 $\cdots(9.1.10)$

となるとき，上式の両辺に左からU右からU^*をかけて， $\cdots(9.1.11)$

$(U^*U = UU^* = I$より$)$ $A = UDU^*$。また$(U^*)^* = U$と $\cdots(9.1.12)$

(9.1.6)より$A^* = (UDU^*)^* = (U^*)^*D^*U^* = UD^*U^*$で， $\cdots(9.1.13)$

$AA^* = UDU^*(UDU^*)^* = UDU^*UD^*U^* = UDD^*U^*$， $\cdots(9.1.14)$

$A^*A = (UDU^*)^*UDU^* = UD^*U^*UDU^* = UD^*DU^*$ $\cdots(9.1.15)$

となる。Dは対角行列で$D^* = \overline{{}^tD} = \overline{D}$，$D^*D = DD^*$[◇9.1] $\cdots(9.1.16)$

となるから$AA^* = A^*A$ $\cdots(9.1.17)$

よって，(9.1.10) $\Rightarrow$ (9.1.17)となる。そこで$AA^* = A^*A$となる行列を正規行列と定義する。エルミット行列$(A^* = A$を満たす$)$やユニタリ行列$(A^*A = I$を満たす$)$は，$AA^* = A^*A$を満たすから正規行列である。我々は上記の逆，(9.1.17) $\Rightarrow$ (9.1.10)を次節で証明する。これによりユニタリ行列によって対角化できる行列は正規行列に他ならないことがわかる。

Aが正規行列ならば，あるユニタリ行列U $(U^* = U^{-1})$が存在して，$D = U^*AU$が対角行列となる。このとき(9.1.6)より$(ABC)^* = C^*B^*A^*$，また(9.1.11)に注意すると，

$$D = U^*AU,\quad \overline{D} = D^* = (U^*AU)^* = U^*A^*(U^*)^* = U^*A^*U \qquad \cdots(9.1.18)$$

◇9.1 D，D^*は対角行列で，従ってDD^*も対角行列でその(i,i)成分は，Dの(i,i)成分とD^*の(i,i)成分の積となる。よって$D^*D = DD^*$

これに左から U 右から U^* をかけ $A = UDU^*$, $A^* = U\overline{D}U^*$

$$\cdots (9.1.19)$$

となる。従って A が正規行列という仮定のもとで (対角化された行列を $D = U^*AU$ として) 次の同値な関係が成り立つ。

$$A\text{がエルミット行列} \Leftrightarrow A^* = A \qquad \cdots (9.1.20)$$

$$(D = U^*AU,\ \overline{D} = U^*A^*U,\ A = UDU^*,\ A^* = U\overline{D}U^*) \qquad \cdots (9.1.21)$$

$$\Leftrightarrow \overline{D} = D \qquad \cdots (9.1.22)$$

$$\Leftrightarrow D\text{の対角成分 (すなわち}A\text{の固有値) は実数} \qquad \cdots (9.1.23)$$

また,

$$A\text{がユニタリ行列} \Leftrightarrow AA^* = I \qquad \cdots (9.1.24)$$

$$\begin{pmatrix} D\overline{D} = (U^*AU)(U^*A^*U) = U^*AA^*U \\ \text{左から}U\text{右から}U^*\text{をかけ}\ AA^* = UD\overline{D}U^* \end{pmatrix} \qquad \cdots (9.1.25)$$

$$\Leftrightarrow D\overline{D} = I \qquad \cdots (9.1.26)$$

$$\Leftrightarrow D\text{の各対角成分 (すなわち}A\text{の固有値) の大きさは}1 \qquad \cdots (9.1.27)$$

9.2 正規行列の対角化 (C)

例 9.1 A_1, A_2 をそれぞれ m 次, n 次の正方行列とする。$m+n$ 次の正方行列 B を

$$B = \left(\begin{array}{c|c} A_1 & O \\ \hline O & A_2 \end{array}\right) \qquad \cdots (9.2.1)$$

とする。このとき (6.7.5) より,

$$BB^* = \left(\begin{array}{c|c} A_1 & O \\ \hline O & A_2 \end{array}\right)\left(\begin{array}{c|c} A_1^* & O \\ \hline O & A_2^* \end{array}\right) = \left(\begin{array}{c|c} A_1A_1^* & O \\ \hline O & A_2A_2^* \end{array}\right) \qquad \cdots (9.2.2)$$

$$B^*B = \left(\begin{array}{c|c} A_1^* & O \\ \hline O & A_2^* \end{array}\right)\left(\begin{array}{c|c} A_1 & O \\ \hline O & A_2 \end{array}\right) = \left(\begin{array}{c|c} A_1^*A_1 & O \\ \hline O & A_2^*A_2 \end{array}\right) \quad \cdots (9.2.3)$$

であるから，$1 \leq i \leq 2$ として，

各 A_i が正規行列ならば，$A_iA_i^* = A_i^*A_i$ より，B も正規行列 $\cdots (9.2.4)$

B が正規行列ならば，$BB^* = B^*B$ より，各 A_i も正規行列 $\cdots (9.2.5)$

である (例 6.5 と同様の議論である)。

正規行列の固有値は実数とは限らず，実対称行列やエルミット行列の場合のように補題 8.4，補題 8.9 は成り立たないが，補題 8.5，補題 8.10 は成り立つ。しかし証明は実対称行列の場合程簡単ではない。

補題 9.1　A を正規行列とする。

i. 任意のベクトル $\boldsymbol{x}$ に対して，$\|A\boldsymbol{x}\| = \|A^*\boldsymbol{x}\|$

ii. $\boldsymbol{p}$ が A の固有値 λ に属する固有ベクトルならば，$\boldsymbol{p}$ は A^* の固有値 $\overline{\lambda}$ に属する固有ベクトルである。

iii. A の異なる固有値に属する固有ベクトルは直交する。

証明　i　(9.1.7) より，

$(AA^*\boldsymbol{x}, \boldsymbol{x}) = (A^*\boldsymbol{x}, A^*\boldsymbol{x}) = \|A^*\boldsymbol{x}\|^2$ また，$\cdots (9.2.6)$

$(A^*A\boldsymbol{x}, \boldsymbol{x}) = (A\boldsymbol{x}, (A^*)^*\boldsymbol{x}) = (A\boldsymbol{x}, A\boldsymbol{x}) = \|A\boldsymbol{x}\|^2 \quad \cdots (9.2.7)$

$AA^* = A^*A$ だから $\|A\boldsymbol{x}\| = \|A^*\boldsymbol{x}\| \quad \cdots (9.2.8)$

ii　まず A が正規行列ならば $A - \lambda I$ も正規行列である。なぜならば，

$(A - \lambda I)^* = A^* - \overline{\lambda} I$ より $\cdots (9.2.9)$

$(A - \lambda I)(A^* - \overline{\lambda} I) = AA^* - \overline{\lambda} A - \lambda A^* + \lambda\overline{\lambda} I \cdots (9.2.10)$

$(A^* - \overline{\lambda} I)(A - \lambda I) = A^*A - \lambda A^* - \overline{\lambda} A + \lambda\overline{\lambda} I \cdots (9.2.11)$

$$AA^* = A^*A \text{ だから } A - \lambda I \text{ も正規行列となる。} \quad \cdots (9.2.12)$$

すると正規行列 $A - \lambda I$ に i を使って，

$\boldsymbol{p}$ が A の固有値 λ に属する固有ベクトルならば，

$0 = \|(A - \lambda I)\boldsymbol{p}\| = \|(A - \lambda I)^*\boldsymbol{p}\| = \|(A^* - \overline{\lambda} I)\boldsymbol{p}\| \quad \cdots (9.2.13)$

よって $\boldsymbol{p}$ は A^* の固有値 $\overline{\lambda}$ に属する固有ベクトルである。

iii　$\boldsymbol{p}_1$，$\boldsymbol{p}_2$ をそれぞれ固有値 λ_1，λ_2 $(\lambda_1 \neq \lambda_2)$ に属する固有ベクトルとする。ii より，

$(A\boldsymbol{p}_1, \boldsymbol{p}_2) = (\lambda_1 \boldsymbol{p}_1, \boldsymbol{p}_2) = \lambda_1(\boldsymbol{p}_1, \boldsymbol{p}_2)$ また， $\cdots (9.2.14)$

$(A\boldsymbol{p}_1, \boldsymbol{p}_2) = (\boldsymbol{p}_1, A^*\boldsymbol{p}_2) = (\boldsymbol{p}_1, \overline{\lambda_2}\boldsymbol{p}_2) = \lambda_2(\boldsymbol{p}_1, \boldsymbol{p}_2) \quad \cdots (9.2.15)$

$\lambda_1 \neq \lambda_2$ だから，$(\boldsymbol{p}_1, \boldsymbol{p}_2) = 0$ となる。 $\cdots (9.2.16)$

次の 2 つの補題は補題 8.7，補題 8.8 にそれぞれ対応する。

補題 9.2　A を正規行列とし，$\boldsymbol{p}$ を A の固有値 λ に属する固有ベクトルとする。W_0 を（固有部分空間）$E(\lambda)$ または ($\boldsymbol{p}$ で生成される部分空間) $L(\boldsymbol{p})$ とし，$W_1 = W_0^{\perp}$ とすると，

i. W_0 は A-不変である。

ii. W_1 は A^*-不変である。

iii. W_0 は A^*-不変である。

iv. W_1 は A-不変である。

証明　i は例 8.1 よりいえる。ii は補題 8.6 で示した。iii，iv。$L(\boldsymbol{p}) \subseteq E(\lambda)$ で，零でない任意の $\boldsymbol{q} \in W_0$ は A の固有値 λ の固有ベクトルだから，

$\boldsymbol{q} \in W_0 = E(\lambda)$ なら $AA^*\boldsymbol{q} = A^*A\boldsymbol{q} = \lambda A^*\boldsymbol{q}$ より $A^*\boldsymbol{q} \in E(\lambda)$

$\cdots (9.2.17)$

$\boldsymbol{q} \in W_0 = L(\boldsymbol{p})$ ならば，補題 9.1-ii より $A^*\boldsymbol{q} = \overline{\lambda}\boldsymbol{q} \in L(\boldsymbol{p}) \quad \cdots (9.2.18)$

よって任意の $\boldsymbol{q} \in W_0$ で $A^*\boldsymbol{q} \in W_0$　よって　$\cdots$ (9.2.19)

W_0 は A^*-不変。すると補題8.6で A を A^* に置き換えて　$\cdots$ (9.2.20)

W_1 は $(A^*)^*$-不変，すなわち A-不変である。　$\cdots$ (9.2.21)

コメント 9.1　補題8.7では A がエルミット行列のとき，任意の A-不変な部分空間 W_0 に対して，直交補空間 $W_0^{\perp}$ も A^* $(= A)$-不変となった。A が正規行列の場合には，W_0 が（特別な空間すなわち）$L(\boldsymbol{p})$ や $E(\lambda)$ の場合に (A-不変であることと同時に) A^*-不変であることを示し，それによって直交補空間 $W_0^{\perp}$ が $(A^*)^*$ $(= A)$-不変であることを示したわけである。そして $E(\lambda)$ が A^*-不変であることは ((9.2.17) より) 正規行列の定義から直接得られるが，$L(\boldsymbol{p})$ が A^*-不変であることは ((9.2.18) より) 補題 9.1-ii を使う分だけ難しい。

補題 9.3　$\boldsymbol{C}^n$ からそれ自身への線形写像 f の行列表示 A が正規行列とする。$\boldsymbol{C}^n$ の正規直交基底 $\mathcal{B} = \{\boldsymbol{b}_1, \cdots, \boldsymbol{b}_n\}$ による f の行列表示 B は，ふたたび正規行列となる。

証明　基底の変換を表す行列 P は，$P = (\boldsymbol{b}_1, \cdots, \boldsymbol{b}_n)$ で，定理6.1より P はユニタリ行列であるから，$P^{-1} = P^*$
基底 $\mathcal{B}$ による f の行列表示は (定理7.1より)

$B = P^{-1}AP = P^*AP$　すると (9.1.6) より　$\cdots$ (9.2.22)

$B^* = (P^*AP)^* = P^*A^*(P^*)^* = P^*A^*P$　よって　$\cdots$ (9.2.23)

$BB^* = P^*APP^*A^*P = P^*AA^*P$ また　$\cdots$ (9.2.24)

$B^*B = P^*A^*PP^*AP = P^*A^*AP$　ここで　$\cdots$ (9.2.25)

$AA^* = A^*A$ より，$BB^* = B^*B$ で B は正規行列　$\cdots$ (9.2.26)

定理 9.1　複素正方行列 A がユニタリ行列で対角化されるための必要十分条件は，A が正規行列であることである。

証明　(9.1.10) から (9.1.17) が得られるから，A がユニタリ行列によって対角化されるなら，A は正規行列である。逆の証明は，定理 8.3 (定理 8.2) の証明と同じなので省略する (そこで使う補題をそれに対応する上記の補題に置き換えればよい。またステップ 1 の最後の一文で，B_1 が (ここでは) 正規行列であることを示すには例 9.1 の (9.2.5) を使えばよい。)。従って対角化された行列の対角成分は A の固有値からなる。

9.3　補　足 (C)

補題 9.2 では，$L(\boldsymbol{p}_1)$ や $E(\lambda)$，それにその直交補空間が A-不変であることを示した。定理 9.1 (定理 8.3，定理 8.2) の証明では，$L(\boldsymbol{p}_1)$ とその直交補空間が A-不変であることを使った。その証明で $L(\boldsymbol{p}_1)$ を $E(\lambda)$ に置き換えても「A が正規行列ならば A はユニタリ行列によって対角化される」の証明は次のように数学的帰納法で証明される。まず $n = 1$ のときは自明である。$n-1$ 次の正規行列については定理が成り立つものとする。

ステップ 1　n 次正規行列 A の固有値 λ_1 を 1 つとる。定理 4.2 より

$$\text{固有部分空間 } E(\lambda_1) \text{ の正規直交基底を } \{\boldsymbol{b}_1, \cdots, \boldsymbol{b}_{n_1}\} \qquad \cdots (9.3.1)$$

とする。系 4.3 より，これに付け加える形で

$$\boldsymbol{C}^n \text{ の正規直交基底を } \mathcal{B}_1 = \{\boldsymbol{b}_1, \cdots, \boldsymbol{b}_{n_1}, \boldsymbol{b}_{n_1+1}, \cdots, \boldsymbol{b}_n\} \qquad \cdots (9.3.2)$$

とする。ここで標準基底から $\mathcal{B}_1$ への変換を表す行列 P_1 は, (7.1.9) より,

$$(\boldsymbol{b}_1, \cdots, \boldsymbol{b}_{n_1}, \boldsymbol{b}_{n_1+1}, \cdots, \boldsymbol{b}_n) = (\boldsymbol{e}_1, \boldsymbol{e}_2, \cdots, \boldsymbol{e}_n)P_1 \quad \cdots (9.3.3)$$

を満たし P_1 の第 i 列はベクトル $\boldsymbol{b}_i$ を標準基底によって成分表示したものである。P_1 の各列のベクトルは正規直交基底を成すから，定理 6.1 より，P_1 はユニタリ行列である (よって $P_1^{-1} = P_1^*$)。すると，

$$E(\lambda_1)^{\perp} = W_1 \text{ とすると命題 4.5 より } \boldsymbol{C}^n = E(\lambda_1) \oplus W_1$$

例8.1より固有空間$E(\lambda_1)$はA-不変である。

補題9.2よりW_1もA-不変である。また，$E(\lambda_1)$の基底の

要素$\boldsymbol{b}_i$ $(i \leq n_1)$は，固有値λ_1の固有ベクトル　$\cdots(9.3.4)$

であるから，定理8.1を使って，基底$\mathcal{B}_1$で行列Aを書き換えると(言葉の意味はコメント7.2参照)，

$$A_1 = P_1^{-1}AP_1 = P_1^* AP_1 = \begin{pmatrix} \lambda_1 I_{n_1} & O \\ O & B_1 \end{pmatrix} \quad \cdots(9.3.5)$$

の形に書ける。ここで補題9.3より，A_1は正規行列である。例9.1より，B_1も正規行列である。

ステップ2　B_1は$n-n_1$次の正規行列であるから，帰納法の仮定により，ある$n-n_1$次ユニタリ行列Q_1によって，

$$Q_1^{-1}B_1Q_1 = Q_1^* B_1 Q_1 \text{ を対角行列 } D \text{ にできる} \quad \cdots(9.3.6)$$

とする。このとき，

$$Q = \begin{pmatrix} I_{n_1} & O \\ O & Q_1 \end{pmatrix} \text{ とおくと } Q^* = \begin{pmatrix} I_{n_1} & O \\ O & Q_1^* \end{pmatrix} \quad \cdots(9.3.7)$$

で，例6.5より，Qもユニタリ行列であり，従って$Q^{-1} = Q^*$
さて，$P = P_1 Q$とおくと，これはユニタリ行列どうしの積で，(6.5.3)よりPもユニタリ行列である。そして

$$P^{-1} = P^* = (P_1 Q)^* = Q^* P_1^* \text{ だから (6.8.3) より} \quad \cdots(9.3.8)$$

$$P^{-1}AP = Q^* P_1^* AP_1 Q = Q^* A_1 Q \quad \cdots(9.3.9)$$

$$= \begin{pmatrix} I_{n_1} & O \\ O & Q_1^* \end{pmatrix} \begin{pmatrix} \lambda_1 I_{n_1} & O \\ O & B_1 \end{pmatrix} \begin{pmatrix} I_{n_1} & O \\ O & Q_1 \end{pmatrix} \quad \cdots(9.3.10)$$

$$= \begin{pmatrix} \lambda_1 I_{n_1} & O \\ O & Q_1^* B_1 Q_1 \end{pmatrix} = \begin{pmatrix} \lambda_1 I_{n_1} & O \\ O & D \end{pmatrix} \quad \cdots(9.3.11)$$

ここで最後の等式は (9.3.6) を使った。よって A はユニタリ行列 P によって対角化できた。よって n に関する数学的帰納法により，定理が成り立つ。

9.4　実正規行列 (C)

A を n 次実正規行列とする。A の固有方程式 $\Phi_A(x)=0$ の解（固有値）で

$$\text{実数解を } \lambda_1, \cdots, \lambda_{s_1} \ (s_1 \text{ 個}) \qquad \cdots (9.4.1)$$

とする。このとき，各固有値に属する固有ベクトルは (A の成分が実数だから) 実ベクトルをとることができる。次に A の固有方程式の

$$\text{複素数解を } \lambda_{s_1+1}, \cdots, \lambda_{s_1+s_2}, \overline{\lambda_{s_1+1}}, \cdots, \overline{\lambda_{s_1+s_2}} \ (2s_2 \text{ 個}) \qquad \cdots (9.4.2)$$

とする (λ が複素数解ならば $\overline{\lambda}$ も解となる)。このとき $s_1+2s_2=n$ である。定理 9.1（の証明）より，A はあるユニタリ行列 U によって次の形に対角化される。

$$D = U^*AU = \begin{pmatrix} \lambda_1 & & & & & & & \\ & \ddots & & & & \text{\huge 0} & & \\ & & \lambda_{s_1} & & & & & \\ & & & \lambda_{s_1+1} & & & & \\ & & & & \overline{\lambda_{s_1+1}} & & & \\ & \text{\huge 0} & & & & \ddots & & \\ & & & & & & \lambda_{s_1+s_2} & \\ & & & & & & & \overline{\lambda_{s_1+s_2}} \end{pmatrix} \qquad \cdots (9.4.3)$$

$UD=AU$ だから ((8.4.3) でも述べたように) U の第 i 列は D の (i,i) 成分を固有値とする固有ベクトルである。ここで $i=s_1+k$，k は奇数，

において，

もし U の第 i 列が λ を固有値とする固有ベクトルで，　$\cdots$ (9.4.4)

第 $i+1$ 列が $\overline{\lambda}$ を固有値とする固有ベクトルならば，　$\cdots$ (9.4.5)

第 $i+1$ 列を第 i 列の共役複素ベクトルで置き換えてよい。すなわち　$\cdots$ (9.4.6)

$$U = (\boldsymbol{p}_1, \cdots, \boldsymbol{p}_{s_1}, \boldsymbol{p}_{s_1+1}, \overline{\boldsymbol{p}_{s_1+1}}, \cdots, \boldsymbol{p}_{s_1+s_2}, \overline{\boldsymbol{p}_{s_1+s_2}}) \quad \cdots (9.4.7)$$

という形で表されるとしてよい (ここで $\boldsymbol{p}_1, \cdots, \boldsymbol{p}_{s_1}$ は実ベクトル)。その理由は次の通りである。ユニタリ行列 U の列ベクトルで上記 λ の固有ベクトルが複数あれば ($\boldsymbol{p}$，$\boldsymbol{q}$ などと書いて) それらは (大きさ 1 で) 互いに直交する。すると ((6.2.18) より) それらの共役複素ベクトル ($\overline{\boldsymbol{p}}$，$\overline{\boldsymbol{q}}$ 等) は $\overline{\lambda}$ の固有ベクトルで，(6.3.8) より $(\overline{\boldsymbol{p}}, \overline{\boldsymbol{q}}) = \overline{(\boldsymbol{p}, \boldsymbol{q})} = 0$ だから，(9.4.7) で新たに置き換えられる $\overline{\lambda}$ の固有ベクトルどうし ($\overline{\boldsymbol{p}}$，$\overline{\boldsymbol{q}}$ 等) は (大きさ 1 で) 互いに直交する。また補題 9.1-iii より（異なる固有値に属する固有ベクトルは直交するから），新たに置き換えられる $\overline{\lambda}$ の固有ベクトルと，それ以外の ($\overline{\lambda}$ の固有ベクトルでない) 新たな行列 U の列ベクトルとは直交する。従って上記（新たな）行列 U はやはりユニタリ行列で ($UD = AU$ 従って) (9.4.3) が成り立つ。

コメント 9.2　実正規行列 A はユニタリ行列 U による基底の変換で対角行列 D となるが（一般には）U の列ベクトル（従って変換後の正規直交基底）は複素ベクトルを含むし，対角行列 D は複素数を成分に持つ。そこで今後は直交行列による基底の変換（従って実ベクトルからなる正規直交基底）で A がどこまで簡単な実行列に書き換えられるかを考える。

さて $k > 0$ のとき，固有値 λ_{s_1+k} とその固有ベクトル $\boldsymbol{p}_{s_1+k}$，それと固有値 $\overline{\lambda_{s_1+k}}$ とその固有ベクトル $\overline{\boldsymbol{p}_{s_1+k}}$ について，

a_{s_1+k}，b_{s_1+k} は実数，$\boldsymbol{q}_{s_1+k}$，$\boldsymbol{r}_{s_1+k}$ は実ベクトルとして，　$\cdots$(9.4.8)

$\lambda_{s_1+k} = a_{s_1+k} + ib_{s_1+k}$，$\boldsymbol{p}_{s_1+k} = \boldsymbol{q}_{s_1+k} + i\boldsymbol{r}_{s_1+k}$ と書くと $\cdots$(9.4.9)

$\overline{\lambda_{s_1+k}} = a_{s_1+k} - ib_{s_1+k}$，$\overline{\boldsymbol{p}_{s_1+k}} = \boldsymbol{q}_{s_1+k} - i\boldsymbol{r}_{s_1+k}$ で　$\cdots$(9.4.10)

$a_{s_1+k} = \dfrac{1}{2}(\lambda_{s_1+k} + \overline{\lambda_{s_1+k}})$，$b_{s_1+k} = \dfrac{1}{2i}(\lambda_{s_1+k} - \overline{\lambda_{s_1+k}})$　$\cdots$(9.4.11)

$\boldsymbol{q}_{s_1+k} = \dfrac{1}{2}(\boldsymbol{p}_{s_1+k} + \overline{\boldsymbol{p}_{s_1+k}})$，$\boldsymbol{r}_{s_1+k} = \dfrac{1}{2i}(\boldsymbol{p}_{s_1+k} - \overline{\boldsymbol{p}_{s_1+k}})$　$\cdots$(9.4.12)

ここで，$1 \leq j \leq s_1$，$0 < k$ において，

実固有ベクトル $\boldsymbol{p}_j$ と複素固有ベクトル $\boldsymbol{p}_{s_1+k}$ で，　$\cdots$(9.4.13)

U の各列の異なる固有ベクトルは直交するから，(9.4.9) より

(6.3.27) に注意して　$\cdots$(9.4.14)

$0 = (\boldsymbol{p}_j, \boldsymbol{p}_{s_1+k}) = (\boldsymbol{p}_j, \boldsymbol{q}_{s_1+k} + i\boldsymbol{r}_{s_1+k}) =$　$\cdots$(9.4.15)

$(\boldsymbol{p}_j, \boldsymbol{q}_{s_1+k}) + \bar{i}(\boldsymbol{p}_j, \boldsymbol{r}_{s_1+k})$ よって $(\boldsymbol{p}_j, \boldsymbol{q}_{s_1+k}) = (\boldsymbol{p}_j, \boldsymbol{r}_{s_1+k}) = 0$

$\cdots$(9.4.16)

となる。再び U の各列の異なる固有ベクトルは直交することに注意して，(9.4.12) より，(6.3.27) に注意して

$$(\boldsymbol{q}_{s_1+k}, \boldsymbol{r}_{s_1+k}) = \frac{1}{4\bar{i}}(\boldsymbol{p}_{s_1+k} + \overline{\boldsymbol{p}_{s_1+k}}, \boldsymbol{p}_{s_1+k} - \overline{\boldsymbol{p}_{s_1+k}}) \quad \cdots(9.4.17)$$

$$= \frac{1}{4\bar{i}}\{(\boldsymbol{p}_{s_1+k}, \boldsymbol{p}_{s_1+k}) - (\overline{\boldsymbol{p}_{s_1+k}}, \overline{\boldsymbol{p}_{s_1+k}})\} \quad \cdots(9.4.18)$$

$$= \frac{1}{4\bar{i}}(\|\boldsymbol{p}_{s_1+k}\|^2 - \|\overline{\boldsymbol{p}_{s_1+k}}\|^2) = 0 \quad ((6.3.11)\text{ より}) \quad \cdots(9.4.19)$$

また $k \neq k'$ なら，　$\cdots$(9.4.20)

$$(\boldsymbol{q}_{s_1+k}, \boldsymbol{r}_{s_1+k'}) = \frac{1}{4\bar{i}}(\boldsymbol{p}_{s_1+k} + \overline{\boldsymbol{p}_{s_1+k}}, \boldsymbol{p}_{s_1+k'} - \overline{\boldsymbol{p}_{s_1+k'}}) = 0$$

$\cdots$(9.4.21)

$$(\boldsymbol{q}_{s_1+k}, \boldsymbol{q}_{s_1+k'}) = \frac{1}{4}(\boldsymbol{p}_{s_1+k} + \overline{\boldsymbol{p}_{s_1+k}}, \boldsymbol{p}_{s_1+k'} + \overline{\boldsymbol{p}_{s_1+k'}}) = 0 \quad (9.4.22)$$

$$(\boldsymbol{r}_{s_1+k}, \boldsymbol{r}_{s_1+k'}) = \frac{1}{4i\bar{i}}(\boldsymbol{p}_{s_1+k} - \overline{\boldsymbol{p}_{s_1+k}}, \boldsymbol{p}_{s_1+k'} - \overline{\boldsymbol{p}_{s_1+k'}}) = 0 \qquad \cdots (9.4.23)$$

また，

$$\|\boldsymbol{q}_{s_1+k}\|^2 = (\boldsymbol{q}_{s_1+k}, \boldsymbol{q}_{s_1+k}) \qquad \cdots (9.4.24)$$

$$= \frac{1}{4}(\boldsymbol{p}_{s_1+k} + \overline{\boldsymbol{p}_{s_1+k}}, \boldsymbol{p}_{s_1+k} + \overline{\boldsymbol{p}_{s_1+k}}) \qquad \cdots (9.4.25)$$

$$= \frac{1}{4}(\|\boldsymbol{p}_{s_1+k}\|^2 + \|\overline{\boldsymbol{p}_{s_1+k}}\|^2) = \frac{1}{2} \qquad \cdots (9.4.26)$$

$$\|\boldsymbol{r}_{s_1+k}\|^2 = (\boldsymbol{r}_{s_1+k}, \boldsymbol{r}_{s_1+k}) \qquad \cdots (9.4.27)$$

$$= \frac{1}{4i\bar{i}}(\boldsymbol{p}_{s_1+k} - \overline{\boldsymbol{p}_{s_1+k}}, \boldsymbol{p}_{s_1+k} - \overline{\boldsymbol{p}_{s_1+k}}) \qquad \cdots (9.4.28)$$

$$= \frac{1}{4}(\|\boldsymbol{p}_{s_1+k}\|^2 + \|\overline{\boldsymbol{p}_{s_1+k}}\|^2) = \frac{1}{2} \qquad \cdots (9.4.29)$$

従って $\{\boldsymbol{q}_{s_1+k}, \boldsymbol{r}_{s_1+k} \mid 0 < k \leq s_2\}$ の異なる 2 つの要素は直交し，大きさが $\frac{1}{\sqrt{2}}$ であることがわかった。よって (9.4.16) も合わせて，

$$\{\boldsymbol{p}_1, \cdots, \boldsymbol{p}_{s_1}, \sqrt{2}\boldsymbol{q}_{s_1+1}, \sqrt{2}\boldsymbol{r}_{s_1+1}, \cdots, \sqrt{2}\boldsymbol{q}_{s_1+s_2}, \sqrt{2}\boldsymbol{r}_{s_1+s_2}\} \cdots (9.4.30)$$

は $\boldsymbol{C}^n$ の正規直交基底となる。次に，

$A\boldsymbol{p}_{s_1+k} = \lambda_{s_1+k}\boldsymbol{p}_{s_1+k}$ より　$\cdots (9.4.31)$

$$A(\boldsymbol{q}_{s_1+k} + i\boldsymbol{r}_{s_1+k}) = (a_{s_1+k} + ib_{s_1+k})(\boldsymbol{q}_{s_1+k} + i\boldsymbol{r}_{s_1+k}) \qquad \cdots (9.4.32)$$

ここで実部と虚部を比較して　$\cdots (9.4.33)$

$A\boldsymbol{q}_{s_1+k} = a_{s_1+k}\boldsymbol{q}_{s_1+k} - b_{s_1+k}\boldsymbol{r}_{s_1+k}$　また　$\cdots (9.4.34)$

$$A\boldsymbol{r}_{s_1+k} = b_{s_1+k}\boldsymbol{q}_{s_1+k} + a_{s_1+k}\boldsymbol{r}_{s_1+k} \qquad \cdots (9.4.35)$$

となる。まとめると (以下で $(\boldsymbol{q}_{s_1+k}, \boldsymbol{r}_{s_1+k})$ 等は行列としてみている)，

$$A(\boldsymbol{q}_{s_1+k}, \boldsymbol{r}_{s_1+k}) = (\boldsymbol{q}_{s_1+k}, \boldsymbol{r}_{s_1+k})\begin{pmatrix} a_{s_1+k} & b_{s_1+k} \\ -b_{s_1+k} & a_{s_1+k} \end{pmatrix} \qquad \cdots (9.4.36)$$

よって

$$A(\sqrt{2}\boldsymbol{q}_{s_1+k}, \sqrt{2}\boldsymbol{r}_{s_1+k}) = (\sqrt{2}\boldsymbol{q}_{s_1+k}, \sqrt{2}\boldsymbol{r}_{s_1+k})\begin{pmatrix} a_{s_1+k} & b_{s_1+k} \\ -b_{s_1+k} & a_{s_1+k} \end{pmatrix} \quad \cdots (9.4.37)$$

となる。基底 (9.4.30) への変換を表す行列を

$$U' = (\boldsymbol{p}_1, \cdots, \boldsymbol{p}_{s_1}, \sqrt{2}\boldsymbol{q}_{s_1+1}, \sqrt{2}\boldsymbol{r}_{s_1+1}, \cdots, \sqrt{2}\boldsymbol{q}_{s_1+s_2}, \sqrt{2}\boldsymbol{r}_{s_1+s_2}) \quad \cdots (9.4.38)$$

として (U' は直交行列)，この変換で行列 A を書き換えると，(9.4.37) より，次の行列 D' が得られる。

$$D' = {}^t(U')AU' = \begin{pmatrix} \lambda_1 & & & & & & & \\ & \ddots & & & & \text{\huge 0} & & \\ & & \lambda_{s_1} & & & & & \\ & & & a_{s_1+1} & b_{s_1+1} & & & \\ & & & -b_{s_1+1} & a_{s_1+1} & & & \\ & \text{\huge 0} & & & & \ddots & & \\ & & & & & & a_{s_1+s_2} & b_{s_1+s_2} \\ & & & & & & -b_{s_1+s_2} & a_{s_1+s_2} \end{pmatrix} \quad \cdots (9.4.39)$$

9.5　直交行列の標準形 (B)

n 次直交行列 A に対して（正規行列でもあるから，前節最初の記法で）対角行列 D の各対角成分 (A の固有値) λ_j は，(9.1.27) によれば絶対値が 1 となる。ここで $1 \leq j \leq s_1$ のときは，λ_j は実数で ± 1。次に $0 < k \leq s_2$ のときは ((9.4.9) の記法で) $\lambda_{s_1+k} = a_{s_1+k} + ib_{s_1+k}$ は大きさが 1 であるから ((6.1.11) より) $a_{s_1+k}^2 + b_{s_1+k}^2 = 1$ で，

$a_{s_1+k} = \cos\theta_{s_1+k}$，$b_{s_1+k} = \sin\theta_{s_1+k}$ とおくことができる。すると，(9.4.39) は，

$$D' = {}^t(U')AU'$$
$$= \begin{pmatrix} \lambda_1 & & & & & & & & \\ & \ddots & & & & & \text{\Large 0} & & \\ & & \lambda_{s_1} & & & & & & \\ & & & \cos\theta_{s_1+1} & \sin\theta_{s_1+1} & & & & \\ & & & -\sin\theta_{s_1+1} & \cos\theta_{s_1+1} & & & & \\ & \text{\Large 0} & & & & \ddots & & & \\ & & & & & & & \cos\theta_{s_1+s_2} & \sin\theta_{s_1+s_2} \\ & & & & & & & -\sin\theta_{s_1+s_2} & \cos\theta_{s_1+s_2} \end{pmatrix} \quad \cdots (9.5.1)$$

と書ける。この形の行列を直交行列の標準形という。

9.6　2 次と 3 次の場合 (B)

2 次の直交行列がどのようなものか 5.5 節でみた。ここでは基底の変換を施すことによって，2 次の直交行列の標準形を求めよう。$n = 2$ として，(9.5.1) より，

$$\begin{pmatrix} 1 & 0 \\ 0 & 1 \end{pmatrix}, \begin{pmatrix} -1 & 0 \\ 0 & -1 \end{pmatrix}, \begin{pmatrix} -1 & 0 \\ 0 & 1 \end{pmatrix}, \quad \cdots (9.6.1)$$

$$\begin{pmatrix} 1 & 0 \\ 0 & -1 \end{pmatrix}, \begin{pmatrix} \cos\theta & \sin\theta \\ -\sin\theta & \cos\theta \end{pmatrix} \quad \cdots (9.6.2)$$

と 5 種類の形に書くことができる。ここで最後の形の行列で，$\theta = 0$ とおくと，最初の単位行列 I が得られ，$\theta = \pi$ とすると，2 番目の行列 $-I$ が得られる。また 3 番目の行列に基底の要素の順番を入れ替える基底の変換をおこなうことによって，4 番目の行列が得られる (練習 7.1 参照)。

従って 2 次の直交行列の標準形は,

$$\begin{pmatrix} 1 & 0 \\ 0 & -1 \end{pmatrix}, \begin{pmatrix} \cos\theta & \sin\theta \\ -\sin\theta & \cos\theta \end{pmatrix} \qquad \cdots (9.6.3)$$

と 2 種類の形に書くことができる。これらの行列の幾何的意味を考えよう。平面において，最初の行列は (例 5.2 でみたように) x 軸に関する鏡映を表し，2 番目の行列は，$\theta = -\theta'$ と置き換えると，

$$\begin{pmatrix} \cos\theta & \sin\theta \\ -\sin\theta & \cos\theta \end{pmatrix} = \begin{pmatrix} \cos(-\theta') & \sin(-\theta') \\ -\sin(-\theta') & \cos(-\theta') \end{pmatrix} = \begin{pmatrix} \cos\theta' & -\sin\theta' \\ \sin\theta' & \cos\theta' \end{pmatrix} \qquad \cdots (9.6.4)$$

となり，(例 5.3 でみたように) 原点を中心とする角 θ' の回転を表す。まとめると平面において，2 次の直交行列で表される直交変換は，正規直交基底による基底の変換を適当に行うことによって，「x 軸に関する鏡映」かあるいは「原点を中心とする回転」の 2 種類に分類できる。

同様に 3 次の直交行列の標準形を求めよう。(2 次のときのように) 基底の要素の順番の入れ替えを考慮して (例えば練習 7.1 参照) 標準形の形を (対角成分に 1 の表れる回数より) まとめると，

$$\begin{pmatrix} 1 & 0 & 0 \\ 0 & 1 & 0 \\ 0 & 0 & 1 \end{pmatrix}, \begin{pmatrix} -1 & 0 & 0 \\ 0 & 1 & 0 \\ 0 & 0 & 1 \end{pmatrix}, \begin{pmatrix} 1 & 0 & 0 \\ 0 & -1 & 0 \\ 0 & 0 & -1 \end{pmatrix}, \qquad \cdots (9.6.5)$$

$$\begin{pmatrix} -1 & 0 & 0 \\ 0 & -1 & 0 \\ 0 & 0 & -1 \end{pmatrix}, \begin{pmatrix} 1 & 0 & 0 \\ 0 & \cos\theta & -\sin\theta \\ 0 & \sin\theta & \cos\theta \end{pmatrix}, \begin{pmatrix} -1 & 0 & 0 \\ 0 & \cos\theta & -\sin\theta \\ 0 & \sin\theta & \cos\theta \end{pmatrix} \qquad \cdots (9.6.6)$$

と 6 種類の形に書ける。ここで最後から 2 番目の行列で，$\theta = 0$ とおくと，最初の単位行列 I が得られ，$\theta = \pi$ とすると，3 番目の行列が得られる。最後の行列で，$\theta = 0$ とおくと，2 番目の行列が得られ，$\theta = \pi$ と

すると，4 番目の行列が得られる。従って 3 次の直交行列の標準形は，

$$
\begin{pmatrix} 1 & 0 & 0 \\ 0 & \cos\theta & -\sin\theta \\ 0 & \sin\theta & \cos\theta \end{pmatrix},
$$

$$
\begin{pmatrix} -1 & 0 & 0 \\ 0 & \cos\theta & -\sin\theta \\ 0 & \sin\theta & \cos\theta \end{pmatrix} = \begin{pmatrix} -1 & 0 & 0 \\ 0 & 1 & 0 \\ 0 & 0 & 1 \end{pmatrix} \begin{pmatrix} 1 & 0 & 0 \\ 0 & \cos\theta & -\sin\theta \\ 0 & \sin\theta & \cos\theta \end{pmatrix} \quad \cdots (9.6.7)
$$

と 2 種類の形に書ける。これらの行列の幾何的意味を考えよう。空間において，最初の行列は x 軸のまわりの角 θ の回転を表し (例 5.3 参照)，2 番目の行列は x 軸のまわりの角 θ の回転の後，yz 平面に関する鏡映を表す (例 5.2 参照)。まとめると，3 次の直交行列（直交変換）は，正規直交基底をうまくとれば，「x 軸のまわりの角 θ の回転」かあるいは「x 軸のまわりの角 θ の回転の後，yz 平面に関する鏡映」の 2 種類（従って上記回転や鏡映，またそれらの合成変換）に分類できる。

空間（あるいは平面）における原点を変えない合同変換は ((5.2.8) より) 線型変換で (定理 5.1 より) 直交行列で表される。ここで 2.3 節でみたように，標準基底を（別の）正規直交基底に変換することは，（直交な）座標軸を（新たに）選び直すことに相当する。よって座標軸を適当に選ぶことにより，原点を変えない合同変換は，(9.6.7) (あるいは (9.6.3)) で示したような（直交行列の）標準形で表される。

(5.1.7) より任意の合同変換は，原点を変えない合同変換と平行移動の合成変換と見なせるので，(座標軸をうまくとれば)，標準形で表される変換（回転や鏡映）と平行移動の合成変換として表されることがわかった。

10 行列の三角化

《目標 & ポイント》 行列を対角化することができるための条件を学ぶ。一般の行列はいつも対角化することはできないが，三角化はできることを示す。そしてその方法を学ぶ。

《キーワード》 対角化の条件，三角行列，行列の三角化

10.1 対角化の条件 (B) (C)

今後のため行列が対角化できる条件を復習しよう (「入門線型代数」15 章の定理 15.1 (p. 277) 参照)。

定理 10.1 n 次正方行列 A において，次の条件は同値である。

i. A は対角化可能である。

ii. A は n 個の線型独立な固有ベクトルをもつ (よってこれらは $\boldsymbol{C}^n$ の基底をなす)。

iii. $\boldsymbol{C}^n$ は A の固有空間の直和に分解される。

証明 iii $\Rightarrow$ ii $\Rightarrow$ i $\Rightarrow$ iii の順で証明を振り返ろう。

iii $\Rightarrow$ ii 固有空間 $E(\lambda)$ は，$A\boldsymbol{x} = \lambda\boldsymbol{x}$ なる $\boldsymbol{x}$ の集合であった。

行列 A の異なる固有値を $\lambda'_1, \cdots, \lambda'_k$ $(k \leq n)$ とすると $\cdots$ (10.1.1)

iii は $\boldsymbol{C}^n = E(\lambda'_1) \oplus E(\lambda'_2) \oplus \cdots \oplus E(\lambda'_k)$ を意味する。 $\cdots$ (10.1.2)

各 $E(\lambda'_i)$ の基底を $\mathcal{B}_i$ とすれば $\mathcal{B} = \bigcup_{i \leq k} \mathcal{B}_i$ は $\boldsymbol{C}^n$ の基底 $\cdots$ (10.1.3)

となる (命題 4.4)。この基底は (系 4.2 後の記述より) n 個の要素（固有ベクトル）からなる。

ii ⇒ i　系4.2後の記述より，n個の線型独立な固有ベクトル

$$\mathcal{B} = \{\boldsymbol{b}_1, \boldsymbol{b}_2, \cdots, \boldsymbol{b}_n\} \text{ は } \boldsymbol{C}^n \text{ の基底となる} \qquad \cdots (10.1.4)$$

$$\text{そして } f(\boldsymbol{b}_i) = A\boldsymbol{b}_i = \lambda_i \boldsymbol{b}_i \ (1 \leq i \leq n) \qquad \cdots (10.1.5)$$

と書ける(行列表示Aの線型写像をfとした)。ここで各λ_iは固有ベクトル$\boldsymbol{b}_i$の固有値である。標準基底から基底$\mathcal{B}$への変換を表す行列を

$$P = (\boldsymbol{b}_1, \cdots, \boldsymbol{b}_n) \text{ とすれば，基底 } \mathcal{B} \text{ で } A \text{ を書き換えると } P^{-1}AP \qquad \cdots (10.1.6)$$

となる((コメント7.2, 定理7.1参照)。またこれは(7.1.5)でみたように，

$$\lambda_i \boldsymbol{b}_i \text{ の成分表示が } {}^t(0, \cdots, 0, \overset{i\text{番目}}{\lambda_i}, 0, \cdots, 0) \text{ だから} \cdots (10.1.7)$$

$$P^{-1}AP = (f(\boldsymbol{b}_1), f(\boldsymbol{b}_2), \cdots, f(\boldsymbol{b}_n)) = \qquad \cdots (10.1.8)$$

$$(\lambda_1 \boldsymbol{b}_1, \lambda_2 \boldsymbol{b}_2, \cdots, \lambda_n \boldsymbol{b}_n) = \begin{pmatrix} \lambda_1 & & & \\ & \lambda_2 & & \text{\Large 0} \\ & & \ddots & \\ \text{\Large 0} & & & \lambda_n \end{pmatrix} \qquad \cdots (10.1.9)$$

と表され対角化できた。

i ⇒ iii　行列Aが正則行列Pによって対角化されるとき，$D = P^{-1}AP$は対角行列で$AP = PD$となる。Pの第i列を$\boldsymbol{b}_i$，Dの(i, i)成分をλ_iとすると(従ってλ_i，$1 \leq i \leq n$，のなかには同じ値のものもあり得る)，(8.4.3)でみたように，

$$AP = PD \text{ の両辺の第 } i \text{ 列は } A\boldsymbol{b}_i = \lambda_i \boldsymbol{b}_i \text{ となり} \qquad \cdots (10.1.10)$$

$$\boldsymbol{b}_i \text{ は } A \text{ の固有値 } \lambda_i \text{ の固有ベクトルである。} \qquad \cdots (10.1.11)$$

$$P \text{ は正則だから，} P \text{ の各列からなる集合 } \mathcal{B} = \{\boldsymbol{b}_1, \cdots, \boldsymbol{b}_n\} \cdots (10.1.12)$$

$$\text{は線型独立で(系4.2後の記述より) } \boldsymbol{C}^n \text{ の基底になる。} \qquad \cdots (10.1.13)$$

A の固有値 λ_i $(1 \leq i \leq n)$ で異なるものを $\lambda'_1, \cdots, \lambda'_k$ $(k \leq n)$

$\cdots (10.1.14)$

$\mathcal{B}$ の要素で λ'_j の固有ベクトルからなる集合を $\mathcal{B}_j$ とすれば $\cdots (10.1.15)$

$\mathcal{B} = \bigcup_{1 \leq j \leq k} \mathcal{B}_j$　各 $\mathcal{B}_j$ で生成される空間は固有空間 $E(\lambda'_j)$ $\cdots (10.1.16)$

となり命題 4.4 より $\boldsymbol{C}^n = E(\lambda'_1) \oplus E(\lambda'_2) \oplus \cdots \oplus E(\lambda'_k)$ $\cdots (10.1.17)$

10.2　行列の三角化 (C)

正方行列 $A = (a_{ij})$ が**上三角行列**とは，$i > j$ のとき $a_{ij} = 0$ となるときをいう (すなわち A の対角成分より下側の成分が 0 となる)。正方行列が与えられたとき，基底の変換によって，必ずしも対角化できるとは限らないが，次の定理は成り立つ。

定理 10.2　任意の正方行列 A は，基底の変換によって，上三角行列に変形できる。すなわち，ある正則行列 P が存在して $P^{-1}AP$ を上三角行列にすることができる。

証明　n についての帰納法で証明する。まず n 次正方行列 A が次のように与えられているとする。

$$A = \begin{pmatrix} a_{11} & a_{12} & \cdots & a_{1n} \\ a_{21} & a_{22} & \cdots & a_{2n} \\ \vdots & \vdots & & \vdots \\ a_{n1} & a_{n2} & \cdots & a_{nn} \end{pmatrix} \qquad \cdots (10.2.1)$$

ステップ 1　A で表される線型写像を f とする。まず，A の固有値 λ_1 とその固有ベクトル $\boldsymbol{p}_1$ を 1 つとる，

$$f(\boldsymbol{p}_1) = A\boldsymbol{p}_1 = \lambda_1 \boldsymbol{p}_1 \qquad \cdots (10.2.2)$$

系 4.3 より，ベクトル $\boldsymbol{p}_1$ を含む $\boldsymbol{C}^n$ の基底を適当に選びそれを

$\mathcal{B}_1 = \{\boldsymbol{p}_1, \boldsymbol{b}_2, \cdots, \boldsymbol{b}_n\}$ とする。標準基底から　$\cdots(10.2.3)$

$\mathcal{B}_1$ への変換を表す行列を $P_1 = (\boldsymbol{p}_1, \boldsymbol{b}_2, \cdots, \boldsymbol{b}_n)$ とすれば，　$\cdots(10.2.4)$

$\mathcal{B}_1$ で A を書き換えると $A_1 = P_1^{-1}AP_1$　$\cdots(10.2.5)$

となる (コメント 7.2，定理 7.1 参照)。そしてこれは (7.1.2) より，

$f(\boldsymbol{p}_1) = \lambda_1 \boldsymbol{p}_1$ の (基底 $\mathcal{B}_1$ による) 成分表示は ${}^t(\lambda_1, 0, \cdots, 0)$ だから，

$\cdots(10.2.6)$

$$A_1 = P_1^{-1}AP_1 = (f(\boldsymbol{p}_1), f(\boldsymbol{b}_2), \cdots, f(\boldsymbol{b}_n)) = \begin{pmatrix} \lambda_1 & a'_{12} & \cdots & a'_{1n} \\ 0 & a'_{22} & \cdots & a'_{2n} \\ \vdots & \vdots & & \vdots \\ 0 & a'_{n2} & \cdots & a'_{nn} \end{pmatrix}$$

$\cdots(10.2.7)$

の形に書ける◇10.1。A_1 の第 1 行と第 1 列を取り除いて得られる $n-1$ 次正方行列を B_1 とすると，次式が成り立つ ($*$ はその行の各成分に何かスカラーが入るという意味)。

$$B_1 = \begin{pmatrix} a'_{22} & a'_{23} & \cdots & a'_{2n} \\ a'_{32} & a'_{33} & \cdots & a'_{3n} \\ \vdots & \vdots & & \vdots \\ a'_{n2} & a'_{n3} & \cdots & a'_{nn} \end{pmatrix}, \quad A_1 = \begin{pmatrix} \lambda_1 & * \\ \boldsymbol{0} & B_1 \end{pmatrix} \qquad \cdots(10.2.8)$$

$W_1 = L(\boldsymbol{b}_2, \cdots, \boldsymbol{b}_n)$ とすると，

$\mathcal{B}_1 = \{\boldsymbol{p}_1, \boldsymbol{b}_2, \cdots, \boldsymbol{b}_n\}$ は $\boldsymbol{C}^n$ の基底だから命題 4.4 より　$\cdots(10.2.9)$

◇10.1 A は対称行列とは限らないから (補題 8.2 は成り立たないので) (10.2.10) で ($\mathcal{B}_1$ を正規直交基底としても) W_1 は A-不変とは限らず，従って定理 8.1 は成り立たない。よって A_1 の第 1 行の第 2 成分以降は 0 とは限らない。

$$\boldsymbol{C}^n = L(\boldsymbol{p}_1) \oplus L(\boldsymbol{b}_2, \cdots, \boldsymbol{b}_n) = L(\boldsymbol{p}_1) \oplus W_1 \text{ となる。} \quad \cdots (10.2.10)$$

ステップ2　B_1 は $n-1$ 次の正方行列であるから，帰納法の仮定により，ある $n-1$ 次正則行列 Q_1 によって，

$$Q_1^{-1} B_1 Q_1 \text{ を上三角行列 } T \text{ にできる} \quad \cdots (10.2.11)$$

とする。このとき例 6.4 より

$$Q = \begin{pmatrix} 1 & \mathbf{0} \\ \mathbf{0} & Q_1 \end{pmatrix} \text{ とおくと，} Q^{-1} = \begin{pmatrix} 1 & \mathbf{0} \\ \mathbf{0} & Q_1^{-1} \end{pmatrix} \quad \cdots (10.2.12)$$

である。さて $P = P_1 Q$ とおくと，$(P_1 Q)^{-1} = Q^{-1} P_1^{-1}$ だから，(6.8.24) より，

$$P^{-1} A P = Q^{-1} P_1^{-1} A P_1 Q = Q^{-1} A_1 Q \quad \cdots (10.2.13)$$

$$= \begin{pmatrix} 1 & \mathbf{0} \\ \mathbf{0} & Q_1^{-1} \end{pmatrix} \begin{pmatrix} \lambda_1 & * \\ \mathbf{0} & B_1 \end{pmatrix} \begin{pmatrix} 1 & \mathbf{0} \\ \mathbf{0} & Q_1 \end{pmatrix} \quad \cdots (10.2.14)$$

$$= \begin{pmatrix} 1 & \mathbf{0} \\ \mathbf{0} & Q_1^{-1} \end{pmatrix} \begin{pmatrix} \lambda_1 & * \\ \mathbf{0} & B_1 Q_1 \end{pmatrix} \quad \cdots (10.2.15)$$

$$= \begin{pmatrix} \lambda_1 & * \\ \mathbf{0} & Q_1^{-1} B_1 Q_1 \end{pmatrix} = \begin{pmatrix} \lambda_1 & * \\ \mathbf{0} & T \end{pmatrix} \quad \cdots (10.2.16)$$

ここで最後の等式は (10.2.11) を使った。T は上三角行列だから $P^{-1}AP$ もそうである。よって n 次の行列 A は行列 P によって上三角行列にできた。よって n に関する数学的帰納法により，定理が成り立つ (なお $n=1$ のときは自明である)。

10.3　幾つかの例 (C)

定理 10.2 の証明では，固有ベクトルを 1 つとり，これを含む基底で，与えられた行列を書き換えた。例をあげてみてみよう。

例 10.1　$\boldsymbol{R}^3$ から $\boldsymbol{R}^3$ への線型写像 f の，基底 $\mathcal{A}=\{\boldsymbol{a}_1,\boldsymbol{a}_2,\boldsymbol{a}_3\}$ による行列表示を

$$A=\begin{pmatrix} a_{11} & a_{12} & a_{13} \\ a_{21} & a_{22} & a_{23} \\ a_{31} & a_{32} & a_{33} \end{pmatrix} \qquad \cdots(10.3.1)$$

とする。ベクトル $\boldsymbol{p}$ を固有値 λ に属する固有ベクトル，すなわち

$$A\boldsymbol{p}=\lambda\boldsymbol{p}\text{とし（簡単のため）}\boldsymbol{p}\text{の成分表示を} \qquad \cdots(10.3.2)$$

$$\boldsymbol{p}=\begin{pmatrix} 1 \\ p_2 \\ p_3 \end{pmatrix}\text{すなわち}\boldsymbol{p}=\boldsymbol{a}_1+p_2\boldsymbol{a}_2+p_3\boldsymbol{a}_3 \qquad \cdots(10.3.3)$$

としておく。次に新たな基底 $\mathcal{B}$ を，基底 $\mathcal{A}$ の 1 番目の要素を $\boldsymbol{p}$ に置き換えて得られるものとしよう。すなわち，

$$\mathcal{B}=\{\boldsymbol{p},\boldsymbol{a}_2,\boldsymbol{a}_3\}=\{\boldsymbol{a}_1+p_2\boldsymbol{a}_2+p_3\boldsymbol{a}_3,\boldsymbol{a}_2,\boldsymbol{a}_3\} \qquad \cdots(10.3.4)$$

すると，基底の変換を表す行列 P は，(7.1.9) より，

$$(\boldsymbol{a}_1+p_2\boldsymbol{a}_2+p_3\boldsymbol{a}_3,\boldsymbol{a}_2,\boldsymbol{a}_3)=(\boldsymbol{a}_1,\boldsymbol{a}_2,\boldsymbol{a}_3)P\text{より} \qquad \cdots(10.3.5)$$

$$P=\begin{pmatrix} 1 & 0 & 0 \\ p_2 & 1 & 0 \\ p_3 & 0 & 1 \end{pmatrix},\quad P^{-1}=\begin{pmatrix} 1 & 0 & 0 \\ -p_2 & 1 & 0 \\ -p_3 & 0 & 1 \end{pmatrix} \qquad \cdots(10.3.6)$$

となる[◇10.2]。このとき f の基底 $\mathcal{B}$ による行列表示 B を求めよう。$A\boldsymbol{p}=\lambda\boldsymbol{p}$ を考慮して，

◇10.2 例えばベクトル $\boldsymbol{p}$ を基底 $\mathcal{A}$ で成分表示すれば ${}^t(1,p_2,p_3)$ であるから，P の第 1 列は ${}^t(1,p_2,p_3)$ である。P^{-1} は公式を使って求めてもよいが，次のように考えても良い。XP は，X の第 2 列の p_2 倍と第 3 列の p_3 倍が第 1 列に足される。さらに P^{-1} を右からかけるともとの X に戻る。よって XP^{-1} は X の第 2 列の $-p_2$ 倍と第 3 列の $-p_3$ 倍が第 1 列に足されることになる。よって P^{-1} の第 1 列は ${}^t(1,-p_2,-p_3)$ である。

$$B = P^{-1}AP = \begin{pmatrix} 1 & 0 & 0 \\ -p_2 & 1 & 0 \\ -p_3 & 0 & 1 \end{pmatrix} \begin{pmatrix} a_{11} & a_{12} & a_{13} \\ a_{21} & a_{22} & a_{23} \\ a_{31} & a_{32} & a_{33} \end{pmatrix} \begin{pmatrix} 1 & 0 & 0 \\ p_2 & 1 & 0 \\ p_3 & 0 & 1 \end{pmatrix} \quad \cdots (10.3.7)$$

$$= \begin{pmatrix} 1 & 0 & 0 \\ -p_2 & 1 & 0 \\ -p_3 & 0 & 1 \end{pmatrix} \begin{pmatrix} \lambda & a_{12} & a_{13} \\ \lambda p_2 & a_{22} & a_{23} \\ \lambda p_3 & a_{32} & a_{33} \end{pmatrix} = \begin{pmatrix} \lambda & a_{12} & a_{13} \\ 0 & a_{22} - p_2 a_{12} & a_{23} - p_2 a_{13} \\ 0 & a_{32} - p_3 a_{12} & a_{33} - p_3 a_{13} \end{pmatrix} \quad \cdots (10.3.8)$$

となる。すなわち求める行列 B は，A の第 1 列を ${}^t(\lambda, 0, 0)$ に置き換え，さらに第 2 列以降は $2 \leq i \leq 3$ なる i で，第 1 行を $-p_i$ 倍したものを第 i 行に加えることで得られる[◇10.3]。

例 10.2　$\boldsymbol{R}^3$ から $\boldsymbol{R}^3$ への線型写像 f の，基底 $\mathcal{A} = \{\boldsymbol{e}_1, \boldsymbol{e}_2, \boldsymbol{e}_3\}$ による行列表示を

$$A = \begin{pmatrix} \alpha & a_{12} & a_{13} \\ 0 & a_{22} & a_{23} \\ 0 & a_{32} & a_{33} \end{pmatrix} = \begin{pmatrix} \alpha & a_{12} & a_{13} \\ 0 & & \\ 0 & & A' \end{pmatrix} \quad \cdots (10.3.9)$$

とする。2 次の正方行列 A' の固有値 λ に属する固有ベクトル $\boldsymbol{p}'$ の成分表示を（簡単のため）

$$\boldsymbol{p}' = \begin{pmatrix} 1 \\ p_3 \end{pmatrix}, \quad A'\boldsymbol{p}' = \lambda \boldsymbol{p}' \text{ とし } \boldsymbol{p} = \begin{pmatrix} 0 \\ 1 \\ p_3 \end{pmatrix} \quad \cdots (10.3.10)$$

とする。次に $\boldsymbol{R}^3$ の新たな基底 $\mathcal{B}$ を，基底 $\mathcal{A}$ の 2 番目の要素を $\boldsymbol{p}$ に置き換えて得られるものとしよう。すなわち，

◇10.3 基底 $\mathcal{B}$ は，基底 $\mathcal{A}$ の 2 番目の要素を p_2 倍したものを第 1 列に加え，さらに 3 番目の要素を p_3 倍したものを第 1 列に加えたものである。従って 7.7 節でみた基底の変換を 2 回繰り返したことと同じである。

$$\mathcal{A} = \{\boldsymbol{e}_1, \boldsymbol{e}_2, \boldsymbol{e}_3\},\ \mathcal{B} = \{\boldsymbol{e}_1, \boldsymbol{e}_2 + p_3\boldsymbol{e}_3, \boldsymbol{e}_3\} \quad \cdots (10.3.11)$$

とする。すると基底の変換を表す行列 P は, $\cdots(10.3.12)$

$$(\boldsymbol{e}_1, \boldsymbol{e}_2 + p_3\boldsymbol{e}_3, \boldsymbol{e}_3) = (\boldsymbol{e}_1, \boldsymbol{e}_2, \boldsymbol{e}_3)P \text{ より} \quad \cdots (10.3.13)$$

$$P = \begin{pmatrix} 1 & 0 & 0 \\ 0 & 1 & 0 \\ 0 & p_3 & 1 \end{pmatrix},\ P^{-1} = \begin{pmatrix} 1 & 0 & 0 \\ 0 & 1 & 0 \\ 0 & -p_3 & 1 \end{pmatrix} \quad \cdots (10.3.14)$$

となる。基底 $\mathcal{B}$ による f の行列表示 B は,

$$B = P^{-1}AP = \begin{pmatrix} 1 & 0 & 0 \\ 0 & 1 & 0 \\ 0 & -p_3 & 1 \end{pmatrix}\begin{pmatrix} \alpha & a_{12} & a_{13} \\ 0 & a_{22} & a_{23} \\ 0 & a_{32} & a_{33} \end{pmatrix}\begin{pmatrix} 1 & 0 & 0 \\ 0 & 1 & 0 \\ 0 & p_3 & 1 \end{pmatrix} \quad \cdots (10.3.15)$$

$$= \begin{pmatrix} 1 & 0 & 0 \\ 0 & 1 & 0 \\ 0 & -p_3 & 1 \end{pmatrix}\begin{pmatrix} \alpha & * & a_{13} \\ 0 & \lambda & a_{23} \\ 0 & \lambda p_3 & a_{33} \end{pmatrix} = \begin{pmatrix} \alpha & * & a_{13} \\ 0 & \lambda & a_{23} \\ 0 & 0 & a_{33} - p_3a_{23} \end{pmatrix} \quad \cdots (10.3.16)$$

となる。ここで B の $(1,2)$ 成分 $*$ は $A\boldsymbol{p}$ の第1成分であり, (10.3.16) 左辺右側の行列の第2列の第2, 第3成分の計算には $A'\boldsymbol{p}' = \lambda\boldsymbol{p}'$ を使う。

コメント 10.1　上記では簡単のため, 固有ベクトル $\boldsymbol{p}$ の第1成分を1とした。一般には固有ベクトルの第1成分は0のこともあり得る。その場合は次のようにしよう。$\boldsymbol{p}$ の最初の0でない成分を第 i 成分とする。そして基底 $\mathcal{A}$ で, $\boldsymbol{a}_1$ と $\boldsymbol{a}_i$ とを入れ替えて得られる基底を $\mathcal{A}_1$ とし, この基底による線形写像の行列表示を A_1 とする。すると基底 $\mathcal{A}_1$ による (A_1 の固有値 λ に属する固有ベクトル) $\boldsymbol{p}$ の成分表示は, $\boldsymbol{p}$ の（もとの成分表示の）第1成分と第 i 成分を入れ替えることによって得られ, 従って $\boldsymbol{p}$ の第1成分は零でない (c としよう)。よって求める固有ベクトルを $\dfrac{1}{c}\boldsymbol{p}$ とすればよい。

10.4 練　習 (C)

例 10.3　標準基底における行列表示

$$A = \begin{pmatrix} -1 & 0 & 3 \\ -4 & 2 & 4 \\ -3 & 0 & 5 \end{pmatrix} \qquad \cdots (10.4.1)$$

に対して，固有ベクトルによる基底の変換をおこない，行列 A を変形していこう。まず行列 A の固有値を求める。

$$\begin{aligned} \det(A - xI) &= \det\begin{pmatrix} -1-x & 0 & 3 \\ -4 & 2-x & 4 \\ -3 & 0 & 5-x \end{pmatrix} \\ &= (-1-x)\{(2-x)(5-x) - 4\cdot 0\} + 3\{-4\cdot 0 - (2-x)(-3)\} \\ &= (2-x)\{(-1-x)(5-x) + 9\} = -(x-2)^3 \qquad \cdots (10.4.2) \end{aligned}$$

よって固有値は 2 である。次に固有値 2 に属する固有ベクトルを求める。

$$\begin{pmatrix} -3 & 0 & 3 \\ -4 & 0 & 4 \\ -3 & 0 & 3 \end{pmatrix}\begin{pmatrix} x_1 \\ x_2 \\ x_3 \end{pmatrix} = \mathbf{0} \qquad \cdots (10.4.3)$$

を解いて $x_1 = x_3$ となり，この解として，

$$\boldsymbol{a}_1 = \begin{pmatrix} x_1 \\ x_2 \\ x_3 \end{pmatrix} = \begin{pmatrix} x_1 \\ x_2 \\ x_1 \end{pmatrix} = \begin{pmatrix} 1 \\ 0 \\ 1 \end{pmatrix} \qquad \cdots (10.4.4)$$

をとることができる[◇10.4]。次に，新たな基底を順次つくり，それによる行列表示を列挙して，上三角行列を求める。

◇10.4 この場合線型独立な固有ベクトルを 2 つとることができ，それらを使って基底の変換を進めてもよい。

$$\text{基底}\ \{\boldsymbol{e}_1, \boldsymbol{e}_2, \boldsymbol{e}_3\}\ \text{による行列表示は} \begin{pmatrix} -1 & 0 & 3 \\ -4 & 2 & 4 \\ -3 & 0 & 5 \end{pmatrix} \qquad \cdots (10.4.5)$$

$$\text{基底}\ \{\boldsymbol{a}_1, \boldsymbol{e}_2, \boldsymbol{e}_3\}\ \text{による行列表示は}^{\diamond 10.5} \begin{pmatrix} 2 & 0 & 3 \\ 0 & 2 & 4 \\ 0 & 0 & 2 \end{pmatrix} \qquad \cdots (10.4.6)$$

今度は基底の基本変換を施して，さらに続けてみよう。

$$\text{基底}\ \left\{\boldsymbol{a}_1, \boldsymbol{e}_2, \frac{1}{4}\boldsymbol{e}_3\right\}\ \text{による行列表示は}^{\diamond 10.6} \begin{pmatrix} 2 & 0 & 3/4 \\ 0 & 2 & 1 \\ 0 & 0 & 2 \end{pmatrix} \qquad \cdots (10.4.7)$$

$$\text{基底}\ \left\{\boldsymbol{a}_1, \frac{3}{4}\boldsymbol{a}_1 + \boldsymbol{e}_2, \frac{1}{4}\boldsymbol{e}_3\right\}\ \text{による行列表示は}^{\diamond 10.7} \begin{pmatrix} 2 & 0 & 0 \\ 0 & 2 & 1 \\ 0 & 0 & 2 \end{pmatrix} \qquad \cdots (10.4.8)$$

例 10.4　標準基底における行列表示

$$A = \begin{pmatrix} 2 & 3 & 3 \\ 0 & 5 & 3 \\ 0 & -3 & -1 \end{pmatrix} \qquad \cdots (10.4.9)$$

に対して，固有ベクトルによる基底の変換をおこない，行列 A を変形していこう。今度は，行列 A の 1 行目と 1 列目を除いた小行列 B の固有値を求める。

◇10.5 例 10.1 参照。$(3, i)$ 成分 $(i = 2, 3)$ の計算は，上の行列 A の $(3, i)$ 成分 $-$ ($\boldsymbol{a}_1$ の第 3 成分) $\cdot$ (A の $(1, i)$ 成分)，これを忘れずに。

◇10.6 命題 7.2 参照。第 3 列を 1/4 倍して第 3 行を 4 倍する。

◇10.7 命題 7.3，例 7.8 参照。第 1 列を 3/4 倍して第 2 列にたし，第 2 行を $-3/4$ 倍して第 1 行に足す。

$$\det(B - xI) = \det\begin{pmatrix} 5-x & 3 \\ -3 & -1-x \end{pmatrix} \qquad \cdots (10.4.10)$$

$$= (5-x)(-1-x) - 3\cdot(-3) = x^2 - 4x + 4 = (x-2)^2 \quad \cdots (10.4.11)$$

よって固有値は 2 である。次に固有値 2 に属する固有ベクトルを求める。

$$\begin{pmatrix} 3 & 3 \\ -3 & -3 \end{pmatrix}\begin{pmatrix} x_2 \\ x_3 \end{pmatrix} = \mathbf{0} \qquad \cdots (10.4.12)$$

を解いて，$x_2 = -x_3$ となりこの解として，

$$\begin{pmatrix} 1 \\ -1 \end{pmatrix} \text{をとり，新たな基底の要素として} \ \boldsymbol{a}_2 = \begin{pmatrix} 0 \\ 1 \\ -1 \end{pmatrix} \quad \cdots (10.4.13)$$

をとることができる。次に，新たな基底を順次つくり，それによる行列表示を列挙していく。

$$\text{基底} \{\boldsymbol{e}_1, \boldsymbol{e}_2, \boldsymbol{e}_3\} \text{による行列表示は} \begin{pmatrix} 2 & 3 & 3 \\ 0 & 5 & 3 \\ 0 & -3 & -1 \end{pmatrix} \qquad \cdots (10.4.14)$$

$$\text{基底} \{\boldsymbol{e}_1, \boldsymbol{a}_2, \boldsymbol{e}_3\} \text{による行列表示は}^{\diamond 10.8} \begin{pmatrix} 2 & 0 & 3 \\ 0 & 2 & 3 \\ 0 & 0 & 2 \end{pmatrix} \qquad \cdots (10.4.15)$$

今度は，基底の基本変換を施して，変形を続けて行こう。

$$\text{基底} \left\{\boldsymbol{e}_1, \boldsymbol{a}_2, \frac{1}{3}\boldsymbol{e}_3\right\} \text{による行列表示は}^{\diamond 10.9} \begin{pmatrix} 2 & 0 & 1 \\ 0 & 2 & 1 \\ 0 & 0 & 2 \end{pmatrix} \qquad \cdots (10.4.16)$$

◇10.8 例 10.2 より $(3,3)$ 成分の計算は，上の行列 A の $(3,3)$ 成分 $-$ ($\boldsymbol{a}_2$ の第 3 成分)$\cdot$(A の $(2,3)$ 成分)，これを忘れずに。また $(1,2)$ 成分はベクトル $A\boldsymbol{a}_2$ の最初の成分に等しい。

◇10.9 命題 7.2 参照。第 3 列を 1/3 倍して，第 3 行を 3 倍する。

基底 $\left\{\boldsymbol{e}_1, \boldsymbol{e}_1+\boldsymbol{a}_2, \frac{1}{3}\boldsymbol{e}_3\right\}$ による行列表示は◇10.10 $\begin{pmatrix} 2 & 0 & 0 \\ 0 & 2 & 1 \\ 0 & 0 & 2 \end{pmatrix}$

$\cdots(10.4.17)$

例 10.5　標準基底における行列表示

$$A=\begin{pmatrix} -1 & 3 & 3 \\ -6 & 8 & 6 \\ 3 & -3 & -1 \end{pmatrix} \quad \cdots(10.4.18)$$

に対して，固有ベクトルによる基底の変換をおこない，行列 A を変形していこう。まず行列 A の固有値を求める。

$$\det(A-xI)=\det\begin{pmatrix} -1-x & 3 & 3 \\ -6 & 8-x & 6 \\ 3 & -3 & -1-x \end{pmatrix} \quad \cdots(10.4.19)$$

$$=(-1-x)\{(8-x)(-1-x)+18\}$$

$$+6\{3(-1-x)+9\}+3\{18-3(8-x)\} \quad \cdots(10.4.20)$$

$$=(-1-x)(x^2-7x+10)-9x+18=-(x-2)^3 \quad \cdots(10.4.21)$$

よって固有値は 2 である。次に固有値 2 に属する固有ベクトルを求める。

$$\begin{pmatrix} -3 & 3 & 3 \\ -6 & 6 & 6 \\ 3 & -3 & -3 \end{pmatrix}\begin{pmatrix} x_1 \\ x_2 \\ x_3 \end{pmatrix}=\mathbf{0} \quad \cdots(10.4.22)$$

より $-x_1+x_2+x_3=0$ となりこの解として，

◇10.10 命題 7.3，例 7.8 参照。第 1 列を第 2 列に足し，第 2 行の -1 倍を第 1 行に足す。

$$\boldsymbol{a}_1 = \begin{pmatrix} x_1 \\ x_2 \\ x_3 \end{pmatrix} = \begin{pmatrix} x_1 \\ x_2 \\ x_1 - x_2 \end{pmatrix} = \begin{pmatrix} 1 \\ 1 \\ 0 \end{pmatrix} \qquad \cdots (10.4.23)$$

をとることができる[◇10.11]。次に，新たな基底をつくり，それによる行列表示を順次列挙して，上三角行列を求めていく。

$$\text{基底}\ \{\boldsymbol{e}_1, \boldsymbol{e}_2, \boldsymbol{e}_3\}\ \text{による行列表示は} \begin{pmatrix} -1 & 3 & 3 \\ -6 & 8 & 6 \\ 3 & -3 & -1 \end{pmatrix} \qquad \cdots (10.4.24)$$

$$\text{基底}\ \{\boldsymbol{a}_1, \boldsymbol{e}_2, \boldsymbol{e}_3\}\ \text{による行列表示は}^{\diamond 10.12} \begin{pmatrix} 2 & 3 & 3 \\ 0 & 5 & 3 \\ 0 & -3 & -1 \end{pmatrix} \qquad \cdots (10.4.25)$$

例 10.4 から基底 $\left\{\boldsymbol{a}_1, \boldsymbol{a}_1 + \boldsymbol{a}_2, \dfrac{1}{3}\boldsymbol{e}_3\right\}$ による行列表示は ($\boldsymbol{a}_2$ は例 10.4 のもの)

$$\begin{pmatrix} 2 & 0 & 0 \\ 0 & 2 & 1 \\ 0 & 0 & 2 \end{pmatrix} \qquad \cdots (10.4.26)$$

◇10.11 この場合線型独立な固有ベクトルを 2 つとることができ，それらを使って基底の変換を進めてもよい。

◇10.12 例 10.1 参照。$(2, i)$ 成分 $(i = 2, 3)$ の計算は，上の行列の $(2, i)$ 成分 $-$ ($\boldsymbol{a}_1$ の第 2 成分) $\cdot$ (上の行列の $(1, i)$ 成分)，忘れずに。

11 広義固有空間

《目標 & ポイント》 固有空間や広義固有空間がどのようなものか学ぶ。そして空間を，広義固有空間の直和として表せることを示す。
《キーワード》 固有空間，広義固有空間，直和分解

11.1 今後の目標 (A)

$\boldsymbol{C}^n$ からそれ自身への線形写像 f の行列表示を A とする。$f(\boldsymbol{x}) = \boldsymbol{y}$ は $A\boldsymbol{x} = \boldsymbol{y}$ とも書ける (コメント 8.2 参照)。

もし A の固有ベクトルのみからなる基底 $\mathcal{D} = \{\boldsymbol{b}_1, \cdots, \boldsymbol{b}_n\}$ $\cdots$(11.1.1)
がとれれば，$f(\boldsymbol{b}_i) = \lambda_i \boldsymbol{b}_i$ (すなわち $A\boldsymbol{b}_i = \lambda_i \boldsymbol{b}_i$) $\cdots$(11.1.2)

となる固有値 λ_i $(1 \leq i \leq n)$ が存在する。すなわち各 $\boldsymbol{b}_i$ の f による像は自分自身 $\boldsymbol{b}_i$ のスカラー倍と（もっとも）簡単に表せる。f の (基底 $\mathcal{D}$ による) 行列表示 C は，(7.1.5) でみたように，

$$\lambda_i \boldsymbol{b}_i \text{ の成分表示が } {}^t(0, \cdots, 0, \overset{i\text{番目}}{\lambda_i}, 0, \cdots, 0) \text{ だから} \cdots(11.1.3)$$

$$C = (f(\boldsymbol{b}_1), f(\boldsymbol{b}_2), \cdots, f(\boldsymbol{b}_n)) = \cdots(11.1.4)$$

$$(\lambda_1 \boldsymbol{b}_1, \lambda_2 \boldsymbol{b}_2, \cdots, \lambda_n \boldsymbol{b}_n) = \begin{pmatrix} \lambda_1 & & & \\ & \lambda_2 & & \Large 0 \\ & & \ddots & \\ \Large 0 & & & \lambda_n \end{pmatrix} \cdots(11.1.5)$$

と対角化できる。しかし固有ベクトルのみからなる基底がとれない場合，すなわち基底の要素の f による像をいつも (11.1.2) のように簡単に表

すことができない場合は，どのように表すことが可能であろうか。(定理 10.2 の三角化よりも) なるべく簡単に表したいのだから次善の策として，$\boldsymbol{b}_i$ の f による像が，

$$\boldsymbol{b}_i \text{のスカラー倍と（基底の）}\underline{\text{別の要素}\,\boldsymbol{b}_{k_i}\,\text{との和}} \qquad \cdots(11.1.6)$$

として表すことができないかと予想するのが自然だろう。すなわち基底 $\mathcal{D} = \{\boldsymbol{b}_1, \cdots, \boldsymbol{b}_n\}$ をうまくとって，各 $1 \leq i \leq n$ で，

$$f(\boldsymbol{b}_i) = \lambda_i \boldsymbol{b}_i \text{ あるいは } f(\boldsymbol{b}_i) = \lambda_i \boldsymbol{b}_i + \boldsymbol{b}_{k_i} \qquad \cdots(11.1.7)$$

と表すことができるだろうか。もし $k_i = i - 1$ とするならば，

$$f(\boldsymbol{b}_i) = \lambda_i \boldsymbol{b}_i \text{ あるいは } f(\boldsymbol{b}_i) = \lambda_i \boldsymbol{b}_i + \boldsymbol{b}_{i-1} \text{ すなわち} \qquad \cdots(11.1.8)$$

$$f(\boldsymbol{b}_i) = \lambda_i \boldsymbol{b}_i + j_i \boldsymbol{b}_{i-1},\ j_i = 0, 1 \text{ となる。この像の} \qquad \cdots(11.1.9)$$

$$\mathcal{D} \text{による成分表示は} \quad {}^t(0, \cdots, 0, j_i, \overset{i\text{番目}}{\lambda_i}, 0, \cdots, 0) \qquad \cdots(11.1.10)$$

となる。(11.1.9) が可能ならば，この基底 $\mathcal{D}$ によって f の行列表示 C は，(7.1.2) より，

$$C = (f(\boldsymbol{b}_1), f(\boldsymbol{b}_2), \cdots, f(\boldsymbol{b}_n)) = \begin{pmatrix} \lambda_1 & j_2 & & & \\ & \lambda_2 & j_3 & & \text{\Large 0} \\ & & \lambda_3 & \ddots & \\ & & & \ddots & j_n \\ \text{\Large 0} & & & & \lambda_n \end{pmatrix} \cdots(11.1.11)$$

となる。ここで $i = 1$ のときは (11.1.9) で $j_1 = 0$ とする。

今後，与えられた任意の行列 A は，基底の変換をうまく施すことによって，(11.1.11) の形に変形できることを示す。(11.1.11) の形の行列を，ジョルダンの標準形という（ジョルダンの標準形の正確な定義については後述する)。

練習 11.1　(11.1.7) で $k_i = i+1$ とし，$i < n$ のとき $f(\boldsymbol{b}_i) = \lambda_i \boldsymbol{b}_i + j_i \boldsymbol{b}_{i+1}$，$j_i = 0, 1$ と書き換えた場合，(11.1.11) はどのように書き変わるか。ただし $i = n$ のときは $f(\boldsymbol{b}_n) = \lambda_n \boldsymbol{b}_n$ とする。

解答　$f(\boldsymbol{b}_i) = \lambda_i \boldsymbol{b}_i + j_i \boldsymbol{b}_{i+1}$ の (基底 $\mathcal{D}$ による) 成分表示は

${}^t(0, \cdots, 0, \overset{i\text{番目}}{\lambda_i}, j_i, 0, \cdots, 0)$ となるから，

$$\begin{pmatrix} \lambda_1 & & & & 0 \\ j_1 & \ddots & & & \\ & \ddots & \lambda_{n-2} & & \\ & & j_{n-2} & \lambda_{n-1} & \\ 0 & & & j_{n-1} & \lambda_n \end{pmatrix}$$

例 11.1　例えば，$\boldsymbol{C}^4$ における線型写像 f の行列表示を A とする。A の固有値を λ_1，λ_2 とし，$B_i = A - \lambda_i I$ とする。ここで以下の 3 つを満たすとする：

$$\text{ある } \boldsymbol{b}_1 \text{ が存在して，} B_1 \boldsymbol{b}_1 \neq \boldsymbol{0},\ B_1^2 \boldsymbol{b}_1 = \boldsymbol{0}, \qquad \cdots (11.1.12)$$

$$\text{ある } \boldsymbol{b}_2 \text{ が存在して，} B_2 \boldsymbol{b}_2 \neq \boldsymbol{0},\ B_2^2 \boldsymbol{b}_2 = \boldsymbol{0}, \qquad \cdots (11.1.13)$$

$$\text{そして } \mathcal{B} = \{B_1 \boldsymbol{b}_1, \boldsymbol{b}_1, B_2 \boldsymbol{b}_2, \boldsymbol{b}_2\} \text{ は基底をなす。} \qquad \cdots (11.1.14)$$

このとき，基底の要素の f による像とその成分表示を順に計算すると，

$$f(B_1 \boldsymbol{b}_1) = (B_1 + \lambda_1 I) B_1 \boldsymbol{b}_1 = \lambda_1 B_1 \boldsymbol{b}_1, {}^t(\lambda_1, 0, 0, 0) \qquad \cdots (11.1.15)$$

$$f(\boldsymbol{b}_1) = (B_1 + \lambda_1 I) \boldsymbol{b}_1 = B_1 \boldsymbol{b}_1 + \lambda_1 \boldsymbol{b}_1, {}^t(1, \lambda_1, 0, 0) \qquad \cdots (11.1.16)$$

$$f(B_2 \boldsymbol{b}_2) = (B_2 + \lambda_2 I) B_2 \boldsymbol{b}_2 = \lambda_2 B_2 \boldsymbol{b}_2, {}^t(0, 0, \lambda_2, 0) \qquad \cdots (11.1.17)$$

$$f(\boldsymbol{b}_2) = (B_2 + \lambda_2 I) \boldsymbol{b}_2 = B_2 \boldsymbol{b}_2 + \lambda_2 \boldsymbol{b}_2, {}^t(0, 0, 1, \lambda_2) \qquad \cdots (11.1.18)$$

となる。よって，基底 $\mathcal{B}$ における f の行列表示 B は，

$$\begin{pmatrix} \lambda_1 & 1 & 0 & 0 \\ 0 & \lambda_1 & 0 & 0 \\ 0 & 0 & \lambda_2 & 1 \\ 0 & 0 & 0 & \lambda_2 \end{pmatrix} \qquad \cdots (11.1.19)$$

11.2 固有空間と広義固有空間 (A)

$\boldsymbol{C}^n$ からそれ自身への線型写像 f の行列表示を A とする。$f(\boldsymbol{x}) = \boldsymbol{y}$ は $A\boldsymbol{x} = \boldsymbol{y}$ とも書ける。$k > 0$ として

f の核 $\mathrm{Ker}(f) = \{\boldsymbol{x}\colon f(\boldsymbol{x}) = \boldsymbol{0}\} = \{\boldsymbol{x}\colon A\boldsymbol{x} = \boldsymbol{0}\}$ を $\cdots (11.2.1)$

$\mathrm{Ker}(A)$ とも書くことにする (A で表される線型写像の核)。$\cdots (11.2.2)$

$\mathrm{Ker}(f^k) = \{\boldsymbol{x}\colon f^k(\boldsymbol{x}) = \boldsymbol{0}\} = \{\boldsymbol{x}\colon A^k\boldsymbol{x} = \boldsymbol{0}\}$ を, $\cdots (11.2.3)$

$\mathrm{Ker}(A^k)$, $\mathrm{Ker}^k(f)$, $\mathrm{Ker}^k(A)$ とも書くことにする。これは

$\cdots (11.2.4)$

A を k 回かけて $\boldsymbol{0}$ になるベクトル $\boldsymbol{x}$ の集合である。また $\cdots (11.2.5)$

A を何回かかけて $\boldsymbol{0}$ になるようなベクトル $\boldsymbol{x}$ の集合を $\cdots (11.2.6)$

$\mathrm{Ker}^*(f) = \mathrm{Ker}^*(A) = \{\boldsymbol{x}\colon$ ある l が存在して $A^l\boldsymbol{x} = \boldsymbol{0}\}$ $\cdots (11.2.7)$

と定義する。すると,

$\mathrm{Ker}(A) \subseteq \mathrm{Ker}^2(A) \subseteq \cdots \subseteq \mathrm{Ker}^*(A)$ で, $\mathrm{Ker}^k(A) - \mathrm{Ker}^{k-1}(A)$ は A を k 回かけて初めて $\boldsymbol{0}$ になるベクトルの集合[◇11.1] $\cdots (11.2.8)$

となる。$\mathrm{Ker}^k(A)$ や $\mathrm{Ker}^*(A)$ は $\boldsymbol{C}^n$ の部分空間となる。なぜならば,

$\boldsymbol{a}, \boldsymbol{b} \in \mathrm{Ker}^k(A)$ のとき $A^k\boldsymbol{a} = A^k\boldsymbol{b} = \boldsymbol{0}$　よって $\cdots (11.2.9)$

◇11.1 ここで集合 X, Y に対し, $X - Y$ は差集合すなわち $\{x \mid x \in X$ かつ $x \notin Y\}$ を意味する。

$$A^k(\boldsymbol{a}+\boldsymbol{b}) = A^k\boldsymbol{a} + A^k\boldsymbol{b} = \boldsymbol{0} \text{ より } \boldsymbol{a}+\boldsymbol{b} \in \mathrm{Ker}^k(A) \quad \cdots (11.2.10)$$

$$\text{また } A^k(c\boldsymbol{a}) = cA^k\boldsymbol{a} = \boldsymbol{0} \text{ より } c\boldsymbol{a} \in \mathrm{Ker}^k(A) \quad \cdots (11.2.11)$$

となり部分空間の定義 (3.1.1) を満たすからである。$\mathrm{Ker}^*(A)$ についても

$$\boldsymbol{a}, \boldsymbol{b} \in \mathrm{Ker}^*(A) \text{ のとき } A^l\boldsymbol{a} = A^{l'}\boldsymbol{b} = \boldsymbol{0} \text{ とすれば} \quad \cdots (11.2.12)$$

$$m = \max(l, l') \text{ として } A^m(\boldsymbol{a}+\boldsymbol{b}) = A^m\boldsymbol{a} + A^m\boldsymbol{b} = \boldsymbol{0} \text{ より}$$

$$\boldsymbol{a}+\boldsymbol{b} \in \mathrm{Ker}^*(A) \quad \cdots (11.2.13)$$

$$\text{また } A^l(c\boldsymbol{a}) = cA^l\boldsymbol{a} = \boldsymbol{0} \text{ より } c\boldsymbol{a} \in \mathrm{Ker}^*(A) \quad \cdots (11.2.14)$$

となるからである。さて λ を A の固有値，$A - \lambda I = B$ として，上の議論で A を B に置き換えると，

$$E(\lambda) = \{\boldsymbol{x} \colon A\boldsymbol{x} = \lambda\boldsymbol{x}\} = \{\boldsymbol{x} \colon B\boldsymbol{x} = \boldsymbol{0}\} = \mathrm{Ker}(B) \quad \cdots (11.2.15)$$

これは B で表される線型写像の核である。一般に，　$\cdots (11.2.16)$

$$k > 0 \text{ として } E^k(\lambda) = \mathrm{Ker}^k(B) = \{\boldsymbol{x} \colon B^k\boldsymbol{x} = \boldsymbol{0}\} \quad \cdots (11.2.17)$$

$$E^*(\lambda) = \mathrm{Ker}^*(B) = \{\boldsymbol{x} \colon \text{ある } l \text{ が存在して } B^l\boldsymbol{x} = \boldsymbol{0}\} \cdots (11.2.18)$$

と定義する。(11.2.8) より $E(\lambda) \subseteq E^2(\lambda) \subseteq E^3(\lambda) \subseteq \cdots \subseteq E^*(\lambda)$

$\cdots (11.2.19)$

となる。$E^*(\lambda)$ を固有値 λ に対する**広義固有空間**という。特に $\mathrm{Ker}^0(f) = \mathrm{Ker}^0(A) = E^0(\lambda) = \emptyset$ と定義する。次節以降で固有空間，広義固有空間の性質を調べよう。

11.3　固有空間の性質 (B)

x についての多項式 $p(x)$ で，x を正方行列 A に置き換え，定数項 c を cI (I は A と同じ型の単位行列) に置き換えて得られる式を $p(A)$ と書いて，行列 A についての多項式という。$\boldsymbol{C}^n$ から $\boldsymbol{C}^n$ への線型写像 f の表す行列を A とする。例 8.1 より，A の固有値 λ における固有空間 $E(\lambda)$ は A-不変である。さらに，

$A\boldsymbol{q}=\lambda\boldsymbol{q}$ のとき，$A^k\boldsymbol{q}=\lambda^k\boldsymbol{q}$ また $cI\boldsymbol{q}=c\boldsymbol{q}$ だから，多項式

$$\cdots(11.3.1)$$

$p(x)=a_0+a_1x+a_2x^2+\cdots+a_nx^n$ で，$\boldsymbol{q}\in E(\lambda)$ ならば

$$\cdots(11.3.2)$$

$$p(A)\boldsymbol{q}=a_0I\boldsymbol{q}+a_1A\boldsymbol{q}+a_2A^2\boldsymbol{q}+\cdots+a_nA^n\boldsymbol{q} \qquad \cdots(11.3.3)$$

$$=a_0\boldsymbol{q}+a_1\lambda\boldsymbol{q}+a_2\lambda^2\boldsymbol{q}+\cdots+a_n\lambda^n\boldsymbol{q}=p(\lambda)\boldsymbol{q}\in E(\lambda) \qquad \cdots(11.3.4)$$

よって，$E(\lambda)$ は $p(A)$-不変となる。従って $\cdots(11.3.5)$

補題 11.1　行列 A の固有空間 $E(\lambda)$ は A-不変，また $p(A)$-不変である。

一般に，多項式 $p(x)=a_0+a_1x+a_2x^2+\cdots+a_nx^n$ において，

$$W \text{ が } A\text{-不変のとき，} W \text{ は } p(A)\text{-不変} \qquad \cdots(11.3.6)$$

である。なぜならば W が A-不変のとき，任意の $\boldsymbol{x}\in W$ に対し $a_0\boldsymbol{x}$, $a_1A\boldsymbol{x}, a_2A^2\boldsymbol{x},\cdots\in W$ だから $a_iA^i\boldsymbol{x}\in W$　各 i を足し合わせ $p(A)\boldsymbol{x}\in W$　従って W は $p(A)$-不変となるからである。

さて上記補題より，f を固有空間 $E(\lambda)$ に制限した写像が定義でき，次が成り立つ。

補題 11.2　f を $\boldsymbol{C}^n$ からそれ自身への線型写像とし，固有空間 $E(\lambda)$ に制限した ($E(\lambda)$ の基底において) f の表す行列を A_1 とする。($E(\lambda)$ の任意の要素 $\boldsymbol{x}$ は $A\boldsymbol{x}=\lambda\boldsymbol{x}$ を満たすから (7.1.5) より) A_1 は対角成分が λ の対角行列となる。また A_1 を m 次の正方行列とすれば，A_1 の固有多項式は $\det(A_1-xI)=(\lambda-x)^m$ となる。

命題 11.1　正方行列 A の互いに異なる固有値（固有空間）に属する固有ベクトルは線型独立である。

証明　行列 A の互いに異なる固有値の数 k に関する帰納法で証明する。$k=1$ のときは明らかに成り立つ。行列 A の互いに異なる固有値 $\lambda_1,\cdots,\lambda_k$ と，それぞれに属する固有ベクトルを $\boldsymbol{x}_1,\cdots,\boldsymbol{x}_k$ とする ($A\boldsymbol{x}_i=\lambda_i\boldsymbol{x}_i$)。もし，あるスカラー $a_1,\cdots,a_k$ が存在して，

$$a_1\boldsymbol{x}_1+a_2\boldsymbol{x}_2+\cdots+a_k\boldsymbol{x}_k=\boldsymbol{0} \qquad \cdots(11.3.7)$$

が成り立つとすると，両辺に左から行列 $A-\lambda_1 I$ をかけて，

$$a_1(A-\lambda_1 I)\boldsymbol{x}_1+a_2(A-\lambda_1 I)\boldsymbol{x}_2+\cdots+a_k(A-\lambda_1 I)\boldsymbol{x}_k=\boldsymbol{0} \qquad \cdots(11.3.8)$$

ここで $(A-\lambda_1 I)\boldsymbol{x}_1=(\lambda_1-\lambda_1)\boldsymbol{x}_1=\boldsymbol{0}$ また，$i\neq 1$ のとき $(A-\lambda_1 I)\boldsymbol{x}_i=(\lambda_i-\lambda_1)\boldsymbol{x}_i\neq\boldsymbol{0}$ だから，(11.3.8) は，

$$a_2(\lambda_2-\lambda_1)\boldsymbol{x}_2+\cdots+a_k(\lambda_k-\lambda_1)\boldsymbol{x}_k=\boldsymbol{0} \qquad \cdots(11.3.9)$$

となる。ここで帰納法の仮定より，$k-1$ 個の $\boldsymbol{x}_2,\cdots,\boldsymbol{x}_k$ は線型独立だから，$a_2=\cdots=a_k=0$　これを (11.3.7) に代入して，$a_1\boldsymbol{x}_1=\boldsymbol{0}$。$\boldsymbol{x}_1\neq\boldsymbol{0}$ より，$a_1=0$　よって $\boldsymbol{x}_1,\cdots,\boldsymbol{x}_k$ は線型独立である。

11.4　広義固有空間の性質 (B)

次に広義固有空間に関する性質を導こう。固有空間の場合と基本的考え方は同じである。$\boldsymbol{C}^n$ からそれ自身への線型写像 f の表す行列を A とし，λ を A の固有値とする。

補題 11.3　広義固有空間 $E^*(\lambda)$ は A-不変である。従って，A に関する任意の多項式 $p(A)$ で，$E^*(\lambda)$ は $p(A)$-不変である。

証明　$\boldsymbol{x}\in E^*(\lambda)$ とすると，(11.2.18) よりある l が存在して，

$(A-\lambda I)^l\boldsymbol{x}=\boldsymbol{0}$ となる。この両辺に A をかけて　$\cdots(11.4.1)$

$$A(A-\lambda I)^l\boldsymbol{x}=(A-\lambda I)^l A\boldsymbol{x}=\boldsymbol{0} \qquad \cdots(11.4.2)$$

となり $A\boldsymbol{x} \in E^*(\lambda)$。よって $E^*(\lambda)$ は A-不変である。そして (11.3.6) より，任意の多項式 $p(A)$ で $E^*(\lambda)$ は $p(A)$-不変である。

上記補題により，f を広義固有空間 $E^*(\lambda)$ に制限した写像が定義でき，次が成り立つ。

補題 11.4 $E^*(\lambda)$ に制限した ($E^*(\lambda)$ の基底において) f の表す行列を A_1 とする。A_1 の固有値は λ のみである。従って A_1 を m 次の正方行列とすれば，A_1 の固有多項式は $(\lambda - x)^m$ となる。

証明 もし λ 以外の A_1 の固有値 λ_1 があれば，その固有ベクトルを $\boldsymbol{x} \in E^*(\lambda)$ とする。このとき，

$\boldsymbol{x} \in E^*(\lambda)$ より，ある l が存在して $(A_1 - \lambda I)^l \boldsymbol{x} = \boldsymbol{0}$ $\cdots$(11.4.3)

しかし λ_1 の固有ベクトル $\boldsymbol{x}$ は $A_1\boldsymbol{x} = \lambda_1\boldsymbol{x}$ を満たすから $\cdots$(11.4.4)

(11.3.4) より $(A_1 - \lambda I)^l \boldsymbol{x} = (\lambda_1 - \lambda)^l \boldsymbol{x} \neq \boldsymbol{0}$ $\cdots$(11.4.5)

これは矛盾である。よって A_1 の固有値は λ のみである。

コメント 11.1 前補題より，$E(\lambda_1) \cap E^*(\lambda) = \{\boldsymbol{0}\}$。

さらに次が成り立つ。

命題 11.2 互いに異なる広義固有空間 $E^*(\lambda)$ に属する零でないベクトルは線型独立である。従ってとくに $\lambda_1 \neq \lambda$ ならば $E^*(\lambda_1) \cap E^*(\lambda) = \{\boldsymbol{0}\}$

証明 命題 11.1 の証明と同様の考え方である。行列 A の互いに異なる固有値の数 k に関する帰納法で証明する。$k = 1$ のときは明らかに成り立つ。行列 A の互いに異なる固有値 λ_i $(1 \leq i \leq k)$ と零でない $\boldsymbol{x}_i \in E^*(\lambda_i)$ に対し，あるスカラー $a_1, \cdots, a_k$ が存在して，

$$a_1\boldsymbol{x}_1 + a_2\boldsymbol{x}_2 + \cdots + a_k\boldsymbol{x}_k = \boldsymbol{0} \qquad \cdots(11.4.6)$$

が成り立つとする。ある l が存在して，$(A-\lambda_1 I)^l \boldsymbol{x}_1 = \boldsymbol{0}$ だから，上式に $(A-\lambda_1 I)^l$ をかけて，

$$a_2(A-\lambda_1 I)^l \boldsymbol{x}_2 + \cdots + a_k(A-\lambda_1 I)^l \boldsymbol{x}_k = \boldsymbol{0} \quad \cdots(11.4.7)$$

ここで各 $i \geq 2$ で $(A-\lambda_1 I)^l \boldsymbol{x}_i \neq \boldsymbol{0}$ を証明する。もし $(A-\lambda_1 I)^l \boldsymbol{x}_i = \boldsymbol{0}$ なら，ある $l' < l$ が存在して，

$(A-\lambda_1 I)^{l'} \boldsymbol{x}_i \neq \boldsymbol{0}$ かつ，$(A-\lambda_1 I)^{l'+1} \boldsymbol{x}_i = \boldsymbol{0}$ となる。　$\cdots(11.4.8)$

$(A-\lambda_1 I)^{l'} \boldsymbol{x}_i = \boldsymbol{x}'_i$ とすれば $(A-\lambda_1 I)\boldsymbol{x}'_i = \boldsymbol{0}$ で $\boldsymbol{x}'_i \in E(\lambda_1)$　一方　$\cdots(11.4.9)$

$\boldsymbol{x}_i \in E^*(\lambda_i)$ で補題 11.3 より $(A-\lambda_1 I)^{l'} \boldsymbol{x}_i = \boldsymbol{x}'_i \in E^*(\lambda_i)$　$\cdots(11.4.10)$

これはコメント 11.1 に矛盾。よって各 $i \geq 2$ で $(A-\lambda_1 I)^l \boldsymbol{x}_i \neq \boldsymbol{0}$

(11.4.10) と同様に $(A-\lambda_1 I)^l \boldsymbol{x}_i \in E^*(\lambda_i)$　$\cdots(11.4.11)$

帰納法の仮定より $k-1$ 個の零でない

$(A-\lambda_1 I)^l \boldsymbol{x}_2, \cdots, (A-\lambda_1 I)^l \boldsymbol{x}_k$ は線型独立　$\cdots(11.4.12)$

となり (11.4.7) より $a_2 = \cdots = a_k = 0$。これを (11.4.6) に代入して $a_1 \boldsymbol{x}_1 = \boldsymbol{0}$。$\boldsymbol{x}_1 \neq \boldsymbol{0}$ より $a_1 = 0$。以上より $\boldsymbol{x}_1, \cdots, \boldsymbol{x}_k$ は線型独立である。

11.5　準　備 (C)

例えば 2 数 34 と 15 から始めて次の 3 回の割り算の操作を考えよう。

34 を 15 で割ると余りは 4，式で $34 - 15 \cdot 2 = 4$

15 を 4 で割ると余りは 3，式で $15 - 4 \cdot 3 = 3$　$\cdots(11.5.1)$

4 を 3 で割ると余りは 1，式で $4 - 3 \cdot 1 = 1$

例えば 2 回目の操作として（前回の操作の）割る数 15 を（前回の操作の）余り 4 で割っている。このように，

「新たな操作」は「(前回の) 割る数を (前回の) 余りで割り」

この操作を繰り返すと，余りがだんだん小さくなる。

$$\cdots(11.5.2)$$

別の例をあげよう。2数68と30について，上記の操作を行うと次のようになる。

$$\begin{aligned}&68\text{を}30\text{で割ると余りは}8,\ \text{式で}\,68-30\cdot 2=8\\&30\text{を}8\text{で割ると余りは}6,\ \text{式で}\,30-8\cdot 3=6\\&8\text{を}6\text{で割ると余りは}2,\ \text{式で}\,8-6\cdot 1=2\\&6\text{を}2\text{で割ると余りは}0,\ \text{式で}\,6-3\cdot 2=0\end{aligned}\qquad\cdots(11.5.3)$$

上の2つの例より，最後には余りは0か1になるが，この違いはどこからくるのだろうか。まず最初に次のことを認識しよう。

a_1 を a_2 で割り余りが a_3 なら $a_1 - a_2 \cdot c_1 = a_3$ とおくと

a_1 と a_2 の共通因数と a_2 と a_3 の共通因数は等しい，　$\cdots(11.5.4)$

よって，a_1 と a_2 が互いに素 $\Leftrightarrow$ a_2 と a_3 が互いに素

これを証明しよう。もし a_1 と a_2 に共通因数 r があれば，(11.5.4) の式の左辺は r で割り切れ，従って右辺の a_3 は r を因数に持つ。よって a_2 と a_3 は共通因数 r をもつ。逆に，a_2 と a_3 に共通因数があれば，(11.5.4) より，$a_1 = a_3 + a_2 \cdot c_1$ となり，この右辺は r で割り切れ，従って左辺の a_1 は r を因数に持つ。よって a_1 と a_2 は共通因数 r をもつ。

(11.5.4) をもとに，(11.5.1) をみてみよう。すると，

第1式より34と15は互いに素だから，15と4も互いに素

第2式より15と4は互いに素だから，4と3も互いに素　$\cdots(11.5.5)$

第3式より4と3は互いに素で，4を3で割って余りが1

となった。つまり出発点となる2数34と15が互いに素だから（上の操作を繰り返すと）最後に余りが1になった。次に (11.5.3) をみてみよう。すると，

第1式より68と30の共通因数 = 30と8の共通因数
第2式より30と8の共通因数 = 8と6の共通因数　$\cdots(11.5.6)$
第3式より8と6の共通因数 = 6と2の共通因数。

第4式より6と2の共通因数は2で，6を2で割り余り0

となる。つまり出発点となる2数68と30に共通因数があるから（上の操作を繰り返すと）最後に余りが0になる。一般に2正整数 $a_1 > a_2$ において，$c_1, c_2, \cdots$ を以下で商となる数として，(11.5.4) からの議論より，

a_1 を a_2 で割って余りが a_3 なら，式で $a_1 - a_2 \cdot c_1 = a_3$
a_1 と a_2 の共通因数 $= a_2$ と a_3 の共通因数，よって
a_1，a_2 が互いに素 $\Leftrightarrow$ a_2，a_3 が互いに素
a_2 を a_3 で割って余りが a_4 なら，式で $a_2 - a_3 \cdot c_2 = a_4$
a_2 と a_3 の共通因数 $= a_3$ と a_4 の共通因数，よって
a_2，a_3 が互いに素 $\Leftrightarrow$ a_3，a_4 が互いに素
a_3 を a_4 で割って余りが a_5 なら，式で $a_3 - a_4 \cdot c_3 = a_5$　$\cdots(11.5.7)$
a_3 と a_4 の共通因数 $= a_4$ と a_5 の共通因数，よって
a_3，a_4 が互いに素 $\Leftrightarrow$ a_4，a_5 が互いに素，これを繰り返し
余りは $a_3 > a_4 > \cdots$ だから，最後に余りが0か1になる。
n 回目で初めて $a_n - a_{n+1} \cdot c_n = 0 \text{ or } 1$ になったとすると，
a_n，a_{n+1} が互いに素 $\Leftrightarrow$ 最後の余りが1[◇11.2]，以上より
a_1 と a_2 の共通因数 $= a_n$ と a_{n+1} の共通因数，また
a_1，a_2 が互いに素 $\Leftrightarrow$ 最後の余りが1

◇11.2 最後の余りが0であれば，a_n が a_{n+1} で割り切れる (従って共通因数 a_{n+1} がある) ことになる。最後の余りが1であれば，$a_n - a_{n+1}c_n = 1$ となり，a_n と a_{n+1} に共通因数がない。

となる[◇11.3]。さて a_1 と a_2 が互いに素であれば，上の議論で，

a_1 を a_2 で割って余りが a_3 なら，式で $a_1 - a_2 \cdot c_1 = a_3$ より，
$a_3 = a_1 - a_2c_1$ で右辺は $pa_1 + qa_2$ の形で表せる
a_2 を a_3 で割って余りが a_4 なら，式で $a_2 - a_3 \cdot c_2 = a_4$ より，
$a_4 = a_2 - (pa_1 + qa_2)c_2$ で右辺は $p'a_1 + q'a_2$ の形で表せる
a_3 を a_4 で割って余りが a_5 なら，式で $a_3 - a_4 \cdot c_3 = a_5$ より，
$a_5 = (pa_1 + qa_2) - (p'a_1 + q'a_2)c_3$ は
$p''a_1 + q''a_2$ の形で表せる。これを繰り返すと最後 n 回目に
a_n を a_{n+1} で割って余り a_{n+2} が 1，式で $a_n - a_{n+1} \cdot c_n = 1$
より $1 = (p^*a_1 + q^*a_2) - (p^{**}a_1 + q^{**}a_2)c_n$ の形で表せる[◇11.4]
よってある p，q が存在して，$1 = pa_1 + qa_2$ の形で表せる。
$\cdots (11.5.8)$

よって正整数 a_1 と a_2 が互いに素であれば，ある整式 p，q が存在して，$pa_1 + qa_2 = 1$ となる。多項式においても同様に成り立つ。

定理 11.1　多項式 $a_1(x)$ と $a_2(x)$ が互いに素（共通因数をもたない）であれば，ある多項式 $p(x)$ と $q(x)$ が存在して，$p(x)a_1(x) + q(x)a_2(x) = 1$ となる。

証明　以下で多項式 $a_1(x)$，$a_2(x)$，$p(x)$，$q(x)$ 等で変数 x の記述を省略し a_1，a_2，p，q と書く。$c_1, c_2, \cdots$ 等も，以下で商となる x について

◇11.3 上記で 2 数 a_1 と a_2 が互いに素でなければその共通因数は，a_n と a_{n+1} の共通因数に等しく，さらに（上記で）最後の余りが 0 すなわち，a_n は a_{n+1} で割り切れる。従って，a_1 と a_2 の最大公約数は，a_n と a_{n+1} の最大公約数に等しく a_{n+1} である。このようにして最大公約数を求める方法をユークリッドの互除法という。

◇11.4 n についての帰納法を使っていることになる。

の多項式とする。

a_1 を a_2 で割って余りが a_3，式で $a_1 - a_2 \cdot c_1 = a_3$

a_1，a_2 が互いに素 $\Leftrightarrow$ a_2，a_3 が互いに素[◇11.5]

$a_3 = a_1 - a_2 c_1$ は，$pa_1 + qa_2$ の形で表せる。

a_2 を a_3 で割って余りが a_4，式で $a_2 - a_3 \cdot c_2 = a_4$

a_2，a_3 が互いに素 $\Leftrightarrow$ a_3，a_4 が互いに素

$a_4 = a_2 - (pa_1 + qa_2)c_2$ は $p'a_1 + q'a_2$ の形で表せる。

a_3 を a_4 で割って余りが a_5，式で $a_3 - a_4 \cdot c_3 = a_5$ $\cdots(11.5.9)$

a_3，a_4 が互いに素 $\Leftrightarrow$ a_4，a_5 が互いに素

$a_5 = (pa_1 + qa_2) - (p'a_1 + q'a_2)c_3$ は

$p''a_1 + q''a_2$ の形で表せる。これを繰り返して余りが

a_2 の次数 $>$ a_3 の次数 $> \cdots$ より定数となるまで n 回続けて

a_n を a_{n+1} で割って余りが定数 c，式で $a_n - a_{n+1} \cdot c_n = c$

a_n，a_{n+1} が互いに素 $\Leftrightarrow$ 最後の余り $c \neq 0$ よって，

a_1，a_2 が互いに素 $\Leftrightarrow$ 最後の余り $c \neq 0$

よって $a_1(x)$ と $a_2(x)$ が互いに素であれば，上式で定数 $c \neq 0$

$c = a_n - a_{n+1} \cdot c_n$，で，$n$ についての帰納法より $\cdots(11.5.10)$

$a_n = p^* a_1 + q^* a_2$，$a_{n+1} = p^{**} a_1 + q^{**} a_2$ の形で表せて $\cdots(11.5.11)$

$1 = \dfrac{1}{c}\{(p^* a_1 + q^* a_2) - (p^{**} a_1 + q^{**} a_2)c_n\}$　よって $\cdots(11.5.12)$

$1 = p(x)a_1(x) + q(x)a_2(x)$ の形で表せる。 $\cdots(11.5.13)$

これで，定理が証明された。

◇11.5 a_1，a_2 に共通因数となる多項式 d があれば，上式で左辺は d で割り切れ，従って右辺 a_3 も d で割り切れる。

系 11.1　多項式 $a_1(x), \cdots, a_k(x)$ が全体として共通因数を持たなければ,

$$p_1(x)a_1(x) + \cdots + p_k(x)a_k(x) = 1 \qquad \cdots (11.5.14)$$

となる多項式 $p_1(x), \cdots, p_k(x)$ が存在する。

証明　多項式の数 k についての帰納法による。

$a_1(x)$ と $\{a_2(x), \cdots, a_k(x)\}$ の 2 つに分ける。$\cdots (11.5.15)$

$a_2(x), \cdots, a_k(x)$ が全体として共通因数を持たなければ, 帰納法の仮定により, $2 \leq i \leq k$ として,

$p_2(x)a_2(x) + \cdots + p_k(x)a_k(x) = 1$ となる多項式 $p_i(x)$　$\cdots (11.5.16)$

が存在し $0 \cdot a_1(x) + p_2(x)a_2(x) + \cdots + p_k(x)a_k(x) = 1$　$\cdots (11.5.17)$

となる。$a_2(x), \cdots, a_k(x)$ が全体として共通因数を持てば,

すべての共通因数の積を $q(x)$, $a_i(x) = q(x)a'_i(x)$ とすれば

$\cdots (11.5.18)$

$a_2(x) + \cdots + a_k(x) = q(x)\{a'_2(x) + \cdots + a'_k(x)\}$ となり

$\cdots (11.5.19)$

$a'_2(x), \cdots, a'_k(x)$ は全体として共通因数がない。帰納法の仮定

$\cdots (11.5.20)$

より $p'_2(x)a'_2(x) + \cdots + p'_k(x)a'_k(x) = 1$ なる $p'_i(x)$ が存在する。

$\cdots (11.5.21)$

定理の仮定から $a_1(x)$ と $q(x)$ は互いに素で, 帰納法の仮定から

$\cdots (11.5.22)$

$p'_1(x)a_1(x) + q'(x)q(x) = 1$ なる $p'_1(x)$, $q'(x)$ が存在し, よって

$\cdots (11.5.23)$

$$1 = p_1'(x)a_1(x) + q'(x)q(x) \qquad \cdots (11.5.24)$$
$$= p_1'(x)a_1(x) + q'(x)q(x)\{p_2'(x)a_2'(x) + \cdots + p_k'(x)a_k'(x)\} \qquad \cdots (11.5.25)$$
$$= p_1'(x)a_1(x) + q'(x)p_2'(x)a_2(x) + \cdots + q'(x)p_k'(x)a_k(x) \qquad \cdots (11.5.26)$$

となり系が成り立つ。

次に，$f(x)$ を x についての多項式とし，$f(A)$ をそれに対応する正方行列 A についての多項式とする。例えば，x についての多項式 $f(x) = (x-2)(x+2) - x^2 + 4$ において，$f(x) = 0$ は恒等式である。すると $f(A) = O$ (O は A と同じ型の零行列) は行列 A についての恒等式である。一般に，上記の置き換えにより，

$f(x) = 0$ が x についての恒等式ならば，$f(A) = O$ も A についての恒等式となる。 $\cdots (11.5.27)$

11.6　広義固有空間による直和分解 (B)

$\boldsymbol{C}^n$ からそれ自身への線形写像 f の行列表示を A とする。まず定理 8.1 が使えるようにするため，f-不変な部分空間 W_i をうまく見つけて，$\boldsymbol{C}^n$ をそれら部分空間の直和として表すことができないかを考える。A の異なる固有値 λ_i $(1 \leq i \leq k)$ と固有部分空間 $E(\lambda_i)$ において，

$$E(\lambda_1) \oplus \cdots \oplus E(\lambda_k) \subseteq \boldsymbol{C}^n \qquad \cdots (11.6.1)$$

が成り立つ$^{\diamond 11.6}$。等号が成り立つのは (定理 10.1 より) A が（基底の変換で）対角化可能なときに限る。そこで一般には（対角化できないときは）各固有空間 $E(\lambda_i)$ を拡張して，上式で等号が成り立つようにしたい。

$\diamond$11.6 命題 4.3 と命題 11.1 より上記直和が定義できる。これら部分空間の直和は $\boldsymbol{C}^n$ の部分集合（部分空間）である。

11.2 節の記法を使えば，(11.2.19) より

$$E(\lambda_i) \subseteq E^2(\lambda_i) \subseteq E^3(\lambda_i) \subseteq \cdots \subseteq E^*(\lambda_i) \text{ で例えば，} \qquad \cdots (11.6.2)$$

$$E^*(\lambda_1) \oplus \cdots \oplus E^*(\lambda_k) = \boldsymbol{C}^n \text{ となれば}\underline{\text{ありがたい}} \qquad \cdots (11.6.3)$$

実際この式が成り立つ。よってこれをまず定理として述べ，以下その証明をする。

定理 11.2　$\boldsymbol{C}^n$ からそれ自身への線形写像 f の行列表示を A とする。A の相異なる固有値すべてを $\lambda_1, \cdots, \lambda_k$ とすると，

$$\boldsymbol{C}^n = E^*(\lambda_1) \oplus \cdots \oplus E^*(\lambda_k) \qquad \cdots (11.6.4)$$

が成り立つ。(すると補題 11.3 より各 $E^*(\lambda_i)$ は f-不変だから，定理 8.1 より（基底をうまくとれば）f の行列表示を (8.1.22) すなわち，

$$\begin{pmatrix} A_1 & & & \\ & A_2 & & \text{\huge 0} \\ & & \ddots & \\ \text{\huge 0} & & & A_k \end{pmatrix} \qquad \cdots (11.6.5)$$

の形で表すことができる。ここで，広義固有空間 $E^*(\lambda_i)$ に制限したときの ($E^*(\lambda_i)$ の基底における) f を表す行列が A_i である。)

コメント 11.2　(11.6.5) の行列を A' とする。

基底の変換で固有多項式は変わらず◇11.7，A と A' の固有多項式は等しい。　$\cdots$ (11.6.6)

(6.8.22) より，A' の固有多項式は，各 $A_1, \cdots, A_k$ の固有多項式の積に等しい　$\cdots$ (11.6.7)

よって（固有方程式の解である）A の固有値は，$A_1, \cdots, A_k$ の固有値

◇11.7「入門線型代数」14 章の定理 14.4 (p. 272) 参照。

に（重複度も含めて）等しい $\cdots(11.6.8)$

ここで $1 \leq i \leq k$ として ($E^*(\lambda_i)$ に制限した f を表す行列) A_i を m_i 次の正方行列とする。補題 11.4 より，各 A_i の固有値は λ_i だけであり，従って固有多項式は $(x-\lambda_i)^{m_i}$ となる。よって上記議論より

A の固有多項式は，各 A_i の固有多項式の積 $\prod_{i \leq k}(x-\lambda_i)^{m_i}$ $\cdots(11.6.9)$

となり，m_i は A の固有方程式の解 λ_i の重複度に等しい。また広義固有空間 $E^*(\lambda_i)$ に制限したときの f を表す行列が A_i だから，$\dim(E^*(\lambda_i)) = m_i$

11.7　証　明 (C)

まず $E^*(\lambda_1) \oplus \cdots \oplus E^*(\lambda_k) \subseteq \boldsymbol{C}^n$ が成り立つので[◇11.8]，定理 11.2 を示すためには任意の $\boldsymbol{x} \in \boldsymbol{C}^n$ に対し，

$$\boldsymbol{x} = \boldsymbol{y}_1 + \boldsymbol{y}_2 + \cdots + \boldsymbol{y}_k \qquad \cdots(11.7.1)$$

となる $\boldsymbol{y}_i \in E^*(\lambda_i)$ $(1 \leq i \leq k)$ が存在すればよい。仮にこのことが成り立つとして何が得られるかまず考察しよう。各対応 $\boldsymbol{x} \mapsto \boldsymbol{y}_i$ が線型であれば[◇11.9] その行列表示を P_i として，

$$\boldsymbol{y}_i = P_i\boldsymbol{x} \text{ だから } \boldsymbol{x} = P_1\boldsymbol{x} + P_2\boldsymbol{x} + \cdots + P_k\boldsymbol{x} \qquad \cdots(11.7.2)$$

$$\text{よって } P_1 + P_2 + \cdots + P_k = I \text{ また} \qquad \cdots(11.7.3)$$

◇11.8 命題 4.3 と命題 11.2 より上記直和が定義できる。注釈 11.6 と同様である。

◇11.9 一意性からこの対応 f_i は線型になる。$\boldsymbol{x} = \boldsymbol{y}_1 + \cdots + \boldsymbol{y}_k$，$\boldsymbol{x}' = \boldsymbol{y}'_1 + \cdots + \boldsymbol{y}'_k$ と一意に表されれば，$f_i(\boldsymbol{x}) = \boldsymbol{y}_i$，$f_i(\boldsymbol{x}') = \boldsymbol{y}'_i$　ここで $c\boldsymbol{x} = c\boldsymbol{y}_1 + \cdots + c\boldsymbol{y}_k$ また，$\boldsymbol{x} + \boldsymbol{x}' = (\boldsymbol{y}_1 + \boldsymbol{y}'_1) + \cdots + (\boldsymbol{y}_k + \boldsymbol{y}'_k)$ と一意に表されるから，$f_i(c\boldsymbol{x}) = c\boldsymbol{y}_i = cf_i(\boldsymbol{x})$，$f_i(\boldsymbol{x} + \boldsymbol{x}') = \boldsymbol{y}_i + \boldsymbol{y}'_i = f_i(\boldsymbol{x}) + f_i(\boldsymbol{x}')$。よって f_i は線型である。

$$\boldsymbol{y}_i = P_i\boldsymbol{x} \in E^*(\lambda_i) \text{ より } (A-\lambda_i I)^{l_i} P_i\boldsymbol{x} = \boldsymbol{0} \quad \cdots (11.7.4)$$

となる l_i が存在する。(11.7.4) の等式の形をみると，ケーリー・ハミルトンの定理，

$$A \text{ の固有方程式が } \prod_{j\le k}(x-\lambda_j)^{m_j} = 0 \text{ ならば } \prod_{j\le k}(A-\lambda_j I)^{m_j} = O \quad \cdots (11.7.5)$$

を思い出す (「入門線型代数」14 章定理 14.5 (p. 275) 参照)。(11.7.4) と (11.7.5) を見比べれば，$j \le k$ として，

$$P_i = \prod_{j\ne i}(A-\lambda_j I)^{m_j} \text{ とすれば } (11.7.5) \text{ より } (A-\lambda_i I)^{m_i} P_i = O$$

$$\text{よって } P_i\boldsymbol{x} \in E^*(\lambda_i) \text{ となり } (l_i = m_i \text{ として}) \ (11.7.4) \text{ が成り立つ} \quad \cdots (11.7.6)$$

ではこのとき (11.7.3) は成り立つであろうか。ここで (11.7.6) の行列 A についての多項式 P_i を $a_i(A)$ と書く。すなわち

$$a_i(A) = \prod_{j\ne i}(A-\lambda_j I)^{m_j} \text{ とし，} a_i(x) = \prod_{j\ne i}(x-\lambda_j)^{m_j} \quad \cdots (11.7.7)$$

を考える。この x についての各多項式 $a_i(x)$ $(1 \le i \le k)$ はその定義より ((11.7.5) の固有方程式の左辺の積から $(x-\lambda_i I)^{m_i}$ を除いたもので) 全体として共通因数を持たないから，系 11.1 より，

$$p_1(x)a_1(x) + \cdots + p_k(x)a_k(x) = 1 \quad \cdots (11.7.8)$$

となる多項式 $p_1(x), \cdots, p_k(x)$ が存在する。上式は x についての恒等式である。再び x を行列 A にもどすと，上式より (11.5.27) を使って，

$$p_1(A)a_1(A) + \cdots + p_k(A)a_k(A) = I \quad \text{ここで} \quad \cdots (11.7.9)$$

$$P_i = p_i(A)a_i(A) = p_i(A)\prod_{j\ne i}(A-\lambda_j I)^{m_j} \text{ とおくと} \quad \cdots (11.7.10)$$

$P_1 + \cdots + P_k = I$　またケーリー・ハミルトンの定理より

$$\cdots (11.7.11)$$

$$(A - \lambda_i I)^{m_i} P_i = (A - \lambda_i I)^{m_i} p_i(A) \prod_{j \neq i} (A - \lambda_j I)^{m_j} = O \cdots (11.7.12)$$

この式から $E^*(\lambda_i)$ の定義を考えて，$P_i \boldsymbol{x} \in E^*(\lambda_i)$　$\cdots (11.7.13)$

となる。よって (11.7.11)，(11.7.13) より (11.7.3)，(11.7.4) が成り立つ。つまり，P_i を (11.7.6) で定義するのではなく (さらに $p_i(A)$ をかけて) (11.7.10) で定義すれば (11.7.3)，(11.7.4) 共に成り立つ。(11.7.11) より，

$$P_1 + P_2 + \cdots + P_k = I \text{ だから} \qquad \cdots (11.7.14)$$

$$P_1 \boldsymbol{x} + P_2 \boldsymbol{x} + \cdots + P_k \boldsymbol{x} = \boldsymbol{x} \quad \text{ここで} \qquad \cdots (11.7.15)$$

$$\boldsymbol{y}_i = P_i \boldsymbol{x} \text{ とおくと (11.7.13) より } \boldsymbol{y}_i \in E^*(\lambda_i) \qquad \cdots (11.7.16)$$

従って，$\boldsymbol{y}_i = P_i \boldsymbol{x} \in E^*(\lambda_i)$ なる $\boldsymbol{y}_1, \cdots, \boldsymbol{y}_k$ において，(11.7.1) が成り立つ。以上の解説のまとめとして，定理の証明を念のため述べる。

証明　ケーリー・ハミルトンの定理より，A の固有方程式が

$$\prod_{j \leq k} (x - \lambda_j)^{m_j} = 0 \text{ ならば，} \prod_{j \leq k} (A - \lambda_j I)^{m_j} = O \qquad \cdots (11.7.17)$$

となる。$j \leq k$ として，

$$a_i(A) = \prod_{j \neq i} (A - \lambda_j I)^{m_j} \text{ とし } a_i(x) = \prod_{j \neq i} (x - \lambda_j)^{m_j} \qquad \cdots (11.7.18)$$

とすると，各 $a_i(x)$ $(1 \leq i \leq k)$ は<u>全体として</u>共通因数を持たないから，系 11.1 より，

$$p_1(x) a_1(x) + \cdots + p_k(x) a_k(x) = 1 \qquad \cdots (11.7.19)$$

となる多項式 $p_1(x), \cdots, p_k(x)$ が存在する。これは x についての恒等式である。再び x を行列 A に戻すと，上式より (11.5.27) を使って，

$p_1(A)a_1(A) + \cdots + p_k(A)a_k(A) = I$, $P_i = p_i(A)a_i(A)$ とおき
$\cdots (11.7.20)$

$P_1 + P_2 + \cdots + P_k = I$ またケーリー・ハミルトンの定理より
$\cdots (11.7.21)$

$$(A - \lambda_i I)^{m_i} P_i = (A - \lambda_i I)^{m_i} p_i(A) \prod_{j \neq i} (A - \lambda_j I)^{m_j} = O \cdots (11.7.22)$$

この式から $E^*(\lambda_i)$ の定義を考えて，$P_i \boldsymbol{x} \in E^*(\lambda_i)$ $\cdots (11.7.23)$

さて $P_1 + P_2 + \cdots + P_k = I$ に戻ると $\cdots (11.7.24)$

$P_1\boldsymbol{x} + P_2\boldsymbol{x} + \cdots + P_k\boldsymbol{x} = \boldsymbol{x}$ $\cdots (11.7.25)$

ここで $\boldsymbol{y}_i = P_i\boldsymbol{x}$ とおくと (11.7.23) より $\boldsymbol{y}_i \in E^*(\lambda_i)$ で，$\cdots (11.7.26)$

$\boldsymbol{x} = \boldsymbol{y}_1 + \boldsymbol{y}_2 + \cdots + \boldsymbol{y}_k$ $\cdots (11.7.27)$

となる。この表し方の一意性 (従って定理 11.2 で示された直和が定義できること) を示すには (命題 4.3-ii より) 互いに異なる広義固有空間 $E^*(\lambda_i)$ に属する零でないベクトルは線型独立であることを示せばよいがこれは命題 11.2 よりいえる。

コメント 11.3 上記定理の証明 ((11.7.25) 以降の部分) をみれば，P_i で表される線型写像 f_{P_i} は $E^*(\lambda_i)$ で恒等写像 (従って値域は $E^*(\lambda_i)$) となることがわかる (実際 (11.7.25) で $\boldsymbol{x} \in E^*(\lambda_i)$ とすると，$\boldsymbol{y}_i - \boldsymbol{x} \in E^*(\lambda_i)$ と $j \neq i$ なる $\boldsymbol{y}_j \in E^*(\lambda_j)$ で，$\boldsymbol{0}$ でないものを集めたものは命題 11.2 より線型独立で，またその和は $\boldsymbol{0}$ だから，結局 $\boldsymbol{y}_i = P_i\boldsymbol{x} = \boldsymbol{x}$ で，$j \neq i$ のとき $\boldsymbol{y}_j = P_j\boldsymbol{x} = \boldsymbol{0}$ でなければならない)。

12 行列の標準形

《目標 & ポイント》 はじめに冪零行列を定義し，これをジョルダンの標準形と呼ばれる形に変形することを考える。これを使い，一般の行列を標準形に変形する方法を学ぶ。
《キーワード》 冪零行列，ジョルダンの標準形，ジョルダン細胞

12.1 冪零行列 (A)

B を正方行列とし $\boldsymbol{x} \in \mathrm{Ker}^*(B)$ のとき，$B^{l+1}\boldsymbol{x} = \boldsymbol{0}$ となる l が存在するから，そのうちの最小の l をとる。このとき $B^l\boldsymbol{x} \neq \boldsymbol{0}$ であるから，$\boldsymbol{x}$ は B を $l+1$ 回かけて初めて零ベクトルになる。よって (11.2.8) より，

$$\begin{aligned}
&\boldsymbol{x} \in \mathrm{Ker}^{l+1}(B) - \mathrm{Ker}^l(B),\\
&B\boldsymbol{x} \in \mathrm{Ker}^l(B) - \mathrm{Ker}^{l-1}(B),\\
&\cdots \qquad\qquad \cdots (12.1.1)\\
&B^{l-1}\boldsymbol{x} \in \mathrm{Ker}^2(B) - \mathrm{Ker}^1(B),\\
&B^l\boldsymbol{x} \in \mathrm{Ker}^1(B) \text{ が成り立つ。}
\end{aligned}$$

命題 12.1 B を正方行列とし，$\boldsymbol{x} \in \mathrm{Ker}^*(B)$ に対して l を，$B^{l+1}\boldsymbol{x} = \boldsymbol{0}$ なる最小の数とする。このとき $\boldsymbol{x}, B\boldsymbol{x}, B^2\boldsymbol{x}, \cdots, B^l\boldsymbol{x}$ は線型独立である。

証明

$a_0\boldsymbol{x} + a_1B\boldsymbol{x} + \cdots + a_lB^l\boldsymbol{x} = \boldsymbol{0}$ とする。両辺に B^l をかけて

$\cdots (12.1.2)$

$a_0B^l\boldsymbol{x} + a_1B^{l+1}\boldsymbol{x} + \cdots + a_lB^{2l}\boldsymbol{x} = \boldsymbol{0}$。$B^{l+1}\boldsymbol{x} = \boldsymbol{0}$ より　$\cdots (12.1.3)$

$a_0 B^l \boldsymbol{x} = \boldsymbol{0}$。ここで $B^l \boldsymbol{x} \neq \boldsymbol{0}$ だから $a_0 = 0$　よって　$\cdots(12.1.4)$

$a_1 B\boldsymbol{x} + a_2 B^2 \boldsymbol{x} + \cdots + a_l B^l \boldsymbol{x} = \boldsymbol{0}$　両辺に B^{l-1} をかけて $\cdots(12.1.5)$

$a_1 B^l \boldsymbol{x} + a_2 B^{l+1} \boldsymbol{x} + \cdots + a_l B^{2l-1} \boldsymbol{x} = \boldsymbol{0}$　よって　$\cdots(12.1.6)$

$a_1 B^l \boldsymbol{x} = \boldsymbol{0}$ で $a_1 = 0$　これを繰り返し $a_0 = a_1 = \cdots = a_l = 0$

$\cdots(12.1.7)$

ある m が存在して $B^m = O$ となるような正方行列 B を冪零行列という。

命題 12.2　$\boldsymbol{C}^n$ の l 次元部分空間 W と，W からそれ自身への線形写像 f が与えられ，f を表す (l 次正方) 行列を B とする (従って $\dim(W) = l$)。このとき次は同値である。

i. B は冪零行列である。

ii. $B^l = O$

iii. 任意の $\boldsymbol{x} \in W$ において，ある m が存在して $B^m \boldsymbol{x} = \boldsymbol{0}$

iv. B の固有値は 0 だけである。

証明　i $\Rightarrow$ ii　B を冪零として，仮に $B^l \neq O$ と仮定すれば，ある $\boldsymbol{x} \in W$ が存在して，

$B^l \boldsymbol{x} \neq \boldsymbol{0}$　すると $l+1$ 個の $\boldsymbol{x}, B\boldsymbol{x}, B^2\boldsymbol{x}, \cdots, B^l \boldsymbol{x}$ は零でなく

$\cdots(12.1.8)$

従って命題 12.1 より，線型独立。これは W の次元が l であることに反する。

ii $\Rightarrow$ iii　明らか。

iii $\Rightarrow$ iv　もし B の固有値で 0 以外の数 λ があれば，その固有ベクトルを $\boldsymbol{x}$ として，任意の m に対して，

$$B^m\boldsymbol{x} = \lambda B^{m-1}\boldsymbol{x} = \cdots = \lambda^m \boldsymbol{x} \neq \mathbf{0} \qquad \cdots(12.1.9)$$

これは iii の仮定に反する。

iv $\Rightarrow$ i　iv より B の固有方程式は $x^l = 0$ だから，ケーリー・ハミルトンの定理より，$B^l = O$ で B は冪零行列である。

12.2　次の目標 (A)

定理 11.2 より，我々の次なる目標は (11.6.5) の ($E^*(\lambda_i)$ に制限した f を表す) 各行列 A_i を更なる基底の変換で（ジョルダンの標準形とよばれる）より簡単な形に表すことである。$E^*(\lambda_i)$ の定義より，

各 $\boldsymbol{x} \in E^*(\lambda_i)$ に対し，$(A_i - \lambda_i I)^l \boldsymbol{x} = \mathbf{0}$ なる l が存在する。
$\cdots(12.2.1)$

すると命題 12.2 より，$B_i = A_i - \lambda_i I$ とおけば，B_i は冪零行列である。ここで基底 $\mathcal{D}$ をうまくとって，冪零行列 B_i のジョルダンの標準形 C_i が求まったとしよう。すると基底の変換を表す行列を P として，

ジョルダンの標準形 $C_i = P^{-1}B_iP$ で，$B_i = A_i - \lambda_i I$ だから，
$P^{-1}A_iP = P^{-1}(B_i + \lambda_i I)P = P^{-1}B_iP + \lambda_i I = C_i + \lambda_i I$ となり
（同じ基底の変換で）$A_i = B_i + \lambda_i I$ の標準形は $C_i + \lambda_i I$
$\cdots(12.2.2)$

と求まる。(つまり $A_i = B_i + \lambda_i I$ の $\lambda_i I$ の部分は基底の変換で変わらない，よって C_i の対角成分に λ_i を加えればよい。また (12.2.2) の議論は B_i が（冪零でなく）一般の行列においても成り立つことがわかる。) よって今後は冪零行列 B_i のジョルダンの標準形を求めることを考える。

コメント 12.1　$B = A - \lambda I$ なる関係があるとき，命題 12.2 より，

B は冪零行列 $\Leftrightarrow$ B の固有値は 0 のみ $\Leftrightarrow$ $\cdots(12.2.3)$
$|B - xI| = |A - (\lambda + x)I| = 0$ の解は 0 のみ $\Leftrightarrow$ $\cdots(12.2.4)$

$$|A - xI| = 0 \text{の解は} \lambda \text{のみ} \Leftrightarrow A \text{の固有値は} \lambda \text{のみ} \qquad \cdots (12.2.5)$$

つまり B の固有値が 0 のみであることと，$B + \lambda I$ の固有値が λ のみであることは同値である。

12.3　冪零行列の標準形 (C)

命題を 1 つ。

命題 12.3　$l > 0$ として，

$L(\boldsymbol{x}_1, \cdots, \boldsymbol{x}_m) - \{\boldsymbol{0}\} \subseteq \mathrm{Ker}^{l+1}(B) - \mathrm{Ker}^{l}(B)$ で，

$\boldsymbol{x}_1, \cdots, \boldsymbol{x}_m$ が線型独立とする。このとき

$L(B\boldsymbol{x}_1, \cdots, B\boldsymbol{x}_m) - \{\boldsymbol{0}\} \subseteq \mathrm{Ker}^{l}(B) - \mathrm{Ker}^{l-1}(B)$ で，

$B\boldsymbol{x}_1, \cdots, B\boldsymbol{x}_m$ は線型独立である。

証明　$p_1 B\boldsymbol{x}_1 + \cdots + p_m B\boldsymbol{x}_m = B(p_1\boldsymbol{x}_1 + \cdots + p_m\boldsymbol{x}_m) = B\boldsymbol{y}$ とおく。

$B\boldsymbol{y} \in L(B\boldsymbol{x}_1, \cdots, B\boldsymbol{x}_m)$ が零でないならば　$\cdots (12.3.1)$

$\boldsymbol{y} \in L(\boldsymbol{x}_1, \cdots, \boldsymbol{x}_m)$ も零でない。仮定より　$\cdots (12.3.2)$

$\boldsymbol{y} \in \mathrm{Ker}^{l+1}(B) - \mathrm{Ker}^{l}(B)$ だから，(12.1.1) より　$\cdots (12.3.3)$

$B\boldsymbol{y} = p_1 B\boldsymbol{x}_1 + \cdots + p_m B\boldsymbol{x}_m \in \mathrm{Ker}^{l}(B) - \mathrm{Ker}^{l-1}(B)$　$\cdots (12.3.4)$

上のベクトルは $L(B\boldsymbol{x}_1, \cdots, B\boldsymbol{x}_m)$ の零でない任意の要素を

表しているから　$\cdots (12.3.5)$

$L(B\boldsymbol{x}_1, \cdots, B\boldsymbol{x}_m) - \{\boldsymbol{0}\} \subseteq \mathrm{Ker}^{l}(B) - \mathrm{Ker}^{l-1}(B)$　$\cdots (12.3.6)$

次に，$B\boldsymbol{x}_1, \cdots, B\boldsymbol{x}_m$ の線型独立性を示すため，　$\cdots (12.3.7)$

$p_1 B\boldsymbol{x}_1 + \cdots + p_m B\boldsymbol{x}_m = B(p_1\boldsymbol{x}_1 + \cdots + p_m\boldsymbol{x}_m) = \boldsymbol{0}$　$\cdots (12.3.8)$

とすると $p_1\boldsymbol{x}_1 + \cdots + p_m\boldsymbol{x}_m \in \mathrm{Ker}(B)$ は $l > 0$ より $\boldsymbol{0}$　$\cdots (12.3.9)$

$\boldsymbol{x}_1, \cdots, \boldsymbol{x}_m$ の線型独立性から，$p_1 = \cdots = p_m = 0$　$\cdots (12.3.10)$

$\boldsymbol{C}^n$ 上の線型写像 g を表す行列 B が冪零行列 (従って固有値は 0 のみ) として（基底をうまく選んで），B のジョルダンの標準形を求めよう。

$B^{l+1}=O$ なる最小の $l<n$ をとる。よって $\cdots$ (12.3.11)

$\mathrm{Ker}^{l+1}(B)=\boldsymbol{C}^n=E^*(0)$ で，$\mathrm{Ker}^{l+1}(B)-\mathrm{Ker}^{l}(B)\neq\emptyset$ $\cdots$ (12.3.12)

次に各 $l'\leq l+1$ に対し，$\dim(\mathrm{Ker}^{l'}(B))=d_{l'}$ とする。とくに $d_0=0$ とする。すると $\dim(\mathrm{Ker}^{l+1}(B))=d_{l+1}=n$　ここで (11.2.8) より，

$\mathrm{Ker}(B)\subseteq\cdots\subseteq\mathrm{Ker}^{l-1}(B)\subseteq\mathrm{Ker}^{l}(B)\subseteq\mathrm{Ker}^{l+1}(B)=\boldsymbol{C}^n$

従って $d_1\leq d_2\leq\cdots\leq d_l\leq d_{l+1}=n$ となる。 $\cdots$ (12.3.13)

ここで $d_{l'}-d_{l'-1}=e_{l'}\geq 0$ とする。 $\cdots$ (12.3.14)

$\mathrm{Ker}^{k}(B)-\mathrm{Ker}^{k-1}(B)$ の要素は B を k 回かけて初めて $\mathbf{0}$ になるが

$\cdots$ (12.3.15)

ここから基底の一部を工夫して選ぶ。このとき k を $l+1$ から始めて 1 つずつ減らしながら選んでいくのである。

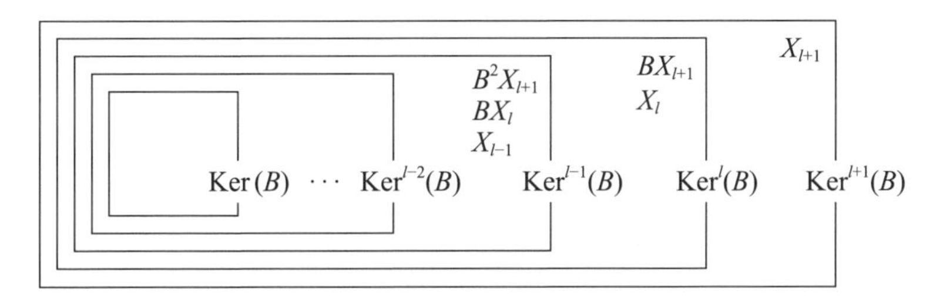

図 **12.1**

以下で記述を簡単にするため，次のような表記を用いることにする。

ベクトルを並べた $\boldsymbol{a}_1,\cdots,\boldsymbol{a}_k$ を X 等で表し，$B\boldsymbol{a}_1,\cdots,B\boldsymbol{a}_k$ を BX 等で表す。$L(X)$ は X の要素で生成される部分空間を表す。X_1，X_2 は，X_1 の後に X_2 を並べたものとする $\cdots$ (12.3.16)

(1) $\dim(\mathrm{Ker}^l(B)) = d_l$ より部分空間 $\mathrm{Ker}^l(B)$ の基底 (d_l 個の要素からなる) を適当にとり，さらに $n - d_l$ $(= e_{l+1})$ 個の線型独立なベクトル X_{l+1} を加えて，$\mathrm{Ker}^{l+1}(B) = \boldsymbol{C}^n = E^*(0)$ の基底となるようにできる[◇12.1] (X_{l+1} の要素は (12.3.15) より B を $\underline{l+1\text{ 回かけて初めて}}$ $\mathbf{0}$ になる。添え字はその意味をもつ。以下同様である。)。すなわち，

$\mathrm{Ker}^l(B)$ の基底に X_{l+1} を加えて $\boldsymbol{C}^n$ の基底とすれば，　$\cdots$ (12.3.17)

命題 4.4 より $\mathrm{Ker}^{l+1}(B) = \boldsymbol{C}^n = L(X_{l+1}) \oplus \mathrm{Ker}^l(B)$　$\cdots$ (12.3.18)

そして $L(X_{l+1}) - \{\mathbf{0}\} \subseteq \mathrm{Ker}^{l+1}(B) - \mathrm{Ker}^l(B)$　$\cdots$ (12.3.19)

命題 12.3 より ($l > 0$ なら) BX_{l+1} は線型独立で，　$\cdots$ (12.3.20)

$L(BX_{l+1}) - \{\mathbf{0}\} \subseteq \mathrm{Ker}^l(B) - \mathrm{Ker}^{l-1}(B)$　$\cdots$ (12.3.21)

である。上記 (1) の議論を繰り返そう。

(2) 部分空間 $\mathrm{Ker}^{l-1}(B)$ の基底 (d_{l-1} 個の要素からなる) を適当にとり，さらに，$d_l - d_{l-1}$ $(= e_l)$ 個の線型独立なベクトルを加えて，$\mathrm{Ker}^l(B)$ の基底 (d_l 個の要素からなる) となるようにすることができる。しかしここで，(12.3.20)，(12.3.21) より，e_l 個のそのようなベクトルのうち e_{l+1} $(\leq e_l)$ 個は，BX_{l+1} とすることができる。言い換えると，ある X_l が存在して，

$\mathrm{Ker}^{l-1}(B)$ の基底に BX_{l+1}，X_l を加えて $\mathrm{Ker}^l(B)$ の基底 $\cdots$ (12.3.22)

となり命題 4.4 より $\mathrm{Ker}^l(B) = L(BX_{l+1}, X_l) \oplus \mathrm{Ker}^{l-1}(B)$

$\cdots$ (12.3.23)

そして $L(BX_{l+1}, X_l) - \{\mathbf{0}\} \subseteq \mathrm{Ker}^l(B) - \mathrm{Ker}^{l-1}(B)$　$\cdots$ (12.3.24)

となる。(12.3.18) と (12.3.23) を合わせて，

◇12.1 定理 4.1 で $W = \boldsymbol{C}^n$ とし，定理の B を（本文の）$\mathrm{Ker}^l(B)$ の任意の基底とし，これを議論の出発点とすればよい。

$$\begin{aligned} \boldsymbol{C}^n &= \mathrm{Ker}^{l+1}(B) \\ &= L(X_{l+1}) \\ &\quad \left.\begin{aligned} &\oplus L(BX_{l+1}, X_l) \\ &\oplus \mathrm{Ker}^{l-1}(B) \end{aligned}\right\} \mathrm{Ker}^l(B) \end{aligned} \quad \cdots (12.3.25)$$

となる。すると ($l-1>0$ なら) (12.3.24) と命題 12.3 より，

$$\begin{aligned} &B^2X_{l+1},\ BX_l \text{ は線型独立で,} \\ &L(B^2X_{l+1}, BX_l) - \{\mathbf{0}\} \subseteq \mathrm{Ker}^{l-1}(B) - \mathrm{Ker}^{l-2}(B) \end{aligned} \quad \cdots (12.3.26)$$

である。もう 1 回繰り返そう。

(3) 部分空間 $\mathrm{Ker}^{l-2}(B)$ の任意の基底 (d_{l-2} 個の要素からなる) にさらに，$d_{l-1}-d_{l-2}$ $(=e_{l-1})$ 個の線型独立なベクトルを加えて，$\mathrm{Ker}^{l-1}(B)$ の基底 (d_{l-1} 個の要素からなる) となるようにすることができる。しかしここで，(12.3.26) より，e_{l-1} 個のそのようなベクトルのうち e_l $(\leq e_{l-1})$ 個は，B^2X_{l+1}，BX_l とすることができる。言い換えると，ある X_{l-1} が存在して，

$\mathrm{Ker}^{l-2}(B)$ の基底に B^2X_{l+1}，BX_l，X_{l-1} を加えて $\mathrm{Ker}^{l-1}(B)$ の基底 $\cdots (12.3.27)$

となり $\mathrm{Ker}^{l-1}(B) = L(B^2X_{l+1}, BX_l, X_{l-1}) \oplus \mathrm{Ker}^{l-2}(B)$ $\cdots (12.3.28)$

とできる (命題 4.4 を使う)。すると (12.3.25) と合わせて，

$$\begin{aligned} \boldsymbol{C}^n &= \mathrm{Ker}^{l+1}(B) \\ &= L(X_{l+1}) \\ &\quad \left.\begin{aligned} &\oplus L(BX_{l+1}, X_l) \\ &\left.\begin{aligned} &\oplus L(B^2X_{l+1}, BX_l, X_{l-1}) \\ &\oplus \mathrm{Ker}^{l-2}(B) \end{aligned}\right\} \mathrm{Ker}^{l-1}(B) \end{aligned}\right\} \mathrm{Ker}^l(B) \end{aligned} \quad \cdots (12.3.29)$$

となる。同様の議論を $l+1$ 回繰り返す。すると (12.3.29) を参考にして，$\boldsymbol{C}^n$ は次の形の直和として表せる。

$$
\begin{array}{llll}
 & L(X_{l+1}) & & \\
\oplus & L(BX_{l+1}, & X_l) & \searrow \mathrm{Ker}^{l}(B) \\
\oplus & L(B^2X_{l+1}, & BX_l, \quad X_{l-1}) & \searrow \mathrm{Ker}^{l-1}(B) \\
\cdots & & & \searrow \mathrm{Ker}^{l-2}(B) \\
\oplus & L(B^{l-l'+1}X_{l+1}, B^{l-l'}X_l, \cdots, & BX_{l'+1}, X_{l'}) & \searrow \mathrm{Ker}^{l'}(B) \\
\cdots & & & \searrow \mathrm{Ker}^{l'-1}(B) \\
\oplus & L(B^{l-2}X_{l+1}, & B^{l-3}X_l, B^{l-4}X_{l-1}, \cdots, & X_3) \\
\oplus & L(B^{l-1}X_{l+1}, & B^{l-2}X_l, B^{l-3}X_{l-1}, \cdots, & BX_3, \ X_2) \searrow \mathrm{Ker}^{2}(B) \\
\oplus & L(B^{l}X_{l+1}, & B^{l-1}X_l, B^{l-2}X_{l-1}, \cdots, & B^2X_3, BX_2, X_1) \\
 & \searrow \mathrm{Ker}(B) & &
\end{array}
$$

$\cdots$ (12.3.30)

上の矢印は，その部分より下側の直和全体を表す。(12.3.22), (12.3.23), (12.3.27)，(12.3.28) より一般に，$X_{l'}$ $(1 \le l' \le l+1)$ は次を満たす (上の直和で下から l' 行目参照)。

> $\mathrm{Ker}^{l'-1}(B)$ の基底に $B^{l-l'+1}X_{l+1}, B^{l-l'}X_l, \cdots, BX_{l'+1}, X_{l'}$ を加えて $\mathrm{Ker}^{l'}(B)$ の基底となる。そして $\mathrm{Ker}^{l'}(B) = L(B^{l-l'+1}X_{l+1}, B^{l-l'}X_l, \cdots, BX_{l'+1}, X_{l'}) \oplus \mathrm{Ker}^{l'-1}(B)$

$\cdots$ (12.3.31)

よって (12.3.15) より，(12.3.30) の下から l' 行目で横に並んだベクトルは，B を l' 回かけて初めて $\mathbf{0}$ になる。

(12.3.31) より ($l'=1$ として) (12.3.30) の最下行の式で表された部分空間は $\mathrm{Ker}(B)$ に等しい。また (12.3.31) より ($l'=2$ として) (12.3.30) の下 2 行 (からなる 2 個の部分空間) の直和部分は $\mathrm{Ker}^2(B)$ に等しい。一般

に (12.3.30) の下 l' 行 (からなる l' 個の部分空間) の直和部分は $\mathrm{Ker}^{l'}(B)$ に等しい。(12.3.30) では，各行，横に並んだベクトルより生成される部分空間を考え，それらの直和によって $\boldsymbol{C}^n$ を表したことになる。

今度は (12.3.30) で各列，縦に現れるベクトルの要素を並べてみてみよう。例えば X_{l+1} に現れるベクトルを $\boldsymbol{a}$ (これは (12.3.18) より B を $l+1$ 回かけて初めて $\boldsymbol{0}$ になる) として，縦下方向にみると，

$\boldsymbol{a}, B\boldsymbol{a}, B^2\boldsymbol{a}, \cdots, B^{l-1}\boldsymbol{a}, B^l\boldsymbol{a}$ は命題 12.1 より線型独立　$\cdots$ (12.3.32)

で g の像は，$B\boldsymbol{a}, B^2\boldsymbol{a}, B^3\boldsymbol{a}, \cdots, B^l\boldsymbol{a}, \boldsymbol{0}$　よって　$\cdots$ (12.3.33)

$L(\boldsymbol{a}, B\boldsymbol{a}, \cdots, B^l\boldsymbol{a}) = W$ とすると，W は g-不変である。$\cdots$ (12.3.34)

そして，W の基底 $\mathcal{D} = \{B^l\boldsymbol{a}, B^{l-1}\boldsymbol{a}, \cdots, B\boldsymbol{a}, \boldsymbol{a}\}$ で，　$\cdots$ (12.3.35)

W に制限した g を表す行列は (7.1.2) より，　$\cdots$ (12.3.36)

$(g(B^l\boldsymbol{a}), g(B^{l-1}\boldsymbol{a}), \cdots, g(B\boldsymbol{a}), g(\boldsymbol{a})) =$　$\cdots$ (12.3.37)

$$(\boldsymbol{0}, B^l\boldsymbol{a}, B^{l-1}\boldsymbol{a}, \cdots, B\boldsymbol{a}) = \begin{pmatrix} 0 & 1 & & & \\ & 0 & 1 & & \text{\Large 0} \\ & & \ddots & \ddots & \\ \text{\Large 0} & & & 0 & 1 \\ & & & & 0 \end{pmatrix} \quad \cdots (12.3.38)$$

なる $l+1$ 次正方行列となる (基底 $\mathcal{D}$ を並べる順番に注意)。まとめると，$\boldsymbol{a}$ に B を何度か ($\boldsymbol{0}$ になるまで) かけ ((12.3.32))，それらを逆の順番に並べ，上記基底 $\mathcal{D}$ が生成され ((12.3.35))，これにより (W に制限した) g を表す行列 ((12.3.38)) が定まっている。(12.3.30) の他の列についても同様である。

練習 12.1　(12.3.30) において他の列を選び，上と同様に論ぜよ。

解答　例えば X_l に現れるベクトルを $\boldsymbol{a}$ (これは (12.3.23) より B を l 回かけて初めて $\boldsymbol{0}$ になる) として，縦下方向にみて，$\boldsymbol{a}, B\boldsymbol{a}, B^2\boldsymbol{a}, \cdots, B^{l-2}\boldsymbol{a}, B^{l-1}\boldsymbol{a}$

で生成される部分空間を W' とする。

基底 $\mathcal{D}' = \{B^{l-1}\boldsymbol{a}, B^{l-2}\boldsymbol{a}, \cdots, B\boldsymbol{a}, \boldsymbol{a}\}$ において，W' に制限した g を表す行列 B' は（本文の議論と同様に考えて）(12.3.38) と同じ形の l 次の正方行列である。

次に例えば X_{l-1} に現れるベクトルを $\boldsymbol{a}$ (これは (12.3.28) より B を $l-1$ 回かけて初めて $\boldsymbol{0}$ になる) として，縦下方向にみて，$\boldsymbol{a}, B\boldsymbol{a}, B^2\boldsymbol{a}, \cdots, B^{l-2}\boldsymbol{a}, B^{l-2}\boldsymbol{a}$ で生成される部分空間を W'' とする。

基底 $\mathcal{D}'' = \{B^{l-2}\boldsymbol{a}, B^{l-3}\boldsymbol{a}, \cdots, B\boldsymbol{a}, \boldsymbol{a}\}$ において，W'' に制限した g を表す行列 B'' は（本文の議論と同様に考えて）(12.3.38) と同じ形の $l-1$ 次の正方行列である。

さて (12.3.30) の（縦の）列の総数を r とする。((12.3.32) と同様に考えて) (12.3.30) の左から

j 列目の一番上の要素 $\boldsymbol{a}_j$ が $X_{l'}$ に現れているとすれば　$\cdots$(12.3.39)

(12.3.31) より $\boldsymbol{a}_j$ は B を l' 回かけて初めて $\boldsymbol{0}$ になる。j 列目のベクトルは，

$\boldsymbol{a}_j, B\boldsymbol{a}_j, B^2\boldsymbol{a}_j, \cdots, B^{l'-2}\boldsymbol{a}_j, B^{l'-1}\boldsymbol{a}_j$ で命題 12.1 より線型独立

$\cdots$(12.3.40)

で g の像は，$B\boldsymbol{a}_j, B^2\boldsymbol{a}_j, B^3\boldsymbol{a}_j, \cdots, B^{l'-1}\boldsymbol{a}_j, \boldsymbol{0}$　よって　$\cdots$(12.3.41)

$W_j = L(B^{l'-1}\boldsymbol{a}_j, B^{l'-2}\boldsymbol{a}_j, \cdots, B\boldsymbol{a}_j, \boldsymbol{a}_j)$ とすると W_j は g-不変。

$\cdots$(12.3.42)

基底 $\mathcal{D}_j = \{B^{l'-1}\boldsymbol{a}_j, B^{l'-2}\boldsymbol{a}_j, \cdots, B\boldsymbol{a}_j, \boldsymbol{a}_j\}$ で，W_j に制限した

$\cdots$(12.3.43)

g の行列表示 B_j は (12.3.38) の形の l' 次正方行列。　$\cdots$(12.3.44)

こうして $\boldsymbol{C}^n$ は <u>g-不変な</u> W_j の直和 $\displaystyle\bigoplus_{j=1}^{r} W_j$ で表せ，その基底は

$\bigcup_{1\leq j\leq r} \mathcal{D}_j$ となる。 $\cdots$ (12.3.45)

これが (12.3.30) の直和との違いである。各 $\boldsymbol{a}_j$ に B を何度か ($\mathbf{0}$ になるまで) かけ ((12.3.41)), それらを逆の順番に並べ上記基底 $\mathcal{D}_j$ が生成され ((12.3.43)), これに対応して B_j が定まっていることを確認しよう。よって定理 8.1 が使え次が得られる。

定理 12.1　$\boldsymbol{C}^n$ から $\boldsymbol{C}^n$ への線形写像 f の行列表示 B が冪零とする。基底をうまくとることによって (上の記法で, 幾つか (r 個とする) $\boldsymbol{a}_j$ をうまくとり (B を何度か ($\mathbf{0}$ になるまで) かけ, それらを逆の順番に並べ) $\mathcal{D}_j$ が生成され, 基底を $\bigcup_{1\leq j\leq r} \mathcal{D}_j$, すなわち $\mathcal{D}_1, \mathcal{D}_2, \cdots$ の順に基底の要素を並べたものとして), f の行列表示は,

$$\begin{pmatrix} B_1 & & & \\ & B_2 & & \text{\huge 0} \\ & & \ddots & \\ \text{\huge 0} & & & B_r \end{pmatrix} \text{ ここで各 } B_j = \begin{pmatrix} 0 & 1 & & & \\ & 0 & 1 & & \text{\huge 0} \\ & & \ddots & \ddots & \\ \text{\huge 0} & & & 0 & 1 \\ & & & & 0 \end{pmatrix} \cdots (12.3.46)$$

の形で表せる ($1 \leq j \leq r$)。ここで B_j が 1 行 1 列のときは O となる。(各 $\mathcal{D}_j$ に対応して (f を表す行列) B_j が定まっている。)

12.4　行列の標準形 (B)

A の固有値が λ だけのときは (コメント 12.1 より) $A - \lambda I$ の固有値は 0 だけで, 従って (命題 12.2 より) 冪零である。すると前定理と (12.2.2) より次を得る。

定理 12.2　$\boldsymbol{C}^n$ からそれ自身への線形写像 f の行列表示 A の固有値がただ 1 つ λ のときは (冪零行列 $A - \lambda I$ に対し前定理の方法で) 基底をう

まくとれば f の行列表示は次の形で表される。

$$\begin{pmatrix} B_1 & & & \text{\Large 0} \\ & B_2 & & \\ & & \ddots & \\ \text{\Large 0} & & & B_r \end{pmatrix} \text{ここで各 } B_j = \begin{pmatrix} \lambda & 1 & & & \\ & \lambda & 1 & & \text{\Large 0} \\ & & \ddots & \ddots & \\ \text{\Large 0} & & & \lambda & 1 \\ & & & & \lambda \end{pmatrix} \quad \cdots (12.4.1)$$

ただし B_j が 1 行 1 列のときは λ となる。(各 $\mathcal{D}_j$ に対応して (f を表す行列) B_j が定まっている。)

さらに前定理より次を得る。

定理 12.3 $\boldsymbol{C}^n$ からそれ自身への線形写像 f の行列表示を A とする。A の相異なる固有値を $\lambda_1, \cdots, \lambda_k$ とし (A の固有方程式における) λ_i の重複度を m_i とする ($1 \leq i \leq k$)。すると，基底をうまくとれば，f の行列表示は次の B の形になる。

$$B = \begin{pmatrix} A_1 & & & \text{\Large 0} \\ & A_2 & & \\ & & \ddots & \\ \text{\Large 0} & & & A_k \end{pmatrix} \text{各 } A_i \text{ は } m_i \text{ 次正方行列で} \quad \cdots (12.4.2)$$

$$A_i = \begin{pmatrix} B_1 & & & \text{\Large 0} \\ & B_2 & & \\ & & \ddots & \\ \text{\Large 0} & & & B_{r_i} \end{pmatrix} \text{の形で，さらに各 } B_j \text{ は} \quad \cdots (12.4.3)$$

$$B_j = \begin{pmatrix} \lambda_i & 1 & & & \\ & \lambda_i & 1 & & \text{\huge 0} \\ & & \ddots & \ddots & \\ \text{\huge 0} & & & \lambda_i & 1 \\ & & & & \lambda_i \end{pmatrix} \text{の形}\,(1 \leq j \leq r_i)。 \qquad \cdots (12.4.4)$$

すなわち広義固有空間 $E^*(\lambda_i)$ に制限した f の（新しい基底による）行列表示が A_i で，A_i の対角成分は λ_i である (前節の記法で (λ を λ_i に置き換えて)，各広義固有空間 $E^*(\lambda_i)$ から幾つか (r_i 個とする) $\boldsymbol{a}_j$ をうまくとり，$A - \lambda_i I$ を何度か ($\mathbf{0}$ になるまで) かけ，それらを逆の順番に並べ) $\mathcal{D}_j$ が生成され，$E^*(\lambda)$ の基底を $\mathcal{B}_i = \bigcup_{1 \leq j \leq r_i} \mathcal{D}_j$ とする。そして新たな $\boldsymbol{C}^n$ の基底を $\mathcal{B} = \bigcup_{1 \leq i \leq k} \mathcal{B}_i$ とする)。

証明　定理 11.2 より，

$$\boldsymbol{C}^n = E^*(\lambda_1) \oplus \cdots \oplus E^*(\lambda_k) \qquad \cdots (12.4.5)$$

が成り立つ。すると補題 11.3 より各 $E^*(\lambda_i)$ は f-不変だから，定理 8.1 より行列 A は (基底をうまくとれば) (12.4.2) の形で表される。ここで，広義固有空間 $E^*(\lambda_i)$ に制限したときの ($E^*(\lambda_i)$ の基底における) f を表す行列が A_i である。補題 11.4 より，A_i の固有値は λ_i のみである。すると定理 12.2 より，さらなる (定理 12.1 で述べたような) 基底の変換で，各行列 A_i は，(12.4.3)，(12.4.4) の形で表される。A_i が m_i 次正方行列であることは，コメント 11.2 よりいえる。

(12.4.2) の形の行列を**ジョルダンの標準形**という。(12.4.4) の行列 B_j が s 次正方行列とすれば，

B_j を固有値 λ_i の s 次の**ジョルダン細胞**といい，$J(\lambda_i, s)$　$\cdots (12.4.6)$

で表す。$J(\lambda_i, 1)$ は 1×1 行列 λ_i である。(12.4.3) の各 A_i は，固有値 λ_i のジョルダン細胞を対角線上に並べたものである。従って (12.4.2) のジョルダン標準形とは，（各固有値の）ジョルダン細胞を対角線上に並べた形で表されるものとなる。

コメント 12.2 (C)　コメント 11.2 より，m_i を A の固有方程式の解 λ_i の重複度として，

$$\dim(E^*(\lambda_i)) = m_i \text{ よって } \mathrm{Ker}^{m_i}(A - \lambda_i I) = E^*(\lambda_i) \qquad \cdots (12.4.7)$$

が成り立つ (もしそうでなければ $A - \lambda_i I = B$ として，零でない $\boldsymbol{a} \in E^*(\lambda_i) - \mathrm{Ker}^{m_i}(A - \lambda_i I)$ が存在し，$B^{m_i}\boldsymbol{a} \neq \boldsymbol{0}$ となるが，命題 12.1 より，$m_i + 1$ 個の $\boldsymbol{a}, B\boldsymbol{a}, \cdots, B^{m_i}\boldsymbol{a}$ は線型独立で，$E^*(\lambda_i)$ の要素となり，$\dim(E^*(\lambda_i)) = m_i$ に矛盾する)。

A の固有値が 1 つ λ だけの場合のジョルダンの標準形を求めるには (コメント 12.1，命題 12.2 より) $B = A - \lambda I$ は冪零行列で，(12.3.11)，(12.3.12)，そして (12.3.13) 以降で述べたように，まず

$B^{l+1} = O$ (つまり $\mathrm{Ker}^{l+1}(B) = \boldsymbol{C}^n = E^*(\lambda)$) なる最小の l を求め，次に $\cdots (12.4.8)$

$$\mathrm{Ker}(B) \subseteq \cdots \subseteq \mathrm{Ker}^{l-1}(B) \subseteq \mathrm{Ker}^{l}(B) \subseteq \mathrm{Ker}^{l+1}(B) = E^*(\lambda) \qquad \cdots (12.4.9)$$

なる各部分空間を求めて，定理 12.2 で述べた $\boldsymbol{a}_j$ をうまくとっていった。固有値の数が 2 つ以上 $\lambda_1, \lambda_2, \cdots$，ある場合は，$f$ を各広義固有空間 $E^*(\lambda_i)$ に制限した写像の (m_i 次) 行列表示 A_i について (上記 $B = A - \lambda I$ に対応する) 冪零行列 $A_i - \lambda_i I$ において同様の手続きをすると思うかもしれないが，この行列 A_i はすぐに求まらない。そこで (12.4.7) より，$B_i = A - \lambda_i I$ は冪零行列ではないが (固有値が 1 つの場合の (12.4.8)，(12.4.9) に対応して)，

$\mathrm{Ker}^{l+1}(B_i) = E^*(\lambda_i)$ なる最小の $l < m_i$ つまり $\cdots$ (12.4.10)

$\dim(\mathrm{Ker}^{l+1}(B_i)) = m_i$ なる最小の $l < m_i$ を求め，次に $\cdots$ (12.4.11)

$$\mathrm{Ker}(B_i) \subseteq \cdots \subseteq \mathrm{Ker}^{l-1}(B_i) \subseteq \mathrm{Ker}^{l}(B_i) \subseteq \mathrm{Ker}^{l+1}(B_i) = E^*(\lambda_i) \quad \cdots (12.4.12)$$

なる各部分空間を求め，前定理で述べたような $\boldsymbol{a}_j$ をうまくとっていけばいいのである。

12.5　練　習 (B)

n 次正方行列 A のジョルダンの標準形を求める方法を次にまとめておこう[◇12.2]。

A の固有値 λ (重複度を m とする) を全て求める。 $\cdots$ (12.5.1)

各 $B = A - \lambda I$ で，$\mathrm{Ker}^{l+1}(B) = E^*(\lambda)$ すなわち

$\dim(\mathrm{Ker}^{l+1}(B)) = m$ なる最小の $l < m$ を求める[◇12.3]。 $\cdots$ (12.5.2)

$1 \leq k \leq l+1$ なる各 $\mathrm{Ker}^k(B)$（の基底）とその次元 d_k を求める。 $\cdots$ (12.5.3)

$\mathrm{Ker}^{l+1}(B) - \mathrm{Ker}^{l}(B)$ の要素 $\boldsymbol{a}$ で線型独立なものを $m - d_l$ 個並べる。 $\cdots$ (12.5.4)

各 $\boldsymbol{a}$ に対し $B^l\boldsymbol{a}, B^{l-1}\boldsymbol{a}, \cdots, \boldsymbol{a}$ と並べる (ジョルダン細胞 $J(\lambda, l+1)$ が対応)。 $\cdots$ (12.5.5)

(12.5.4) の各 $\boldsymbol{a}$ に対する $B\boldsymbol{a}$ 全てと，$\mathrm{Ker}^{l}(B) - \mathrm{Ker}^{l-1}(B)$ の要素 $\boldsymbol{b}$ の幾つかの合計 $d_l - d_{l-1}$ 個が線型独立となるよう $\boldsymbol{b}$ を並べる。 $\cdots$ (12.5.6)

◇12.2 (B) の読者は以下の手続きを（事実として）理解すればよい。

◇12.3 よって (12.4.10)，(12.4.11) より $\mathrm{Ker}^{l+1}(B) = E^*(\lambda)$ となる。

各$\boldsymbol{b}$に対し，$B^{l-1}\boldsymbol{b}, B^{l-2}\boldsymbol{b}, \cdots, \boldsymbol{b}$と並べる(ジョルダン細胞$J(\lambda, l)$が対応)。 $\cdots(12.5.7)$

(12.5.4)の各$\boldsymbol{a}$に対する$B^2\boldsymbol{a}$全て，(12.5.6)の各$\boldsymbol{b}$に対する$B\boldsymbol{b}$全て，それに$\mathrm{Ker}^{l-1}(B) - \mathrm{Ker}^{l-2}(B)$の要素$\boldsymbol{c}$の幾つかの合計$d_{l-1} - d_{l-2}$個が線型独立となるように$\boldsymbol{c}$を並べる。 $\cdots(12.5.8)$

各$\boldsymbol{c}$に対し$B^{l-2}\boldsymbol{c}, B^{l-3}\boldsymbol{c}, \cdots, \boldsymbol{c}$と並べる(ジョルダン細胞$J(\lambda, l-1)$が対応)。 $\cdots(12.5.9)$

lの値を1つずつ減らし(12.5.8) (12.5.9)の形を繰り返す。$\cdots(12.5.10)$

以上を全ての固有値λにおいて繰り返す。 $\cdots(12.5.11)$

こうして並べたベクトルが基底をつくる。 $\cdots(12.5.12)$

これらを列ベクトルとし同じ順に並べた行列が基底の変換を表す。

$\cdots(12.5.13)$

対応するジョルダン細胞を（同じ順に）対角線上に並べたものがAのジョルダンの標準形。 $\cdots(12.5.14)$

基底の要素の位置付けを(12.5.15)に示す。そこでは，$\tilde{\boldsymbol{a}}$，$\tilde{\boldsymbol{b}}$，$\tilde{\boldsymbol{c}}$はそれぞれ（上で述べたように）$\boldsymbol{a}$，$\boldsymbol{b}$，$\boldsymbol{c}$に対応した幾つかのベクトルからなる列である(12.3節のX_{l+1}，X_l，X_{l-1}にあたる)。

$$
\begin{aligned}
&\mathrm{Ker}^{l+1}(B)\\
&= L(\tilde{\boldsymbol{a}})\\
&\quad \left.\begin{array}{l}
\oplus L(B\tilde{\boldsymbol{a}}, \tilde{\boldsymbol{b}})\\
\left.\begin{array}{l}
\oplus L(B^2\tilde{\boldsymbol{a}}, B\tilde{\boldsymbol{b}}, \tilde{\boldsymbol{c}})\\
\left.\begin{array}{l}
\oplus \cdots\\
\oplus L(B^l\tilde{\boldsymbol{a}}, B^{l-1}\tilde{\boldsymbol{b}}, B^{l-2}\tilde{\boldsymbol{c}}, \cdots)\}\,\mathrm{Ker}(B)
\end{array}\right\}\mathrm{Ker}^{l-2}(B)
\end{array}\right\}\mathrm{Ker}^{l-1}(B)
\end{array}\right\}\mathrm{Ker}^{l}(B)
\end{aligned}
$$

$\cdots(12.5.15)$

ここで固有値が1つλしかない場合は，固有方程式は$(x-\lambda)^n=0$となるから，(12.5.1)で$m=n$。またケーリー・ハミルトンの定理より$(A-\lambda I)^n=O$だから，(12.5.2)，(12.5.4)はそれぞれ次のように言い換えられる。

$B^{l+1}=O$ (つまり $\mathrm{Ker}^{l+1}(B)=\boldsymbol{C}^n=E^*(\lambda)$) なる最小の$l$を求める。 $\cdots(12.5.16)$

$\boldsymbol{C}^n-\mathrm{Ker}^l(B)$から線型独立なもの$\boldsymbol{a}$を$n-d_l$個選ぶ。 $\cdots(12.5.17)$

まず，基底をつくるための具体的手続き（線型独立となるようなベクトルの選び方）を省略して骨組みを次の例で理解しよう。

例 12.1　$\boldsymbol{C}^4$における線型写像fの行列表示をAとする。Aの固有方程式を，

$$(x-\lambda_1)^2(x-\lambda_2)^2=0 \text{ とし，} B_i=A-\lambda_i I \quad \cdots(12.5.18)$$

とする。ここで以下を満たすとする：各iにおいて，

$\dim(\mathrm{Ker}^l(B_i))=2$なる最小の$l\leq 2$が2である[◇12.4] $\cdots(12.5.19)$

ある$\boldsymbol{b}_i\in\mathrm{Ker}^2(B_i)-\mathrm{Ker}(B_i)$が存在する。 $\cdots(12.5.20)$

ここで$\mathcal{B}_i=\{B_i\boldsymbol{b}_i,\boldsymbol{b}_i\}$としたとき $\cdots(12.5.21)$

$\mathcal{B}=\mathcal{B}_1\cup\mathcal{B}_2$は$\boldsymbol{C}^4$の基底となる[◇12.5] $\cdots(12.5.22)$

これを図示すると次のようになる。

$$\begin{matrix} \mathrm{Ker}^2(B_1) & \mathrm{Ker}^2(B_2) \\ =L(\boldsymbol{b}_1) & =L(\boldsymbol{b}_2) \\ \oplus L(B_1\boldsymbol{b}_1)\}\,\mathrm{Ker}(B_1), & \oplus L(B_2\boldsymbol{b}_2)\}\,\mathrm{Ker}(B_2) \end{matrix} \quad \cdots(12.5.23)$$

◇12.4 よって(12.4.10)，(12.4.11)より$\mathrm{Ker}^2(B_i)=E^*(\lambda_i)$となり，(12.5.21)の$\mathcal{B}_i$がその基底となる。

◇12.5 実はこれは(12.5.12)より成り立つ。

このとき上の手続きにより，

$$\text{各}\,\mathcal{B}_i\,\text{に対応してジョルダン細胞}\,J(\lambda_i, 2) \qquad \cdots (12.5.24)$$

が定まる ((12.5.5))。基底 $\mathcal{B}$ における f の行列表示は，これら 2 つのジョルダン細胞を対角線上に並べて，

$$\begin{pmatrix} J(\lambda_1, 2) & O \\ O & J(\lambda_2, 2) \end{pmatrix} = \left(\begin{array}{cc|cc} \lambda_1 & 1 & 0 & 0 \\ 0 & \lambda_1 & 0 & 0 \\ \hline 0 & 0 & \lambda_2 & 1 \\ 0 & 0 & 0 & \lambda_2 \end{array}\right) \cdots (12.5.25)$$

となる。今度は，A の固有方程式を，

$$(x-\lambda)^4 = 0\,\text{とし，}\ B = A - \lambda I \qquad \cdots (12.5.26)$$

とする。ここで以下を満たすとする：

$\dim(\mathrm{Ker}^l(B)) = 4$ なる最小の $l \leq 4$ が 3 である[◇12.6] $\cdots (12.5.27)$

ある $\boldsymbol{b}_1 \in \mathrm{Ker}^3(B) - \mathrm{Ker}^2(B)$ が存在する。 $\cdots (12.5.28)$

ある $\boldsymbol{b}_2 \in \mathrm{Ker}(B)$ が存在する。ここで $\cdots (12.5.29)$

$\mathcal{B}_1 = \{B^2\boldsymbol{b}_1, B\boldsymbol{b}_1, \boldsymbol{b}_1\}$，$\mathcal{B}_2 = \{\boldsymbol{b}_2\}$ としたとき

$\mathcal{B} = \mathcal{B}_1 \cup \mathcal{B}_2$ は $\boldsymbol{C}^4$ の基底となる[◇12.7] $\cdots (12.5.30)$

これを図示すると次のようになる。

$$\begin{aligned} \boldsymbol{C}^4 &= \mathrm{Ker}^3(B) \\ &= L(\boldsymbol{b}_1) \\ &\quad \left.\begin{aligned} &\oplus L(B\boldsymbol{b}_1) \\ &\oplus L(B^2\boldsymbol{b}_1, \boldsymbol{b}_2)\} \,\mathrm{Ker}(B) \end{aligned}\right\} \mathrm{Ker}^2(B) \end{aligned} \qquad \cdots (12.5.31)$$

◇12.6 よって (12.4.10)，(12.4.11) より $\mathrm{Ker}^3(B) = E^*(\lambda) = \boldsymbol{C}^4$ となる。

◇12.7 (12.5.8) より $\mathrm{Ker}(B)$ の要素である $B^2\boldsymbol{b}_1$ と $\boldsymbol{b}_2$ を線型独立にとればよい。例 12.4 参照。

このとき上の手続きより，

$$\mathcal{B}_1,\ \mathcal{B}_2 \text{ に対応してそれぞれ } J(\lambda,3),\ J(\lambda,1) \quad \cdots (12.5.32)$$

が定まる ((12.5.5)，(12.5.9))。基底 $\mathcal{B}$ における f の行列表示は，これら 2 つのジョルダン細胞を対角線上に並べて，

$$\begin{pmatrix} J(\lambda,3) & O \\ O & J(\lambda,1) \end{pmatrix} = \left(\begin{array}{ccc|c} \lambda & 1 & 0 & 0 \\ 0 & \lambda & 1 & 0 \\ 0 & 0 & \lambda & 0 \\ \hline 0 & 0 & 0 & \lambda \end{array}\right) \quad \cdots (12.5.33)$$

となる。

こんどはより詳細に，幾つか練習しよう。（簡単のため固有値が実数となる問題を扱うため）実ベクトル空間 $\boldsymbol{R}^n$ で考えることにする。

例 12.2

$$A = \begin{pmatrix} 1 & 1 & -1 \\ 1 & 1 & 3 \\ 1 & -1 & 4 \end{pmatrix} \quad \cdots (12.5.34)$$

のジョルダンの標準形を求めよう。まず行列 A の固有値を求める ((12.5.1))。

$$\det(A - xI) = \det\begin{pmatrix} 1-x & 1 & -1 \\ 1 & 1-x & 3 \\ 1 & -1 & 4-x \end{pmatrix} \quad \cdots (12.5.35)$$

$$= (1-x)\{(1-x)(4-x)+3\} - \{(4-x)-3\} - \{-1-(1-x)\}$$

$$= (-x^3+6x^2-12x+7)+1 = -(x-2)^3 \quad \cdots (12.5.36)$$

よって固有値は 2 である。次に $B = A - 2I$ とおいて，

$$B = \begin{pmatrix} -1 & 1 & -1 \\ 1 & -1 & 3 \\ 1 & -1 & 2 \end{pmatrix}, \quad B^2 = \begin{pmatrix} 1 & -1 & 2 \\ 1 & -1 & 2 \\ 0 & 0 & 0 \end{pmatrix}, \quad B^3 = O \quad \cdots (12.5.37)$$

よって $\mathrm{Ker}^3(B) = \boldsymbol{R}^3$ となる ((12.5.2), (12.5.16))。次に $\mathrm{Ker}(B)$, $\mathrm{Ker}^2(B)$ を求める ((12.5.3))。まず $\mathrm{Ker}(B)$ を求める。

$$B\boldsymbol{x} = \begin{pmatrix} -1 & 1 & -1 \\ 1 & -1 & 3 \\ 1 & -1 & 2 \end{pmatrix} \begin{pmatrix} x_1 \\ x_2 \\ x_3 \end{pmatrix} = \mathbf{0} \qquad \cdots (12.5.38)$$

を解いて，$x_1 = x_2$，$x_3 = 0$ の形のベクトル $\boldsymbol{x}$ が $\mathrm{Ker}(B)$ の要素である。よって

$$\mathrm{Ker}(B) = \boldsymbol{R} \begin{pmatrix} 1 \\ 1 \\ 0 \end{pmatrix} \qquad \cdots (12.5.39)$$

と表され $\dim(\mathrm{Ker}(B)) = 1$ となる。次に $\mathrm{Ker}^2(B)$ を求める。

$$B^2\boldsymbol{x} = \begin{pmatrix} 1 & -1 & 2 \\ 1 & -1 & 2 \\ 0 & 0 & 0 \end{pmatrix} \begin{pmatrix} x_1 \\ x_2 \\ x_3 \end{pmatrix} = \mathbf{0} \qquad \cdots (12.5.40)$$

を解いて，$x_1 - x_2 + 2x_3 = 0$ となる。よって

$$\mathrm{Ker}^2(B) \ni \begin{pmatrix} x_1 \\ x_2 \\ x_3 \end{pmatrix} = \begin{pmatrix} x_2 - 2x_3 \\ x_2 \\ x_3 \end{pmatrix} = \begin{pmatrix} x_2 \\ x_2 \\ 0 \end{pmatrix} + \begin{pmatrix} -2x_3 \\ 0 \\ x_3 \end{pmatrix} \qquad \cdots (12.5.41)$$

$$\text{より } \mathrm{Ker}^2(B) = \boldsymbol{R} \begin{pmatrix} 1 \\ 1 \\ 0 \end{pmatrix} + \boldsymbol{R} \begin{pmatrix} 2 \\ 0 \\ -1 \end{pmatrix} \qquad \cdots (12.5.42)$$

と表され $\dim(\mathrm{Ker}^2(B)) = 2$ となる。次に $\mathrm{Ker}^3(B) - \mathrm{Ker}^2(B) = \boldsymbol{R}^3 -$

$\mathrm{Ker}^2(B)$ の要素（で線型独立なもの）を $3-\dim(\mathrm{Ker}^2(B))=1$ 個選ぶ ((12.5.4)，(12.5.17))。この場合 (12.5.41) の形に表せないものとして，

$$\boldsymbol{b}_1=\begin{pmatrix}0\\0\\1\end{pmatrix} \text{を 1 つとり，このとき} \qquad \cdots(12.5.43)$$

$$B\boldsymbol{b}_1=\begin{pmatrix}-1\\3\\2\end{pmatrix}\in \mathrm{Ker}^2(B),\quad B^2\boldsymbol{b}_1=\begin{pmatrix}2\\2\\0\end{pmatrix}\in \mathrm{Ker}(B) \qquad \cdots(12.5.44)$$

となり，これに対応するジョルダン細胞は $J(2,3)$ となる ((12.5.5))。

$$\begin{aligned}\boldsymbol{R}^3 &= \mathrm{Ker}^3(B)\\ &= L(\boldsymbol{b}_1)\\ &\quad \left.\begin{aligned}&\oplus L(B\boldsymbol{b}_1)\\ &\oplus L(B^2\boldsymbol{b}_1)\}\,\mathrm{Ker}(B)\end{aligned}\right\}\mathrm{Ker}^2(B)\end{aligned} \qquad \cdots(12.5.45)$$

以上より新たな基底を $\mathcal{B}=\{B^2\boldsymbol{b}_1, B\boldsymbol{b}_1, \boldsymbol{b}_1\}$ とすると ((12.5.12))，基底の変換を表す行列 P，求めるジョルダンの標準形 C は，

$$P=\begin{pmatrix}2&-1&0\\2&3&0\\0&2&1\end{pmatrix},\quad C=P^{-1}AP=\begin{pmatrix}2&1&0\\0&2&1\\0&0&2\end{pmatrix} \qquad \cdots(12.5.46)$$

となる ((12.5.13)，(12.5.14))。

練習 12.2

$$A=\begin{pmatrix}0&2&-2\\0&2&2\\1&-1&4\end{pmatrix}$$

のジョルダンの標準形を求めよ。

解答　まず行列 A の固有値を求める ((12.5.1))。

$$\det(A - xI) = \det\begin{pmatrix} 0-x & 2 & -2 \\ 0 & 2-x & 2 \\ 1 & -1 & 4-x \end{pmatrix}$$
$$= -x\{(2-x)(4-x)+2\} - 2\cdot(-2) - 2(x-2)$$
$$= (-x^3 + 6x^2 - 10x) + 4 - 2(x-2) = -(x-2)^3$$

よって固有値は 2 である。次に $B = A - 2I$ とおくと，

$$B = \begin{pmatrix} -2 & 2 & -2 \\ 0 & 0 & 2 \\ 1 & -1 & 2 \end{pmatrix}, \quad B^2 = \begin{pmatrix} 2 & -2 & 4 \\ 2 & -2 & 4 \\ 0 & 0 & 0 \end{pmatrix}, \quad B^3 = O$$

となる ((12.5.2), (12.5.16))。次に $\mathrm{Ker}(B)$，$\mathrm{Ker}^2(B)$ を求める ((12.5.3))。まず $\mathrm{Ker}(B)$ を求める。

$$B\boldsymbol{x} = \begin{pmatrix} -2 & 2 & -2 \\ 0 & 0 & 2 \\ 1 & -1 & 2 \end{pmatrix}\begin{pmatrix} x_1 \\ x_2 \\ x_3 \end{pmatrix} = \boldsymbol{0}$$

を解いて，$x_1 = x_2$，$x_3 = 0$ の形のベクトルが $\mathrm{Ker}(B)$ の要素である。よって

$$\mathrm{Ker}(B) = \boldsymbol{R}\begin{pmatrix} 1 \\ 1 \\ 0 \end{pmatrix}$$

と表され $\dim(\mathrm{Ker}(B)) = 1$ となる。次に $\mathrm{Ker}^2(B)$ を求める。

$$B^2\boldsymbol{x} = \begin{pmatrix} 2 & -2 & 4 \\ 2 & -2 & 4 \\ 0 & 0 & 0 \end{pmatrix}\begin{pmatrix} x_1 \\ x_2 \\ x_3 \end{pmatrix} = \boldsymbol{0}$$

を解いて，$x_1 - x_2 + 2x_3 = 0$ となる。よって

$$\mathrm{Ker}^2(B) \ni \begin{pmatrix} x_1 \\ x_2 \\ x_3 \end{pmatrix} = \begin{pmatrix} x_2 - 2x_3 \\ x_2 \\ x_3 \end{pmatrix} = \begin{pmatrix} x_2 \\ x_2 \\ 0 \end{pmatrix} + \begin{pmatrix} -2x_3 \\ 0 \\ x_3 \end{pmatrix}$$

より $\mathrm{Ker}^2(B) = \boldsymbol{R}\begin{pmatrix} 1 \\ 1 \\ 0 \end{pmatrix} + \boldsymbol{R}\begin{pmatrix} 2 \\ 0 \\ -1 \end{pmatrix}$

と表され $\dim(\mathrm{Ker}^2(B))=2$ となる。次に $\mathrm{Ker}^3(B)-\mathrm{Ker}^2(B)=\boldsymbol{R}^3-\mathrm{Ker}^2(B)$ の要素（で線型独立なもの）を $3-\dim(\mathrm{Ker}^2(B))=1$ 個選ぶ ((12.5.4), (12.5.17))。この場合例えば,

$$\boldsymbol{b}_1=\begin{pmatrix}1\\0\\0\end{pmatrix} \text{を1つとり, このとき}$$

$$B\boldsymbol{b}_1=\begin{pmatrix}-2\\0\\1\end{pmatrix}\in \mathrm{Ker}^2(B),\quad B^2\boldsymbol{b}_1=\begin{pmatrix}2\\2\\0\end{pmatrix}\in \mathrm{Ker}(B)$$

となり，これに対応するジョルダン細胞は $J(2,3)$ となる ((12.5.5))。

$$\begin{aligned}\boldsymbol{R}^3&=\mathrm{Ker}^3(B)\\&=L(\boldsymbol{b}_1)\\&\quad\left.\begin{aligned}&\oplus L(B\boldsymbol{b}_1)\\&\oplus L(B^2\boldsymbol{b}_1)\}\,\mathrm{Ker}(B)\end{aligned}\right\}\mathrm{Ker}^2(B)\end{aligned}\qquad\cdots(12.5.47)$$

以上より新たな基底を $\mathcal{B}=\{B^2\boldsymbol{b}_1,B\boldsymbol{b}_1,\boldsymbol{b}_1\}$ とすると ((12.5.12)), 基底の変換を表す行列 P, 求めるジョルダンの標準形 C は,

$$P=\begin{pmatrix}2&-2&1\\2&0&0\\0&1&0\end{pmatrix},\quad C=P^{-1}AP=\begin{pmatrix}2&1&0\\0&2&1\\0&0&2\end{pmatrix}$$

となる ((12.5.13), (12.5.14))。

例 12.3

$$A=\begin{pmatrix}0&1&0\\-1&2&0\\1&-1&2\end{pmatrix}\qquad\cdots(12.5.48)$$

のジョルダンの標準形を求めよう。まず行列 A の固有値を求める ((12.5.1))。

$$\det(A - xI) = \det\begin{pmatrix} 0-x & 1 & 0 \\ -1 & 2-x & 0 \\ 1 & -1 & 2-x \end{pmatrix} \qquad \cdots (12.5.49)$$

$$= (2-x)\{(0-x)(2-x) - 1\cdot(-1)\}$$

$$= (2-x)\{x^2 - 2x + 1\} = (2-x)(x-1)^2 \qquad \cdots (12.5.50)$$

よって固有値は 1，2 である。固有値 1 の重複度は 2 で，$B_1 = A - I$ とおくと，

$$B_1 = \begin{pmatrix} -1 & 1 & 0 \\ -1 & 1 & 0 \\ 1 & -1 & 1 \end{pmatrix}, \quad B_1^2 = \begin{pmatrix} 0 & 0 & 0 \\ 0 & 0 & 0 \\ 1 & -1 & 1 \end{pmatrix} \cdots (12.5.51)$$

となる。次に $\mathrm{Ker}(B_1)$，$\mathrm{Ker}^2(B_1)$ を求める。まず $\mathrm{Ker}(B_1)$ を求める。

$$B_1\boldsymbol{x} = \begin{pmatrix} -1 & 1 & 0 \\ -1 & 1 & 0 \\ 1 & -1 & 1 \end{pmatrix}\begin{pmatrix} x_1 \\ x_2 \\ x_3 \end{pmatrix} = \mathbf{0} \qquad \cdots (12.5.52)$$

を解いて，$x_1 = x_2$，$x_3 = 0$ の形のベクトルが $\mathrm{Ker}(B_1)$ の要素である。よって

$$\mathrm{Ker}(B_1) = \boldsymbol{R}\begin{pmatrix} 1 \\ 1 \\ 0 \end{pmatrix} \qquad \cdots (12.5.53)$$

と表され $\dim(\mathrm{Ker}(B_1)) = 1$ となる。次に $\mathrm{Ker}^2(B_1)$ を求める。

$$B_1^2\boldsymbol{x} = \begin{pmatrix} 0 & 0 & 0 \\ 0 & 0 & 0 \\ 1 & -1 & 1 \end{pmatrix}\begin{pmatrix} x_1 \\ x_2 \\ x_3 \end{pmatrix} = \mathbf{0} \qquad \cdots (12.5.54)$$

を解いて，$x_1 - x_2 + x_3 = 0$ となる。よって

$$\mathrm{Ker}^2(B_1) \ni \begin{pmatrix} x_1 \\ x_2 \\ x_3 \end{pmatrix} = \begin{pmatrix} x_1 \\ x_2 \\ -x_1 + x_2 \end{pmatrix} = \begin{pmatrix} x_1 \\ 0 \\ -x_1 \end{pmatrix} + \begin{pmatrix} 0 \\ x_2 \\ x_2 \end{pmatrix} \quad \cdots (12.5.55)$$

$$\text{より } \mathrm{Ker}^2(B_1) = \boldsymbol{R}\begin{pmatrix} 1 \\ 0 \\ -1 \end{pmatrix} + \boldsymbol{R}\begin{pmatrix} 0 \\ 1 \\ 1 \end{pmatrix} \quad \cdots (12.5.56)$$

と表される。これより $\dim(\mathrm{Ker}^2(B_1)) = 2$ は固有値 1 の重複度と等しくなり，(12.5.2) で $l = 1$ とわかる。((12.5.2)，(12.5.3))。次に $\mathrm{Ker}^2(B_1) - \mathrm{Ker}^1(B_1)$ の要素（で線型独立なもの）を $\dim(\mathrm{Ker}^2(B_1)) - \dim(\mathrm{Ker}(B_1)) = 1$ 個選ぶ ((12.5.4))。この場合 (12.5.53) の形に表せないものとして，

$$\boldsymbol{b}_1 = \begin{pmatrix} 1 \\ 0 \\ -1 \end{pmatrix} \text{を1つとり，このとき} \quad \cdots (12.5.57)$$

$$B_1\boldsymbol{b}_1 = \begin{pmatrix} -1 \\ -1 \\ 0 \end{pmatrix} \in \mathrm{Ker}^1(B_1) \quad \cdots (12.5.58)$$

となり，これに対応するジョルダン細胞は $J(1, 2)$ となる ((12.5.5))。

次に固有値 2 の重複度は 1 で，$B_2 = A - 2I$ とおくと，

$$B_2 = \begin{pmatrix} -2 & 1 & 0 \\ -1 & 0 & 0 \\ 1 & -1 & 0 \end{pmatrix} \quad \cdots (12.5.59)$$

となる。次に $\mathrm{Ker}(B_2)$ を求める。

$$B_2\boldsymbol{x} = \begin{pmatrix} -2 & 1 & 0 \\ -1 & 0 & 0 \\ 1 & -1 & 0 \end{pmatrix}\begin{pmatrix} x_1 \\ x_2 \\ x_3 \end{pmatrix} = \boldsymbol{0} \quad \cdots (12.5.60)$$

を解いて，$x_1 = x_2 = 0$ の形のベクトルが $\mathrm{Ker}(B_2)$ の要素である。よって

$$\mathrm{Ker}(B_2) = \boldsymbol{R}\begin{pmatrix} 0 \\ 0 \\ 1 \end{pmatrix} \qquad \cdots (12.5.61)$$

と表される。これより $\dim(\mathrm{Ker}^1(B_2)) = 1$ は固有値 2 の重複度と等しくなり，(12.5.2) で $l = 0$ とわかる。((12.5.2)，(12.5.3))。この場合

$$\boldsymbol{b}_2 = \begin{pmatrix} 0 \\ 0 \\ 1 \end{pmatrix} \qquad \cdots (12.5.62)$$

とすると ((12.5.4)，そこでは $\dim(\mathrm{Ker}^1(B_2)) - \dim(\mathrm{Ker}^0(B_2)) = 1$ となる)，これに対応するジョルダン細胞は $J(2, 1)$ となる ((12.5.5))。

$$\begin{array}{ll} \mathrm{Ker}^2(B_1) & \mathrm{Ker}(B_2) \\ = L(\boldsymbol{b}_1) & = L(\boldsymbol{b}_2) \\ \quad \oplus L(B_1\boldsymbol{b}_1)\}\,\mathrm{Ker}(B_1), & \end{array} \qquad \cdots (12.5.63)$$

以上より ((12.5.11)) 新たな基底を $\mathcal{B} = \{B_1\boldsymbol{b}_1, \boldsymbol{b}_1, \boldsymbol{b}_2\}$ とすると ((12.5.12))，基底の変換を表す行列 P，求めるジョルダンの標準形 C は，

$$P = \begin{pmatrix} -1 & 1 & 0 \\ -1 & 0 & 0 \\ 0 & -1 & 1 \end{pmatrix}, \quad C = P^{-1}AP = \left(\begin{array}{cc|c} 1 & 1 & 0 \\ 0 & 1 & 0 \\ \hline 0 & 0 & 2 \end{array}\right) \qquad \cdots (12.5.64)$$

となる ((12.5.13)，(12.5.14))。

練習 12.3　$A = \begin{pmatrix} 0 & 2 & 0 \\ -2 & 4 & 0 \\ 1 & -1 & 1 \end{pmatrix}$ のジョルダンの標準形を求めよ。

解答　まず行列 A の固有値を求める ((12.5.1))。

$$\det(A - xI) = \det\begin{pmatrix} 0-x & 2 & 0 \\ -2 & 4-x & 0 \\ 1 & -1 & 1-x \end{pmatrix}$$
$$= (1-x)\{(0-x)(4-x) - 2\cdot(-2)\}$$
$$= (1-x)\{x^2 - 4x + 4\} = (1-x)(x-2)^2$$

よって固有値は 1，2 である。固有値 1 の重複度は 1 で，$B_1 = A - I$ とおくと，

$$B_1 = \begin{pmatrix} -1 & 2 & 0 \\ -2 & 3 & 0 \\ 1 & -1 & 0 \end{pmatrix}$$

となる。次に $\mathrm{Ker}(B_1)$ を求める。

$$B_1\boldsymbol{x} = \begin{pmatrix} -1 & 2 & 0 \\ -2 & 3 & 0 \\ 1 & -1 & 0 \end{pmatrix}\begin{pmatrix} x_1 \\ x_2 \\ x_3 \end{pmatrix} = \boldsymbol{0}.$$

を解いて，$x_1 = x_2 = 0$ の形のベクトルが $\mathrm{Ker}(B_1)$ の要素である。よって

$$\mathrm{Ker}(B_1) = \boldsymbol{R}\begin{pmatrix} 0 \\ 0 \\ 1 \end{pmatrix}$$

と表される。これより $\dim(\mathrm{Ker}^1(B_1)) = 1$ は固有値 1 の重複度と等しくなり，(12.5.2) で $l = 0$ とわかる。((12.5.2)，(12.5.3))。この場合

$$\boldsymbol{b}_1 = \begin{pmatrix} 0 \\ 0 \\ 1 \end{pmatrix}$$

とすると ((12.5.4)，そこでは $\dim(\mathrm{Ker}^1(B_1)) - \dim(\mathrm{Ker}^0(B_1)) = 1$ となる)，これに対応するジョルダン細胞は $J(1,1)$ となる ((12.5.5))。次に固有値 2 の重複度は 2 であり，$B_2 = A - 2I$ とおくと，

$$B_2 = \begin{pmatrix} -2 & 2 & 0 \\ -2 & 2 & 0 \\ 1 & -1 & -1 \end{pmatrix}, \quad B_2^2 = \begin{pmatrix} 0 & 0 & 0 \\ 0 & 0 & 0 \\ -1 & 1 & 1 \end{pmatrix}$$

となる。次に $\mathrm{Ker}(B_2)$，$\mathrm{Ker}^2(B_2)$ を求める。まず $\mathrm{Ker}(B_2)$ を求める。

$$B_2\boldsymbol{x} = \begin{pmatrix} -2 & 2 & 0 \\ -2 & 2 & 0 \\ 1 & -1 & -1 \end{pmatrix} \begin{pmatrix} x_1 \\ x_2 \\ x_3 \end{pmatrix} = \mathbf{0}$$

を解いて，$x_1 = x_2$，$x_3 = 0$ の形のベクトルが $\mathrm{Ker}(B_2)$ の要素である。よって

$$\mathrm{Ker}(B_2) = \boldsymbol{R}\begin{pmatrix} 1 \\ 1 \\ 0 \end{pmatrix}$$

と表され $\dim(\mathrm{Ker}(B_2)) = 1$ となる。次に $\mathrm{Ker}^2(B_2)$ を求める。

$$B_2^2\boldsymbol{x} = \begin{pmatrix} 0 & 0 & 0 \\ 0 & 0 & 0 \\ -1 & 1 & 1 \end{pmatrix} \begin{pmatrix} x_1 \\ x_2 \\ x_3 \end{pmatrix} = \mathbf{0}$$

を解いて，$-x_1 + x_2 + x_3 = 0$ となる。よって

$$\mathrm{Ker}^2(B_2) \ni \begin{pmatrix} x_1 \\ x_2 \\ x_3 \end{pmatrix} = \begin{pmatrix} x_1 \\ x_2 \\ x_1 - x_2 \end{pmatrix} = \begin{pmatrix} x_1 \\ 0 \\ x_1 \end{pmatrix} + \begin{pmatrix} 0 \\ x_2 \\ -x_2 \end{pmatrix}$$

$$\text{より}\ \mathrm{Ker}^2(B_2) = \boldsymbol{R}\begin{pmatrix} 1 \\ 0 \\ 1 \end{pmatrix} + \boldsymbol{R}\begin{pmatrix} 0 \\ 1 \\ -1 \end{pmatrix}$$

と表される。これより $\dim(\mathrm{Ker}^2(B_2)) = 2$ は固有値 2 の重複度と等しくなり，(12.5.2) で $l = 1$ とわかる。((12.5.2)，(12.5.3))。次に $\mathrm{Ker}^2(B_2) - \mathrm{Ker}^1(B_2)$ の要素（で線型独立なもの）を $\dim(\mathrm{Ker}^2(B_2)) - \dim(\mathrm{Ker}^1(B_2)) = 1$ 個選ぶ((12.5.4))。この場合例えば，

$$\boldsymbol{b}_2 = \begin{pmatrix} 1 \\ 0 \\ 1 \end{pmatrix} \text{を 1 つとり，このとき}\ B_2\boldsymbol{b}_2 = \begin{pmatrix} -2 \\ -2 \\ 0 \end{pmatrix} \in \mathrm{Ker}^1(B_2)$$

となり，これに対応するジョルダン細胞は $J(2,2)$ となる ((12.5.5))。

$$\begin{array}{ll} \mathrm{Ker}(B_1) & \mathrm{Ker}^2(B_2) \\ = L(\boldsymbol{b}_1), & = L(\boldsymbol{b}_2) \\ & \quad \oplus L(B_2\boldsymbol{b}_2)\}\ \mathrm{Ker}(B_2) \end{array} \qquad \cdots (12.5.65)$$

以上より ((12.5.11)) 新たな基底を $\mathcal{B} = \{\boldsymbol{b}_1, B_2\boldsymbol{b}_2, \boldsymbol{b}_2\}$ とすると ((12.5.12)), 基底の変換を表す行列 P, 求めるジョルダンの標準形 C は,

$$P = \begin{pmatrix} 0 & -2 & 1 \\ 0 & -2 & 0 \\ 1 & 0 & 1 \end{pmatrix}, \quad C = P^{-1}AP = \begin{pmatrix} 1 & 0 & 0 \\ 0 & 2 & 1 \\ 0 & 0 & 2 \end{pmatrix}$$

となる ((12.5.13), (12.5.14))。

例 12.4

$$A = \begin{pmatrix} -1 & 0 & 3 \\ -4 & 2 & 4 \\ -3 & 0 & 5 \end{pmatrix} \qquad \cdots (12.5.66)$$

のジョルダンの標準形を求めよう。まず行列 A の固有値を求める ((12.5.1))。

$$\det(A - xI) = \det\begin{pmatrix} -1-x & 0 & 3 \\ -4 & 2-x & 4 \\ -3 & 0 & 5-x \end{pmatrix} \qquad \cdots (12.5.67)$$

$$= (-1-x)\{(2-x)(5-x) - 4\cdot 0\} + 3(-4\cdot 0 - (2-x)(-3)\}$$

$$= (2-x)\{(-1-x)(5-x) + 9\} = -(x-2)^3 \qquad \cdots (12.5.68)$$

よって固有値は 2 である。次に $B = A - 2I$ とおくと,

$$B = \begin{pmatrix} -3 & 0 & 3 \\ -4 & 0 & 4 \\ -3 & 0 & 3 \end{pmatrix}, \quad B^2 = O \qquad \cdots (12.5.69)$$

よって $\mathrm{Ker}^2(B) = \boldsymbol{R}^3$ となる ((12.5.2), (12.5.16))。次に $\mathrm{Ker}(B)$ を求める ((12.5.3))。

$$B\boldsymbol{x} = \begin{pmatrix} -3 & 0 & 3 \\ -4 & 0 & 4 \\ -3 & 0 & 3 \end{pmatrix}\begin{pmatrix} x_1 \\ x_2 \\ x_3 \end{pmatrix} = \boldsymbol{0} \qquad \cdots (12.5.70)$$

を解けば $x_1 = x_3$ となる。よって

$$\mathrm{Ker}(B) \ni \begin{pmatrix} x_1 \\ x_2 \\ x_3 \end{pmatrix} = \begin{pmatrix} x_1 \\ x_2 \\ x_1 \end{pmatrix} = \begin{pmatrix} x_1 \\ 0 \\ x_1 \end{pmatrix} + \begin{pmatrix} 0 \\ x_2 \\ 0 \end{pmatrix} \qquad \cdots (12.5.71)$$

$$\text{より } \mathrm{Ker}(B) = \boldsymbol{R}\begin{pmatrix} 1 \\ 0 \\ 1 \end{pmatrix} + \boldsymbol{R}\begin{pmatrix} 0 \\ 1 \\ 0 \end{pmatrix} \qquad \cdots (12.5.72)$$

と表され◇12.8 $\dim(\mathrm{Ker}(B)) = 2$ となる。次に $\mathrm{Ker}^2(B) - \mathrm{Ker}(B) = \boldsymbol{R}^3 - \mathrm{Ker}(B)$ の要素（で線型独立なもの）を $3 - \dim(\mathrm{Ker}(B)) = 1$ 個選ぶ ((12.5.4), (12.5.17))。この場合 (12.5.71) の形に表せないものとして,

$$\boldsymbol{b}_1 = \begin{pmatrix} 0 \\ 0 \\ 1 \end{pmatrix} \text{ を1つとり，このとき } B\boldsymbol{b}_1 = \begin{pmatrix} 3 \\ 4 \\ 3 \end{pmatrix} \in \mathrm{Ker}(B) \qquad \cdots (12.5.73)$$

となり，これに対応するジョルダン細胞は $J(2,2)$ となる ((12.5.5))。$\dim(\mathrm{Ker}(B)) = 2$ だから，この $B\boldsymbol{b}_1$ と線型独立な $\mathrm{Ker}(B)$ の要素として，(12.5.72) をみて,

$$\boldsymbol{b}_2 = \begin{pmatrix} 0 \\ 1 \\ 0 \end{pmatrix} \qquad \cdots (12.5.74)$$

がとれ ((12.5.6), そこでは $\dim(\mathrm{Ker}(B)) - \dim(\mathrm{Ker}^0(B)) = 2$ となる), これに対応するジョルダン細胞は $J(2,1)$ となる ((12.5.7))。

◇12.8 2つのベクトル ${}^t(1,0,1)$ と ${}^t(0,1,0)$ で生成される（これらの線型結合で表される）ベクトルの集合をこのように表す。

$$
\begin{aligned}
\boldsymbol{R}^3 &= \mathrm{Ker}^2(B) \\
&= L(\boldsymbol{b}_1) & \cdots (12.5.75) \\
&\quad \oplus L(B\boldsymbol{b}_1, \boldsymbol{b}_2)\} \,\mathrm{Ker}(B)
\end{aligned}
$$

以上より新たな基底を $\mathcal{B} = \{B\boldsymbol{b}_1, \boldsymbol{b}_1, \boldsymbol{b}_2\}$ とすると ((12.5.12))，基底の変換を表す行列 P，求めるジョルダンの標準形 C は，

$$
P = \begin{pmatrix} 3 & 0 & 0 \\ 4 & 0 & 1 \\ 3 & 1 & 0 \end{pmatrix}, \quad C = P^{-1}AP = \left(\begin{array}{cc|c} 2 & 1 & 0 \\ 0 & 2 & 0 \\ \hline 0 & 0 & 2 \end{array}\right) \qquad \cdots (12.5.76)
$$

となる ((12.5.13)，(12.5.14))。

練習 12.4　$A = \begin{pmatrix} 2 & 3 & 3 \\ 0 & 5 & 3 \\ 0 & -3 & -1 \end{pmatrix}$ のジョルダンの標準形を求めよ。

解答　まず行列 A の固有値を求める ((12.5.1))。

$$
\begin{aligned}
\det(A - xI) &= (2 - x)\det\begin{pmatrix} 5 - x & 3 \\ -3 & -1 - x \end{pmatrix} \\
&= (2 - x)\{(5 - x)(-1 - x) - 3 \cdot (-3)\} \\
&= (2 - x)(x^2 - 4x + 4) = -(x - 2)^3
\end{aligned}
$$

よって固有値は 2 である。次に $B = A - 2I$ とおくと，

$$
B = \begin{pmatrix} 0 & 3 & 3 \\ 0 & 3 & 3 \\ 0 & -3 & -3 \end{pmatrix}, \quad B^2 = O
$$

となる ((12.5.2)，(12.5.16))。次に $\mathrm{Ker}(B)$ を求める ((12.5.3))。

$$
B\boldsymbol{x} = \begin{pmatrix} 0 & 3 & 3 \\ 0 & 3 & 3 \\ 0 & -3 & -3 \end{pmatrix} \begin{pmatrix} x_1 \\ x_2 \\ x_3 \end{pmatrix} = \mathbf{0}
$$

より，$x_3 = -x_2$ となる。よって

$$\mathrm{Ker}(B) \ni \begin{pmatrix} x_1 \\ x_2 \\ x_3 \end{pmatrix} = \begin{pmatrix} x_1 \\ x_2 \\ -x_2 \end{pmatrix} = \begin{pmatrix} x_1 \\ 0 \\ 0 \end{pmatrix} + \begin{pmatrix} 0 \\ x_2 \\ -x_2 \end{pmatrix}$$

$$\text{より } \mathrm{Ker}(B) = \boldsymbol{R}\begin{pmatrix} 1 \\ 0 \\ 0 \end{pmatrix} + \boldsymbol{R}\begin{pmatrix} 0 \\ 1 \\ -1 \end{pmatrix}$$

と表され $\dim(\mathrm{Ker}(B)) = 2$ となる。次に $\mathrm{Ker}^2(B) - \mathrm{Ker}(B) = \boldsymbol{R}^3 - \mathrm{Ker}(B)$ の要素（で線型独立なもの）を $3 - \dim(\mathrm{Ker}(B)) = 1$ 個選ぶ ((12.5.4), (12.5.17))。この場合

$$\boldsymbol{b}_1 = \begin{pmatrix} 0 \\ 1 \\ 0 \end{pmatrix} \text{ を1つとり，このとき } B\boldsymbol{b}_1 = \begin{pmatrix} 3 \\ 3 \\ -3 \end{pmatrix} \in \mathrm{Ker}(B)$$

となり，これに対応するジョルダン細胞は $J(2,2)$ となる ((12.5.5))。$\dim(\mathrm{Ker}(B)) = 2$ だから，この $B\boldsymbol{b}_1$ と線型独立な $\mathrm{Ker}(B)$ の要素として，

$$\boldsymbol{b}_2 = \begin{pmatrix} 1 \\ 0 \\ 0 \end{pmatrix}$$

がとれ ((12.5.6)，そこでは $\dim(\mathrm{Ker}(B)) - \dim(\mathrm{Ker}^0(B)) = 2$ となる)，これに対応するジョルダン細胞は $J(2,1)$ となる ((12.5.7))。

$$\begin{aligned} \boldsymbol{R}^3 &= \mathrm{Ker}^2(B) \\ &= L(\boldsymbol{b}_1) \\ &\quad \oplus L(B\boldsymbol{b}_1, \boldsymbol{b}_2)\} \, \mathrm{Ker}(B) \end{aligned} \qquad \cdots (12.5.77)$$

以上より新たな基底を $\mathcal{B} = \{B\boldsymbol{b}_1, \boldsymbol{b}_1, \boldsymbol{b}_2\}$ とすると ((12.5.12))，基底の変換を表す行列 P，求めるジョルダンの標準形 C は，

$$P = \begin{pmatrix} 3 & 0 & 1 \\ 3 & 1 & 0 \\ -3 & 0 & 0 \end{pmatrix}, \quad C = P^{-1}AP = \begin{pmatrix} 2 & 1 & 0 \\ 0 & 2 & 0 \\ 0 & 0 & 2 \end{pmatrix}$$

となる ((12.5.13)，(12.5.14))。

13 2次形式と2次曲面

《目標 & ポイント》 2次形式とはどのようなものか定義し，行列を使って表す。さらに今までの知識を用い，これを簡単な形にし，シルベスターの慣性律を解説する。次に2次曲線，2次曲面を定義し，これも行列を用いて表す。
《キーワード》 2次形式，係数行列，シルベスターの慣性律，符号数，2次曲線，2次曲面

13.1 2次形式とは (A)

今後は実ベクトル空間において考える。

$$ax_1^i x_2^j \text{ という形の項を，} x_1,\ x_2 \text{ に関する } i+j \text{ 次の項} \quad \cdots (13.1.1)$$

という。各項が x_1，x_2 に関して k 次であるような多項式を，x_1，x_2 に関する $\boldsymbol{k}$ **次形式** (あるいは k 次の**斉次**（せいじ，さいじ）**多項式**) という。

例 13.1 x_1，x_2 に関する2次の項は，ax_1^2，bx_2^2，$c'x_1x_2$ の3種類の形があるので，x_1，x_2 に関する2次形式は一般に，

$$ax_1^2 + bx_2^2 + c'x_1x_2 \quad \cdots (13.1.2)$$

の形に書ける。ここで $c' = 2c$ と書き直して，上式を，

$$ax_1^2 + bx_2^2 + 2cx_1x_2 \quad \cdots (13.1.3)$$

と表記する（理由はすぐ後でわかる)。この式を行列を使って表そう。

$$A = \begin{pmatrix} a & c \\ c & b \end{pmatrix},\ \boldsymbol{x} = \begin{pmatrix} x_1 \\ x_2 \end{pmatrix} \text{ とすると } {}^t\boldsymbol{x}A\boldsymbol{x} = \quad \cdots (13.1.4)$$

$$(x_1, x_2)\begin{pmatrix} ax_1 + cx_2 \\ cx_1 + bx_2 \end{pmatrix} = ax_1^2 + bx_2^2 + 2cx_1x_2 \quad \cdots (13.1.5)$$

となり，x_1，x_2 に関する 2 次形式は ${}^t\boldsymbol{x}A\boldsymbol{x}$ の形に表せる。ここで A は対称行列で，2 次形式の係数行列という。

コメント 13.1　(13.1.3) と (13.1.4) を見比べればわかるように，係数行列 A の各成分には，x_1，x_2 に関する 2 次の項の係数が入るが，2 次のどの項かの区別を（成分上にあえて）示せば次の X のようになる。

$$X = \begin{pmatrix} x_1^2 & x_1x_2 \\ x_2x_1 & x_2^2 \end{pmatrix}, \quad A = \begin{pmatrix} a & c \\ c & b \end{pmatrix} \qquad \cdots (13.1.6)$$

X の (i, j) 成分には x_ix_j と書かれている。例えば $(2, 2)$ 成分には x_2^2 と書かれているが，A の $(2, 2)$ 成分である b は x_2^2 の係数である，という意味である。また X の $(1, 2)$，$(2, 1)$ 成分には x_1x_2，x_2x_1 と書かれているが，A の $(1, 2)$，$(2, 1)$ 成分 c の和である $2c$ は x_1x_2 の係数である，という意味である。

3 つの変数 x_1，x_2，x_3 に関する k 次形式も同様に定義できる。

$$ax_1^hx_2^ix_3^j \text{ という形の項を，} x_1，x_2，x_3 \text{ に関する } h+i+j \text{ 次の項} \qquad \cdots (13.1.7)$$

という。各項が x_1，x_2，x_3 に関して k 次であるような多項式を，(x_1，x_2，x_3 に関する) k 次形式 (あるいは k 次の斉次多項式) という。

例 13.2　x_1，x_2，x_3 に関する 2 次の項は，ax_1^2，bx_2^2，cx_3^2，$d'x_1x_2$，$e'x_1x_3$，$f'x_2x_3$ の 6 種類の形がある。よって x_1，x_2，x_3 に関する 2 次形式は一般に，

$$ax_1^2 + bx_2^2 + cx_3^2 + d'x_1x_2 + e'x_1x_3 + f'x_2x_3 \quad \cdots (13.1.8)$$

の形に書ける。ここで $d' = 2d$，$e' = 2e$，$f' = 2f$ と書き直して，上式を，

$$ax_1^2 + bx_2^2 + cx_3^2 + 2dx_1x_2 + 2ex_1x_3 + 2fx_2x_3 \qquad \cdots (13.1.9)$$

と表記する。この2次形式を例13.1と同様に，対称行列を使って表そう。$i<j$ のとき a_{ji} を a_{ij} と書いて，

$$A=\begin{pmatrix} a_{11} & a_{12} & a_{13} \\ a_{12} & a_{22} & a_{23} \\ a_{13} & a_{23} & a_{33} \end{pmatrix}=\begin{pmatrix} a & d & e \\ d & b & f \\ e & f & c \end{pmatrix},\quad \boldsymbol{x}=\begin{pmatrix} x_1 \\ x_2 \\ x_3 \end{pmatrix} \qquad \cdots (13.1.10)$$

として ${}^t\boldsymbol{x}A\boldsymbol{x}$ を計算すると，

$${}^t\boldsymbol{x}A\boldsymbol{x}=(x_1,x_2,x_3)\begin{pmatrix} ax_1+dx_2+ex_3 \\ dx_1+bx_2+fx_3 \\ ex_1+fx_2+cx_3 \end{pmatrix} \qquad \cdots (13.1.11)$$

$$=(ax_1+dx_2+ex_3)x_1+(dx_1+bx_2+fx_3)x_2$$
$$+(ex_1+fx_2+cx_3)x_3 \qquad \cdots (13.1.12)$$
$$=ax_1^2+bx_2^2+cx_3^2+2dx_1x_2+2ex_1x_3+2fx_2x_3$$
$$\cdots (13.1.13)$$

となり x_1，x_2，x_3 に関する2次形式は，${}^t\boldsymbol{x}A\boldsymbol{x}$ の形で表せる。A の成分を a_{ij} で書き換えれば (13.1.13) は，

$$=a_{11}x_1^2+a_{22}x_2^2+a_{33}x_3^2+2a_{12}x_1x_2+2a_{13}x_1x_3+2a_{23}x_2x_3$$
$$\cdots (13.1.14)$$
$$=\sum_{1\le i\le 3} a_{ii}x_i^2+2\sum_{1\le i<j\le 3} a_{ij}x_ix_j \qquad \cdots (13.1.15)$$

の形にも表せる。A は対称行列で，${}^t\boldsymbol{x}A\boldsymbol{x}=(\boldsymbol{x},A\boldsymbol{x})=(A\boldsymbol{x},\boldsymbol{x})$ である。A をこの2次形式の係数行列という。

コメント13.2　コメント13.1と同様である。(13.1.9) と (13.1.10) (あるいは (13.1.15)) を見比べればわかるように，係数行列 A の各成分には，x_1，x_2，x_3 に関する2次の項の係数が入るが，2次のどの項かの区別を（成分上にあえて）示せば次の X のようになる。

$$X = \begin{pmatrix} x_1^2 & x_1x_2 & x_1x_3 \\ x_2x_1 & x_2^2 & x_2x_3 \\ x_3x_1 & x_3x_2 & x_3^2 \end{pmatrix}, \quad A = \begin{pmatrix} a & d & e \\ d & b & f \\ e & f & c \end{pmatrix} \qquad \cdots (13.1.16)$$

X の (i, j) 成分には x_ix_j と書かれている。例えば $(2, 3)$，$(3, 2)$ 成分には x_2x_3，x_3x_2 と書かれているが，A の $(2, 3)$，$(3, 2)$ 成分 f は x_2x_3 の係数 $2f$ の半分である，という意味である。一般に，係数行列 A の (i, i) 成分には x_i^2 の係数が入る。また $i \neq j$ として，A の (i, j) 成分には x_ix_j の係数の半分が入る。

13.2 一般化 (C)

一般に，$ax_1^{i_1}x_2^{i_2}\cdots x_n^{i_n}$ の形の項を，$x_1, x_2, \cdots, x_n$ に関する $i_1 + i_2 + \cdots + i_n$ 次の項という。各項が $x_1, x_2, \cdots, x_n$ に関して k 次である多項式を，$(x_1, x_2, \cdots, x_n$ に関する) k 次形式 (あるいは k 次の斉次多項式) という。$x_1, x_2, \cdots, x_n$ に関する 2 次の項は，$a_{ii}x_i^2$ あるいは ($i < j$ として) $a_{ij}x_ix_j$ の形に書けるから，この 2 次形式は一般に，(13.1.15) の記述にならって，次の形に表せる。

$$\sum_{1 \leq i \leq n} a_{ii}x_i^2 + 2 \sum_{1 \leq i < j \leq n} a_{ij}x_ix_j \qquad \cdots (13.2.1)$$

ここで $A = (a_{ij})$ を対称行列とし，$i < j$ のとき a_{ji} を a_{ij} と書いて，

$$A = \begin{pmatrix} a_{11} & a_{12} & \cdots & a_{1n} \\ a_{12} & a_{22} & \cdots & a_{2n} \\ \vdots & \vdots & & \vdots \\ a_{1n} & a_{2n} & \cdots & a_{nn} \end{pmatrix}, \quad \boldsymbol{x} = \begin{pmatrix} x_1 \\ x_2 \\ \vdots \\ x_n \end{pmatrix} \qquad \cdots (13.2.2)$$

として，${}^t\boldsymbol{x}A\boldsymbol{x}$ を計算すると，

$$(x_1, x_2, x_3, \cdots, x_n)\begin{pmatrix} a_{11}x_1 + a_{12}x_2 + \cdots + a_{1n}x_n \\ a_{12}x_1 + a_{22}x_2 + \cdots + a_{2n}x_n \\ \vdots \\ a_{1n}x_1 + a_{2n}x_2 + \cdots + a_{nn}x_n \end{pmatrix}$$

$$= \sum_{1 \leq i \leq n} a_{ii}x_i^2 + 2\sum_{1 \leq i < j \leq n} a_{ij}x_i x_j \qquad \cdots (13.2.3)$$

となり確かに，一般の 2 次形式も ${}^t\boldsymbol{x}A\boldsymbol{x}$ の形に書ける。

13.3　基底の変換 (A)

変数 x_1，x_2，x_3 に関する (13.1.13) の形の 2 次形式 ${}^t\boldsymbol{x}A\boldsymbol{x}$ において，ベクトル $\boldsymbol{x}$ を決めると (すなわち x_1，x_2，x_3 の値を決めると) それに対応して，2 次形式 ${}^t\boldsymbol{x}A\boldsymbol{x}$ の値（これは実数）が決まる。従ってこの対応はベクトルから実数への写像である。2 次形式 (13.1.13) に基底の変換を施し，より簡単な形に変形しよう。

新たな基底を $\mathcal{B} = \{\boldsymbol{b}_1, \boldsymbol{b}_2, \boldsymbol{b}_3\}$ とし，この基底の変換を表す行列を $P = (\boldsymbol{b}_1, \boldsymbol{b}_2, \boldsymbol{b}_3)$ とする。もとの基底で成分表示された $\boldsymbol{x}$ が，新しい基底 $\mathcal{B}$ では $\boldsymbol{y}$ となれば ((7.1.15) より)，

$\boldsymbol{x} = P\boldsymbol{y}$ の転置は ${}^t\boldsymbol{x} = {}^t\boldsymbol{y}{}^tP$　よって ${}^t\boldsymbol{x}A\boldsymbol{x} = {}^t\boldsymbol{y}{}^tPAP\boldsymbol{y}$
元の基底による ${}^t\boldsymbol{x}A\boldsymbol{x}$ は，新しい基底 $\mathcal{B}$ で ${}^t\boldsymbol{y}{}^tPAP\boldsymbol{y}$　$\cdots (13.3.1)$

と変形される。ここで A は対称行列でなので，定理 8.2 によると，ある直交行列 P が存在して，

$$B = P^{-1}AP = {}^tPAP = \begin{pmatrix} \lambda_1 & 0 & 0 \\ 0 & \lambda_2 & 0 \\ 0 & 0 & \lambda_3 \end{pmatrix} \qquad \cdots (13.3.2)$$

と対角行列にできる。ここで各対角成分は A の固有値である。(13.3.1) この P を使うと，${}^t\boldsymbol{y} = (y_1, y_2, y_3)$ として，新しい基底 $\mathcal{B}$ によって

$$ {}^t\boldsymbol{y}{}^tPAP\boldsymbol{y} = (y_1, y_2, y_3)\begin{pmatrix} \lambda_1 & 0 & 0 \\ 0 & \lambda_2 & 0 \\ 0 & 0 & \lambda_3 \end{pmatrix}\begin{pmatrix} y_1 \\ y_2 \\ y_3 \end{pmatrix} \quad \cdots (13.3.3) $$

$$ = \lambda_1 y_1^2 + \lambda_2 y_2^2 + \lambda_3 y_3^2 \quad \cdots (13.3.4) $$

と簡単な形の 2 次形式になった。

13.4 シルベスターの慣性律 (A) (B)

前節の議論を続けよう。直交行列 $P = (\boldsymbol{b}_1, \boldsymbol{b}_2, \boldsymbol{b}_3)$ は固有値 λ_i の固有列ベクトル $\boldsymbol{b}_i$ を並べたものである。よって固有値 λ_1，λ_2，λ_3 が，正，負，0 の順に（もしそれらの符号をもった数があれば）なるように P の各列 $\boldsymbol{b}_i$ を並べておくことができる。一般に次の定理が成り立つ。

定理 13.1 A を n 次実対称行列として，(変数 $x_1, \cdots, x_n$ に関する) 2 次形式 ${}^t\boldsymbol{x}A\boldsymbol{x}$ は，うまく正規直交基底を選べば (P を基底の変換を表す直交行列，$\boldsymbol{x} = P\boldsymbol{y}$，$B = {}^tPAP$，${}^t\boldsymbol{y} = (y_1, y_2, \cdots, y_n)$ として) 次の形に変形できる。

$$ {}^t\boldsymbol{x}A\boldsymbol{x} = {}^t\boldsymbol{y}{}^tPAP\boldsymbol{y} = {}^t\boldsymbol{y}B\boldsymbol{y} = {}^t\boldsymbol{y}\begin{pmatrix} \lambda_1 & & & \\ & \lambda_2 & & \text{\Large 0} \\ \text{\Large 0} & & \ddots & \\ & & & \lambda_n \end{pmatrix}\boldsymbol{y} \quad \cdots (13.4.1) $$

$$ = \lambda_1 y_1^2 + \lambda_2 y_2^2 + \cdots + \lambda_n y_n^2 \quad \cdots (13.4.2) $$

ここで B は対角行列で，各対角成分 λ_i は A の固有値（全て実数）で正，負，0 の順に（もしそれらの符号をもった数があれば左から）並べられている。すなわち，$p, q \geq 0$ が存在して，$1 \leq i \leq p$ なる (p 個の) i で $\lambda_i > 0$，$p < i \leq p + q$ なる (q 個の) i で $\lambda_i < 0$ そして，$p + q < i \leq n$ なる ($n - (p + q)$ 個の) i で $\lambda_i = 0$ となる。

定理 13.1 で求めた ${}^t\boldsymbol{y}B\boldsymbol{y}$ に，さらに基底の変換を続けよう。Q を

$$Q=\begin{pmatrix} 1/\sqrt{\lambda_1} & & & & & & & & \\ & \ddots & & & & & & \text{\huge 0} & \\ & & 1/\sqrt{\lambda_p} & & & & & & \\ & & & 1/\sqrt{-\lambda_{p+1}} & & & & & \\ & & & & \ddots & & & & \\ & & & & & 1/\sqrt{-\lambda_{p+q}} & & & \\ & & & & & & 1 & & \\ & \text{\huge 0} & & & & & & \ddots & \\ & & & & & & & & 1 \end{pmatrix} \quad \cdots (13.4.3)$$

とおく。この行列 Q で表される基底の変換により，もとの基底での成分表示 $\boldsymbol{y}$ が，新しい基底 $\mathcal{B}$ で $\boldsymbol{z}$ となれば ((7.1.15) より) $\boldsymbol{y}=Q\boldsymbol{z}$
すると $\boldsymbol{z}={}^t(z_1, z_2, \cdots, z_n)$ として，

$$\boldsymbol{y}=Q\boldsymbol{z} \text{ より } {}^t\boldsymbol{y}B\boldsymbol{y}={}^t(Q\boldsymbol{z})BQ\boldsymbol{z}={}^t\boldsymbol{z}{}^tQBQ\boldsymbol{z} \quad \cdots (13.4.4)$$

$$={}^t\boldsymbol{z}\begin{pmatrix} 1 & & & & & & & & \\ & \ddots & & & & & \text{\huge 0} & & \\ & & 1 & & & & & & \\ & & & -1 & & & & & \\ & & & & \ddots & & & & \\ & & & & & -1 & & & \\ & & & & & & 0 & & \\ & \text{\huge 0} & & & & & & \ddots & \\ & & & & & & & & 0 \end{pmatrix}\boldsymbol{z} \quad \cdots (13.4.5)$$

$$=z_1^2+\cdots+z_p^2-z_{p+1}^2-\cdots-z_{p+q}^2 \quad \cdots (13.4.6)$$

と簡単になった(例えば $i \leq p$ のとき，BQ の (i,i) 成分は $\lambda_i/\sqrt{\lambda_i}$ である。また ${}^tQBQ$ の (i,i) 成分は $\lambda_i/(\sqrt{\lambda_i})^2 = 1$ である)。ここで 1，-1，0 となる対角成分の数はそれぞれ p 個，q 個，$n-p-q$ 個である。このときさらに次のシルベスターの慣性律と呼ばれる定理が成り立つ。

定理 13.2　2 次形式 ${}^t\boldsymbol{x}A\boldsymbol{x}$ に対し，基底をうまく選べば (P を基底の変換を表す行列，$\boldsymbol{x} = P\boldsymbol{y}$，$B = {}^tPAP$，${}^t\boldsymbol{y} = (y_1, y_2, \cdots, y_n)$ として)，

$$\begin{aligned} {}^t\boldsymbol{x}A\boldsymbol{x} &= {}^t(P\boldsymbol{y})AP\boldsymbol{y} = {}^t\boldsymbol{y}{}^tPAP\boldsymbol{y} = {}^t\boldsymbol{y}B\boldsymbol{y} \\ &= y_1^2 + \cdots + y_p^2 - y_{p+1}^2 - \cdots - y_{p+q}^2 \end{aligned} \qquad \cdots (13.4.7)$$

の形に変形できる。これを 2 次形式 ${}^t\boldsymbol{x}A\boldsymbol{x}$ の標準形という。ここで p，q は与えられた 2 次形式 (つまり係数行列 A) によって<u>一意</u>に決まる。(p,q) を ${}^t\boldsymbol{x}A\boldsymbol{x}$ (あるいは係数行列 A) の符号数という。

13.5　証　明 (C)

証明　定理 13.1 で示した変換 P の後，(13.4.3) で示した変換 Q を行なえばよい。この合成変換を改めて P とすれば定理の前半が成り立つ。次に一意性を証明する。仮に別の基底を選んで (P' をこの基底の変換を表す行列，$\boldsymbol{x} = P'\boldsymbol{y}'$，$B' = {}^tP'AP'$，${}^t\boldsymbol{y}' = (y_1', y_2', \cdots, y_n')$ として)，(13.4.7) の別の形の 2 次形式が次のように得られたとする。

$$\begin{aligned} {}^t\boldsymbol{x}A\boldsymbol{x} &= {}^t(P'\boldsymbol{y}')AP'\boldsymbol{y}' = {}^t\boldsymbol{y}'{}^tP'AP'\boldsymbol{y}' = {}^t\boldsymbol{y}'B'\boldsymbol{y}' \\ &= y_1'^2 + \cdots + y_{p'}'^2 - y_{p'+1}'^2 - \cdots - y_{p'+q'}'^2 \end{aligned} \qquad \cdots (13.5.1)$$

このとき $p = p'$，$q = q'$ を証明すればよい。P と P' は正則だから，

$B = {}^tPAP$ より，A の階数 $= B$ の階数 $= p + q$[◇13.1]　$\cdots$ (13.5.2)

◇13.1「入門線型代数」12 章定理 12.2 (p. 231, 232) で，P が正則ならば，AP (また PA) の階数は A の階数に等しいことを示した。

同様に$B' = {}^tP'AP'$より，Aの階数$=$ B'の階数$= p' + q'$ $\cdots$(13.5.3)
よってAの階数$p + q = p' + q'$をrとする。次に(13.4.7)，(13.5.1)
$\cdots$(13.5.4)

より$\displaystyle ({}^t\boldsymbol{x}A\boldsymbol{x} =) \sum_{i=1}^{p} y_i^2 - \sum_{j=p+1}^{r} y_j^2 = \sum_{i=1}^{p'} y_i'^2 - \sum_{j=p'+1}^{r} y_j'^2$ $\cdots$(13.5.5)

まず$p' \leq p$を示す。仮に$p < p'$として矛盾を導く。

$P^{-1}\boldsymbol{x} = \boldsymbol{y}$の右辺で第$1, \cdots, p$行までを0に置き換える $\cdots$(13.5.6)
すなわち$P^{-1}\boldsymbol{x}$の第$1, \cdots, p$行$= 0$なるp個の方程式と， $\cdots$(13.5.7)
$P'^{-1}\boldsymbol{x} = \boldsymbol{y}'$の右辺で第$p' + 1, \cdots, n$行を0に置き換える $\cdots$(13.5.8)
すなわち$P'^{-1}\boldsymbol{x}$の第$p' + 1, \cdots, n$行$= 0$なる$n - p'$個の方程式
$\cdots$(13.5.9)

を考える。これら$p + n - p'$ $(< n)$個の等式を，$\boldsymbol{x}$に関する(すなわち未知数$x_1, \cdots, x_n$の)連立方程式とみる。変数の個数nは方程式の個数$(< n)$より多いから，自明でない解$\boldsymbol{x}_0$をもつ。するとP，P'は正則(線形写像として1対1)だから，$P^{-1}\boldsymbol{x}_0 = \boldsymbol{y}$や$P'^{-1}\boldsymbol{x}_0 = \boldsymbol{y}'$は零でなく，(13.5.6)，(13.5.8)より，

$P^{-1}\boldsymbol{x}_0 = \boldsymbol{y}$は第$p$行までは0で，第$p + 1$行以降で0でないものがある
$\cdots$(13.5.10)
$P'^{-1}\boldsymbol{x}_0 = \boldsymbol{y}'$は第$p' + 1$行以降は0で，$p'$行までに0でないものがある
$\cdots$(13.5.11)
すると(13.5.5)の左辺（は負の数）$=$右辺（は正の数）で矛盾する
$\cdots$(13.5.12)

よって$p \geq p'$　同様に$p' \geq p$もいえ従って$p = p'$
(13.5.4)より$p + q = p' + q'$だから$q = q'$となる。

13.6　2 次曲線 (A)

例 13.3　x_1，x_2 に関する 2 次の項は，ax_1^2，bx_2^2，$c'x_1x_2$ の 3 種類の形がある。x_1，x_2 に関する 1 次の項は，$d'x_1$，$e'x_2$ の 2 種類の形がある。これらに，定数項 f を足し合わせたもの，すなわち

$$P(x_1, x_2) = ax_1^2 + bx_2^2 + c'x_1x_2 + d'x_1 + e'x_2 + f \qquad \cdots (13.6.1)$$

が，x_1，x_2 に関する 2 次の多項式の一般形である。ここで $c' = 2c$，$d' = 2d$，$e' = 2e$ と書き直して，上式を，

$$P(x_1, x_2) = ax_1^2 + bx_2^2 + 2cx_1x_2 + 2dx_1 + 2ex_2 + f \qquad \cdots (13.6.2)$$

と表記する（理由はすぐ後でわかる）。これを行列を使って表すため (13.1.4) の A や $\boldsymbol{x}$ を拡大し，

$$\tilde{A} = \left(\begin{array}{cc|c} a & c & d \\ c & b & e \\ \hline d & e & f \end{array}\right), \quad \tilde{\boldsymbol{x}} = \begin{pmatrix} x_1 \\ x_2 \\ 1 \end{pmatrix} \qquad \cdots (13.6.3)$$

として，${}^t\tilde{\boldsymbol{x}}\tilde{A}\tilde{\boldsymbol{x}}$ を計算してみよう。

$$\begin{aligned} {}^t\tilde{\boldsymbol{x}}\tilde{A}\tilde{\boldsymbol{x}} &= (x_1, x_2, 1)\begin{pmatrix} ax_1 + cx_2 + d \\ cx_1 + bx_2 + e \\ dx_1 + ex_2 + f \end{pmatrix} \\ &= (ax_1^2 + cx_1x_2 + dx_1) + (cx_1x_2 + bx_2^2 + ex_2) + (dx_1 + ex_2 + f) \\ &= ax_1^2 + bx_2^2 + 2cx_1x_2 + 2dx_1 + 2ex_2 + f = P(x_1, x_2) \qquad \cdots (13.6.4) \end{aligned}$$

で (13.6.2) の形となっている。これより 2 次の多項式 $P(x_1, x_2)$ は，${}^t\tilde{\boldsymbol{x}}\tilde{A}\tilde{\boldsymbol{x}}$ の形に書き表すことができることがわかる (ベクトル $\boldsymbol{x}$ の成分にさらにもうひと成分 1 を加えた $\tilde{\boldsymbol{x}}$ を考えることで，多項式の 1 次の項や定数項を，拡大した行列 $\tilde{A}$ (の第 3 行，3 列) との積で表すのである)。$\tilde{A}$ は対称行列で，2 次多項式 (13.6.2) の係数行列という。ここで，

$$A = \begin{pmatrix} a & c \\ c & b \end{pmatrix}, \quad \boldsymbol{a} = \begin{pmatrix} d \\ e \end{pmatrix}, \quad \boldsymbol{x} = \begin{pmatrix} x_1 \\ x_2 \end{pmatrix} \qquad \cdots (13.6.5)$$

とすると,

$$\tilde{A} = \left(\begin{array}{c|c} A & \boldsymbol{a} \\ \hline {}^t\boldsymbol{a} & f \end{array}\right), \quad \tilde{\boldsymbol{x}} = \begin{pmatrix} \boldsymbol{x} \\ 1 \end{pmatrix} = \begin{pmatrix} x_1 \\ x_2 \\ 1 \end{pmatrix} \qquad \cdots (13.6.6)$$

となり,

$$\begin{aligned} P(x_1, x_2) &= {}^t\tilde{\boldsymbol{x}}\tilde{A}\tilde{\boldsymbol{x}} \\ &= ({}^t\boldsymbol{x}, 1)\left(\begin{array}{c|c} A & \boldsymbol{a} \\ \hline {}^t\boldsymbol{a} & f \end{array}\right)\begin{pmatrix} \boldsymbol{x} \\ 1 \end{pmatrix} \\ &= ({}^t\boldsymbol{x}, 1)\begin{pmatrix} A\boldsymbol{x} + \boldsymbol{a} \\ {}^t\boldsymbol{a}\boldsymbol{x} + f \end{pmatrix} \\ &= {}^t\boldsymbol{x}A\boldsymbol{x} + ({}^t\boldsymbol{a}\boldsymbol{x} + {}^t\boldsymbol{x}\boldsymbol{a}) + f \end{aligned} \qquad \cdots (13.6.7)$$

となる。実際, (13.6.4) における ${}^t\tilde{\boldsymbol{x}}\tilde{A}\tilde{\boldsymbol{x}}$ の 2 次の項は (例 13.1 より) $ax_1^2 + bx_2^2 + 2cx_1x_2 = {}^t\boldsymbol{x}A\boldsymbol{x}$ となる。また $dx_1 + ex_2 = {}^t\boldsymbol{a}\boldsymbol{x} = {}^t\boldsymbol{x}\boldsymbol{a}$ だから, 1 次の項は ${}^t\boldsymbol{a}\boldsymbol{x} + {}^t\boldsymbol{x}\boldsymbol{a}$ となる。

（ユークリッド）平面上で, 2 次の方程式 $P(x_1, x_2) = P(\boldsymbol{x}) = 0$ を満たす点の集合を **2 次曲線**とよぶ。

コメント 13.3　(13.6.2) と (13.6.3) を見比べればわかるように, 係数行列 $\tilde{A}$ の各成分には, $P(x_1, x_2)$ の 1 次, 2 次の項の係数, あるいは定数項が入るが, どの項かの区別を（成分上にあえて）示せば次の X のようになる。

$$X = \left(\begin{array}{cc|c} x_1^2 & x_1x_2 & x_1 \\ x_2x_1 & x_2^2 & x_2 \\ \hline x_1 & x_2 & \text{定数} \end{array}\right), \quad \tilde{A} = \left(\begin{array}{cc|c} a & c & d \\ c & b & e \\ \hline d & e & f \end{array}\right) \cdots (13.6.8)$$

例えば X の $(2,2)$ 成分には x_2^2 と書かれているが，$\tilde{A}$ の $(2,2)$ 成分である b は x_2^2 の係数である，という意味である。また X の $(1,2)$，$(2,1)$ 成分には x_1x_2，x_2x_1 と書かれているが，$\tilde{A}$ の $(1,2)$，$(2,1)$ 成分 c の和である $2c$ は x_1x_2 の係数である，という意味である。X の $(1,3)$，$(3,1)$ 成分には x_1 と書かれているが，$\tilde{A}$ の $(1,3)$，$(3,1)$ 成分 d の和である $2d$ は x_1 の係数である，という意味である。X の $(3,3)$ 成分には「定数」と書かれているが，$\tilde{A}$ の $(3,3)$ 成分である f は定数項，という意味である。

13.7　2 次曲面 (A)

例 13.4　3 つの変数 x_1，x_2，x_3 に関する 2 次の多項式も同様に定義できる。x_1，x_2，x_3 に関する 2 次の項は，ax_1^2，bx_2^2，cx_3^2，$d'x_1x_2$，$e'x_1x_3$，$f'x_2x_3$ の 6 種類の形がある。x_1，x_2，x_3 に関する 1 次の項は，$g'x_1$，$h'x_2$，$i'x_3$ の 3 種類の形がある。これらにさらに，定数項 j を足し合わせたもの，すなわち

$$P(x_1,x_2,x_3) = P(\boldsymbol{x}) = ax_1^2 + bx_2^2 + cx_3^2 + d'x_1x_2 + e'x_1x_3 + f'x_2x_3 + g'x_1 + h'x_2 + i'x_3 + j \qquad \cdots (13.7.1)$$

が，x_1，x_2，x_3 に関する 2 次の多項式の一般形である。ここで $d' = 2d$，$e' = 2e$，$f' = 2f$，$g' = 2g$，$h' = 2h$，$i' = 2i$ と書き直して，上式を，

$$P(x_1,x_2,x_3) = P(\boldsymbol{x}) = ax_1^2 + bx_2^2 + cx_3^2 + 2dx_1x_2 + 2ex_1x_3 + 2fx_2x_3 + 2gx_1 + 2hx_2 + 2ix_3 + j \qquad \cdots (13.7.2)$$

と表記する。これを例 13.3 と同様に行列を使って表そう。$\tilde{A} = (a_{ij})$ を対称行列として，$i < j$ のとき a_{ji} を a_{ij} と書いて，(13.1.10) でみた行列 A や $\boldsymbol{x}$ を拡大し，

$$\tilde{A} = \begin{pmatrix} a_{11} & a_{12} & a_{13} & a_{14} \\ a_{12} & a_{22} & a_{23} & a_{24} \\ a_{13} & a_{23} & a_{33} & a_{34} \\ a_{14} & a_{24} & a_{34} & a_{44} \end{pmatrix} = \left(\begin{array}{ccc|c} a & d & e & g \\ d & b & f & h \\ e & f & c & i \\ \hline g & h & i & j \end{array}\right), \quad \tilde{\boldsymbol{x}} = \begin{pmatrix} x_1 \\ x_2 \\ x_3 \\ 1 \end{pmatrix} \qquad \cdots (13.7.3)$$

として，${}^t\tilde{\boldsymbol{x}}\tilde{A}\tilde{\boldsymbol{x}}$ を計算してみよう。

$${}^t\tilde{\boldsymbol{x}}\tilde{A}\tilde{\boldsymbol{x}} = (x_1, x_2, x_3, 1)\begin{pmatrix} ax_1 + dx_2 + ex_3 + g \\ dx_1 + bx_2 + fx_3 + h \\ ex_1 + fx_2 + cx_3 + i \\ gx_1 + hx_2 + ix_3 + j \end{pmatrix} \qquad \cdots (13.7.4)$$

$$= (ax_1 + dx_2 + ex_3 + g)x_1 + (dx_1 + bx_2 + fx_3 + h)x_2 \qquad \cdots (13.7.5)$$

$$+ (ex_1 + fx_2 + cx_3 + i)x_3 + (gx_1 + hx_2 + ix_3 + j) \qquad \cdots (13.7.6)$$

$$= ax_1^2 + bx_2^2 + cx_3^2 + 2dx_1x_2 + 2ex_1x_3 + 2fx_2x_3 \qquad \cdots (13.7.7)$$

$$+ 2gx_1 + 2hx_2 + 2ix_3 + j = P(\boldsymbol{x}) \qquad \cdots (13.7.8)$$

よって x_1，x_2，x_3 に関する2次の多項式 $P(\boldsymbol{x})$ は ${}^t\tilde{\boldsymbol{x}}\tilde{A}\tilde{\boldsymbol{x}}$ の形に表せる。$\tilde{A}$ の成分 a_{ij} で書き換えれば (13.7.8) は，

$$= a_{11}x_1^2 + a_{22}x_2^2 + a_{33}x_3^2 + 2a_{12}x_1x_2 + 2a_{13}x_1x_3 \qquad \cdots (13.7.9)$$

$$+ 2a_{23}x_2x_3 + 2a_{14}x_1 + 2a_{24}x_2 + 2a_{34}x_3 + a_{44} \qquad \cdots (13.7.10)$$

$$= \sum_{1 \leq i \leq 3} a_{ii}x_i^2 + 2\sum_{1 \leq i < j \leq 3} a_{ij}x_ix_j + 2\sum_{1 \leq i \leq 3} a_{i4}x_i + a_{44} \qquad \cdots (13.7.11)$$

という形にも書ける。ここでも $\tilde{A}$ は対称行列で，${}^t\tilde{\boldsymbol{x}}\tilde{A}\tilde{\boldsymbol{x}} = (\tilde{\boldsymbol{x}}, \tilde{A}\tilde{\boldsymbol{x}}) = (\tilde{A}\tilde{\boldsymbol{x}}, \tilde{\boldsymbol{x}})$ である。$\tilde{A}$ を2次多項式 (13.7.2) の係数行列という。(13.7.8) に至る計算を (例 13.3 のときと同様に) もう少しみやすく書き表そう。

$$A = \begin{pmatrix} a & d & e \\ d & b & f \\ e & f & c \end{pmatrix}, \quad \boldsymbol{a} = \begin{pmatrix} g \\ h \\ i \end{pmatrix}, \quad \boldsymbol{x} = \begin{pmatrix} x_1 \\ x_2 \\ x_3 \end{pmatrix} \qquad \cdots (13.7.12)$$

とすると

$$\tilde{A}=\left(\begin{array}{c|c} A & \boldsymbol{a} \\ \hline {}^t\boldsymbol{a} & j \end{array}\right),\quad \tilde{\boldsymbol{x}}=\begin{pmatrix} \boldsymbol{x} \\ 1 \end{pmatrix}=\begin{pmatrix} x_1 \\ x_2 \\ x_3 \\ 1 \end{pmatrix} \qquad \cdots(13.7.13)$$

となり

$$\begin{aligned} P(\boldsymbol{x}) &= {}^t\tilde{\boldsymbol{x}}\tilde{A}\tilde{\boldsymbol{x}} = ({}^t\boldsymbol{x},1)\left(\begin{array}{c|c} A & \boldsymbol{a} \\ \hline {}^t\boldsymbol{a} & j \end{array}\right)\begin{pmatrix} \boldsymbol{x} \\ 1 \end{pmatrix} \\ &= ({}^t\boldsymbol{x},1)\begin{pmatrix} A\boldsymbol{x}+\boldsymbol{a} \\ {}^t\boldsymbol{a}\boldsymbol{x}+j \end{pmatrix} = {}^t\boldsymbol{x}A\boldsymbol{x}+({}^t\boldsymbol{a}\boldsymbol{x}+{}^t\boldsymbol{x}\boldsymbol{a})+j \end{aligned} \qquad \cdots(13.7.14)$$

となる。実際，(13.7.2) における $P(\boldsymbol{x})$ の 2 次の項は (例 13.2 より) ${}^t\boldsymbol{x}A\boldsymbol{x}$　また $gx_1+hx_2+ix_3={}^t\boldsymbol{a}\boldsymbol{x}={}^t\boldsymbol{x}\boldsymbol{a}$ だから，1 次の項は ${}^t\boldsymbol{a}\boldsymbol{x}+{}^t\boldsymbol{x}\boldsymbol{a}$ と表せる。

（ユークリッド）空間上で 2 次の方程式 $P(x_1,x_2,x_3)=P(\boldsymbol{x})=0$ を満たす点の集合を **2 次曲面**とよぶ。

コメント 13.4　(13.7.2) と (13.7.3) (あるいは (13.7.11)) を見比べればわかるように，係数行列 $\tilde{A}$ の各成分には，$P(x_1,x_2,x_3)$ の 1 次，2 次の項の係数，あるいは定数項が入るが，どの項かの区別を（成分上にあえて）示せば次の X のようになる。

$$X=\left(\begin{array}{ccc|c} x_1^2 & x_1x_2 & x_1x_3 & x_1 \\ x_2x_1 & x_2^2 & x_2x_3 & x_2 \\ x_3x_1 & x_3x_2 & x_3^2 & x_3 \\ \hline x_1 & x_2 & x_3 & \text{定数} \end{array}\right),\quad \tilde{A}=\left(\begin{array}{ccc|c} a & d & e & g \\ d & b & f & h \\ e & f & c & i \\ \hline g & h & i & j \end{array}\right) \quad \cdots(13.7.15)$$

コメント 13.3 同様，例えば X の $(2,4)$，$(4,2)$ 成分には x_2 と書かれているが，A の $(2,4)$，$(4,2)$ 成分 h の和である $2h$ は x_2 の係数である，と

いう意味である。

例 13.5　x_1, x_2, x_3 についての 2 次の多項式,

$$P(\boldsymbol{x}) = x_1^2 + x_2^2 + x_3^2 + 4x_1x_2 + 4x_1x_3 + 4x_2x_3 + 5 \quad \cdots (13.7.16)$$

を行列の積の形で表そう。行列 A, $\tilde{A}$ を

$$A = \begin{pmatrix} 1 & 2 & 2 \\ 2 & 1 & 2 \\ 2 & 2 & 1 \end{pmatrix}, \quad \tilde{A} = \left(\begin{array}{ccc|c} 1 & 2 & 2 & 0 \\ 2 & 1 & 2 & 0 \\ 2 & 2 & 1 & 0 \\ \hline 0 & 0 & 0 & 5 \end{array}\right)$$

とすると, ${}^t\tilde{\boldsymbol{x}}\tilde{A}\tilde{\boldsymbol{x}}$ は,

$$(x_1, x_2, x_3, 1)\begin{pmatrix} 1 & 2 & 2 & 0 \\ 2 & 1 & 2 & 0 \\ 2 & 2 & 1 & 0 \\ 0 & 0 & 0 & 5 \end{pmatrix}\begin{pmatrix} x_1 \\ x_2 \\ x_3 \\ 1 \end{pmatrix} \quad \cdots (13.7.17)$$

$$= (x_1, x_2, x_3, 1)\begin{pmatrix} x_1 + 2x_2 + 2x_3 \\ 2x_1 + x_2 + 2x_3 \\ 2x_1 + 2x_2 + x_3 \\ 5 \end{pmatrix} \quad \cdots (13.7.18)$$

$$= x_1^2 + x_2^2 + x_3^2 + 4x_1x_2 + 4x_1x_3 + 4x_2x_3 + 5 \quad \cdots (13.7.19)$$

となり確かに $P(\boldsymbol{x}) = {}^t\tilde{\boldsymbol{x}}\tilde{A}\tilde{\boldsymbol{x}}$ となる。

練習 13.1　x_1, x_2, x_3 についての 2 次の多項式,

$$P(\boldsymbol{x}) = P(x_1, x_2, x_3) = 2x_1x_2 + 2x_1x_3 + 2x_2x_3 - a$$

を行列の積の形で表せ。

解答　行列 A, $\tilde{A}$ を

$$A = \begin{pmatrix} 0 & 1 & 1 \\ 1 & 0 & 1 \\ 1 & 1 & 0 \end{pmatrix}, \quad \tilde{A} = \begin{pmatrix} 0 & 1 & 1 & 0 \\ 1 & 0 & 1 & 0 \\ 1 & 1 & 0 & 0 \\ 0 & 0 & 0 & -a \end{pmatrix}$$

とすると, ${}^t\tilde{\boldsymbol{x}}\tilde{A}\tilde{\boldsymbol{x}}$ は,

$$\begin{aligned} &(x_1, x_2, x_3, 1)\begin{pmatrix} 0 & 1 & 1 & 0 \\ 1 & 0 & 1 & 0 \\ 1 & 1 & 0 & 0 \\ 0 & 0 & 0 & -a \end{pmatrix}\begin{pmatrix} x_1 \\ x_2 \\ x_3 \\ 1 \end{pmatrix} \\ &= (x_1, x_2, x_3, 1)\begin{pmatrix} x_2 + x_3 \\ x_1 + x_3 \\ x_1 + x_2 \\ -a \end{pmatrix} \\ &= 2x_1x_2 + 2x_1x_3 + 2x_2x_3 - a \end{aligned}$$

となり確かに $P(\boldsymbol{x}) = {}^t\tilde{\boldsymbol{x}}\tilde{A}\tilde{\boldsymbol{x}}$ となる。

13.8　一般化 (C)

一般化して, n 個の変数 $x_1, x_2, \cdots, x_n$ に関する 2 次の多項式は一般に, (13.7.11) の記述にならって次の形に表せる。

$$P(\boldsymbol{x}) = P(x_1, \cdots, x_n) =$$

$$\sum_{1 \leq i \leq n} a_{ii}x_i^2 + 2\sum_{1 \leq i < j \leq n} a_{ij}x_ix_j + 2\sum_{1 \leq i \leq n} a_{in+1}x_i + a_{n+1n+1} \qquad \cdots (13.8.1)$$

これを (13.7.14) 同様行列を用いて表すため, n 次対称行列 $A = (a_{ij})$ で $i < j$ のとき a_{ji} を a_{ij} と書いて,

$$\boldsymbol{a} = \begin{pmatrix} a_{1n+1} \\ \vdots \\ a_{nn+1} \end{pmatrix}, \quad \boldsymbol{x} = \begin{pmatrix} x_1 \\ \vdots \\ x_n \end{pmatrix} \qquad \cdots (13.8.2)$$

とすると2次の項は ${}^t\boldsymbol{x}A\boldsymbol{x}$, $\cdots(13.8.3)$

また1次の項は ${}^t\boldsymbol{a}\boldsymbol{x}+{}^t\boldsymbol{x}\boldsymbol{a}$, と表せるから, $\cdots(13.8.4)$

$P(\boldsymbol{x})={}^t\boldsymbol{x}A\boldsymbol{x}+({}^t\boldsymbol{a}\boldsymbol{x}+{}^t\boldsymbol{x}\boldsymbol{a})+a_{n+1n+1}$ $\cdots(13.8.5)$

と書ける。さらに,

$$\tilde{A}=\left(\begin{array}{c|c} A & \boldsymbol{a} \\ \hline {}^t\boldsymbol{a} & a_{n+1n+1}\end{array}\right),\quad \tilde{\boldsymbol{x}}=\begin{pmatrix}\boldsymbol{x}\\ 1\end{pmatrix}=\begin{pmatrix}x_1\\ \vdots\\ x_n\\ 1\end{pmatrix}\quad\cdots(13.8.6)$$

とすれば,

$$\begin{aligned}{}^t\tilde{\boldsymbol{x}}\tilde{A}\tilde{\boldsymbol{x}}&=({}^t\boldsymbol{x},1)\left(\begin{array}{c|c} A & \boldsymbol{a} \\ \hline {}^t\boldsymbol{a} & a_{n+1n+1}\end{array}\right)\begin{pmatrix}\boldsymbol{x}\\ 1\end{pmatrix}\\ &=({}^t\boldsymbol{x},1)\begin{pmatrix}A\boldsymbol{x}+\boldsymbol{a}\\ {}^t\boldsymbol{a}\boldsymbol{x}+a_{n+1n+1}\end{pmatrix}\quad\cdots(13.8.7)\\ &={}^t\boldsymbol{x}A\boldsymbol{x}+({}^t\boldsymbol{a}\boldsymbol{x}+{}^t\boldsymbol{x}\boldsymbol{a})+a_{n+1n+1}=P(\boldsymbol{x})\end{aligned}$$

となる。一般に (コメント2.4で定義した) n 次ユークリッド空間 $\boldsymbol{E}^n$ 上で, 2次の方程式 $P(\boldsymbol{x})={}^t\tilde{\boldsymbol{x}}\tilde{A}\tilde{\boldsymbol{x}}=0$ を満たす点の集合を2次曲面と呼ぶことにする。

14　2次曲面の合同変換

《目標 & ポイント》 2次曲面に，合同変換，平行移動を施し，簡単な形にすることを個別にみていく。
《キーワード》 2次曲面，合同変換，平行移動，回転移動

14.1　2次曲面の直交変換その1 (A) (B)

2次曲面 $P(\boldsymbol{x})=0$ に直交変換や平行移動（合同変換）を施し簡単な形にしよう。(13.7.14)，(13.8.7) でみたように (そこでの定数項 j や a_{n+1n+1} を a_{n+1} と書き換えて) $P(\boldsymbol{x})$ の ($n+1$ 次) 係数行列 $\tilde{A}$ そして $\tilde{\boldsymbol{x}}$，$\tilde{\boldsymbol{y}}$ を

$$\tilde{A}=\begin{pmatrix} A & \boldsymbol{a} \\ {}^t\boldsymbol{a} & a_{n+1} \end{pmatrix},\quad \tilde{\boldsymbol{x}}=\begin{pmatrix} \boldsymbol{x} \\ 1 \end{pmatrix},\quad \tilde{\boldsymbol{y}}=\begin{pmatrix} \boldsymbol{y} \\ 1 \end{pmatrix} \quad \cdots(14.1.1)$$

とすれば $P(\boldsymbol{x})={}^t\tilde{\boldsymbol{x}}\tilde{A}\tilde{\boldsymbol{x}}$ と書き表せる。　$\cdots(14.1.2)$

A や $\tilde{A}$ は対称行列である。ここで直交変換 T^{-1}（で表される線型変換）を考えて (5.3.2) より，変換後のベクトルの成分表示を $\boldsymbol{y}$ として，

$$\boldsymbol{y}=T^{-1}\boldsymbol{x}\text{すなわち，}\boldsymbol{x}=T\boldsymbol{y}\text{とする。} \quad \cdots(14.1.3)$$

コメント 14.1　後の式変形を見やすくするため，T^{-1} なる変換を考えることで $\boldsymbol{x}=T\boldsymbol{y}$ なる形にした。従って上記線型変換のことを（簡単のため）$\boldsymbol{x}=T\boldsymbol{y}$ なる線型変換ということにする。以降同様で，行列表示はすべて (基底の変換ではなく，与えられた2次曲面の) 線型写像とみる。

すると，

$$\tilde{\boldsymbol{x}} = \begin{pmatrix} \boldsymbol{x} \\ 1 \end{pmatrix} = \begin{pmatrix} T\boldsymbol{y} \\ 1 \end{pmatrix} = \begin{pmatrix} T & \boldsymbol{0} \\ {}^t\boldsymbol{0} & 1 \end{pmatrix}\begin{pmatrix} \boldsymbol{y} \\ 1 \end{pmatrix} \qquad \cdots (14.1.4)$$

と表せるので，

$$\tilde{T} = \begin{pmatrix} T & \boldsymbol{0} \\ {}^t\boldsymbol{0} & 1 \end{pmatrix} \text{とすれば} (\boldsymbol{x} = T\boldsymbol{y} \text{と同様}) \ \tilde{\boldsymbol{x}} = \tilde{T}\tilde{\boldsymbol{y}} \qquad \cdots (14.1.5)$$

と表せ $P(\boldsymbol{x}) = {}^t\tilde{\boldsymbol{x}}\tilde{A}\tilde{\boldsymbol{x}} = {}^t(\tilde{T}\tilde{\boldsymbol{y}})\tilde{A}\tilde{T}\tilde{\boldsymbol{y}} = {}^t\tilde{\boldsymbol{y}}{}^t\tilde{T}\tilde{A}\tilde{T}\tilde{\boldsymbol{y}} = {}^t\tilde{\boldsymbol{y}}\tilde{B}\tilde{\boldsymbol{y}}$ $\cdots (14.1.6)$

と変形される。ここで $\tilde{B} = {}^t\tilde{T}\tilde{A}\tilde{T}$ を実際に計算すると，

$$\tilde{B} = {}^t\tilde{T}\tilde{A}\tilde{T} = \begin{pmatrix} {}^tT & \boldsymbol{0} \\ {}^t\boldsymbol{0} & 1 \end{pmatrix}\begin{pmatrix} A & \boldsymbol{a} \\ {}^t\boldsymbol{a} & a_{n+1} \end{pmatrix}\begin{pmatrix} T & \boldsymbol{0} \\ {}^t\boldsymbol{0} & 1 \end{pmatrix} \qquad \cdots (14.1.7)$$

$$= \begin{pmatrix} {}^tT & \boldsymbol{0} \\ {}^t\boldsymbol{0} & 1 \end{pmatrix}\begin{pmatrix} AT & \boldsymbol{a} \\ {}^t\boldsymbol{a}T & a_{n+1} \end{pmatrix} = \begin{pmatrix} {}^tTAT & {}^tT\boldsymbol{a} \\ {}^t\boldsymbol{a}T & a_{n+1} \end{pmatrix} \qquad \cdots (14.1.8)$$

ここで $B = {}^tTAT$，$\boldsymbol{b} = {}^tT\boldsymbol{a}$ とおけば ${}^t\boldsymbol{b} = {}^t({}^tT\boldsymbol{a}) = {}^t\boldsymbol{a}T$ だから，

$$\tilde{B} = \begin{pmatrix} {}^tTAT & {}^tT\boldsymbol{a} \\ {}^t\boldsymbol{a}T & a_{n+1} \end{pmatrix} = \begin{pmatrix} B & \boldsymbol{b} \\ {}^t\boldsymbol{b} & a_{n+1} \end{pmatrix} \qquad \cdots (14.1.9)$$

となる。(14.1.6) より $P(\boldsymbol{x}) = {}^t\tilde{\boldsymbol{y}}\tilde{B}\tilde{\boldsymbol{y}}$ だから，上の $\tilde{B}$ を簡単にしたい。A は対称行列だから，定理 8.2 よりある直交行列 T が存在して，$B = {}^tTAT$ を対角行列にできる。ここで定理 13.1 より，B の (i,i) 成分 (A の固有値) λ_i は正，負，0 の順に（もしそれらがあれば）並び $1 \leq i \leq m$ で $\lambda_i \neq 0$ とし，$m < i \leq n$ で $\lambda_i = 0$ とする。また ${}^t\boldsymbol{a}T = (b_1, \cdots, b_n)$ とすれば，

$$\tilde{B} = \left(\begin{array}{ccccccc|c} \lambda_1 & & & & & & & b_1 \\ & \ddots & & & \text{\huge 0} & & & \vdots \\ & & \lambda_m & & & & & b_m \\ & & & 0 & & & & b_{m+1} \\ & \text{\huge 0} & & & \ddots & & & \vdots \\ & & & & & & 0 & b_n \\ \hline b_1 & \cdots & b_m & b_{m+1} & \cdots & b_n & & a_{n+1} \end{array}\right) \quad \cdots (14.1.10)$$

となり，コメント 13.2，13.4 より $P(\boldsymbol{x})$ は次の形に書け，これで y_iy_j $(i \neq j)$ なる 2 次の項をなくすことができる。

$$\begin{aligned} P(\boldsymbol{x}) = {}^t\tilde{\boldsymbol{y}}\tilde{B}\tilde{\boldsymbol{y}} &= \lambda_1 y_1^2 + \cdots + \lambda_m y_m^2 + 2b_1y_1 + \cdots \\ &+ 2b_my_m + 2b_{m+1}y_{m+1} + \cdots + 2b_ny_n + a_{n+1} = 0 \end{aligned} \quad \cdots (14.1.11)$$

14.2　幾つかの例 (A)

以下の例で直交行列のとり方で求める答えも変わることに注意。

例 14.1　x_1，x_2，x_3 についての 2 次曲面

$$P(\boldsymbol{x}) = x_1^2 + x_2^2 + x_3^2 + 4x_1x_2 + 4x_1x_3 + 4x_2x_3 + 5 = 0 \quad \cdots (14.2.1)$$

を直交変換によって簡単に表そう。行列 A，$\boldsymbol{a}$，$\tilde{A}$ を

$$A = \begin{pmatrix} 1 & 2 & 2 \\ 2 & 1 & 2 \\ 2 & 2 & 1 \end{pmatrix}, \quad \boldsymbol{a} = \begin{pmatrix} 0 \\ 0 \\ 0 \end{pmatrix}, \quad \cdots (14.2.2)$$

$$\tilde{A} = \begin{pmatrix} A & \boldsymbol{a} \\ {}^t\boldsymbol{a} & a_{n+1} \end{pmatrix} = \begin{pmatrix} 1 & 2 & 2 & 0 \\ 2 & 1 & 2 & 0 \\ 2 & 2 & 1 & 0 \\ 0 & 0 & 0 & 5 \end{pmatrix} \quad \cdots (14.2.3)$$

とすると，例 13.5 より，$P(\boldsymbol{x}) = {}^t\tilde{\boldsymbol{x}}\tilde{A}\tilde{\boldsymbol{x}}$ と表せる。ここで A を対角化するために例 8.3 より，直交行列 T を

$$T = \begin{pmatrix} \frac{\sqrt{3}}{3} & \frac{\sqrt{2}}{2} & \frac{\sqrt{6}}{6} \\ \frac{\sqrt{3}}{3} & -\frac{\sqrt{2}}{2} & \frac{\sqrt{6}}{6} \\ \frac{\sqrt{3}}{3} & 0 & -\frac{\sqrt{6}}{3} \end{pmatrix} \qquad \cdots (14.2.4)$$

として，${}^tTAT$，${}^tT\boldsymbol{a}$ を求めると，

$${}^tTAT = \begin{pmatrix} 5 & 0 & 0 \\ 0 & -1 & 0 \\ 0 & 0 & -1 \end{pmatrix}, \quad {}^tT\boldsymbol{a} = \begin{pmatrix} 0 \\ 0 \\ 0 \end{pmatrix} \qquad \cdots (14.2.5)$$

となる。従って $\boldsymbol{x} = T\boldsymbol{y}$ なる直交変換を考えると ($\boldsymbol{x}$ は直交変換 T^{-1} で $\boldsymbol{y}$ に移る) (14.1.5) の記法で $\tilde{\boldsymbol{x}} = \tilde{T}\tilde{\boldsymbol{y}}$ で，(14.1.6) (14.1.8) より，

$$P(\boldsymbol{x}) = {}^t\tilde{\boldsymbol{x}}\tilde{A}\tilde{\boldsymbol{x}} = {}^t\tilde{\boldsymbol{y}}{}^t\tilde{T}\tilde{A}\tilde{T}\tilde{\boldsymbol{y}} \text{ と変形され} \qquad \cdots (14.2.6)$$

$${}^t\tilde{T}\tilde{A}\tilde{T} = \begin{pmatrix} {}^tTAT & {}^tT\boldsymbol{a} \\ {}^t\boldsymbol{a}T & a_{n+1} \end{pmatrix} = \left(\begin{array}{ccc|c} 5 & 0 & 0 & 0 \\ 0 & -1 & 0 & 0 \\ 0 & 0 & -1 & 0 \\ \hline 0 & 0 & 0 & 5 \end{array}\right) \cdots (14.2.7)$$

となり，$P(\boldsymbol{x}) = 5y_1^2 - y_2^2 - y_3^2 + 5 = 0$ と簡単に表せた。

例 14.2　x_1，x_2，x_3 についての 2 次曲面

$$\begin{aligned} P(\boldsymbol{x}) &= x_1^2 + x_2^2 + x_3^2 + 2x_1x_2 + 2x_1x_3 + 2x_2x_3 \\ &\quad + 2x_1 + 2x_2 - 4x_3 + 1 = 0 \end{aligned} \qquad \cdots (14.2.8)$$

を直交変換によって簡単に表そう。A，$\boldsymbol{a}$，$\tilde{A}$ を

$$A = \begin{pmatrix} 1 & 1 & 1 \\ 1 & 1 & 1 \\ 1 & 1 & 1 \end{pmatrix}, \quad \boldsymbol{a} = \begin{pmatrix} 1 \\ 1 \\ -2 \end{pmatrix}, \qquad \cdots (14.2.9)$$

$$\tilde{A} = \begin{pmatrix} A & \boldsymbol{a} \\ {}^t\boldsymbol{a} & a_{n+1} \end{pmatrix} = \begin{pmatrix} 1 & 1 & 1 & 1 \\ 1 & 1 & 1 & 1 \\ 1 & 1 & 1 & -2 \\ 1 & 1 & -2 & 1 \end{pmatrix} \qquad \cdots (14.2.10)$$

とすると $P(\boldsymbol{x}) = {}^t\tilde{\boldsymbol{x}}\tilde{A}\tilde{\boldsymbol{x}}$ と表せる。ここで例 8.4 より，直交行列 T を

$$T = \begin{pmatrix} \sqrt{3}/3 & 0 & -\sqrt{6}/3 \\ \sqrt{3}/3 & \sqrt{2}/2 & \sqrt{6}/6 \\ \sqrt{3}/3 & -\sqrt{2}/2 & \sqrt{6}/6 \end{pmatrix} \qquad \cdots (14.2.11)$$

として，${}^tTAT$，${}^tT\boldsymbol{a}$ を求めると，

$${}^tTAT = \begin{pmatrix} 3 & 0 & 0 \\ 0 & 0 & 0 \\ 0 & 0 & 0 \end{pmatrix}, \quad {}^tT\boldsymbol{a} = \begin{pmatrix} 0 \\ 3\sqrt{2}/2 \\ -\sqrt{6}/2 \end{pmatrix} \qquad \cdots (14.2.12)$$

となる。従って $\boldsymbol{x} = T\boldsymbol{y}$ なる直交変換を考えると ($\boldsymbol{x}$ は直交変換 T^{-1} で $\boldsymbol{y}$ に移る) (14.1.5) の記法で $\tilde{\boldsymbol{x}} = \tilde{T}\tilde{\boldsymbol{y}}$ で，(14.1.6) (14.1.8) より，

$$P(\boldsymbol{x}) = {}^t\tilde{\boldsymbol{x}}\tilde{A}\tilde{\boldsymbol{x}} = {}^t\tilde{\boldsymbol{y}}{}^t\tilde{T}\tilde{A}\tilde{T}\tilde{\boldsymbol{y}} \text{ と変形され} \qquad \cdots (14.2.13)$$

$${}^t\tilde{T}\tilde{A}\tilde{T} = \begin{pmatrix} {}^tTAT & {}^tT\boldsymbol{a} \\ {}^t\boldsymbol{a}T & a_{n+1} \end{pmatrix} = \left(\begin{array}{ccc|c} 3 & 0 & 0 & 0 \\ 0 & 0 & 0 & 3\sqrt{2}/2 \\ 0 & 0 & 0 & -\sqrt{6}/2 \\ \hline 0 & 3\sqrt{2}/2 & -\sqrt{6}/2 & 1 \end{array}\right) \qquad \cdots (14.2.14)$$

となり，$P(\boldsymbol{x}) = 3y_1^2 + 3\sqrt{2}y_2 - \sqrt{6}y_3 + 1 = 0$ と表せる。

練習 14.1　x_1, x_2, x_3 についての 2 次曲面

$$P(\boldsymbol{x}) = 4x_1^2 + x_2^2 + x_3^2 + 4x_1x_2 + 4x_1x_3 + 2x_2x_3 + 2x_1 + 4x_2 - 8x_3 + 1 = 0$$

を直交変換によって簡単に表せ。

解答　A, $\boldsymbol{a}$, $\tilde{A}$ を

$$A = \begin{pmatrix} 4 & 2 & 2 \\ 2 & 1 & 1 \\ 2 & 1 & 1 \end{pmatrix}, \quad \boldsymbol{a} = \begin{pmatrix} 1 \\ 2 \\ -4 \end{pmatrix},$$

$$\tilde{A} = \begin{pmatrix} A & \boldsymbol{a} \\ {}^t\boldsymbol{a} & a_{n+1} \end{pmatrix} = \begin{pmatrix} 4 & 2 & 2 & 1 \\ 2 & 1 & 1 & 2 \\ 2 & 1 & 1 & -4 \\ 1 & 2 & -4 & 1 \end{pmatrix}$$

とすると $P(\boldsymbol{x}) = {}^t\tilde{\boldsymbol{x}}\tilde{A}\tilde{\boldsymbol{x}}$ と表せる。ここで練習 8.2 より，直交行列 T を

$$T = \begin{pmatrix} \sqrt{6}/3 & 0 & \sqrt{3}/3 \\ \sqrt{6}/6 & \sqrt{2}/2 & -\sqrt{3}/3 \\ \sqrt{6}/6 & -\sqrt{2}/2 & -\sqrt{3}/3 \end{pmatrix}$$

として，${}^tTAT$, ${}^tT\boldsymbol{a}$ を求めると，

$${}^tTAT = \begin{pmatrix} 6 & 0 & 0 \\ 0 & 0 & 0 \\ 0 & 0 & 0 \end{pmatrix}, \quad {}^tT\boldsymbol{a} = \begin{pmatrix} 0 \\ 3\sqrt{2} \\ \sqrt{3} \end{pmatrix}$$

となる。従って $\boldsymbol{x} = T\boldsymbol{y}$ なる直交変換 T を考えると ($\boldsymbol{x}$ は直交変換 T^{-1} で $\boldsymbol{y}$ に移る) (14.1.5) の記法で $\tilde{\boldsymbol{x}} = \tilde{T}\tilde{\boldsymbol{y}}$ で，(14.1.6) (14.1.8) より，

$$P(\boldsymbol{x}) = {}^t\tilde{\boldsymbol{x}}\tilde{A}\tilde{\boldsymbol{x}} = {}^t\tilde{\boldsymbol{y}}{}^t\tilde{T}\tilde{A}\tilde{T}\tilde{\boldsymbol{y}} \text{ と変形され}$$

$${}^t\tilde{T}\tilde{A}\tilde{T} = \begin{pmatrix} {}^tTAT & {}^tT\boldsymbol{a} \\ {}^t\boldsymbol{a}T & a_{n+1} \end{pmatrix} = \begin{pmatrix} 6 & 0 & 0 & 0 \\ 0 & 0 & 0 & 3\sqrt{2} \\ 0 & 0 & 0 & \sqrt{3} \\ 0 & 3\sqrt{2} & \sqrt{3} & 1 \end{pmatrix}$$

となり，$P(\boldsymbol{x}) = 6y_1^2 + 6\sqrt{2}y_2 + 2\sqrt{3}y_3 + 1 = 0$ と表せる。

14.3　2 次曲面の平行移動 (A)

2 次曲面 $P(\boldsymbol{x}) = 0$ が平行移動でどのように書き換えられるかをみる。

例 14.3　x_1，x_2 に関する 2 次曲線

$$P(\boldsymbol{x}) = x_1^2 + x_2^2 + 2x_1 + 2x_2 + 1 = 0 \text{ は，} \quad \cdots (14.3.1)$$

$$(x_1+1)^2 + (x_2+1)^2 - 1 = 0 \quad \cdots (14.3.2)$$

と書き換えられる（平方完成の考え方を使っている）。よって

$$\begin{pmatrix} y_1 \\ y_2 \end{pmatrix} = \begin{pmatrix} x_1 + 1 \\ x_2 + 1 \end{pmatrix} \text{ なる平行移動により} \quad \cdots (14.3.3)$$

$$P(\boldsymbol{x}) = y_1^2 + y_2^2 - 1 = 0 \quad \cdots (14.3.4)$$

となり y_1，y_2 に関する簡単な形の (1 次の項がない形の) 2 次曲線に書き直せた。この変換を行列を使って表そう。まず，

$$P(\boldsymbol{x}) = {}^t\tilde{\boldsymbol{x}}\tilde{A}\tilde{\boldsymbol{x}} = (x_1, x_2, 1)\begin{pmatrix} 1 & 0 & 1 \\ 0 & 1 & 1 \\ 1 & 1 & 1 \end{pmatrix}\begin{pmatrix} x_1 \\ x_2 \\ 1 \end{pmatrix} \quad \cdots (14.3.5)$$

と書き表す。また (14.3.3) の平行移動を行列を使い，

$$\begin{pmatrix} x_1 \\ x_2 \\ 1 \end{pmatrix} = \begin{pmatrix} 1 & 0 & -1 \\ 0 & 1 & -1 \\ 0 & 0 & 1 \end{pmatrix}\begin{pmatrix} y_1 \\ y_2 \\ 1 \end{pmatrix} \quad \cdots (14.3.6)$$

$$\text{これを } \tilde{\boldsymbol{x}} = \tilde{T}\tilde{\boldsymbol{y}} \quad \cdots (14.3.7)$$

と書き表す[◇14.1]。これにより $P(\boldsymbol{x})$ を書き換えると，

◇14.1 後の式変形を容易にするため $\tilde{\boldsymbol{x}} =$ なる形に書き換えた。以降も同様である。

$$P(\boldsymbol{x}) = {}^t\tilde{\boldsymbol{x}}\tilde{A}\tilde{\boldsymbol{x}} = {}^t\tilde{\boldsymbol{y}}{}^t\tilde{T}\tilde{A}\tilde{T}\tilde{\boldsymbol{y}}$$

$$= {}^t\tilde{\boldsymbol{y}}{}^t\tilde{T}\begin{pmatrix}1 & 0 & 1\\ 0 & 1 & 1\\ 1 & 1 & 1\end{pmatrix}\begin{pmatrix}1 & 0 & -1\\ 0 & 1 & -1\\ 0 & 0 & 1\end{pmatrix}\tilde{\boldsymbol{y}}$$

$$= {}^t\tilde{\boldsymbol{y}}\begin{pmatrix}1 & 0 & 0\\ 0 & 1 & 0\\ -1 & -1 & 1\end{pmatrix}\begin{pmatrix}1 & 0 & 0\\ 0 & 1 & 0\\ 1 & 1 & -1\end{pmatrix}\tilde{\boldsymbol{y}} \qquad \cdots(14.3.8)$$

$$= (y_1, y_2, 1)\begin{pmatrix}1 & 0 & 0\\ 0 & 1 & 0\\ 0 & 0 & -1\end{pmatrix}\begin{pmatrix}y_1\\ y_2\\ 1\end{pmatrix} = y_1^2 + y_2^2 - 1$$

練習 14.2　2 次曲面 $P(\boldsymbol{x}) = 3x_1^2 + 5x_2^2 + 2x_1 + 4x_2 + 3x_3 + 1 = 0$ を平行移動により簡単な形に表せ。

解答　$P(\boldsymbol{x}) = 3x_1^2 + 5x_2^2 + 2x_1 + 4x_2 + 3x_3 + 1$

$$= 3\left(x_1 + \frac{1}{3}\right)^2 + 5\left(x_2 + \frac{2}{5}\right)^2 + 3x_3 - \frac{1}{3} - \frac{4}{5} + 1 = 0$$

と書き換えられる。よって

$$\begin{pmatrix}y_1\\ y_2\\ y_3\end{pmatrix} = \begin{pmatrix}x_1 + \frac{1}{3}\\ x_2 + \frac{2}{5}\\ x_3\end{pmatrix} \text{ なる平行移動により}$$

$$P(\boldsymbol{x}) = 3y_1^2 + 5y_2^2 + 3y_3 - 2/15 = 0$$

と簡単な形になった。ただしこの場合 (y_3^2 の項がないため) 1 次の項 $3y_3$ はなくせない。この変換を行列を使って表そう。まず,

$$P(\boldsymbol{x}) = {}^t\tilde{\boldsymbol{x}}\tilde{A}\tilde{\boldsymbol{x}} = (x_1, x_2, x_3, 1)\begin{pmatrix}3 & 0 & 0 & 1\\ 0 & 5 & 0 & 2\\ 0 & 0 & 0 & 3/2\\ 1 & 2 & 3/2 & 1\end{pmatrix}\begin{pmatrix}x_1\\ x_2\\ x_3\\ 1\end{pmatrix}$$

と書き表す。また上記平行移動を行列を使って，

$$\begin{pmatrix} x_1 \\ x_2 \\ x_3 \\ 1 \end{pmatrix} = \begin{pmatrix} 1 & 0 & 0 & -1/3 \\ 0 & 1 & 0 & -2/5 \\ 0 & 0 & 1 & 0 \\ 0 & 0 & 0 & 1 \end{pmatrix} \begin{pmatrix} y_1 \\ y_2 \\ y_3 \\ 1 \end{pmatrix}$$

これを $\tilde{\boldsymbol{x}} = \tilde{T}\tilde{\boldsymbol{y}}$

と書き表す。これにより $P(\boldsymbol{x})$ を書き換えると，

$$\begin{aligned} P(\boldsymbol{x}) &= {}^t\tilde{\boldsymbol{x}}\tilde{A}\tilde{\boldsymbol{x}} = {}^t\tilde{\boldsymbol{y}}{}^t\tilde{T}\tilde{A}\tilde{T}\tilde{\boldsymbol{y}} \\ &= {}^t\tilde{\boldsymbol{y}}{}^t\tilde{T} \begin{pmatrix} 3 & 0 & 0 & 1 \\ 0 & 5 & 0 & 2 \\ 0 & 0 & 0 & 3/2 \\ 1 & 2 & 3/2 & 1 \end{pmatrix} \begin{pmatrix} 1 & 0 & 0 & -1/3 \\ 0 & 1 & 0 & -2/5 \\ 0 & 0 & 1 & 0 \\ 0 & 0 & 0 & 1 \end{pmatrix} \tilde{\boldsymbol{y}} \\ &= {}^t\boldsymbol{y} \begin{pmatrix} 1 & 0 & 0 & 0 \\ 0 & 1 & 0 & 0 \\ 0 & 0 & 1 & 0 \\ -1/3 & -2/5 & 0 & 1 \end{pmatrix} \begin{pmatrix} 3 & 0 & 0 & 0 \\ 0 & 5 & 0 & 0 \\ 0 & 0 & 0 & 3/2 \\ 1 & 2 & 3/2 & -2/15 \end{pmatrix} \tilde{\boldsymbol{y}} \\ &= (y_1, y_2, y_3, 1) \begin{pmatrix} 3 & 0 & 0 & 0 \\ 0 & 5 & 0 & 0 \\ 0 & 0 & 0 & 3/2 \\ 0 & 0 & 3/2 & -2/15 \end{pmatrix} \begin{pmatrix} y_1 \\ y_2 \\ y_3 \\ 1 \end{pmatrix} \\ &= 3y_1^2 + 5y_2^2 + 3y_3 - 2/15^{\diamond 14.2} \end{aligned}$$

例 14.4　2 次曲面

$P(\boldsymbol{x}) = \lambda_1 x_1^2 + \lambda_2 x_2^2 + 2a_1x_1 + 2a_2x_2 + 2a_3x_3 + a_4 = 0$ は，

$$\cdots (14.3.9)$$

$$\lambda_1\left(x_1 + \frac{a_1}{\lambda_1}\right)^2 + \lambda_2\left(x_2 + \frac{a_2}{\lambda_2}\right)^2 + 2a_3x_3 \qquad \cdots (14.3.10)$$

$$- \frac{a_1^2}{\lambda_1} - \frac{a_2^2}{\lambda_2} + a_4 = 0 \qquad \cdots (14.3.11)$$

◇14.2 さらに ${}^t(z_1, z_2, z_3) = {}^t(y_1, y_2, y_3 - 2/45)$ なる平行移動を考えてもよい。

と書き換えられる。よって

$$\begin{pmatrix} y_1 \\ y_2 \\ y_3 \end{pmatrix} = \begin{pmatrix} x_1 + \dfrac{a_1}{\lambda_1} \\ x_2 + \dfrac{a_2}{\lambda_2} \\ x_3 \end{pmatrix} \text{なる平行移動により} \qquad \cdots (14.3.12)$$

$$P(\boldsymbol{x}) = \lambda_1 y_1^2 + \lambda_2 y_2^2 + 2a_3 y_3 - \frac{a_1^2}{\lambda_1} - \frac{a_2^2}{\lambda_2} + a_4 = 0 \qquad \cdots (14.3.13)$$

と簡単になった。この変換を行列を使って表そう。まず,

$$P(\boldsymbol{x}) = {}^t\tilde{\boldsymbol{x}}\tilde{A}\tilde{\boldsymbol{x}} = {}^t\tilde{\boldsymbol{x}} \begin{pmatrix} \lambda_1 & 0 & 0 & a_1 \\ 0 & \lambda_2 & 0 & a_2 \\ 0 & 0 & 0 & a_3 \\ a_1 & a_2 & a_3 & a_4 \end{pmatrix} \tilde{\boldsymbol{x}} \qquad \cdots (14.3.14)$$

と書き表す。また上記平行移動を行列を使って,

$$\begin{pmatrix} x_1 \\ x_2 \\ x_3 \\ 1 \end{pmatrix} = \begin{pmatrix} 1 & 0 & 0 & -a_1/\lambda_1 \\ 0 & 1 & 0 & -a_2/\lambda_2 \\ 0 & 0 & 1 & 0 \\ 0 & 0 & 0 & 1 \end{pmatrix} \begin{pmatrix} y_1 \\ y_2 \\ y_3 \\ 1 \end{pmatrix} \qquad \cdots (14.3.15)$$

$$\text{これを } \tilde{\boldsymbol{x}} = \tilde{T}\tilde{\boldsymbol{y}} \qquad \cdots (14.3.16)$$

と書き表す。これにより $P(\boldsymbol{x})$ を書き換えると,

$$P(\boldsymbol{x}) = {}^t\tilde{\boldsymbol{x}}\tilde{A}\tilde{\boldsymbol{x}} = {}^t\tilde{\boldsymbol{y}}{}^t\tilde{T}\tilde{A}\tilde{T}\tilde{\boldsymbol{y}} \qquad \cdots (14.3.17)$$

$$= {}^t\tilde{\boldsymbol{y}}{}^t\tilde{T} \begin{pmatrix} \lambda_1 & 0 & 0 & a_1 \\ 0 & \lambda_2 & 0 & a_2 \\ 0 & 0 & 0 & a_3 \\ a_1 & a_2 & a_3 & a_4 \end{pmatrix} \begin{pmatrix} 1 & 0 & 0 & -a_1/\lambda_1 \\ 0 & 1 & 0 & -a_2/\lambda_2 \\ 0 & 0 & 1 & 0 \\ 0 & 0 & 0 & 1 \end{pmatrix} \tilde{\boldsymbol{y}} \qquad \cdots (14.3.18)$$

$$= {}^t\tilde{\boldsymbol{y}} \begin{pmatrix} 1 & 0 & 0 & 0 \\ 0 & 1 & 0 & 0 \\ 0 & 0 & 1 & 0 \\ -a_1/\lambda_1 & -a_2/\lambda_2 & 0 & 1 \end{pmatrix} \begin{pmatrix} \lambda_1 & 0 & 0 & 0 \\ 0 & \lambda_2 & 0 & 0 \\ 0 & 0 & 0 & a_3 \\ a_1 & a_2 & a_3 & a_4' \end{pmatrix} \tilde{\boldsymbol{y}} \qquad \cdots (14.3.19)$$

$$= (y_1, y_2, y_3, 1) \begin{pmatrix} \lambda_1 & 0 & 0 & 0 \\ 0 & \lambda_2 & 0 & 0 \\ 0 & 0 & 0 & a_3 \\ 0 & 0 & a_3 & a_4' \end{pmatrix} \begin{pmatrix} y_1 \\ y_2 \\ y_3 \\ 1 \end{pmatrix} \qquad \cdots (14.3.20)$$

$$= \lambda_1 y_1^2 + \lambda_2 y_2^2 + 2a_3 y_3 + a_4' \qquad \cdots (14.3.21)$$

[◇14.3]

ここで，$a_4' = -\dfrac{a_1^2}{\lambda_1} - \dfrac{a_2^2}{\lambda_2} + a_4$ である。y_3^2 の項がないため $2a_3y_3$ はなくせない。

14.4　一般化 (C)

さて一般の 2 次曲面 $P(\boldsymbol{x}) = 0$ に直交変換を施し，(14.1.11) なる形に変形できた。さらに（前節でみたような）平行移動でより単純化しよう。(14.1.11) で使われた変数を書き換え，

$$P(\boldsymbol{x}) = \lambda_1 x_1^2 + \lambda_2 x_2^2 + \cdots + \lambda_m x_m^2 + 2a_1 x_1 + 2a_2 x_2 + \cdots + 2a_n x_n + a_{n+1} \qquad \cdots (14.4.1)$$

$$= \lambda_1 \left(x_1 + \frac{a_1}{\lambda_1} \right)^2 + \cdots + \lambda_m \left(x_m + \frac{a_m}{\lambda_m} \right)^2 + 2a_{m+1} x_{m+1} + \cdots + 2a_n x_n \qquad \cdots (14.4.2)$$

$$- \left(\frac{a_1^2}{\lambda_1} + \cdots + \frac{a_m^2}{\lambda_m} \right) + a_{n+1} \qquad \cdots (14.4.3)$$

◇14.3 さらに ${}^t(z_1, z_2, z_3) = {}^t(y_1, y_2, y_3 + a_4'/2a_3)$ なる平行移動を考えてもよい。

と変形し，ここで $\lambda_i \neq 0\ (1 \leq i \leq m)$ さらに，

$$\begin{pmatrix} y_1 \\ \vdots \\ y_m \\ y_{m+1} \\ \vdots \\ y_n \end{pmatrix} = \begin{pmatrix} x_1 + a_1/\lambda_1 \\ \vdots \\ x_m + a_m/\lambda_m \\ x_{m+1} \\ \vdots \\ x_n \end{pmatrix} \text{なる平行移動により} \qquad \cdots(14.4.4)$$

$$\lambda_1 y_1^2 + \cdots + \lambda_m y_m^2 + 2a_{m+1}y_{m+1} + \cdots + 2a_n y_n + b_{n+1} = 0 \qquad \cdots(14.4.5)$$

と $y_1, \cdots, y_n$ に関するより簡単な形の 2 次曲面に書き直せる。ここで，

$$b_{n+1} = -\left(\frac{a_1^2}{\lambda_1} + \cdots + \frac{a_m^2}{\lambda_m}\right) + a_{n+1} \qquad \cdots(14.4.6)$$

この平行移動を行列を使って表そう。まず，

$$P(\boldsymbol{x}) = \lambda_1 x_1^2 + \lambda_2 x_2^2 + \cdots + \lambda_m x_m^2 \qquad \cdots(14.4.7)$$

$$+ 2a_1x_1 + 2a_2x_2 + \cdots + 2a_nx_n + a_{n+1} \qquad \cdots(14.4.8)$$

$$= {}^t\!\begin{pmatrix} x_1 \\ \vdots \\ x_m \\ x_{m+1} \\ \vdots \\ x_n \\ 1 \end{pmatrix} \left(\begin{array}{cccccc|c} \lambda_1 & & & & & & a_1 \\ & \ddots & & & \mathbf{0} & & \vdots \\ & & \lambda_m & & & & a_m \\ & & & 0 & & & a_{m+1} \\ & \mathbf{0} & & & \ddots & & \vdots \\ & & & & & 0 & a_n \\ \hline a_1 & \cdots & a_m & a_{m+1} & \cdots & a_n & a_{n+1} \end{array}\right) \begin{pmatrix} x_1 \\ \vdots \\ x_m \\ x_{m+1} \\ \vdots \\ x_n \\ 1 \end{pmatrix} \qquad \cdots(14.4.9)$$

でこれを ${}^t\tilde{\boldsymbol{x}}\tilde{A}\tilde{\boldsymbol{x}}$ とする 。また (14.4.4) の平行移動を，

$$\begin{pmatrix} x_1 \\ \vdots \\ x_m \\ x_{m+1} \\ \vdots \\ x_n \\ 1 \end{pmatrix} = \left(\begin{array}{c|c} & -a_1/\lambda_1 \\ & \vdots \\ I_n & -a_m/\lambda_m \\ & 0 \\ & \vdots \\ & 0 \\ \hline 0 \ \cdots \ 0 & 1 \end{array}\right) \begin{pmatrix} y_1 \\ \vdots \\ y_m \\ y_{m+1} \\ \vdots \\ y_n \\ 1 \end{pmatrix} \qquad \cdots (14.4.10)$$

と書き表す。右辺の行列を $\tilde{I}_{\boldsymbol{d}}$ とすると

$$\tilde{\boldsymbol{x}} = \tilde{I}_{\boldsymbol{d}}\tilde{\boldsymbol{y}} \text{ だから } P(\boldsymbol{x}) = {}^t\tilde{\boldsymbol{x}}\tilde{A}\tilde{\boldsymbol{x}} = {}^t\tilde{\boldsymbol{y}}{}^t\tilde{I}_{\boldsymbol{d}}\tilde{A}\tilde{I}_{\boldsymbol{d}}\tilde{\boldsymbol{y}} = {}^t\tilde{\boldsymbol{y}}\tilde{B}\tilde{\boldsymbol{y}} \qquad \cdots (14.4.11)$$

として，$\tilde{B}$ を計算すると，

$${}^t\tilde{I}_{\boldsymbol{d}} \left(\begin{array}{cccccc|c} \lambda_1 & & & & & & a_1 \\ & \ddots & & & \mathbf{0} & & \vdots \\ & & \lambda_m & & & & a_m \\ & & & 0 & & & a_{m+1} \\ & \mathbf{0} & & & \ddots & & \vdots \\ & & & & & 0 & a_n \\ \hline a_1 & \cdots & a_m & a_{m+1} & \cdots & a_n & a_{n+1} \end{array}\right) \left(\begin{array}{c|c} & -a_1/\lambda_1 \\ & \vdots \\ I_n & -a_m/\lambda_m \\ & 0 \\ & \vdots \\ & 0 \\ \hline 0 \ \cdots \ 0 & 1 \end{array}\right)$$

$$= \left(\begin{array}{ccccccc|c} & & & & & & & 0 \\ & & & & & & & \vdots \\ & & & I_n & & & & 0 \\ & & & & & & & 0 \\ & & & & & & & \vdots \\ & & & & & & & 0 \\ \hline -a_1/\lambda_1 & \cdots & -a_m/\lambda_m & 0 & \cdots & 0 & & 1 \end{array}\right)$$

$$\times \left(\begin{array}{ccccccc|c} \lambda_1 & & & & & & & 0 \\ & \ddots & & & \text{\Large 0} & & & \vdots \\ & & \lambda_m & & & & & 0 \\ & & & 0 & & & & a_{m+1} \\ & \text{\Large 0} & & & & \ddots & & \vdots \\ & & & & & & 0 & a_n \\ \hline a_1 & \cdots & a_m & a_{m+1} & & \cdots & a_n & b_{n+1} \end{array}\right) \cdots (14.4.12)$$

$$= \left(\begin{array}{ccccccc|c} \lambda_1 & & & & & & & 0 \\ & \ddots & & & \text{\Large 0} & & & \vdots \\ & & \lambda_m & & & & & 0 \\ & & & 0 & & & & a_{m+1} \\ & \text{\Large 0} & & & & \ddots & & \vdots \\ & & & & & & 0 & a_n \\ \hline 0 & \cdots & 0 & a_{m+1} & & \cdots & a_n & b_{n+1} \end{array}\right) \cdots (14.4.13)$$

となるから，(14.4.11) より，

$$P(\boldsymbol{x}) = {}^t\tilde{\boldsymbol{y}}{}^t\tilde{I}_{\boldsymbol{d}}\tilde{A}\tilde{I}_{\boldsymbol{d}}\tilde{\boldsymbol{y}} = {}^t\tilde{\boldsymbol{y}}\tilde{B}\tilde{\boldsymbol{y}}$$
$$= \lambda_1 y_1^2 + \cdots + \lambda_m y_m^2 + 2a_{m+1}y_{m+1} + \cdots + 2a_n y_n + b_{n+1} \cdots (14.4.14)$$

という形に表せる。$\lambda_i \neq 0$ なる i (y_i^2 の項があるとき，すなわち $1 \leq i \leq m$) では，y_i についての1次の項をなくすことができた。

14.5　2次曲面の直交変換その2 (C)

さて (14.4.14) で1次の項が残る (すなわち $a_{m+1}, \cdots, a_n$ のうち少なくとも1つが0でない) 場合にさらに単純な形 (1次の項が1つだけ現れ，定数項がない（ゼロの）形) に変形していこう。簡単のため，1次の項にだけ着目して ((14.4.14) で使われた変数を書き換えて ${}^t\boldsymbol{x} = (x_1, \cdots, x_m)$

とし) $x_1, \cdots, x_m$ についての (2 次の項がない) 多項式

$$P(\boldsymbol{x}) = b_1x_1 + b_2x_2 + \cdots + b_mx_m + b_{m+1} \qquad \cdots (14.5.1)$$

を簡単にすることを考える。まず例をあげる。

例 14.5　平面上の直線 ℓ

$$P(\boldsymbol{x}) = P(x_1, x_2) = 2x_1 + 2x_2 + a = 0 \qquad \cdots (14.5.2)$$

を直交変換によって簡単に表そう。行列 $\tilde{B}$, $\tilde{\boldsymbol{x}}$ を

$$\tilde{B} = \begin{pmatrix} O & \boldsymbol{b} \\ {}^t\boldsymbol{b} & a \end{pmatrix} = \begin{pmatrix} 0 & 0 & 1 \\ 0 & 0 & 1 \\ 1 & 1 & a \end{pmatrix}, \quad \tilde{\boldsymbol{x}} = \begin{pmatrix} x_1 \\ x_2 \\ 1 \end{pmatrix} \qquad \cdots (14.5.3)$$

とすると,

$$\begin{aligned} {}^t\tilde{\boldsymbol{x}}\tilde{B}\tilde{\boldsymbol{x}} &= (x_1, x_2, 1)\begin{pmatrix} 1 \\ 1 \\ x_1 + x_2 + a \end{pmatrix} & \cdots (14.5.4) \\ &= 2x_1 + 2x_2 + a = P(\boldsymbol{x}) & \cdots (14.5.5) \end{aligned}$$

で, $P(\boldsymbol{x}) = {}^t\tilde{\boldsymbol{x}}\tilde{B}\tilde{\boldsymbol{x}}$ と表せる。ここで, $\tilde{B}$ の第 3 列 (第 3 行) の最初の 2 成分からなる (直線の表す式 (14.5.2) の係数からなる) ベクトル $\boldsymbol{b}$ は直線 ℓ の法線ベクトルとなっている (例 2.2 参照)。そして, $\boldsymbol{b}$ を含めた互いに直交するベクトル

$$\boldsymbol{b} = \begin{pmatrix} 1 \\ 1 \end{pmatrix}, \quad \boldsymbol{b}' = \begin{pmatrix} -1 \\ 1 \end{pmatrix} \qquad \cdots (14.5.6)$$

を適当にとり, 直交行列 Q_0 を

$$Q_0 = \left(\frac{\boldsymbol{b}}{\|\boldsymbol{b}\|}, \frac{\boldsymbol{b}'}{\|\boldsymbol{b}'\|} \right) = \begin{pmatrix} \dfrac{\sqrt{2}}{2} & -\dfrac{\sqrt{2}}{2} \\ \dfrac{\sqrt{2}}{2} & \dfrac{\sqrt{2}}{2} \end{pmatrix} \qquad \cdots (14.5.7)$$

とする。そして $\boldsymbol{x} = Q_0\boldsymbol{y}$ なる直交変換を考えると◇14.4，(14.1.6) より，

$$\tilde{Q}_0 = \begin{pmatrix} Q_0 & \mathbf{0} \\ {}^t\mathbf{0} & 1 \end{pmatrix} \text{とすると} (\boldsymbol{x} = Q_0\boldsymbol{y} \text{より}) \qquad \cdots (14.5.8)$$
$$\tilde{\boldsymbol{x}} = \tilde{Q}_0\tilde{\boldsymbol{y}} \text{で，} P(\boldsymbol{x}) = {}^t\tilde{\boldsymbol{x}}\tilde{B}\tilde{\boldsymbol{x}} = {}^t\tilde{\boldsymbol{y}}{}^t\tilde{Q}_0\tilde{B}\tilde{Q}_0\tilde{\boldsymbol{y}}$$

となり，${}^t\tilde{Q}_0\tilde{B}\tilde{Q}_0$ を計算すると，

$$\begin{pmatrix} \frac{\sqrt{2}}{2} & \frac{\sqrt{2}}{2} & 0 \\ -\frac{\sqrt{2}}{2} & \frac{\sqrt{2}}{2} & 0 \\ 0 & 0 & 1 \end{pmatrix} \begin{pmatrix} 0 & 0 & 1 \\ 0 & 0 & 1 \\ 1 & 1 & a \end{pmatrix} \begin{pmatrix} \frac{\sqrt{2}}{2} & -\frac{\sqrt{2}}{2} & 0 \\ \frac{\sqrt{2}}{2} & \frac{\sqrt{2}}{2} & 0 \\ 0 & 0 & 1 \end{pmatrix} \qquad \cdots (14.5.9)$$

$$= \begin{pmatrix} \frac{\sqrt{2}}{2} & \frac{\sqrt{2}}{2} & 0 \\ -\frac{\sqrt{2}}{2} & \frac{\sqrt{2}}{2} & 0 \\ 0 & 0 & 1 \end{pmatrix} \begin{pmatrix} 0 & 0 & 1 \\ 0 & 0 & 1 \\ \sqrt{2} & 0 & a \end{pmatrix} = \begin{pmatrix} 0 & 0 & \sqrt{2} \\ 0 & 0 & 0 \\ \sqrt{2} & 0 & a \end{pmatrix} \qquad \cdots (14.5.10)$$

となる◇14.5。よって

$$P(\boldsymbol{x}) = 2\sqrt{2}y_1 + a = 0 \quad \left(\text{すなわち } y_1 = -\frac{a}{2\sqrt{2}}\right) \qquad \cdots (14.5.11)$$

◇14.4 $\boldsymbol{x}$ は直交変換 Q_0^{-1} で $\boldsymbol{y}$ に移る。Q_0 は原点を中心とした 45° の回転で（例 5.3 参照），従って元の直線を -45° 回転している。

◇14.5 ここで $(3,1)$ 成分に至る計算は，$\tilde{B}$ の第 3 行と $\tilde{Q}_0$ の第 1 列との積で（この行と列の最後の成分を無視すれば），(14.5.3)，(14.5.7) より実質，$\boldsymbol{b}$ と Q_0 の第 1 列 $\boldsymbol{b}/\|\boldsymbol{b}\|$ との内積で，この値は $\|\boldsymbol{b}\| = \sqrt{2}$ である。$(1,3)$ 成分に至る計算も同様である。また $(3,2)$ 成分に至る計算は，$\tilde{B}$ の第 3 行と $\tilde{Q}_0$ の第 2 列との積で（この行と列の最後の成分を無視すれば），(14.5.3)，(14.5.7) より実質，$\boldsymbol{b}$ と Q_0 の第 2 列 $\boldsymbol{b}'/\|\boldsymbol{b}'\|$ との内積で（直交しているから）この値は 0 である。$(2,3)$ 成分に至る計算も同様である。以上をまとめると ${}^t\boldsymbol{b}Q_0 = (\|\boldsymbol{b}\|, 0)$ なる Q_0 を選んだことになる。

と変形された ($P(\boldsymbol{x})$ は $\boldsymbol{y}$ で書き換えると 1 次の項が一つだけになった)。(我々が考えている平面を xy 平面とすれば) これは y 軸に平行な直線である (すなわち元の直線 ℓ を，直交変換 Q_0^{-1} によって回転させて，座標軸に平行な直線に変換させたわけである)。さらに $z_1 = y_1 + \dfrac{a}{2\sqrt{2}}$ とおけば $\left(x \text{ 軸方向に } \dfrac{a}{2\sqrt{2}} \text{ 平行移動させれば}\right)$ $P(\boldsymbol{x}) = z_1 = 0$ となり ($P(\boldsymbol{x})$ は $\boldsymbol{z}$ で書き換えれば定数項がなくなり) 直線 ℓ は y 軸に変換される。

例 14.6　空間上の平面 π

$$P(\boldsymbol{x}) = P(x_1, x_2, x_3) = 2x_1 + 2x_2 + a = 0 \qquad \cdots(14.5.12)$$

を直交変換によって簡単に表そう。行列 $\tilde{B}$，$\tilde{\boldsymbol{x}}$ を

$$\tilde{B} = \begin{pmatrix} O & \boldsymbol{b} \\ {}^t\boldsymbol{b} & a \end{pmatrix} = \begin{pmatrix} 0 & 0 & 0 & 1 \\ 0 & 0 & 0 & 1 \\ 0 & 0 & 0 & 0 \\ 1 & 1 & 0 & a \end{pmatrix}, \quad \tilde{\boldsymbol{x}} = \begin{pmatrix} x_1 \\ x_2 \\ x_3 \\ 1 \end{pmatrix} \qquad \cdots(14.5.13)$$

とすると，

$$ {}^t\tilde{\boldsymbol{x}}\tilde{B}\tilde{\boldsymbol{x}} = (x_1, x_2, x_3, 1)\begin{pmatrix} 1 \\ 1 \\ 0 \\ x_1 + x_2 + a \end{pmatrix} \qquad \cdots(14.5.14)$$

$$= 2x_1 + 2x_2 + a = P(\boldsymbol{x}) \qquad \cdots(14.5.15)$$

で，$P(\boldsymbol{x}) = {}^t\tilde{\boldsymbol{x}}\tilde{B}\tilde{\boldsymbol{x}}$ と表せる。ここで，$\tilde{B}$ の第 4 列 (第 4 行) の最初の 3 成分からなる (平面の表す式 (14.5.12) の係数からなる) ベクトル $\boldsymbol{b}$ は平面 π の法線ベクトルとなっている (例 2.2 参照)。そして，$\boldsymbol{b}$ を含めた互いに直交するベクトル

$$\boldsymbol{b} = \begin{pmatrix} 1 \\ 1 \\ 0 \end{pmatrix}, \quad \boldsymbol{b}' = \begin{pmatrix} -1 \\ 1 \\ 0 \end{pmatrix}, \quad \boldsymbol{b}'' = \begin{pmatrix} 0 \\ 0 \\ 1 \end{pmatrix} \qquad \cdots(14.5.16)$$

を適当にとり，直交行列 Q_0 を

$$Q_0 = \left(\frac{\boldsymbol{b}}{\|\boldsymbol{b}\|}, \frac{\boldsymbol{b}'}{\|\boldsymbol{b}'\|}, \frac{\boldsymbol{b}''}{\|\boldsymbol{b}''\|} \right) = \begin{pmatrix} \frac{\sqrt{2}}{2} & -\frac{\sqrt{2}}{2} & 0 \\ \frac{\sqrt{2}}{2} & \frac{\sqrt{2}}{2} & 0 \\ 0 & 0 & 1 \end{pmatrix} \qquad \cdots (14.5.17)$$

とする。そして $\boldsymbol{x} = Q_0 \boldsymbol{y}$ なる直交変換を考えると◇14.6，(14.1.6) より，

$$\tilde{Q}_0 = \begin{pmatrix} Q_0 & \boldsymbol{0} \\ {}^t\boldsymbol{0} & 1 \end{pmatrix} \text{とすれば} \tilde{\boldsymbol{x}} = \tilde{Q}_0 \tilde{\boldsymbol{y}} \text{で}$$
$$P(\boldsymbol{x}) = {}^t\tilde{\boldsymbol{x}} \tilde{B} \tilde{\boldsymbol{x}} = {}^t\tilde{\boldsymbol{y}} {}^t\tilde{Q}_0 \tilde{B} \tilde{Q}_0 \tilde{\boldsymbol{y}} \qquad \cdots (14.5.18)$$

となり，${}^t\tilde{Q}_0 \tilde{B} \tilde{Q}_0$ を計算すると，

$$\begin{pmatrix} \frac{\sqrt{2}}{2} & \frac{\sqrt{2}}{2} & 0 & 0 \\ -\frac{\sqrt{2}}{2} & \frac{\sqrt{2}}{2} & 0 & 0 \\ 0 & 0 & 1 & 0 \\ 0 & 0 & 0 & 1 \end{pmatrix} \begin{pmatrix} 0 & 0 & 0 & 1 \\ 0 & 0 & 0 & 1 \\ 0 & 0 & 0 & 0 \\ 1 & 1 & 0 & a \end{pmatrix} \begin{pmatrix} \frac{\sqrt{2}}{2} & -\frac{\sqrt{2}}{2} & 0 & 0 \\ \frac{\sqrt{2}}{2} & \frac{\sqrt{2}}{2} & 0 & 0 \\ 0 & 0 & 1 & 0 \\ 0 & 0 & 0 & 1 \end{pmatrix} \qquad \cdots (14.5.19)$$

$$= \begin{pmatrix} \frac{\sqrt{2}}{2} & \frac{\sqrt{2}}{2} & 0 & 0 \\ -\frac{\sqrt{2}}{2} & \frac{\sqrt{2}}{2} & 0 & 0 \\ 0 & 0 & 1 & 0 \\ 0 & 0 & 0 & 1 \end{pmatrix} \begin{pmatrix} 0 & 0 & 0 & 1 \\ 0 & 0 & 0 & 1 \\ 0 & 0 & 0 & 0 \\ \sqrt{2} & 0 & 0 & a \end{pmatrix} = \begin{pmatrix} 0 & 0 & 0 & \sqrt{2} \\ 0 & 0 & 0 & 0 \\ 0 & 0 & 0 & 0 \\ \sqrt{2} & 0 & 0 & a \end{pmatrix} \qquad \cdots (14.5.20)$$

◇14.6 Q_0 は z 軸のまわりの 45° の回転で (例 5.3 参照) 従って Q_0^{-1} は平面 π を -45° 回転させる。

となる◇14.7。よって

$$P(\boldsymbol{x}) = 2\sqrt{2}y_1 + a = 0 \quad \left(\text{すなわち}\, y_1 = -\frac{a}{2\sqrt{2}}\right) \qquad \cdots (14.5.21)$$

と変形された ($P(\boldsymbol{x})$ は $\boldsymbol{y}$ で書き換えると 1 次の項が一つだけになった)。(我々が考えている空間を xyz 空間とすれば) これは yz 平面に平行な平面である (すなわち元の平面 π を，直交変換 Q_0^{-1} によって回転させて，座標平面に平行な平面に変換させたわけである)。さらに $z_1 = y_1 + \dfrac{a}{2\sqrt{2}}$ とおけば $\left(\text{すなわち}\, x\, \text{軸方向に}\, \dfrac{a}{2\sqrt{2}}\, \text{平行移動させれば}\right)$ $P(\boldsymbol{x}) = z_1 = 0$ となり ($P(\boldsymbol{x})$ は $\boldsymbol{z}$ で書き直すと定数項がなくなった)，平面 π は yz 平面に変換される。

14.6 一般化 (C)

前節最初で述べた $x_1, \cdots, x_m$ についての (2 次の項がない) 曲面

$$P(\boldsymbol{x}) = 2b_1x_1 + 2b_2x_2 + \cdots + 2b_mx_m + b_{m+1} = 0 \qquad \cdots (14.6.1)$$

で $b_1, \cdots, b_m$ で少なくとも 1 つは 0 でない場合，これを簡単な形にしよう。

◇14.7 ここで $(4,1)$ 成分に至る計算は，$\tilde{B}$ の第 4 行と $\tilde{Q}_0$ の第 1 列との積で（この行と列の最後の成分を無視すれば），(14.5.13)，(14.5.17) より実質，$\boldsymbol{b}$ と Q_0 の第 1 列 $\boldsymbol{b}/\|\boldsymbol{b}\|$ との内積で，この値は $\|\boldsymbol{b}\| = \sqrt{2}$ である。$(1,4)$ 成分に至る計算も同様である。また $(4,2)$ 成分に至る計算は，$\tilde{B}$ の第 4 行と $\tilde{Q}_0$ の第 2 列との積で（この行と列の最後の成分を無視すれば），(14.5.13)，(14.5.17) より実質，$\boldsymbol{b}$ と Q_0 の第 2 列 $\boldsymbol{b}'/\|\boldsymbol{b}'\|$ との内積で（直交しているから）この値は 0 である。$(2,4)$ 成分に至る計算も同様である。$(4,3)$，$(3,4)$ 成分に至る計算も同様である。以上をまとめると ${}^t\boldsymbol{b}Q_0 = (\|\boldsymbol{b}\|, 0, 0)$ なる Q_0 を選んだことになる。

$$\tilde{\boldsymbol{x}} = \begin{pmatrix} \boldsymbol{x} \\ 1 \end{pmatrix}, \quad \boldsymbol{b} = \begin{pmatrix} b_1 \\ \vdots \\ b_m \end{pmatrix}, \quad \tilde{B} = \begin{pmatrix} O & \boldsymbol{b} \\ {}^t\boldsymbol{b} & b_{m+1} \end{pmatrix} \cdots (14.6.2)$$

とすれば，$\|\boldsymbol{b}\| \neq 0$ で，

$${}^t\tilde{\boldsymbol{x}}\tilde{B}\tilde{\boldsymbol{x}} = {}^t\tilde{\boldsymbol{x}}\begin{pmatrix} O & \boldsymbol{b} \\ {}^t\boldsymbol{b} & b_{m+1} \end{pmatrix}\begin{pmatrix} \boldsymbol{x} \\ 1 \end{pmatrix} \cdots (14.6.3)$$

$$= ({}^t\boldsymbol{x}, 1)\begin{pmatrix} \boldsymbol{b} \\ {}^t\boldsymbol{b}\boldsymbol{x} + b_{m+1} \end{pmatrix} = {}^t\boldsymbol{x}\boldsymbol{b} + {}^t\boldsymbol{b}\boldsymbol{x} + b_{m+1} \cdots (14.6.4)$$

$$= 2b_1x_1 + 2b_2x_2 + \cdots + 2b_mx_m + b_{m+1} = P(\boldsymbol{x}) \cdots (14.6.5)$$

となる。このとき，

$${}^t\boldsymbol{b}Q_0 = (\|\boldsymbol{b}\|, 0, \cdots, 0) \cdots (14.6.6)$$

となる m 次直交行列 Q_0 をとる。これは注釈 14.5，注釈 14.7 からもわかるように，

${}^t\boldsymbol{b}Q_0$ の第 1 成分は $\|\boldsymbol{b}\|$ より，Q_0 の第 1 列は $\dfrac{\boldsymbol{b}}{\|\boldsymbol{b}\|}$

${}^t\boldsymbol{b}Q_0$ の他の成分は 0 だから，Q_0 の第 2 列以降は $\boldsymbol{b}$ と直交する，
$\cdots (14.6.7)$

となるもので，この Q_0 を求めるには，Q_0 の第 1 列が $\dfrac{1}{\|\boldsymbol{b}\|}\boldsymbol{b}$ で，そしてこれを含む正規直交系の m 個の要素を順に Q_0 の第 2 列以降に並べればよい。

次に，$\boldsymbol{x}$ は直交変換 Q_0^{-1} で $\boldsymbol{y}$ に移る，すなわち

$\boldsymbol{x} = Q_0\boldsymbol{y}$ なる直交変換を考えると (14.1.5) より $\cdots (14.6.8)$

$\tilde{Q}_0 = \begin{pmatrix} Q_0 & \boldsymbol{0} \\ {}^t\boldsymbol{0} & 1 \end{pmatrix}$ とすれば，$\tilde{\boldsymbol{x}} = \tilde{Q}_0\tilde{\boldsymbol{y}}$，で， $\cdots (14.6.9)$

(14.6.5) より $P(\boldsymbol{x}) = {}^t\tilde{\boldsymbol{x}}\tilde{B}\tilde{\boldsymbol{x}} = {}^t\tilde{\boldsymbol{y}}{}^t\tilde{Q}_0\tilde{B}\tilde{Q}_0\tilde{\boldsymbol{y}} = {}^t\tilde{\boldsymbol{y}}\tilde{C}\tilde{\boldsymbol{y}}$ $\cdots (14.6.10)$

として，$\tilde{C} = {}^t\tilde{Q}_0 \tilde{B} \tilde{Q}_0$ を計算すると，

$$\left(\begin{array}{ccc|c} & & & 0 \\ & {}^tQ_0 & & \vdots \\ & & & 0 \\ \hline 0 & \cdots & 0 & 1 \end{array}\right)\left(\begin{array}{ccc|c} & & & b_1 \\ & 0 & & \vdots \\ & & & b_m \\ \hline b_1 & \cdots & b_m & b_{m+1} \end{array}\right)\left(\begin{array}{ccc|c} & & & 0 \\ & Q_0 & & \vdots \\ & & & 0 \\ \hline 0 & \cdots & 0 & 1 \end{array}\right) \quad \cdots (14.6.11)$$

$$= \left(\begin{array}{ccc|c} & & & 0 \\ & {}^tQ_0 & & \vdots \\ & & & 0 \\ \hline 0 & \cdots & 0 & 1 \end{array}\right)\left(\begin{array}{cccc|c} & & & & b_1 \\ & & 0 & & \vdots \\ & & & & b_m \\ \hline \|\boldsymbol{b}\| & 0 & \cdots & 0 & b_{m+1} \end{array}\right) = \left(\begin{array}{cccc|c} & & & & \|\boldsymbol{b}\| \\ & & & & 0 \\ & & 0 & & \vdots \\ & & & & 0 \\ \hline \|\boldsymbol{b}\| & 0 & \cdots & 0 & b_{m+1} \end{array}\right)$$

$$\cdots (14.6.12)$$

となる (最後の行列の最下行と最右列に至る計算は (14.6.6) を使う)。よって (14.6.10) より，

$$P(\boldsymbol{x}) = {}^t\tilde{\boldsymbol{y}}\tilde{C}\tilde{\boldsymbol{y}} = 2\|\boldsymbol{b}\|y_1 + b_{m+1} \text{ さらに} \quad \cdots (14.6.13)$$

$$= 2\|\boldsymbol{b}\|\left(y_1 + \frac{b_{m+1}}{2\|\boldsymbol{b}\|}\right) \text{ より } z_1 = y_1 + \frac{b_{m+1}}{2\|\boldsymbol{b}\|} \quad \cdots (14.6.14)$$

とすれば $P(\boldsymbol{x}) = 2\|\boldsymbol{b}\|z_1$ となる。すなわち，

$$\alpha = -\frac{b_{m+1}}{2\|\boldsymbol{b}\|},\ \boldsymbol{e}_1 = \begin{pmatrix} 1 \\ 0 \\ \vdots \\ 0 \end{pmatrix} \text{ とし，} \boldsymbol{y} = \boldsymbol{z} + \alpha\boldsymbol{e}_1 \quad \cdots (14.6.15)$$

なる平行移動 (すなわち $\boldsymbol{z}$ は $\boldsymbol{y}$ を $-\alpha\boldsymbol{e}_1$ 方向に平行移動したもの) を考える。これを行列を使って書き直すため，

$$\tilde{Q}_1 = \left(\begin{array}{ccc|c} & & & \alpha \\ & & & 0 \\ & I_m & & \vdots \\ & & & 0 \\ \hline 0 & \cdots & 0 & 1 \end{array}\right) \text{とすると，} \tilde{\boldsymbol{y}} = \tilde{Q}_1 \tilde{\boldsymbol{z}} \text{ で，} \qquad \cdots (14.6.16)$$

$$(14.6.10) \text{ より } P(\boldsymbol{x}) = {}^t\tilde{\boldsymbol{y}}\tilde{C}\tilde{\boldsymbol{y}} = {}^t\tilde{\boldsymbol{z}}{}^t\tilde{Q}_1\tilde{C}\tilde{Q}_1\tilde{\boldsymbol{z}} = {}^t\tilde{\boldsymbol{z}}\tilde{D}\tilde{\boldsymbol{z}} \qquad \cdots (14.6.17)$$

として，$\tilde{D} = {}^t\tilde{Q}_1\tilde{C}\tilde{Q}_1$ を計算すると，

$$\left(\begin{array}{cccc|c} & & & & 0 \\ & & I_m & & \vdots \\ & & & & 0 \\ \hline \alpha & 0 & \cdots & 0 & 1 \end{array}\right) \left(\begin{array}{cccc|c} & & & & \|\boldsymbol{b}\| \\ & & & & 0 \\ & & 0 & & \vdots \\ & & & & 0 \\ \hline \|\boldsymbol{b}\| & 0 & \cdots & 0 & b_{m+1} \end{array}\right) \left(\begin{array}{ccc|c} & & & \alpha \\ & & & 0 \\ & I_m & & \vdots \\ & & & 0 \\ \hline 0 & \cdots & 0 & 1 \end{array}\right) \qquad \cdots (14.6.18)$$

$$= \left(\begin{array}{cccc|c} & & & & 0 \\ & & I_m & & \vdots \\ & & & & 0 \\ \hline \alpha & 0 & \cdots & 0 & 1 \end{array}\right) \left(\begin{array}{cccc|c} & & & & \|\boldsymbol{b}\| \\ & & & & 0 \\ & & 0 & & \vdots \\ & & & & 0 \\ \hline \|\boldsymbol{b}\| & 0 & \cdots & 0 & c' \end{array}\right) = \left(\begin{array}{cccc|c} & & & & \|\boldsymbol{b}\| \\ & & & & 0 \\ & & 0 & & \vdots \\ & & & & 0 \\ \hline \|\boldsymbol{b}\| & 0 & \cdots & 0 & c \end{array}\right) \qquad \cdots (14.6.19)$$

ここで $c' = b_{m+1} + \alpha\|\boldsymbol{b}\|$ そして (α の定義より)　　$\cdots (14.6.20)$

$c = \alpha\|\boldsymbol{b}\| + c' = b_{m+1} + 2\alpha\|\boldsymbol{b}\| = 0$　よって，　　$\cdots (14.6.21)$

$P(\boldsymbol{x}) = {}^t\tilde{\boldsymbol{z}}{}^t\tilde{Q}_1\tilde{C}\tilde{Q}_1\tilde{\boldsymbol{z}} = {}^t\tilde{\boldsymbol{z}}\tilde{D}\tilde{\boldsymbol{z}} = 2\|\boldsymbol{b}\|z_1$　　$\cdots (14.6.22)$

となり $P(\boldsymbol{x}) = 0$ は ($\|\boldsymbol{b}\| \neq 0$ より) $z_1 = 0$　　$\cdots (14.6.23)$

と（簡単な）形に表せた。以上より (14.6.1) なる形の 2 次曲面は，直交変換と平行移動により $z_1 = 0$ なる式に変形できることがわかる。

コメント 14.2 (14.6.10), (14.6.17), (14.6.22) より,

$$P(\boldsymbol{x}) = {}^t\tilde{\boldsymbol{x}}\tilde{B}\tilde{\boldsymbol{x}} = {}^t\tilde{\boldsymbol{y}}{}^t\tilde{Q}_0\tilde{B}\tilde{Q}_0\tilde{\boldsymbol{y}} = {}^t\tilde{\boldsymbol{z}}{}^t\tilde{Q}_1{}^t\tilde{Q}_0\tilde{B}\tilde{Q}_0\tilde{Q}_1\tilde{\boldsymbol{z}} \quad \cdots (14.6.24)$$

である。上記では 2 回の変換 $\tilde{Q}_0$ と $\tilde{Q}_1$ に分けて (14.6.24) の最後の式を求めた。これを ($\boldsymbol{x}$ から $\boldsymbol{z}$ へ) 一回の変換で行うには, 積 $\tilde{Q}_0\tilde{Q}_1$ を計算して,

$$\tilde{Q}_0\tilde{Q}_1 = \left(\begin{array}{ccc|c} & & & 0 \\ & & & 0 \\ & Q_0 & & \vdots \\ & & & 0 \\ \hline 0 & \cdots & 0 & 1 \end{array}\right)\left(\begin{array}{ccc|c} & & & \alpha \\ & & & 0 \\ & I_m & & \vdots \\ & & & 0 \\ \hline 0 & \cdots & 0 & 1 \end{array}\right) = \left(\begin{array}{c|c} Q_0 & \alpha Q_0\boldsymbol{e}_1 \\ \hline {}^t\boldsymbol{0} & 1 \end{array}\right) \quad \cdots (14.6.25)$$

となる。ここで (14.6.7) より, Q_0 の第 1 列は $\dfrac{\boldsymbol{b}}{\|\boldsymbol{b}\|}$ だから ((14.6.25) の右上ブロックの列ベクトルは) $\alpha Q_0\boldsymbol{e}_1 = \dfrac{\alpha}{\|\boldsymbol{b}\|}\boldsymbol{b}$ そこで ((14.6.15) により) $\alpha' = \dfrac{\alpha}{\|\boldsymbol{b}\|} = -\dfrac{b_{m+1}}{2\|\boldsymbol{b}\|^2}$ とおけば, $\alpha Q_0\boldsymbol{e}_1 = \alpha'\boldsymbol{b}$ である。また,

$$\tilde{\boldsymbol{x}} = \tilde{Q}_0\tilde{Q}_1\tilde{\boldsymbol{z}} \text{ とすれば (14.6.25) より,} \quad \cdots (14.6.26)$$

$$\begin{pmatrix} \boldsymbol{x} \\ 1 \end{pmatrix} = \begin{pmatrix} Q_0 & \alpha Q_0\boldsymbol{e}_1 \\ {}^t\boldsymbol{0} & 1 \end{pmatrix}\begin{pmatrix} \boldsymbol{z} \\ 1 \end{pmatrix}, \text{ すなわち} \quad \cdots (14.6.27)$$

$$\boldsymbol{x} = Q_0\boldsymbol{z} + \alpha Q_0\boldsymbol{e}_1 = Q_0(\boldsymbol{z} + \alpha\boldsymbol{e}_1) \text{ よって} \quad \cdots (14.6.28)$$

$$\boldsymbol{z} = Q_0^{-1}\boldsymbol{x} - \alpha\boldsymbol{e}_1 \quad \cdots (14.6.29)$$

で, これは確かに ((14.6.8) 前に述べた) 直交行列 Q_0^{-1} による変換の後 ((14.6.15) 後に述べた) $-\alpha\boldsymbol{e}_1$ なる平行移動を施した合成変換を表している。

15 2次曲面の標準形

《目標 & ポイント》 今までの知識を総合し，一般の2次曲面を簡単な形に変形する。このとき係数行列の階数との関連について解説する。そして2次曲線，2次曲面を分類する。
《キーワード》 係数行列，符号数，階数，2次曲面の標準形，2次曲面の分類

15.1 標準形の求め方 (C)

さて今までのまとめとして，2次曲面 $P(\boldsymbol{x}) = P(x_1, \cdots, x_n) = 0$ に直交変換や平行移動を施して標準形と呼ばれる簡単な形にしていこう。(14.1.1) でみたように，$P(\boldsymbol{x})$ の $(n+1$ 次の) 係数行列 $\tilde{A}$ (定数項 a_{n+1n+1} を a_{n+1} と書き換えて) また $\tilde{\boldsymbol{x}}$，$\tilde{\boldsymbol{y}}$，$\tilde{T}$ を

$$\tilde{A} = \begin{pmatrix} A & \boldsymbol{a} \\ {}^t\boldsymbol{a} & a_{n+1} \end{pmatrix}, \quad \tilde{\boldsymbol{x}} = \begin{pmatrix} \boldsymbol{x} \\ 1 \end{pmatrix}, \quad \tilde{\boldsymbol{y}} = \begin{pmatrix} \boldsymbol{y} \\ 1 \end{pmatrix}, \quad \tilde{T} = \begin{pmatrix} T & \boldsymbol{0} \\ {}^t\boldsymbol{0} & 1 \end{pmatrix} \quad \cdots (15.1.1)$$

とする。(14.1.5) 以降の議論より直交変換 $\boldsymbol{x} = T\boldsymbol{y}$ によって $\tilde{\boldsymbol{x}} = \tilde{T}\tilde{\boldsymbol{y}}$ となり

$P(\boldsymbol{x}) = {}^t\tilde{\boldsymbol{x}}\tilde{A}\tilde{\boldsymbol{x}} = {}^t\tilde{\boldsymbol{y}}{}^t\tilde{T}\tilde{A}\tilde{T}\tilde{\boldsymbol{y}} = {}^t\tilde{\boldsymbol{y}}\tilde{B}\tilde{\boldsymbol{y}}$ と変形される。ここで，

$$\tilde{B} = {}^t\tilde{T}\tilde{A}\tilde{T} = \begin{pmatrix} {}^tT & \boldsymbol{0} \\ {}^t\boldsymbol{0} & 1 \end{pmatrix} \begin{pmatrix} A & \boldsymbol{a} \\ {}^t\boldsymbol{a} & a_{n+1} \end{pmatrix} \begin{pmatrix} T & \boldsymbol{0} \\ {}^t\boldsymbol{0} & 1 \end{pmatrix}$$

$$= \begin{pmatrix} {}^tT & \boldsymbol{0} \\ {}^t\boldsymbol{0} & 1 \end{pmatrix} \begin{pmatrix} AT & \boldsymbol{a} \\ {}^t\boldsymbol{a}T & a_{n+1} \end{pmatrix} = \begin{pmatrix} {}^tTAT & {}^tT\boldsymbol{a} \\ {}^t\boldsymbol{a}T & a_{n+1} \end{pmatrix} \quad \cdots (15.1.2)$$

A は対称行列だから，ある n 次直交行列 T が存在して，$B = {}^tTAT$ を対角行列にすることができる。ここで定理 13.1 より，B の (i,i) 成分 (A の固有値) λ_i は正，負，0 の順に（もしそれらがあれば）並び，$1 \leq i \leq m$ で $\lambda_i \neq 0$ とし，$m < i \leq n$ で $\lambda_i = 0$ とする。また ${}^t\boldsymbol{a}T = (b_1, \cdots, b_n)$，$a_{n+1} = b_{n+1}$ とすれば，

$$\tilde{B} = \begin{pmatrix} B & {}^tT\boldsymbol{a} \\ {}^t\boldsymbol{a}T & a_{n+1} \end{pmatrix} = \left(\begin{array}{cccccc|c} \lambda_1 & & & & & & b_1 \\ & \ddots & & \text{\huge 0} & & & \vdots \\ & & \lambda_m & & & & b_m \\ & & & 0 & & & b_{m+1} \\ \text{\huge 0} & & & & \ddots & & \vdots \\ & & & & & 0 & b_n \\ \hline b_1 & \cdots & b_m & b_{m+1} & \cdots & b_n & b_{n+1} \end{array}\right) \quad \cdots (15.1.3)$$

と書け (14.1.10)，(14.1.11) でみたように，

$$\begin{aligned} P(\boldsymbol{x}) = {}^t\tilde{\boldsymbol{x}}\tilde{A}\tilde{\boldsymbol{x}} = {}^t\tilde{\boldsymbol{y}}\tilde{B}\tilde{\boldsymbol{y}} = \lambda_1 y_1^2 + \cdots + \lambda_m y_m^2 + \\ 2b_1 y_1 + \cdots + 2b_m y_m + 2b_{m+1} y_{m+1} + \cdots + 2b_n y_n + b_{n+1} \end{aligned} \quad \cdots (15.1.4)$$

となる。T は正則だから (15.1.1) より $\tilde{T}$ も正則で，$B = {}^tTAT$，$\tilde{B} = {}^t\tilde{T}\tilde{A}\tilde{T}$ より

$$\mathrm{rank}(A) = \mathrm{rank}(B) = m, \quad \mathrm{rank}(\tilde{B}) = \mathrm{rank}(\tilde{A}) \quad \cdots (15.1.5)$$

となる (注釈 13.1 参照)。次に我々は 2 ステップに分けて $\tilde{B}$ をより簡単な形に変形していく。最初のステップは 14.4 節でおこなったような平行移動をおこない ((15.1.4) で) $i \leq m$ なる (y_i^2 の項があるときに) 1 次の項 $2b_i y_i$ をなくす。これは $\tilde{B}$ の第 $n+1$ 行や第 $n+1$ 列の最初の m 個の成分を 0 にすることに相当する。この平行移動では，（曲面上の）ベクトルの第 $m+1$ 成分以降は変化しない。次はステップ 1 で新しく得られ

た $\tilde{B}$ に対して，14.6 節でおこなったような変換をおこなう。ただし今度は $i > m$ なる (y_i^2 の項がないときに) 1 次の項 $2b_iy_i$ と定数項 b_{n+1} の部分のみを変形する。これは (ステップ 1 後の) 新しい $\tilde{B}$ の $m+1$ 行以降かつ $m+1$ 列以降の成分からなる小行列を変形することに相当する。この変換では，(曲面上の) ベクトルの最初の m 個の成分は変化しない。

ステップ 1　$\boldsymbol{y}$ から $\boldsymbol{z}$ への平行移動を

$$\boldsymbol{d} = \begin{pmatrix} -b_1/\lambda_1 \\ \vdots \\ -b_m/\lambda_m \\ 0 \\ \vdots \\ 0 \end{pmatrix} \text{として} \boldsymbol{z} = \boldsymbol{y} - \boldsymbol{d} \text{すなわち} \boldsymbol{y} = \boldsymbol{z} + \boldsymbol{d} \quad \cdots (15.1.6)$$

を考える (第 $m+1$ 成分以降は変化させない平行移動である)。ここで，

$$\tilde{I}_{\boldsymbol{d}} = \left(\begin{array}{ccc|c} & & & -b_1/\lambda_1 \\ & & & \vdots \\ & I_n & & -b_m/\lambda_m \\ & & & 0 \\ & & & \vdots \\ & & & 0 \\ \hline 0 & \cdots & 0 & 1 \end{array}\right) \quad \cdots (15.1.7)$$

とすれば，上記平行移動は，

$$\begin{pmatrix} y_1 \\ \vdots \\ y_m \\ y_{m+1} \\ \vdots \\ y_n \\ 1 \end{pmatrix} = \left(\begin{array}{ccc|c} & & & -b_1/\lambda_1 \\ & & & \vdots \\ & I_n & & -b_m/\lambda_m \\ & & & 0 \\ & & & \vdots \\ & & & 0 \\ \hline 0 & \cdots & 0 & 1 \end{array}\right) \begin{pmatrix} z_1 \\ \vdots \\ z_m \\ z_{m+1} \\ \vdots \\ z_n \\ 1 \end{pmatrix} \cdots (15.1.8)$$

と表されるから,

$$\tilde{\boldsymbol{y}} = \begin{pmatrix} \boldsymbol{y} \\ 1 \end{pmatrix},\ \tilde{\boldsymbol{z}} = \begin{pmatrix} \boldsymbol{z} \\ 1 \end{pmatrix} \text{として,}\ \tilde{\boldsymbol{y}} = \tilde{I}_{\boldsymbol{d}}\tilde{\boldsymbol{z}} \qquad \cdots (15.1.9)$$

となる。よって (15.1.2) より,

$$P(\boldsymbol{x}) = {}^t\tilde{\boldsymbol{y}}\tilde{B}\tilde{\boldsymbol{y}} = {}^t\tilde{\boldsymbol{z}}{}^t\tilde{I}_{\boldsymbol{d}}\tilde{B}\tilde{I}_{\boldsymbol{d}}\tilde{\boldsymbol{z}} = {}^t\tilde{\boldsymbol{z}}\tilde{C}\tilde{\boldsymbol{z}} \qquad \cdots (15.1.10)$$

として ${}^t\tilde{I}_{\boldsymbol{d}}\tilde{B}\tilde{I}_{\boldsymbol{d}} = \tilde{C}$ を計算すると,

$${}^t\tilde{I}_{\boldsymbol{d}} \left(\begin{array}{cccccc|c} \lambda_1 & & & & & & b_1 \\ & \ddots & & & \text{\Large 0} & & \vdots \\ & & \lambda_m & & & & b_m \\ & & & 0 & & & b_{m+1} \\ & \text{\Large 0} & & & \ddots & & \vdots \\ & & & & & 0 & b_n \\ \hline b_1 & \cdots & b_m & b_{m+1} & \cdots & b_n & b_{n+1} \end{array}\right) \left(\begin{array}{ccc|c} & & & -b_1/\lambda_1 \\ & & & \vdots \\ & I_n & & -b_m/\lambda_m \\ & & & 0 \\ & & & \vdots \\ & & & 0 \\ \hline 0 & \cdots & 0 & 1 \end{array}\right)$$

$$= \left(\begin{array}{ccccccc|c} & & & & & & & 0 \\ & & & & & & & \vdots \\ & I_n & & & & & & 0 \\ & & & & & & & \vdots \\ & & & & & & & 0 \\ \hline -b_1/\lambda_1 & \cdots & -b_m/\lambda_m & 0 & \cdots & 0 & & 1 \end{array}\right)$$

$$\times \left(\begin{array}{cccccc|c} \lambda_1 & & & & & & 0 \\ & \ddots & & & \mathbf{0} & & \vdots \\ & & \lambda_m & & & & 0 \\ & & & 0 & & & b_{m+1} \\ & \mathbf{0} & & & \ddots & & \vdots \\ & & & & & 0 & b_n \\ \hline b_1 & \cdots & b_m & b_{m+1} & \cdots & b_n & b'_{n+1} \end{array}\right)$$

$$= \left(\begin{array}{cccccc|c} \lambda_1 & & & & & & 0 \\ & \ddots & & & \mathbf{0} & & \vdots \\ & & \lambda_m & & & & 0 \\ & & & 0 & & & b_{m+1} \\ & \mathbf{0} & & & \ddots & & \vdots \\ & & & & & 0 & b_n \\ \hline 0 & \cdots & 0 & b_{m+1} & \cdots & b_n & b'_{n+1} \end{array}\right) \qquad \cdots (15.1.11)$$

となる。ここで，$b_{n+1} = a_{n+1}$ であったから，

$$b'_{n+1} = a_{n+1} - \frac{b_1^2}{\lambda_1} - \cdots - \frac{b_m^2}{\lambda_m} \qquad \cdots (15.1.12)$$

よって (15.1.10)，(15.1.11) より，

$$P(\boldsymbol{x}) = {}^t\tilde{\boldsymbol{z}}{}^t\tilde{I}_{\boldsymbol{d}}\tilde{B}\tilde{I}_{\boldsymbol{d}}\tilde{\boldsymbol{z}} = {}^t\tilde{\boldsymbol{z}}\tilde{C}\tilde{\boldsymbol{z}} \qquad \cdots (15.1.13)$$

$$= \lambda_1 z_1^2 + \cdots + \lambda_m z_m^2 + 2b_{m+1}z_{m+1} + \cdots + 2b_n z_n + b'_{n+1} \qquad \cdots (15.1.14)$$

また $\tilde{I}_{\boldsymbol{d}}$ は正則だから，$\mathrm{rank}(\tilde{C}) = \mathrm{rank}(\tilde{B}) = \mathrm{rank}(\tilde{A})$ $\cdots (15.1.15)$

また $\tilde{C}$ の形から，$m \leq \mathrm{rank}(\tilde{C}) \leq m + 2$ $\cdots (15.1.16)$

となる ((15.1.5) 参照)。ここで (15.1.11) の行列 $\tilde{C}$ の階数と (15.1.14) との関係をまとめよう。(15.1.5) より $\mathrm{rank}(A) = \mathrm{rank}(B) = m$ これと

(15.1.15)，(15.1.16) より次の 3 つの場合に分けられる。

(1) $\mathrm{rank}(\tilde{C}) = \mathrm{rank}(\tilde{A}) = \mathrm{rank}(A) = m$

$\Leftrightarrow \tilde{C}$ の $m+1$ 行以降は全て零ベクトル

$\Leftrightarrow$ (15.1.14) で 1 次の項なし，定数項 0

$\Leftrightarrow \lambda_1 z_1^2 + \cdots + \lambda_m z_m^2 = 0$ の形

(2) $\mathrm{rank}(\tilde{C}) = \mathrm{rank}(\tilde{A}) = \mathrm{rank}(A) + 1 = m + 1$

$\Leftrightarrow \tilde{C}$ の $m+1$ 行以降は零ベクトルでないものが 1 つ　　$\cdots$ (15.1.17)

$\Leftrightarrow$ (15.1.14) で 1 次の項なし，定数項 $\neq 0$

$\Leftrightarrow \lambda_1 z_1^2 + \cdots + \lambda_m z_m^2 + b'_{n+1} = 0$ の形　$(b'_{n+1} \neq 0)$

(3) $\mathrm{rank}(\tilde{C}) = \mathrm{rank}(\tilde{A}) = \mathrm{rank}(A) + 2 = m + 2$

$\Leftrightarrow \tilde{C}$ の $m+1$ 行以降は零ベクトルでないものが 2 つ以上

$\Leftrightarrow$ (15.1.14) で 1 次の項あり[◇15.1]

ステップ 2　(15.1.17) の最後 (3) の場合は，1 次の項が残り ((15.1.14) で) $b_{m+1}, \cdots, b_n$ のうち少なくとも 1 つは零でない (次式で $\boldsymbol{b} \neq \boldsymbol{0}$ である)。この場合は (14.6 節に従って) さらに変形を続けよう (ただし 14.6 節でおこなった 2 度の変換をここではコメント 14.2 でみたように 1 度の変換にまとめる)。準備として行列 Q_0 とスカラー α' を定義する。(14.6.6) でみたように，

$$\boldsymbol{b} = \begin{pmatrix} b_{m+1} \\ \vdots \\ b_n \end{pmatrix} \text{とし，} {}^t\boldsymbol{b} Q_0 = (\|\boldsymbol{b}\|, 0, \cdots, 0) \qquad \cdots (15.1.18)$$

◇15.1 この場合定数項は 0 の場合もあればそうでない場合もある。1 次の項の 1 つを $2b_i z_i$ とすれば，$\tilde{C}$ の第 i 行と最下行は $\boldsymbol{0}$ でなく，$\mathrm{rank}(\tilde{C}) = m + 2$ である。

となる $n-m$ 次直交行列 Q_0 をとる (すなわち Q_0 の第 1 列は $\boldsymbol{b}/\|\boldsymbol{b}\|$)。そして，$\alpha'$ は後で定義するとして，

$$\tilde{Q}_0 = \left(\begin{array}{c|c} & \alpha' b_{m+1} \\ Q_0 & \vdots \\ & \alpha' b_n \\ \hline 0 \ \cdots \ 0 & 1 \end{array}\right) \qquad \cdots (15.1.19)$$

とする[◇15.2]。そして行列 $\tilde{C}$ すなわち (15.1.11) において，$m+1$ 以降の行と列からなる $n-m+1$ 次の小行列に注目して (これを C' として) ${}^t\tilde{Q}_0 C' \tilde{Q}_0$ を計算すると，

$$\left(\begin{array}{c|c} & 0 \\ {}^tQ_0 & \vdots \\ & 0 \\ \hline \alpha' b_{m+1} \ \cdots \ \alpha' b_n & 1 \end{array}\right) \left(\begin{array}{c|c} & b_{m+1} \\ \text{\Large 0} & \vdots \\ & b_n \\ \hline b_{m+1} \ \cdots \ b_n & b'_{n+1} \end{array}\right) \left(\begin{array}{c|c} & \alpha' b_{m+1} \\ Q_0 & \vdots \\ & \alpha' b_n \\ \hline 0 \ \cdots \ 0 & 1 \end{array}\right) \qquad \cdots (15.1.20)$$

$$= \left(\begin{array}{c|c} & 0 \\ {}^tQ_0 & \vdots \\ & 0 \\ \hline \alpha' b_{m+1} \ \cdots \ \alpha' b_n & 1 \end{array}\right) \left(\begin{array}{c|c} & b_{m+1} \\ \text{\Large 0} & \vdots \\ & b_n \\ \hline \|\boldsymbol{b}\| \ 0 \ \cdots \ 0 & c' \end{array}\right)$$

$$= \left(\begin{array}{c|c} & \|\boldsymbol{b}\| \\ & 0 \\ \text{\Large 0} & \vdots \\ & 0 \\ \hline \|\boldsymbol{b}\| \ 0 \ \cdots \ 0 & c \end{array}\right) \qquad \cdots (15.1.21)$$

◇15.2 $\tilde{Q}_0$ の右上のブロックの列ベクトルは $\alpha' \boldsymbol{b}$ である。これはコメント 14.2 では (14.6.25) の $\alpha Q_0 \boldsymbol{e}_1 = \dfrac{\alpha}{\|\boldsymbol{b}\|}\boldsymbol{b} = \alpha' \boldsymbol{b}$ に相当する。

ここで最後の行列の最後の列と行の (最後の成分 c を除いた) 計算には (15.1.18) を使った。また

$$c' = b'_{n+1} + \alpha'\|\boldsymbol{b}\|^2,\ \ c = c' + \alpha'\|\boldsymbol{b}\|^2 = b'_{n+1} + 2\alpha'\|\boldsymbol{b}\|^2 \quad \cdots (15.1.22)$$

これより $\alpha' = -\dfrac{b'_{n+1}}{2\|\boldsymbol{b}\|^2}$ とすれば，$c = 0$ となる。 $\cdots (15.1.23)$

さてこの Q_0 と α' を使い，

$$\tilde{Q} = \left(\begin{array}{ccc|ccc|c} & & & & & & 0 \\ & I & & & 0 & & \vdots \\ & & & & & & 0 \\ \hline & & & & & & \alpha' b_{m+1} \\ & 0 & & & Q_0 & & \vdots \\ & & & & & & \alpha' b_n \\ \hline 0 & \cdots & 0 & 0 & \cdots & 0 & 1 \end{array}\right) \quad \cdots (15.1.24)$$

とする。そして (15.1.13) の $P(\boldsymbol{x}) = {}^t\tilde{\boldsymbol{z}}\tilde{C}\tilde{\boldsymbol{z}}$ において，

$$\tilde{\boldsymbol{z}} = \tilde{Q}\tilde{\boldsymbol{w}} \text{ なる変換を考え，} {}^t\tilde{Q}\tilde{C}\tilde{Q} = \tilde{D} \text{ とする} \cdots (15.1.25)$$

($\tilde{Q}$ の形より $\tilde{\boldsymbol{z}}$ と $\tilde{\boldsymbol{w}}$ の最初の m 個の成分は等しい。) (15.1.21) を参考にして $\tilde{D}$ を計算すると，

$${}^t\tilde{Q}\left(\begin{array}{ccc|ccc|c} \lambda_1 & & & & & & 0 \\ & \ddots & & & 0 & & \vdots \\ & & \lambda_m & & & & 0 \\ \hline & & & 0 & & & b_{m+1} \\ & 0 & & & \ddots & & \vdots \\ & & & & & 0 & b_n \\ \hline 0 & \cdots & 0 & b_{m+1} & \cdots & b_n & b'_{n+1} \end{array}\right)\left(\begin{array}{ccc|ccc|c} & & & & & & 0 \\ & I & & & 0 & & \vdots \\ & & & & & & 0 \\ \hline & & & & & & \alpha' b_{m+1} \\ & 0 & & & Q_0 & & \vdots \\ & & & & & & \alpha' b_n \\ \hline 0 & \cdots & 0 & 0 & \cdots & 0 & 1 \end{array}\right)$$

$\cdots (15.1.26)$

$$
= \left(\begin{array}{c|c|c} I & 0 & \begin{matrix}0\\ \vdots\\ 0\end{matrix} \\ \hline 0 & Q_0 & \begin{matrix}0\\ \vdots\\ 0\end{matrix} \\ \hline 0 \ \cdots \ 0 & \alpha' b_{m+1} \ \cdots \ \alpha' b_n & 1 \end{array}\right) \left(\begin{array}{c|c|c} \begin{matrix}\lambda_1 & & \\ & \ddots & \\ & & \lambda_m\end{matrix} & 0 & \begin{matrix}0\\ \vdots\\ 0\end{matrix} \\ \hline 0 & \begin{matrix}0 & & \\ & \ddots & \\ & & 0\end{matrix} & \begin{matrix}b_{m+1}\\ \vdots\\ b_n\end{matrix} \\ \hline 0 \ \cdots \ 0 & \|\boldsymbol{b}\| \ 0 \ \cdots \ 0 & c' \end{array}\right) \quad \cdots (15.1.27)
$$

$$
= \left(\begin{array}{c|c|c} \begin{matrix}\lambda_1 & & \\ & \ddots & \\ & & \lambda_m\end{matrix} & 0 & \begin{matrix}0\\ \vdots\\ 0\end{matrix} \\ \hline 0 & \begin{matrix}0 & & \\ & \ddots & \\ & & 0\end{matrix} & \begin{matrix}\|\boldsymbol{b}\|\\ 0\\ \vdots\\ 0\end{matrix} \\ \hline 0 \ \cdots \ 0 & \|\boldsymbol{b}\| \ 0 \ \cdots \ 0 & 0 \end{array}\right) \quad \cdots (15.1.28)
$$

いま (15.1.17) の3番目の場合を考えているから，$\|\boldsymbol{b}\| \neq \boldsymbol{0}$ で，(15.1.13) の $P(\boldsymbol{x}) = {}^t\tilde{\boldsymbol{z}}\tilde{C}\tilde{\boldsymbol{z}}$ において

変換 $\tilde{\boldsymbol{z}} = \tilde{Q}\tilde{\boldsymbol{w}}$ を考えており，${}^t\tilde{Q}\tilde{C}\tilde{Q} = \tilde{D}$ だから，　$\cdots (15.1.29)$

(15.1.28) より $P(\boldsymbol{x}) = {}^t\tilde{\boldsymbol{z}}\tilde{C}\tilde{\boldsymbol{z}} = {}^t\tilde{\boldsymbol{w}}{}^t\tilde{Q}\tilde{C}\tilde{Q}\tilde{\boldsymbol{w}} = {}^t\tilde{\boldsymbol{w}}\tilde{D}\tilde{\boldsymbol{w}}$　$\cdots (15.1.30)$

$= \lambda_1 w_1^2 + \cdots + \lambda_m w_m^2 + 2\|\boldsymbol{b}\| w_{m+1} = 0, \quad (\|\boldsymbol{b}\| \neq 0)$　$\cdots (15.1.31)$

$\tilde{Q}$ は正則で $\mathrm{rank}(\tilde{D}) = \mathrm{rank}(\tilde{C}) = \mathrm{rank}(\tilde{A}) = m + 2$　$\cdots (15.1.32)$

となる。

以上より2次曲面 $P(\boldsymbol{x}) = {}^t\tilde{\boldsymbol{x}}\tilde{A}\tilde{\boldsymbol{x}} = 0$ は，(15.1.17) における (1)，(2)，(3) (よって (15.1.31)) の形に分類できることがわかった。

コメント 15.1 以上をまとめると次のようになる。2 次曲面 $P(\boldsymbol{x})$ において係数行列 $\tilde{A}$ とその最後の行と列を除いた行列 A は共に対称行列である。まず直交変換 $\boldsymbol{x}=T\boldsymbol{y}$ によって $B={}^tTAT$ を対角行列にし，$i\neq j$ なる x_ix_j を含む項をなくす ((15.1.3)，(15.1.4))。次に対角行列の (i,i) 成分 $\lambda_i\neq 0$ ならば，平行移動 $\tilde{\boldsymbol{y}}=\tilde{I}_{\boldsymbol{d}}\tilde{\boldsymbol{z}}$ によって y_i を含む 1 次の項をなくす ((15.1.11)，(15.1.14))。次に ($\lambda_i=0$ なる i における) 1 次 z_i の項が残れば，((15.1.24) の Q_0 部分が対応する) 直交変換によってそのような項を 1 つだけにし，次に ((15.1.24) の最後の列が対応する (コメント 14.2 の最後の文章参照)) 平行移動により定数項をなくす ((15.1.28)，(15.1.31))。

15.2 2 次曲面の標準形 (A) (B)

以上をまとめよう◇15.3。

$$\tilde{A}=\begin{pmatrix} A & \boldsymbol{a} \\ {}^t\boldsymbol{a} & a_{n+1}\end{pmatrix},\quad \tilde{\boldsymbol{x}}=\begin{pmatrix}\boldsymbol{x}\\ 1\end{pmatrix},\quad \tilde{\boldsymbol{y}}=\begin{pmatrix}\boldsymbol{y}\\ 1\end{pmatrix}\quad\cdots(15.2.1)$$

として 2 次曲面 $P(\boldsymbol{x})={}^t\tilde{\boldsymbol{x}}\tilde{A}\tilde{\boldsymbol{x}}=0$ を考える。A は対称行列だから，${}^tTAT$ が対角行列 D になるような直交行列 T をとる。(14.1.1)，$\cdots$，(14.1.8) でみたように，変換 $\boldsymbol{x}=T\boldsymbol{y}$ により，$\tilde{\boldsymbol{x}}=\tilde{T}\tilde{\boldsymbol{y}}$ となり，$P(\boldsymbol{x})={}^t\tilde{\boldsymbol{x}}\tilde{A}\tilde{\boldsymbol{x}}$ は ${}^t\tilde{\boldsymbol{y}}{}^t\tilde{T}\tilde{A}\tilde{T}\tilde{\boldsymbol{y}}$ と書き換えられる。ここで，

$$\tilde{T}=\begin{pmatrix} T & \boldsymbol{0} \\ {}^t\boldsymbol{0} & 1\end{pmatrix},\quad {}^t\tilde{T}\tilde{A}\tilde{T}=\begin{pmatrix} {}^tTAT & {}^tT\boldsymbol{a} \\ {}^t\boldsymbol{a}T & a_{n+1}\end{pmatrix}\quad\cdots(15.2.2)$$

である。また ((15.1.3) とその前の記述より) D の対角成分 (A の固有値) で 0 でないものを（重複を含めて）正の数，負の数（もしそれらが

◇15.3 (A) (B) の読者は以下で前節への参照にこだわらず議論の流れを読めばよい。

あれば）の順に

$$\lambda_1, \cdots, \lambda_m \text{ とすれば，} \operatorname{rank}(A) = \operatorname{rank}(D) = m \quad \cdots (15.2.3)$$

$$\text{また } {}^t\boldsymbol{a}T = (b_1, \cdots, b_n),\ \boldsymbol{b} = (b_{m+1}, \cdots, b_n) \quad \cdots (15.2.4)$$

とする ((15.1.3)，(15.1.18))。さらに (15.1.12) より，

$$b'_{n+1} = a_{n+1} - \frac{b_1^2}{\lambda_1} - \cdots - \frac{b_m^2}{\lambda_m} \quad \cdots (15.2.5)$$

とする。このとき 2 次曲面 $P(\boldsymbol{x}) = 0$ はさらなる変換で，(15.1.17) の (1)，(2)，(3) (よって (15.1.31)) より，変数を x_i に書き換えて，

$$(1)\ \lambda_1 x_1^2 + \cdots + \lambda_m x_m^2 = 0 \quad \cdots (15.2.6)$$

$$(2)\ \lambda_1 x_1^2 + \cdots + \lambda_m x_m^2 + b'_{n+1} = 0\ (b'_{n+1} \neq 0) \quad \cdots (15.2.7)$$

$$(3)\ \lambda_1 x_1^2 + \cdots + \lambda_m x_m^2 + 2\|\boldsymbol{b}\| x_{m+1} = 0\ (\|\boldsymbol{b}\| \neq 0) \quad \cdots (15.2.8)$$

の形に変形できる。(15.2.7) で，両辺を $b'_{n+1} \neq 0$ で割ることにより，定数項を 1 としてよい[◇15.4]。(15.2.8) では，両辺を $\|\boldsymbol{b}\|$ で割って，x_{m+1} の係数を 2 としてよい。また，m 個の 0 でない $\lambda_1, \cdots, \lambda_m$ のうち，最初の r 個を正，次の s 個を負とすれば，$m = r + s$ で，

$$\alpha_1 = \lambda_1, \cdots, \alpha_r = \lambda_r, \alpha_{r+1} = -\lambda_{r+1}, \cdots, \alpha_{r+s} = -\lambda_{r+s} \quad \cdots (15.2.9)$$

とすればこれらは正である。すると (15.2.6), $\cdots$, (15.2.8) ((15.1.17) の (1)，(2)，(3)) の順に従い，2 次曲面 $P(\boldsymbol{x}) = 0$ は，

$\operatorname{rank}(\tilde{A}) = \operatorname{rank}(A)$ のとき，1 次の項，定数項ともになく

$$\alpha_1 x_1^2 + \cdots + \alpha_r x_r^2 - \alpha_{r+1} x_{r+1}^2 - \cdots - \alpha_{r+s} x_{r+s}^2 = 0 \quad \cdots (15.2.10)$$

◇15.4 ただし，$b'_{n+1} < 0$ のときは，x_i^2 の係数 λ_i が λ_i / b'_{n+1} となり，正負が逆転する。よって行列 A の符号数 (すなわち λ_i $(1 \leq i \leq m)$ の正負の個数の組) を (r, s) とすれば，x_i^2 の係数 λ_i / b'_{n+1} の正負の個数の組は (s, r) となり，意味が逆になるので注意。

$\mathrm{rank}(\tilde{A}) = \mathrm{rank}(A) + 1$ のとき，1次の項がなく定数項があり

$$\alpha_1 x_1^2 + \cdots + \alpha_r x_r^2 - \alpha_{r+1} x_{r+1}^2 - \cdots - \alpha_{r+s} x_{r+s}^2 + 1 = 0 \qquad \cdots (15.2.11)$$

$\mathrm{rank}(\tilde{A}) = \mathrm{rank}(A) + 2$ のとき，1次の項が1つあり

$$\alpha_1 x_1^2 + \cdots + \alpha_r x_r^2 - \alpha_{r+1} x_{r+1}^2 - \cdots - \alpha_{r+s} x_{r+s}^2 + 2x_{r+s+1} = 0 \qquad \cdots (15.2.12)$$

と分類される。ここで (r, s) は (あるいは注釈 15.4 の場合は (s, r) が) 行列 A の符号数である (定理 13.2 参照)。これを 2 次曲面の標準形という。

15.3 幾つかの例 (A)

(15.2.7) の形になる場合は 14.2 節で練習したので，(15.2.8) の形 (すなわち (15.1.17) の (3)) の場合を練習しよう。これは (15.1.14),

$$P(\boldsymbol{z}) = \lambda_1 z_1^2 + \cdots + \lambda_m z_m^2 + 2b_{m+1} z_{m+1} + \cdots + 2b_n z_n + b'_{n+1} = 0 \qquad \cdots (15.3.1)$$

で 1 次の項が残る場合で,

$${}^t\boldsymbol{b} = (b_{m+1}, \cdots, b_n) \text{ において } \|\boldsymbol{b}\| \neq 0 \text{ である。} \qquad \cdots (15.3.2)$$

このとき $P(\boldsymbol{z})$ は，(15.2.8) より次のように変形される。

$$\lambda_1 w_1^2 + \cdots + \lambda_m w_m^2 + 2\|\boldsymbol{b}\| w_{m+1} = 0 \qquad \cdots (15.3.3)$$

例 15.1　例 14.2 で求めた 2 次曲面

$$P(\boldsymbol{z}) = 3z_1^2 + 3\sqrt{2} z_2 - \sqrt{6} z_3 + 1 = 0 \qquad \cdots (15.3.4)$$

の標準形を求めよう。

$$P(\boldsymbol{z}) = {}^t\boldsymbol{z}\begin{pmatrix} 3 & 0 & 0 & 0 \\ 0 & 0 & 0 & 3\sqrt{2}/2 \\ 0 & 0 & 0 & -\sqrt{6}/2 \\ 0 & 3\sqrt{2}/2 & -\sqrt{6}/2 & 1 \end{pmatrix}\boldsymbol{z} \qquad \cdots(15.3.5)$$

でこの場合 ${}^t\boldsymbol{b} = (b_2, b_3) = (3\sqrt{2}/2, -\sqrt{6}/2)$ だから　　$\cdots(15.3.6)$

(15.3.3) より $P(\boldsymbol{z}) = 0$ は $3w_1^2 + 2\|\boldsymbol{b}\|w_2 = 3w_1^2 + 2\sqrt{6}w_2 = 0$ と変形され $\dfrac{\sqrt{6}}{2}w_1^2 + 2w_2 = 0$ が標準形となる。

練習 15.1　練習 14.1 で求めた 2 次曲面

$$P(\boldsymbol{z}) = 6z_1^2 + 6\sqrt{2}z_2 + 2\sqrt{3}z_3 + 1 = 0 \qquad \cdots(15.3.7)$$

の標準形を求めよ。

解答

$$P(\boldsymbol{z}) = {}^t\boldsymbol{z}\begin{pmatrix} 6 & 0 & 0 & 0 \\ 0 & 0 & 0 & 3\sqrt{2} \\ 0 & 0 & 0 & \sqrt{3} \\ 0 & 3\sqrt{2} & \sqrt{3} & 1 \end{pmatrix}\boldsymbol{z}$$

でこの場合 ${}^t\boldsymbol{b} = (b_2, b_3) = (3\sqrt{2}, \sqrt{3})$

だから $P(\boldsymbol{z}) = 0$ は $6w_1^2 + 2\|\boldsymbol{b}\|w_2 = 6w_1^2 + 2\sqrt{21}w_2 = 0$ と変形され $\dfrac{2\sqrt{21}}{7}w_1^2 + 2w_2 = 0$ が標準形となる。

15.4　2 次曲線の分類 (B)

ユークリッド平面における 2 次曲線 $P(\boldsymbol{x}) = P(x_1, x_2) = 0$ の標準形を求めよう。(15.2.12) の後に述べた

符号数を (r, s)，$\mathrm{rank}(A) = m = r + s$，$\mathrm{rank}(\tilde{A}) = \tilde{m}$　　$\cdots(15.4.1)$

とする。$m = 1$ の場合には，2 次の項が 1 つなので，符号数は $(1, 0)$，$(0, 1)$ の 2 種類考えられる。$m = 2$ の場合には，2 次の項が 2 つあるの

で，符号数は $(2,0)$，$(1,1)$，$(0,2)$ の 3 種類考えられる。また (15.1.16) より，$0 \leq \tilde{m} - m \leq 2$ である。これらの組み合わせによって 15.2 節の標準形はさらに次の表のように分類される。ここで各係数 $\alpha_i > 0$ とする。次表で最初のブロック (1 行目から 3 行目まで) は $\tilde{m} - m = 0$ の場合 ((15.2.10) で 1 次の項も定数項もない場合) である。同様に，2 番目のブロック (4 行目から 8 行目まで) は $\tilde{m} - m = 1$ の場合 ((15.2.11) で 1 次の項がなく定数項がある場合) である。また，3 番目のブロック (9 行目) は $\tilde{m} - m = 2$ の場合 ((15.2.12) で 1 次の項が 1 つあり定数項がない場合) である。

m	$\tilde{m}$	$\tilde{m} - m$	(r,s)	方程式の形	名称
1	1	0	$(1,0)$	$\alpha_1 x_1^2 = 0$	x_2 軸
2	2	0	$(2,0)$	$\alpha_1 x_1^2 + \alpha_2 x_2^2 = 0$	原点
2	2	0	$(1,1)$	$\alpha_1 x_1^2 - \alpha_2 x_2^2 = 0$	2 直線
1	2	1	$(1,0)$	$\alpha_1 x_1^2 + 1 = 0$	空集合
1	2	1	$(0,1)$	$-\alpha_1 x_1^2 + 1 = 0$	平行な 2 直線
2	3	1	$(2,0)$	$\alpha_1 x_1^2 + \alpha_2 x_2^2 + 1 = 0$	空集合
2	3	1	$(1,1)$	$\alpha_1 x_1^2 - \alpha_2 x_2^2 + 1 = 0$	双曲線
2	3	1	$(0,2)$	$-\alpha_1 x_1^2 - \alpha_2 x_2^2 + 1 = 0$	楕円
1	3	2	$(1,0)$	$\alpha_1 x_1^2 + 2x_2 = 0$	放物線

コメント 15.2　上の表で，1 次の項も定数項もない場合 (1 番目のブロック) で，$(r,s) = (0,1)$ のときは $-\alpha_1 x_1^2 = 0$ で，これは $(1,0)$ の場合 (第 1 行) と同じである。同様に，$(r,s) = (0,2)$ の場合は $-\alpha_1 x_1^2 - \alpha_2 x_2^2 = 0$ で，これは $(2,0)$ の場合 (第 2 行) と同じである。1 次の項が 1 つある場合 (3 番目のブロック) で，$(r,s) = (0,1)$ のときは $-\alpha_1 x_1^2 + 2x_2 = 0$ で，これは最下行で x_2 を $-x_2$ に置き換えれば，本質的に同じである。

上記分類で重要なものは次の曲線である (一般的記法に合わせるため，記号の表記を変えた◇15.5)。

$$\frac{x^2}{a^2}+\frac{y^2}{b^2}=1 \quad \text{楕円}$$

$$\frac{x^2}{a^2}-\frac{y^2}{b^2}=1 \quad \text{双曲線}$$

$$ax^2=2y \qquad \text{放物線}$$

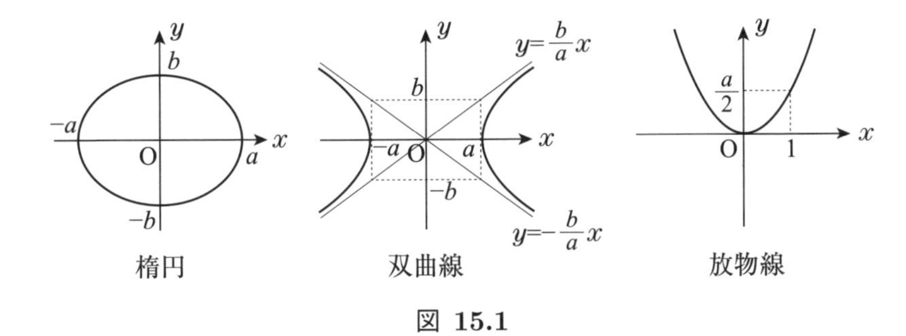

図 15.1

15.5　2 次曲面の分類 (B)

前節と同様に今度はユークリッド空間における 2 次曲面 $P(\boldsymbol{x})=P(x_1,x_2,x_3)=0$ の標準形を求めよう。$m=3$ の場合には，2 次の項が 3 つあるので，符号数は $(3,0)$，$(2,1)$，$(1,2)$，$(0,3)$ の 4 種類考えられる。すると 15.2 節の標準形はさらに次の表のように分類される。ここで各係数 $\alpha_i>0$ とする。

◇15.5 以下の楕円の式では対応する上の表で $\alpha_1=1/a^2$，$\alpha_2=1/b^2$ とした。また双曲線の式では x_1，x_2 はそれぞれ y，x に置き換え，$\alpha_1=1/b^2$，$\alpha_2=1/a^2$ とした。放物線の式では対応する上の表で x_1，x_2 をそれぞれ x，$-y$ に置き換えた。

m	$\tilde{m}$	$\tilde{m}-m$	(r,s)	方程式の形	名称
1	1	0	$(1,0)$	$\alpha_1 x_1^2 = 0$	x_2x_3 平面
2	2	0	$(2,0)$	$\alpha_1 x_1^2 + \alpha_2 x_2^2 = 0$	x_3 軸
2	2	0	$(1,1)$	$\alpha_1 x_1^2 - \alpha_2 x_2^2 = 0$	2 平面
3	3	0	$(3,0)$	$\alpha_1 x_1^2 + \alpha_2 x_2^2 + \alpha_3 x_3^2 = 0$	原点
3	3	0	$(2,1)$	$\alpha_1 x_1^2 + \alpha_2 x_2^2 - \alpha_3 x_3^2 = 0$	楕円錐
1	2	1	$(1,0)$	$\alpha_1 x_1^2 + 1 = 0$	空集合
1	2	1	$(0,1)$	$-\alpha_1 x_1^2 + 1 = 0$	平行な 2 平面
2	3	1	$(2,0)$	$\alpha_1 x_1^2 + \alpha_2 x_2^2 + 1 = 0$	空集合
2	3	1	$(1,1)$	$\alpha_1 x_1^2 - \alpha_2 x_2^2 + 1 = 0$	双曲柱
2	3	1	$(0,2)$	$-\alpha_1 x_1^2 - \alpha_2 x_2^2 + 1 = 0$	楕円柱
3	4	1	$(3,0)$	$\alpha_1 x_1^2 + \alpha_2 x_2^2 + \alpha_3 x_3^2 + 1 = 0$	空集合
3	4	1	$(2,1)$	$\alpha_1 x_1^2 + \alpha_2 x_2^2 - \alpha_3 x_3^2 + 1 = 0$	2 葉双曲面
3	4	1	$(1,2)$	$\alpha_1 x_1^2 - \alpha_2 x_2^2 - \alpha_3 x_3^2 + 1 = 0$	1 葉双曲面
3	4	1	$(0,3)$	$-\alpha_1 x_1^2 - \alpha_2 x_2^2 - \alpha_3 x_3^2 + 1 = 0$	楕円面
1	3	2	$(1,0)$	$\alpha_1 x_1^2 + 2x_2 = 0$	放物柱
2	4	2	$(2,0)$	$\alpha_1 x_1^2 + \alpha_2 x_2^2 + 2x_3 = 0$	楕円放物面
2	4	2	$(1,1)$	$\alpha_1 x_1^2 - \alpha_2 x_2^2 + 2x_3 = 0$	双曲放物面

コメント 15.3　コメント 15.2 と同様本質的に同じものは省いてある。例えば，1 次の項がなく定数項もない場合 (1 番目のブロック) について，(r,s) と (s,r) の場合は (方程式の両辺に -1 をかければ) 同じである。また 1 次の項が 1 つある場合 (3 番目のブロック) について，$(r,s)=(0,1)$ の場合は $-\alpha_1 x_1^2 + 2x_2 = 0$ で，これは $(1,0)$ の場合で x_2 を $-x_2$ に置き換えれば，本質的に同じである。また $(r,s)=(0,2)$ の場合は $-\alpha_1 x_1^2 - \alpha_2 x_2^2 + 2x_3 = 0$ で，これは $(2,0)$ の場合で x_3 を $-x_3$ に置き換えれば，本質的に同じである。

上記分類で重要なものは次の曲面である (一般的記法に合わせるため，記号の表記を変えた◇15.6)。

$$\frac{x^2}{a^2}+\frac{y^2}{b^2}-\frac{z^2}{c^2}=0 \quad \text{楕円錐}$$

$$\frac{x^2}{a^2}+\frac{y^2}{b^2}-\frac{z^2}{c^2}=1 \quad \text{1 葉双曲面}$$

$$\frac{x^2}{a^2}-\frac{y^2}{b^2}-\frac{z^2}{c^2}=1 \quad \text{2 葉双曲面}$$

$$\frac{x^2}{a^2}+\frac{y^2}{b^2}+\frac{z^2}{c^2}=1 \quad \text{楕円面}$$

$$\frac{x^2}{a^2}+\frac{y^2}{b^2}=2z \quad \text{楕円放物面}$$

$$\frac{x^2}{a^2}-\frac{y^2}{b^2}=2z \quad \text{双曲放物面}$$

2 次曲面を座標軸に垂直な平面で切ってみよう。上記の楕円錐の式で，平面 $z=z_0$ $(\neq 0)$ での切り口は，

$$\frac{x^2}{a^2}+\frac{y^2}{b^2}-\frac{z^2}{c^2}=0 \text{ が } \frac{x^2}{a^2}+\frac{y^2}{b^2}=\frac{z_0^2}{c^2} \qquad \cdots (15.5.1)$$

となり楕円である。この曲面上の点を $\boldsymbol{x}={}^t(x_0,y_0,z_0)$ とすれば各成分を t 倍した $t\boldsymbol{x}={}^t(tx_0,ty_0,tz_0)$ も曲面上にある。次に 1 葉双曲面の式で，3 平面 $x=x_0$，$y=y_0$，$z=z_0$ での切り口は，それぞれ

$$\frac{x^2}{a^2}+\frac{y^2}{b^2}-\frac{z^2}{c^2}=1 \text{ が } \frac{y^2}{b^2}-\frac{z^2}{c^2}=1-\frac{x_0^2}{a^2} \qquad \cdots (15.5.2)$$

$$\frac{x^2}{a^2}-\frac{z^2}{c^2}=1-\frac{y_0^2}{b^2},\quad \frac{x^2}{a^2}+\frac{y^2}{b^2}=1+\frac{z_0^2}{c^2} \qquad \cdots (15.5.3)$$

◇15.6 以下の 1 葉双曲面の式では，対応する上の表で x_1，x_2，x_3 をそれぞれ z，x，y に置き換えた。2 葉双曲面の式では，対応する上の表で x_1，x_2，x_3 をそれぞれ y，z，x に置き換えた。楕円放物面と双曲放物面の式では，対応する上の表で x_1，x_2，x_3 をそれぞれ x，y，$-z$ に置き換えた。

となり順に (右辺が 0 でなければ) 双曲線，双曲線，楕円である。また 2 葉双曲面の式で，3 平面 $x = x_0$，$y = y_0$，$z = z_0$ での切り口は，

$$\frac{x^2}{a^2} - \frac{y^2}{b^2} - \frac{z^2}{c^2} = 1 \text{ が } \frac{y^2}{b^2} + \frac{z^2}{c^2} = \frac{x_0^2}{a^2} - 1 \qquad \cdots (15.5.4)$$

$$\frac{x^2}{a^2} - \frac{z^2}{c^2} = 1 + \frac{y_0^2}{b^2}, \quad \frac{x^2}{a^2} - \frac{y^2}{b^2} = 1 + \frac{z_0^2}{c^2} \qquad \cdots (15.5.5)$$

となり順に (右辺が正 ($|x_0| > a$) のとき) 楕円，双曲線，双曲線である。また楕円面の式で，3 平面 $x = x_0$，$y = y_0$，$z = z_0$ での切り口は，

$$\frac{x^2}{a^2} + \frac{y^2}{b^2} + \frac{z^2}{c^2} = 1 \text{ が } \frac{y^2}{b^2} + \frac{z^2}{c^2} = 1 - \frac{x_0^2}{a^2} \qquad \cdots (15.5.6)$$

$$\frac{x^2}{a^2} + \frac{z^2}{c^2} = 1 - \frac{y_0^2}{b^2}, \quad \frac{x^2}{a^2} + \frac{y^2}{b^2} = 1 - \frac{z_0^2}{c^2} \qquad \cdots (15.5.7)$$

となり (右辺が正 (それぞれ $|x_0| < a$，$|y_0| < b$，$|z_0| < c$) のとき) すべて楕円である。また楕円放物面の式で，3 平面 $x = x_0$，$y = y_0$，$z = z_0 > 0$ での切り口は，

$$\frac{x^2}{a^2} + \frac{y^2}{b^2} = 2z \text{ が } \frac{x_0^2}{a^2} + \frac{y^2}{b^2} = 2z \qquad \cdots (15.5.8)$$

$$\frac{x^2}{a^2} + \frac{y_0^2}{b^2} = 2z, \quad \frac{x^2}{a^2} + \frac{y^2}{b^2} = 2z_0 \qquad \cdots (15.5.9)$$

となり順に放物線，放物線，楕円である。最後に双曲放物面の式で，$x = x_0$，$y = y_0$，$z = z_0$ ($\neq 0$) なる平面での切り口は，

$$\frac{x^2}{a^2} - \frac{y^2}{b^2} = 2z \text{ が } \frac{x_0^2}{a^2} - \frac{y^2}{b^2} = 2z \qquad \cdots (15.5.10)$$

$$\frac{x^2}{a^2} - \frac{y_0^2}{b^2} = 2z, \quad \frac{x^2}{a^2} - \frac{y^2}{b^2} = 2z_0 \qquad \cdots (15.5.11)$$

となり順に放物線，放物線，双曲線である。以上を参考にこれら 2 次曲面を図示すると次のようになる。

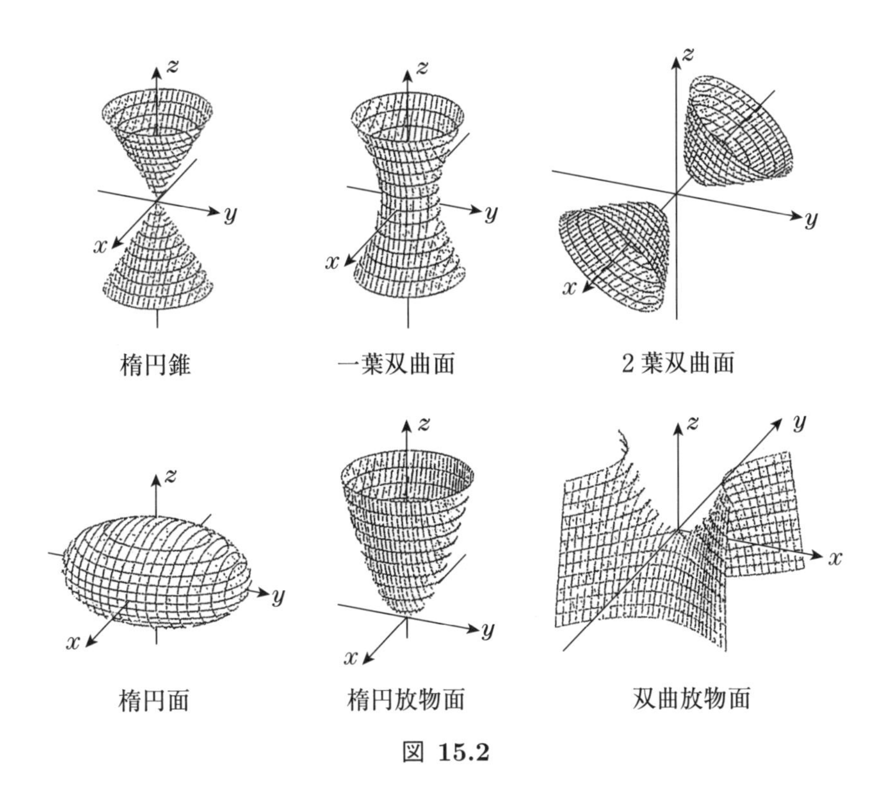

図 **15.2**

索引

●配列は五十音順

著者紹介

隈部　正博（くまべ・まさひろ）

1962年　長崎県に生まれる
1985年　早稲田大学理工学部数学科卒業
1990年　シカゴ大学大学院数学科博士課程修了
　　　　ミネソタ大学助教授を経て
現在　　放送大学教授，Ph.D.
専攻　　数学基礎論
主な著書　数学基礎論（放送大学教育振興会）
　　　　入門線型代数（放送大学教育振興会）
　　　　初歩からの数学（放送大学教育振興会）
　　　　計算論（放送大学教育振興会）

あとがき

本書を書くにあたって次の本を参考にした。

i. 佐武一郎，「線型代数学」裳華房 (1985)。
ii. 斉藤正彦，「線型代数入門」東京大学出版会 (1986)。

放送大学教材　1562827-1-1711（ラジオ）

新訂　線型代数学

発　行　　2017年3月20日　第1刷
　　　　　2022年7月20日　第3刷
著　者　　隈部正博
発行所　　一般財団法人　放送大学教育振興会
　　　　　〒105-0001　東京都港区虎ノ門1-14-1　郵政福祉琴平ビル
　　　　　電話 03 (3502) 2750

市販用は放送大学教材と同じ内容です。定価はカバーに表示してあります。
落丁本・乱丁本はお取り替えいたします。

Printed in Japan　ISBN 978-4-595-31744-6　C1341